我的第**1**本
Office书

一、同步素材文件　　二、同步结果文件

素材文件方便读者学习时同步练习使用，结果文件供读者参考

第1章　第2章　第3章　第4章　第5章　第6章　第7章　第8章　第9章　第10章　第11章

第12章　第13章　第14章　第16章　第17章　第18章　第19章　第20章　第21章　第22章

四、同步PPT课件

同步的PPT教学课件方便教师教学使用，全程再现Office 2013功能讲解

第1篇：第1章 熟悉Office 2013组件及基本操作
第2篇：第2章 Word 2013文档内容的输入与编辑
第2篇：第3章 Word 2013图文混排文档的制作
第2篇：第4章 Word 2013表格的制作与编辑
第2篇：第5章 Word 2013高级排版功能的应用
第2篇：第6章 Word 2013邮件合并及文档的审阅修订
第3篇：第7章 Excel 2013电子表格数据的输入与编辑
第3篇：第8章 Excel 2013公式与函数的应用

第3篇：第9章 Excel 2013图表与数据透视表的应用
第3篇：第10章 Excel 2013数据管理与分析功能
第4篇：第11章 PowerPoint 2013幻灯片的编辑与制作
第4篇：第12章 PowerPoint 2013幻灯片对象的添加
第4篇：第13章 PowerPoint 2013动画设置与放映输出
第5篇：第14章 使用Access 2013管理数据
第5篇：第15章 使用Outlook 2013高效管理邮件
第5篇：第16章 使用OneNote 2013个人笔记本管理事务
第5篇：第17章 使用Publisher 2013制作出版物
第5篇：第18章 Office 2013各应用程序间的协同办公
第6篇：第19章 职场实战应用：制作年终总结报告
第6篇：第20章 职场实战应用：制作产品销售方案
第6篇：第21章 职场实战应用：制作项目投资方案
第6篇：第22章 职场实战应用：制作宣传推广方案

一、如何学好用好Office视频教程

(一)如何学好用好Word视频教程

1.Word最佳学习方法
(1)学习Word，要打好基础
(2)学习Word，要找准方法
……

2.用好Word的十大误区
误区一 不会合理选择文档的编辑视图
误区二 文档内容丢失后才知道要保存
……

3.Word技能全面提升的十大技法
(1)Word文档页面设置有技巧
(2)不容小觑的查找和替换功能
……

(二)如何学好用好Excel视频教程

1.Excel最佳学习方法
(1)Excel究竟有什么用，用在哪些领域
(2)学好Excel要有积极的心态和正确的方法
……

2.用好Excel的8个习惯
(1)打造适合自己的Excel工作环境
(2)电脑中Excel文件管理的好习惯
……

3.Excel八大偷懒技法
(1)常用操作记住快捷键可以让你小懒一把
(2)教你如何快速导入已有数据
……

(三)如何学好用好PPT视频教程

1.PPT的最佳学习方法
2.如何让PPT讲故事
3.如何让PPT更有逻辑
4.如何让PPT高大上
5.如何避免每次从零开始排版

三、同步视频教学文件

长达14小时的与书同步视频教程，精心策划了"Office 2013 入门篇、Word 办公应用篇、Excel 办公应用篇、PowerPoint 办公应用篇、Office 其他组件办公应用篇、职场办公实战篇"，共 6 篇22章内容

➤ 278个"实战"案例　　➤ 98个"妙招技法"　　➤ 12个大型的"商务办公实战"

Part 1　本书同步资源

Office 2013
超强学习套餐

Part 2　超值赠送资源

Part 3　职场高效人士必学

一、5分钟教你学会番茄工作法（精华版）

第1节 拖延症反复发作，让番茄拯救你的一天
第2节 你的番茄工作法为什么没效果
第3节 番茄工作法的外挂神器

二、5分钟教你学会番茄工作法（学习版）

第1节 没有谁在追我，而我追的只有时间
第2节 5分钟，让我教你学会番茄工作法
第3节 意外总在不经意中到来
第4节 要放弃了吗？请再坚持一下
第5节 习惯已在不知不觉中养成
第6节 我已达到目的，你已学会工作

三、10招精通超级时间整理术讲解视频

招数01 零散时间法——合理利用零散碎片时间
招数02 日程表法——有效的番茄工作法
招数03 重点关注法——每天五个重要事件
招数04 转化法——思路转化+焦虑转化
招数05 奖励法——奖励是个神奇的东西
招数06 合作法——团队的力量无穷大
招数07 效率法——效率是永恒的话题
招数08 因人制宜法——了解自己，用好自己
招数09 约束法——不知不觉才是时间真正的杀手
招数10 反问法——常问自己"时间去哪儿啦？"

四、高效办公电子书

二、500个高效办公模板

1.200个Word 模板
60个行政与文秘应用模板
68个人力资源管理模板
32个财务管理模板
21个市场营销管理模板
19 个其他常用模板

3.100个PPT模板
12个商务通用模板
9个品牌宣讲模板
21个教育培训模板
21个计划总结模板
6个婚庆生活模板
14个毕业答辩模板
17个综合案例模板

2.200个Excel模板
19个行政与文秘应用模板
24个人力资源管理模板
29个财务管理模板
86个市场营销管理模板
42个其他常用模板

三、4小时 Windows 7视频教程

第1集 Windows7的安装、升级与卸载
第2集 Windows7的基本操作
第3集 Windows7的文件操作与资源管理
第4集 Windows7的个性化设置
第5集 Windows7的软硬件管理
第6集 Windows7用户账户配置及管理
第7集 Windows7的网络连接与配置
第8集 用Windows7的IE浏览器畅游互联网
第9集 Windows7的多媒体与娱乐功能
第10集 Windows7中相关小程序的使用
第11集 Windows7系统的日常维护与优化
第12集 Windows7系统的安全防护措施
第13集 Windows7虚拟系统的安装与应用

四、9小时 Windows 10 视频教程

第1课 Windows 10快速入门
第2课 系统的个性化设置操作
第3课 轻松学会电脑打字
第4课 电脑中的文件管理操作
第5课 软件的安装与管理
第6课 电脑网络的连接与配置
第7课 网上冲浪的基本操作
第8课 便利的网络生活
第9课 影音娱乐
第10课 电脑的优化与维护
第11课 系统资源的备份与还原

办公宝典

Office 2013
完全自学教程

凤凰高新教育　编著

北京大学出版社
PEKING UNIVERSITY PRESS

内 容 提 要

熟练使用Office操作，已成为职场人士必备的职业技能。本书以当前最常用的Office 2013软件为平台，从办公人员的工作需求出发，配合大量典型案例，全面地讲解Office 2013在文秘、人事、统计、财务、市场营销等多个领域中的应用，帮助读者轻松高效完成各项办公事务！

本书以"完全精通Office"为出发点，以"用好Office"为目标来安排内容，全书共6篇，分为22章。第1篇包括第1章，介绍Office 2013入门知识、基础设置及基本操作，帮助读者定制和优化Office办公环境。第2篇包括第2~6章，介绍Word 2013文档的输入和编辑方法、Word文档的格式设置和打印、Word文档的图文混排、Word表格的创建和编辑、Word高级排版功能及文档的审阅修订、Word信封与邮件合并等内容，教会读者如何使用Word高效完成文字处理工作。第3篇包括第7~10章，介绍Excel 2013电子表格数据的输入与编辑、Excel公式与函数、Excel图表与数据透视表、Excel的数据管理与分析等内容，教会读者如何使用Excel快速完成数据统计和分析。第4篇包括第11~13章，介绍创建PowerPoint 2013演示文稿、PowerPoint动态幻灯片的制作、PowerPoint演示文稿的放映与输出等内容，教会读者如何使用PowerPoint制作和放映专业、精美的演示文稿。第5篇包括第14~18章，介绍使用Access管理数据、使用Outlook高效管理邮件、使用OneNote个人笔记本管理事务、使用Publisher2013制作出版物等内容，教会读者如何使用Office相关组件进行日常协同办公。第6篇包括第19~22章，以职场中常见的应用办公项目为例，分别介绍年终总结报告、产品销售方案、项目投资方案、宣传推广方案等实战案例，教会读者如何使用Word、Excel和PowerPoint等多个Office组件分工完成一项复杂的工作。

本书既适用于被大堆办公文件搞得头昏眼花的办公室小白，因为不能完成工作，经常熬夜加班、被领导批评的加班族；也适合刚就业或即将毕业走向工作岗位的广大学生；还可以作为广大职业院校、计算机培训班的教学参考用书。

图书在版编目(CIP)数据

Office 2013完全自学教程 / 凤凰高新教育编著. —北京：北京大学出版社,2017.12
ISBN 978-7-301-28873-3

Ⅰ. ①O… Ⅱ. ①凤… Ⅲ. ①办公自动化—应用软件—教材 Ⅳ. ①TP317.1

中国版本图书馆CIP数据核字(2017)第253496号

书　　　　名	Office 2013完全自学教程	
	OFFICE 2013 WANQUAN ZIXUE JIAOCHENG	
著作责任者	凤凰高新教育　编著	
责 任 编 辑	尹毅	
标 准 书 号	ISBN 978-7-301-28873-3	
出 版 发 行	北京大学出版社	
地　　　　址	北京市海淀区成府路205 号　100871	
网　　　　址	http://www.pup.cn　　新浪微博: @北京大学出版社	
电 子 信 箱	pup7@pup.cn	
电　　　　话	邮购部62752015　发行部62750672　编辑部62580653	
印 　刷 　者	北京大学印刷厂	
经 销 者	新华书店	
	880毫米×1092毫米　16开本　22.5印张　彩插2　777千字	
	2017年12月第1版　2017年12月第1次印刷	
印　　　　数	1—3000册	
定　　　　价	99.00元	

前　言

　　如果你是一个文档小白，仅仅会用一点 Word；如果你是一个表格菜鸟，只会简单的 Excel 表格制作和计算；如果你已熟练使用 PowerPoint，但想利用碎片时间来不断提升；如果你想成为职场达人，轻松完成日常工作；如果你觉得自己 Office 操作水平一般，缺乏足够的编辑和设计技巧，希望全面提升操作技能⋯⋯那么，《Office 2013 完全自学教程》一书将是最佳的选择！

本书将帮助你解决如下问题：

　　（1）快速掌握 Office 2013 最新版本的基本功能操作；（2）快速拓展 Word 2013 文档编排的思维方法；（3）快速把握 Excel 2013 数据统计和分析的基本要义；（4）快速汲取 PowerPoint 2013 演示文稿的设计和编排创意方法；（5）快速学会利用 Access、Outlook、OneNote 和 Publisher 等 Office 组件进行高效办公。

　　我们不但告诉你怎样做，还要告诉你为什么这样做才能最快、最好、最规范！要学会与精通 Office 2013，这本书就够了！！

本书特色与特点

　　（1）讲解最新技术，内容常用、实用。本书遵循"常用、实用"的原则，以 Office 2013 版本为写作标准，在书中还标识出 Office 2013 的相关"新功能"及"重点"知识。结合日常办公应用的实际需求，全书安排了 278 个"实战"案例 +98 个"妙招技法"+12 个大型的"商务办公实战"，系统地讲解 Office 2013 中 Word、Excel、PowerPoint、Access、Outlook、OneNote、Publisher 的办公应用技能与实战操作。

　　（2）图解 Office，一看即懂、一学就会。为了让读者更易学习和理解，本书采用"思路引导 + 图解操作"的写作方式进行讲解。而且，在步骤讲述中以"❶，❷，❸，⋯"的方式分解出操作小步骤，并在图上进行对应标识，非常方便读者学习掌握。只要按照书中讲述的方法去练习，就可以做出与书同样的效果。另外，为了解决读者在自学过程中可能遇到的问题，我们在书中设置了"技术看板"板块，解释在应用中出现的或在操作过程中可能会遇到的一些生僻且重要的技术术语；另外，我们还设置了"技能拓展"板块，目的是让大家在遇到同样问题时形成不同的思路，从而达到举一反三的效果。

　　（3）技能操作 + 实用技巧 + 办公实战＝应用大全。本书充分考虑到读者"学以致用"的原则，在全书内容安排上，精心策划了 6 篇共 22 章内容，覆盖 Office 入门及组件讲解、职场办公实战等知识面。

丰富的教学光盘，物超所值，让您学习更轻松

本书配套光盘内容丰富、实用，具体包括以下内容。

（1）同步素材文件。指本书中所有章节实例的素材文件。全部收录在光盘中的"素材文件\第*章"文件夹中。读者在学习时，可以参考图书讲解内容，打开对应的素材文件进行同步操作练习。

（2）同步结果文件。指本书中所有章节实例的最终效果文件。全部收录在光盘中的"结果文件\第*章"文件夹中。读者在学习时，可以打开结果文件，查看其实例效果，为自己在学习中的练习操作提供帮助。

（3）同步视频教学文件。本书提供长达 14 小时的与书同步的视频教程。读者可以通过相关的视频播放软件（如 Windows Media Player、暴风影音等）打开每章中的视频文件进行学习，像看电视一样轻松学会。

（4）赠送"Windows 7 系统操作与应用"和"Windows 10 系统操作与应用"视频教程，让读者完全掌握 Windows 7 和 Windows10 系统的应用。

（5）赠送商务办公实用模板：200 个 Word 办公模板、200 个 Excel 办公模板、100 个 PPT 商务办公模板。

（6）赠送高效办公电子书："微信高手技巧随身查""QQ 高手技巧随身查""手机办公 10 招就够"。

（7）赠送"如何学好用好 Word""如何学好用好 Excel""如何学好用好 PPT"视频教程。分享 Word、Excel、PPT 专家学习与应用经验。

（8）赠送"5 分钟教你学会番茄工作法"讲解视频。教会读者在职场之中高效工作、轻松应对职场，真正做到"不加班，只加薪！"

（9）赠送"10 招精通超级时间整理术"讲解视频。专家传授 10 招时间整理术，教会读者如何整理时间、有效利用时间。

（10）赠送 PPT 课件。本书还提供了较为方便的 PPT 课件，以便教师教学使用。

另外，本书还赠送一本"高效人士效率倍增手册"，教读者学会日常办公中的一些管理技巧，让读者真正做到"高效办公，不加班"。

本书不是一本单纯的 IT 技能 Office 办公用书，而是一本职场综合技能传教的实用书籍！

本书由凤凰高新教育策划并组织编写。全书由一线办公专家和多位 MVP（微软全球最有价值专家）教师合作编写，他们具有丰富的 Office 软件应用技巧和办公实战经验，在此对他们的辛苦付出表示衷心的感谢！同时，由于计算机技术发展非常迅速，书中疏漏和不足之处在所难免，敬请广大读者及专家指正。若读者在学习过程中产生疑问或有任何建议，可以通过 E-mail 或 QQ 群与我们联系。此外，您还可以登录我们的服务网站获取更多信息。

投稿信箱：pup7@pup.cn

读者信箱：2751801073@qq.com

读者交流 QQ 群：218192911（办公之家）、586527675（职场办公之家群 2）

服务网址：www.elite168.top

目　录

第3篇　Excel 办公应用篇

Excel 2013 是 Office 2013 中一款强大的电子表格处理软件，被广泛应用于行政文秘、人力资源、财务会计和市场营销等领域。通过 Excel 可以对数据进行统计、管理、分析，从而帮助用户做出更好的决策。

第4篇　PowerPoint 办公应用篇

PowerPoint 2013 是用于制作和演示幻灯片的软件，通过它能将自己需要传达的信息放置在一组图文并茂的画面中，并且可以通过计算机或投影机进行播放，常用于演讲、介绍、展示和宣传等场合；也可打印出来，以便应用到更广泛的领域中。

第 5 篇 Office 其他组件办公应用篇

除了 Word、Excel 和 PowerPoint 三大常用办公组件外，我们还可以使用 Access 2013 管理数据库文件，使用 Outlook 2013 管理电子邮件和联系人，使用 OneNote 2013 管理个人笔记本事务，使用 Publisher2013 制作出版物等，同时，我们还可以将 Office 的这些组件进行协同操作，从而实现数据共用，以达到提高工作效率的目的。

以下内容见本书光盘

第 6 篇　职场办公实战篇

没有实战的练习只是纸上谈兵，为了让大家更好地理解和掌握 Office 2013 的基本知识和技巧，本篇将灵活应用学到的知识，列举职场中几个常见的应用典例，讲解如何使用 Office 2013 进行案例的制作，从而轻松实现高效办公！

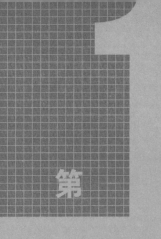

第 1 篇

Office 2013 入门篇

Office 2013 是微软公司推出的一款最受欢迎的办公软件，它包含 Word、Excel、PowerPoint、Access、Outlook、OneNote 和 Publisher 等组件，能满足各种有不同办公需要的用户，被广泛应用于行政文秘、人力资源、财务管理和市场营销等工作领域。

第 1 章　熟悉 Office 2013 组件及基本操作

- ➥ 文档视图太多，不知道怎么选？
- ➥ 相对于 Office 2010，Office 2013 新增了哪些功能？
- ➥ Office 2013 各组件的工作界面由哪些部分组成？
- ➥ Office 2013 各组件的共性操作有哪些？
- ➥ Office 用户账户有什么作用？

初次使用 Office 2013，很多人都不知道该从哪个组件或哪个部分开始学习，其实，要学习 Office 2013 办公软件，首先要了解 Office 2013 的一些基础知识，如 Office 2013 各组件的作用、工作界面各组成部分的作用、视图模式及一些最基本的操作等，这样才能为后面学习 Office 2013 操作知识奠定基础。

1.1　了解 Office 2013 各组件的作用

Office 2013 是微软公司继 Office 2010 后推出的新一代 Office 办公软件，它采用了全新的 Merto 界面，加强了云服务项目，实现了云服务端、计算机、平板电脑和手机等智能设备的同步更新，真正实现了软件的智能化。下面介绍 Office 2013 各组件的作用。

1.1.1　Word 2013

Word 2013 是 Office 2013 中使用最为广泛的组件之一，拥有强大的文字处理能力，使用它能创建和编辑出各种类型且具有专业水准的办公文档。图 1-1 所示为使用 Word 2013 制作的企业内刊文档。

图 1-1

图 1-3

图 1-5

1.1.2 Excel 2013

Excel 2013 是一款集电子表格制作、数据计算、信息分析和管理于一体的 Office 组件。相对于 Excel 2010 来说，Excel 2013 的图表功能更强大，它可以根据选择的数据推荐符合数据的图表，可以用更专业的图表来分析数据，让数据分析更简单。图 1-2 所示为使用 Excel 2013 制作的销售统计表。

图 1-2

1.1.3 PowerPoint 2013

PowerPoint 2013 是用于制作演示文稿的组件，它不仅可制作出集文字、图形图像、声音及视频等极具感染力的静态演示文稿，还可通过添加动画效果制作出动态的演示文稿，让信息的传递更轻松、高效。图 1-3 所示为使用 PowerPoint 2013 制作的年终工作总结演示文稿。

1.1.4 Access 2013

Access 2013 是一个数据管理系统，通过它不仅可以将信息保存在数据库中，还可以利用数据库中的数据源生成表单、报表和应用程序等，被广泛应用于各类数据的存储和管理。图 1-4 所示为使用 Access 2013 创建的产品销量数据库。

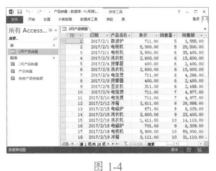

图 1-4

1.1.5 Outlook 2013

Outlook 2013 是一款用于邮件传送和业务协作的客户端程序，能帮助用户方便并高效地读取、组织、跟踪和查找电子邮件。Outlook 2013 集成了日历、联系人和任务管理等多种功能，可以方便用户有效地安排时间，轻松实现日常事务的管理。图 1-5 所示为使用 Outlook 2013 答复邮件的界面。

1.1.6 OneNote 2013

OneNote 2013 是一种数字笔记本，可以将文本、图片、录音和录像等信息全部收集并组织到计算机上的一个数字笔记本中，并且 OneNote 2013 可将用户所需的信息保存，减少在电子邮件、书面笔记本、文件夹和打印结果中搜索信息的时间，从而提高工作效率。图 1-6 所示为 OneNote 2013 工作界面。

图 1-6

1.1.7 Publisher 2013

Publisher 2013 用于设计、创建和发布各种专业的出版物，如产品宣传册、企业新闻稿、明信片等，并且创建的出版物还可用于桌面打印、商业印刷、电子邮件分发和 Web 网页查看等，以满足企业的各种需要。图 1-7 所示为使用 Publisher 2013 制作的产品介绍出版物。

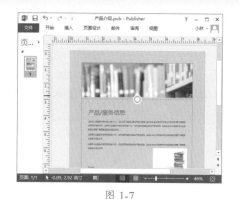

图 1-7

1.2 Office 2013 新功能预览

相对于 Office 2010 来说，Office 2013 的工作界面发生了很大的变化，而且新增了很多功能，使用户办公更加快捷、高效。

1.2.1 Metro 风格的工作界面

Office 2013 的界面主要是配合 Windows 8 操作系统来设计的。它除了延续 Office 2010 的 Ribbon 界面外，还融入了 Windows 8 操作系统的 Metro 风格，使整体界面趋于平面化，显得更加简洁，如图 1-8 所示。

图 1-8

1.2.2 新增开始屏幕

启动 Office 2010 任意一个组件后，都将直接新建一个空白文档，而 Office 2013 则新增了一个开始屏幕，启动任意一个组件后，都将打开相关组件的开始屏幕，在开始屏幕中显示了一系列的文档选项，方便用户创建各种需要的文档，如图 1-9 所示。

图 1-9

1.2.3 强大的 OneDrive 云存储服务

OneDrive 是网络中的一个云存储服务，用户可以在线创建、编辑和共享文档，而且可以和本地的文档编辑进行任意的切换，还可以访问和共享 Word 文档、Excel 电子表格和其他 Office 文件。甚至还可以与同事共同处理同一个文件，如图 1-10 所示。

图 1-10

1.2.4 跨设备同步

当用户在线保存 Office 文档之后，可以通过 PC、平板电脑中的 Office 2013 或 WebApps 等设备，随时随地对 Office 文档进行访问，非常方便，如图 1-11 所示。

图 1-11

1.2.5 内置图像搜索功能

在 Office 2010 中，要想插入网络中的图片，需要先打开网络浏览器搜索图片，然后才能插入 Word、Excel 或 PowerPoint 等 Office 组件。而在 Office 2013 中，不需要打开网页浏览器，通过 Office 2013 提供的联机视频功能，就可以在必应搜索中找到合适的图片，然后插入任何 Office 2013 文档中，如图 1-12 所示。

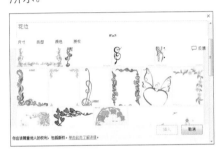

图 1-12

1.2.6 支持 PDF 文件

在 Office 2010 的 Word 和 PowerPoint 组件中，虽然能将文档保存为 PDF 文件，但不能直接打开，如果要使用 Word 编辑 PDF 文件，需要借助其他应用程序来转换，非常麻烦，而在 Office 2013 的 Word 文档中，具有直接编辑 PDF 文件的能力，无须将其转换为另一种格式，就可以从 Word 2013 直接开启 PDF 格式的文件来浏览，也可以直接编辑其中的内容并储存，这对于 Office 来说，是相当大的突破。

1.2.7 Excel 快速分析工具

过去分析数据需要执行很多工作，在 Excel 2013 中只需执行几个步骤即可完成。使用新增的【快速分析】工具，可以在两步或更少步骤内将数据以视觉化的方式进行呈现。如将数据转换为不同类型的图表（包括折线图和柱形图），或者添加缩略图（迷你图）。例如，通过一步操作即可将图 1-13 所示的表格数据转换为图 1-14 所示的折线图。

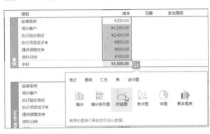

图 1-13

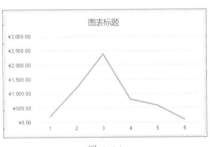

图 1-14

用户也可以使用【快速分析】工具快速应用表样式，创建数据透视表，快速插入总计，并应用条件格式等。例如，通过一步操作即可为图 1-15 中的所选单元格区域应用【色阶】格式，效果如图 1-16 所示。

	A	B	C	D
1		2017年青羊门市销售报表		
2	名称	一季度	二季度	三季度
3	休闲鞋	450	580	500
4	运动鞋	580	360	480
5	皮鞋	680	600	650
6	运动服	450	590	370
7	休闲服	280	360	260
8	西装	360	200	350

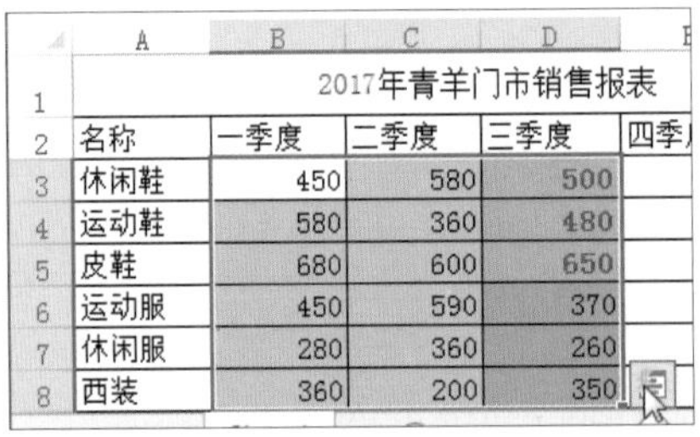

图 1-15

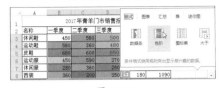

图 1-16

1.2.8 Office 用户账户

Office 2013 提供了用户账户功能，并且将 Microsoft 账户作为默认的个人账户，当登录 Microsoft 账户后，系统会自动将 Office 与此 Microsoft 账户相关联，而且打开和保存的 Office 文档都将保存到 Microsoft 账户中。当使用其他设备登录 Microsoft 账户后，也能看到账户中存放的内容，对于跨设备使用非常方便。

除此之外，Office 的 OneDrive、共享等功能需要登录 Microsoft 账户后才能使用，图 1-17 所示为登录用户账户后的界面。

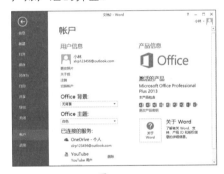

图 1-17

1.3 熟悉 Office 2013 组件工作界面和视图模式

了解了 Office 2013 的基本概念和新增功能后，接下来介绍 Office 2013 各组件的工作界面和视图模式，以便于对组件进行操作。

1.3.1　认识 Office 2013 各组件工作界面

要想使用 Office 2013 各组件制作文档，首先需要了解各组件的工作界面由哪几部分组成，以及各部分的作用等，这样才能快速操作各组件。

1. Word 2013 工作界面

Word 2013 的工作界面主要包括快速访问工具栏、标题栏、功能区、导航窗格、文档编辑区、状态栏和滚动条等组成部分，如图 1-18 所示。

图 1-18

快速访问工具栏：位于 Word 窗口左上角，用于显示一些常用的工具按钮，默认包括"程序"图标、"保存"按钮、"撤销"按钮和"恢复"按钮等，单击相应的按钮可执行相应的操作。

标题栏：主要用于显示正在编辑的文档的文件名及所使用的软件名，另外还包括"帮助""功能区显示选项""最小化""还原""关闭"等按钮。

功能区：主要包含了"文件""开始""插入""设计""页面布局""引用""邮件""审阅""视图"等选项卡，选择功能区上的任意选项卡，可显示其按钮和命令。

导航窗格：在该导航窗格中，单击文档标题可以快速调整标题在文档中的位置，或者使用搜索框在长文档中迅速搜索内容。

文档编辑区：主要用于文字编辑、页面设置和格式设置等操作，是 Word 文档的主要工作区域。

状态栏：位于工作界面最下方，用于显示当前文档页码、字数统计、视图按钮、缩放比例等，在状态栏空白处右击，从弹出的快捷菜单中自定义状态栏的按钮即可。

滚动条：分为水平和垂直滚动条两种，主要用于滚动显示页数较多的文档内容，按住滚动条上的滑轮，上、下或左、右拖动鼠标，即可滚屏浏览文档。

2. Excel 2013 工作界面

Excel 2013 的工作界面与 Word 2013 的工作界面相似，除了包括快速访问工具栏、标题栏、功能区、滚动条和状态栏外，还包括名称框、编辑栏、列标、行号、工作区和工作表标签等组成部分，如图 1-19 所示。

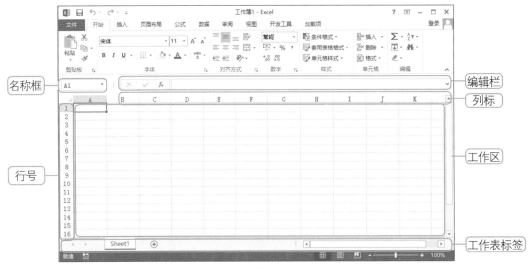

图 1-19

名称框：用于显示或定义所选择单元格或单元格区域的名称。

编辑栏：用于显示或编辑所选择单元格中的内容。

列标：用于显示工作表中的列，以 A，B，C，D，…的形式进行编号。

行号：用于显示工作表中的行，以 1，2，3，4，…的形式进行编号。

工作区：用于对表格内容进行编辑，每个单元格都以虚拟的网格线进行界定。

工作表标签：用于显示当前工作簿中的工作表名称或插入新的工作表。

3. PowerPoint 2013 工作界面

PowerPoint 2013 工作界面除了与 Word 2013 共有的组成部分外，还包括幻灯片窗格、幻灯片编辑区和备注窗格等组成部分，如图 1-20 所示。

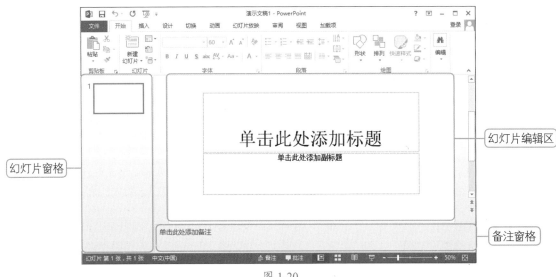

图 1-20

幻灯片窗格：用于显示当前演示文稿的幻灯片，在该窗格中还可对幻灯片进行新建、复制、移动、删除等操作。

幻灯片编辑区：工作界面右侧最大的区域是幻灯片编辑区，在此可以对幻灯片的文字、图片、图形、表格、图表等元素进行编辑。

备注窗格：用于为幻灯片添加备注内容，添加时将插入点定位在其中直接输入即可。

4. Access 2013 工作界面

与其他 Office 2013 组件相比，Access 2013 工作界面特有的组成部分包括 Access 对象窗格、表区域、表状态栏等，如图 1-21 所示。

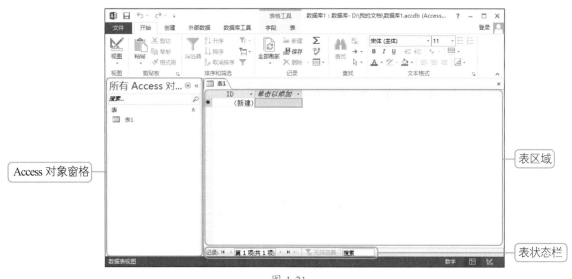

图 1-21

Access 对象窗格：用于显示 Access 所有对象，还可以以指定方式打开 Access 对象等。

表区域：用于存储和编辑 Access 基础数据。

表状态栏：用于记录表区域中的数据，还可以进行数据项的筛选和切换。

5. Outlook 2013 工作界面

与其他 Office 2013 组件相比，Outlook 2013 工作界面特有的组成部分包括 Outlook 文件夹窗格、日历窗格、任务窗格、邮件窗格和文件夹栏等，如图 1-22 所示。

图 1-22

文件夹窗格：可以在各功能中进行切换，并且显示功能相关的邮件数量。

日历窗格：单击该窗格中的【日历】超级链接，可快速切换到日历界面。

任务窗格： 单击该窗格中的【任务】超级链接，可快速切换到任务界面。

邮件窗格： 用于显示邮件收件箱、草稿箱和发件箱中的邮件数量。

文件夹栏： 用于显示邮件、日历、联系人和任务等功能，在文件夹栏中单击相应的功能，可快速跳转到相应的页面，并且在该栏中还可对功能显示的位置进行相应的调整。

6. OneNote 2013 工作界面

与其他 Office 2013 组件相比，OneNote 2013 工作界面特有的组成部分包括导航选项卡、工作区、添加页窗格等，如图 1-23 所示。

图 1-23

导航选项卡： 显示创建的分区，并可执行创建、删除和重命名分区等操作。

工作区： 用于输入与编辑内容。

添加页窗格： 用于显示创建的页，并且可以插入新的页。

7. Publisher 2013 工作界面

与其他 Office 2013 组件相比，Publisher 2013 工作界面特有的组成部分包括页面窗格、水平标尺、垂直标尺和出版物编辑区等，如图 1-24 所示。

图 1-24

页面窗格：使用该窗格可在出版物中移动、复制和删除页面。

水平标尺：拖动标尺可创建水平参考线。

垂直标尺：拖动标尺可创建垂直参考线。

出版物编辑区：用于输入和编辑出版物中的各个对象。

1.3.2 认识 Office 2013 各组件的视图模式

在使用 Office 2013 组件制作与编辑文档的过程中，经常需要对制作的内容进行查看，选用不同的视图浏览模式，其显示的模式也不一样，用户可根据实际情况选用不同的视图浏览模式对文档进行查看。下面对 Office 2013 各组件的视图模式进行介绍。

1. Word 2013 视图模式

Word 2013 提供了阅读视图、页面视图、Web 版式视图、大纲视图和草稿视图等 5 种视图模式。

➡ **阅读视图**：是阅读文档最佳的方式，将会以全屏形式显示文档内容，不能对文档内容进行修改，如图 1-25 所示。

图 1-25

➡ **页面视图**：是 Word 2013 默认的视图方式，在其中可对文档进行各种编辑操作。

➡ **Web 版式视图**：以网页的形式显示文档内容在 Web 浏览器中的外观，如图 1-26 所示。

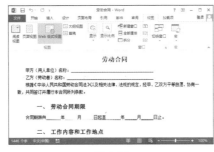

图 1-26

➡ **草稿视图**：草稿视图取消了页面边距、分栏、页眉页脚和图片等元素，仅显示标题和正文，是最节省计算机系统硬件资源的视图方式。

➡ **大纲视图**：主要用于设置文档的格式、显示标题的层级结构，以及检查文档结构，如图 1-27 所示。

图 1-27

2. Excel 2013 视图模式

Excel 2013 提供了普通视图、分页预览视图、页面布局视图和自定义视图等 4 种视图模式。

➡ **普通视图**：是 Excel 默认的视图方式，主要用于数据的录入、编辑、计算、筛选、排序和分析等各种操作。

➡ **分页预览视图**：用于查看打印表格时显示分页符的位置，如图 1-28 所示。

图 1-28

➡ **页面布局视图**：用于查看打印表格的外观，如图 1-29 所示。

图 1-29

➡ **自定义视图**：指可以应用自己保存的视图模式。图 1-30 所示为管理自定义的视图模式对话框。

图 1-30

3. PowerPoint 2013 视图模式

PowerPoint 2013 提供了普通视图、大纲视图、幻灯片浏览视图、备注页视图和阅读视图等 5 种视图模式。

➡ **普通视图**：是 PowerPoint 2013 默认的视图模式，该视图主要用于设计幻灯片的总体结构，以及编辑单张幻灯片中的内容。

➡ **大纲视图**：是以大纲形式显示幻

灯片中的标题文本，主要用于查看、编辑幻灯片中的文字内容，如图 1-31 所示。

图 1-31

➡ 幻灯片浏览视图：用于显示演示文稿中所有幻灯片的缩略图，在该视图模式下不能对幻灯片的内容进行编辑，但可以调整幻灯片的顺序，以及对幻灯片进行复制操作，如图 1-32 所示。

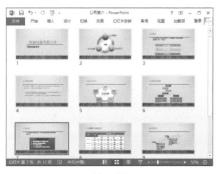

图 1-32

➡ 备注页视图：主要用于为幻灯片添加备注内容，如演讲者备注信息、解释说明信息等，如图 1-33 所示。

图 1-33

➡ 阅读视图：以窗口的形式对演示

文稿中的切换效果和动画进行放映，在放映过程中可以单击鼠标切换放映幻灯片，如图 1-34 所示。

图 1-34

4. Access 2013 视图模式

Access 2013 中包含了表、查询、窗体、报表、宏和模板等对象，不同的对象提供了不同的视图模式，但每个对象都提供了数据表视图和设计视图两种视图模式。

➡ 数据表视图：是 Access 默认的视图模式，可以对数据库进行各种编辑与管理操作。

➡ 设计视图：用于设计数据字段名的名称、类型、关键字等属性，可以更方便地对数据属性进行设置，如图 1-35 所示。

图 1-35

5. Outlook 2013 视图模式

Outlook 2013 提供了正常视图和读取视图两种视图模式。在正常视图和读取视图中都可进行邮件的编写、读取等各种操作。唯一不同的是，读取视图会折叠文件夹窗格，如图 1-36 所示。

图 1-36

6. OneNote 2013 视图模式

OneNote 2013 提供了普通视图、整页视图和停靠到桌面视图等 3 种。

➡ 普通视图：是 OneNote 默认的视图模式，用于显示功能区和导航选项卡，如图 1-37 所示。

图 1-37

➡ 整页视图：用于显示当前页面，不显示 OneNote 的功能区和导航选项卡，方便查看笔记，如图 1-38 所示。

图 1-38

➡ 停靠到桌面视图：通过将 OneNote 窗口固定在桌面一侧来使笔记保持可见，便于随时查看笔记内容，如图 1-39 所示。

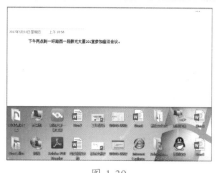

图 1-39

7. Publisher 2013 视图模式

Publisher 2013 提供了普通视图和母版页视图两种视图模式。普通视图是默认的视图模式，可进行各种编辑操作，而母版页视图是用于设计和编辑出版物的母版页，如图 1-40 所示。

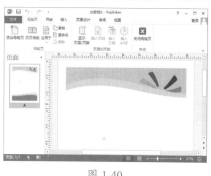

图 1-40

1.4 掌握 Office 2013 的共性操作

Office 2013 中虽然包含很多组件，但各组件的很多操作都是相通的，如新建、打开、保存、关闭、打印等，下面以 Word 为例讲解 Office 2013 的共性操作。

★ 重点 1.4.1 实战：新建文件

实例门类	软件功能
教学视频	光盘\视频\第 1 章\1.4.1.mp4

要想使用 Office 2013 组件制作办公文件，首先需要新建文件，而新建文件又分为新建空白文件和根据模板新建两种，下面分别进行讲解。

1. 新建空白文件

新建空白文件的方法很简单，在桌面上双击 Word 2013 的快捷方式图标 ，启动 Word 2013 程序，在打开的开始屏幕中单击【空白文档】图标，如图 1-41 所示，即可新建一个 Word 空白文档。

图 1-41

2. 根据模板新建文件

安装 Office 2013 时，会自动为组件安装一些现成的模板，通过提供的模板可快速创建带有固定格式的文档，但前提是计算机必须正常连接网络。下面在 Word 中创建求职简历文件，具体操作步骤如下。

Step 01 启动 Word 2013 程序，进入 Word 开始屏幕，在右侧显示了提供的模板，单击需要创建的模板图标，如单击【创意简历……】图标，如图 1-42 所示。

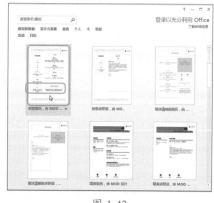

图 1-42

Step 02 在打开的对话框中显示了模板的相关信息，单击【创建】按钮，如图 1-43 所示。

技能拓展——搜索联机模板

如果开始屏幕中没有需要的模板，那么可搜索联机模板。在开始屏幕右侧的【搜索联机模板】搜索框中输入模板关键字，单击【开始搜索】按钮 ，即可搜索与关键字相关的模板，搜索完成后，将显示搜索结果，单击需要的模板，即可进行下载创建。

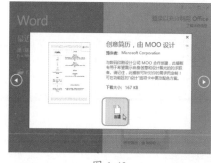

图 1-43

Step 03 即可进入下载界面，开始下载选择的模板，如图 1-44 所示。

Step 04 下载完成后，即可创建所选的模板文档，如图 1-45 所示。

图 1-44

图 1-45

★ 重点 1.4.2 实战：保存文件

实例门类	软件功能
教学视频	光盘\视频\第 1 章\1.4.2.mp4

对于创建和编辑的 Office 文件，还应及时进行保存，以避免文件内容丢失。下面将对创建的个人简历模板文件进行保存，具体操作步骤如下。

Step01 在 Word 工作界面中单击【文件】菜单选项，❶ 在打开的界面左侧选择【另存为】选项，❷ 在中间选择要保存的位置，如选择【计算机】选项，❸ 单击右侧的【浏览】按钮，如图 1-46 所示。

图 1-46

⚙ 技术看板

如果是第一次保存，在界面中选择【保存】选项，也会打开【另存为】界面。

Step02 打开【另存为】对话框，❶ 在地址栏中设置文件保存的位置，❷ 在【文件名】文本框输入保存的名称，如输入【个人简历模板】，❸ 单击【保存】按钮，如图 1-47 所示。

图 1-47

Step03 保存后，该文档标题栏中的名称将发生变化，如图 1-48 所示。

图 1-48

1.4.3 实战：打开文件

实例门类	软件功能
教学视频	光盘\视频\第 1 章\1.4.3.mp4

保存在计算机中的 Office 文档，如果需要对其进行再次编辑或查看，那么就需要先将其打开。打开文件的具体操作步骤如下。

Step01 在 Word 工作界面中选择【文件】选项卡，❶ 在打开的界面左侧选择【打开】选项，❷ 在中间选择文件的保存位置，如选择【计算机】选项，❸ 单击

右侧的【浏览】按钮，如图 1-49 所示。

图 1-49

Step02 打开【打开】对话框，❶ 在地址栏中选择所打开文件的保存位置，❷ 选择需要打开的文件，如选择【面试通知】文件，❸ 单击【打开】按钮，如图 1-50 所示。

图 1-50

Step03 即可在 Word 2013 中打开选择的文档，效果如图 1-51 所示。

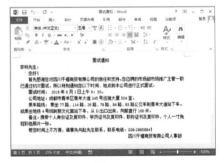

图 1-51

⚙ 技能拓展——双击打开文件

在计算机中选择需要打开的 Office 文件，直接双击或在文件上右击，在弹出的快捷菜单中选择【打开】命令，即可自动启动相关的程序打开文件。

1.4.4 实战：关闭文件

实例门类	软件功能
教学视频	光盘\视频\第1章\1.4.4.mp4

当编辑完 Office 文件并对其进行保存后，如果不需要再使用该文件，可将其关闭，以提高计算机的运行速度。

1. 关闭文件的同时退出程序

在文件窗口中单击标题栏中的【关闭】按钮 x，即可在关闭文件的同时退出程序。

2. 关闭文件时不退出程序

如果只需要关闭当前文件，不需要退出程序，那么需要执行【关闭】命令来实现。关闭文件时不退出程序的具体操作步骤如下。

Step 01 在文件窗口中选择【文件】选项卡，在打开的界面左侧选择【关闭】选项，如图 1-52 所示。

图 1-52

Step 02 即可在关闭当前文件时不退出程序，也不会影响其他文档的打开状态，如图 1-53 所示。

图 1-53

1.4.5 打印文件

在日常办公过程中，经常需要将制作好的 Office 文件打印出来，以便于传阅和保存。Office 2013 提供了打印功能，通过它可快速将制作好的文件打印出来。但在打印文件前，一般需要先预览打印效果，若有不满意的地方还可再进行修改和调整。预览并确认无误后，就可对打印参数进行设置，设置后才能执行打印操作。

以 Word 2013 为例，打印文档时，只需在 Word 窗口中选择【文件】选项卡，在打开的界面左侧选择【打印】选项，在界面中间将显示打印参数，根据需要对打印参数进行设置，在界面右侧将显示预览效果，如图 1-54 所示。

图 1-54

各打印参数的作用如下：

➡ 【打印】按钮：单击该按钮，可执行打印操作。
➡ 【份数】数值框：用于设置打印的份数。
➡ 【打印机】下拉列表框：用于设置打印时要使用的打印机。
➡ 【打印所有页】下拉列表框：用于设置文档中要打印的页面。
➡ 【页数】文本框：用于设置文档要打印的页数。
➡ 【单面打印】下拉列表框：用于设置将文档打印到一张纸的一面，或手动打印到纸的两面。
➡ 【调整】下拉列表框：当需要将

多页文档打印为多份时，用于设置打印文档的排序方式。

➡ 【纵向】下拉列表框：用于设置文档打印的方向。
➡ 【A4】下拉列表框：用于设置文档纸张的打印大小。
➡ 【正常边距】下拉列表框：用于设置文档打印时文档内容与页边距的距离。
➡ 【每版打印1页】下拉列表框：用于设置在一张纸上打印计算机中一页或多页的效果。
➡ 【打印机属性】超级链接：单击该超级链接，可在打开的对话框中对打印机的布局、纸张和质量等进行设置，如图 1-55 所示。

图 1-55

➡ 【页面属性】超级链接：单击该超级链接，在打开的【页面设置】对话框中可对页边距、纸张大小等进行设置，如图 1-56 所示。

图 1-56

1.5 自定义 Office 2013 工作界面

不同的用户，其工作习惯会有所不同，用户可以根据实际需要对 Office 2013 各组件的工作界面进行自定义，以便提高工作效率。

★ 重点 1.5.1 实战：在快速访问工具栏中添加快捷操作按钮

实例门类	软件功能
教学视频	光盘\视频\第 1 章\1.5.1.mp4

默认情况下，Office 2013 各组件快速访问工具栏中只提供了几个常用的按钮，为了方便在编辑文档时能快速实现某些操作，用户可以根据需要将经常使用的按钮添加到快速访问工具栏中，将不常用的按钮从快速访问工具栏中删除。以 Excel 为例，将常用的"打开"和"另存为"按钮添加到快速访问工具栏中，具体操作步骤如下。

Step01 ❶ 启动 Excel 2013 程序，在 Excel 工作界面的快速访问工具栏中单击【自定义快速访问工具栏】按钮，❷ 在弹出的下拉菜单中选择需要添加到快速访问工具栏中的命令，如选择【打开】命令，如图 1-57 所示。

图 1-57

Step02 将【打开】按钮添加到快速访问工具栏，❶ 然后单击【自定义快速访问工具栏】按钮，❷ 在弹出的下拉菜单中选择【其他命令】命令，如图 1-58 所示。

图 1-58

Step03 打开【Excel 选项】对话框，默认选择【快速访问工具栏】选项，❶ 在中间的【常用命令】列表框中选择需要的选项，如选择【另存为】选项，❷ 单击【添加】按钮，❸ 将【另存为】添加到【自定义快速访问工具栏】列表框中，单击【确定】按钮，如图 1-59 所示。

图 1-59

Step04 即可将【另存为】按钮添加到快速访问工具栏中，如图 1-60 所示。

图 1-60

1.5.2 实战：将功能区中的按钮添加到快速访问工具栏中

实例门类	软件功能
教学视频	光盘\视频\第 1 章\1.5.2.mp4

对于功能区比较常用的按钮，也可将其添加到快速访问工具栏中，这样可以简化部分操作，提高工作效率。如将 Excel 功能区的"插入函数"和"数据验证"按钮添加到快速访问工具栏中，具体操作步骤如下。

Step01 ❶ 在 Excel 2013 工作界面选择【公式】选项卡，❷ 在【函数】组中的【插入公式】按钮上右击，在弹出的快捷菜单中选择【添加到快速访问工具栏】命令，如图 1-61 所示。

图 1-61

Step02 ❶ 即可将【插入函数】按钮添加到快速访问工具栏中，❷ 在【数据】选项卡【数据工具】组中的【数据验证】按钮上右击，在弹出的快捷菜单中选择【添加到快速访问工具栏】命令，如图 1-62 所示。

图 1-62

Step03 即可将【数据验证】按钮 添加到快速访问工具栏中，效果如图 1-63 所示。

图 1-63

★ 重点 1.5.3 实战：在选项卡中添加工作组

实例门类	软件功能
教学视频	光盘\视频\第 1 章\1.5.3.mp4

在使用 Office 2013 制作文档的过程中，用户也可根据自己的使用习惯，为经常使用的命令、按钮创建一个独立的选项卡或工作组，以方便操作。以 Excel 2013 为例，在【开始】选项卡中创建一个【常用操作】组，具体操作步骤如下。

Step01 在 Excel 工作界面中选择【文件】选项卡，在打开的界面左侧选择【选项】选项，如图 1-64 所示。

图 1-64

Step02 ① 打开【Excel 选项】对话框，在左侧选择【自定义功能区】选项，② 在右侧的【自定义功能区】列表框中选择工具组要添加到的具体位置，这里选中【开始】复选框，③ 单击【新建组】按钮，如图 1-65 所示。

图 1-65

Step03 在【自定义功能区】列表框中的【开始】选项卡下的最后一个组下方添加【新建组（自定义）】选项，保持新建工作组的选中状态，单击【重命名】按钮，如图 1-66 所示。

图 1-66

技术看板

在【Excel 选项】对话框【主选项卡】列表框右侧单击【上移】按钮，可向上移动所选组的位置；单击【下移】按钮，可向下移动所选组的位置。

Step04 ① 打开【重命名】对话框，在【符号】列表框中选择要作为新建工作组的符号标志，② 在【显示名称】文本框中输入新建组的名称，如输入

【常用】，③ 单击【确定】按钮，如图 1-67 所示。

图 1-67

Step05 返回【Excel 选项】对话框，在列表框中可查看到重命名组名称后的效果，① 然后将常用的命令添加到该组中，② 再单击【确定】按钮，如图 1-68 所示。

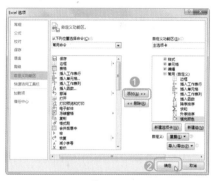

图 1-68

Step06 返回 Excel 工作界面，在【开始】选项卡的【常用】组中，可查看到添加的一些命令，效果如图 1-69 所示。

图 1-69

技能拓展——在功能区中新建选项卡

如果需要在 Excel 工作界面的功能区中新建选项卡，可打开【Excel 选项】对话框，在左侧选择【自定义功能区】选项，在右侧的【主选项卡】列表框中选择新建选项卡的位置，然后单击【新建选项卡】按钮，即可在所选选项卡下方添加一个新选项卡，然后以重命名新建组的方式重命名新建的选项卡。

1.5.4 实战：显示 / 隐藏功能区

实例门类	软件功能
教学视频	光盘\视频\第 1 章\1.5.4.mp4

Office 2013 提供了隐藏功能区的功能，当用户需要更多的阅读空间，且不需要进行编辑操作时，可以将功能区隐藏，在需要应用功能区的相关命令或选项时，再将其显示出来。例如，将 Excel 功能区隐藏，具体操作

步骤如下。

Step01 ❶ 在 Excel 2013 工作界面的标题栏中单击【功能区显示选项】按钮，❷ 在弹出的快捷菜单中选择需要的隐藏或显示命令，如选择【自动隐藏功能区】命令，如图 1-70 所示。

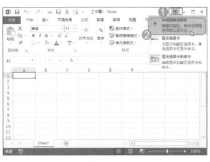
图 1-70

技术看板

在【功能区显示选项】下拉菜单中选择【显示选项卡】命令，将显示选项卡，并折叠功能区；若选择【显示选项卡和命令】命令，将显示选项卡和功能区。

Step02 可隐藏功能区并切换到全屏阅读状态，如图 1-71 所示。要显示出功能区，可以将鼠标指针移动到窗口最上方，显示出标题栏，单击右侧的 ··· 按钮。

图 1-71

技能拓展——折叠 / 显示功能区

在功能区或选项卡中右击，在弹出的快捷菜单中选择【折叠功能区】命令，即可只显示选项卡，并折叠功能区，若需要显示功能区时，在选项卡上双击，即可将折叠的功能区显示出来。

1.6 Office 2013 账户设置

Office 2013 中提供了用户账户功能，通过该功能，用户只要登录到用户账户，就可以通过其他设备或其他计算机查看 Office 用户账户中保存的文件。

★ 重点 1.6.1 实战：注册并登录 Microsoft 账户

实例门类	软件功能
教学视频	光盘\视频\第 1 章\1.6.1.mp4

Office 2013 的 OneDrive、共享等功能需要登录到 Microsoft 账户后才能使用，所以，在使用 Office 2013 制作文档之前，可以先注册 Microsoft 账号，并登录到账户，这样便于后期的操作。以 PowerPoint 为例，注册和登录 Microsoft 账号的具体操作步骤如下。

Step01 在 PowerPoint 2013 工作界面选择【文件】选项卡，❶ 在打开的页面

左侧选择【账户】选项，❷ 在中间的【账户】栏中单击【登录】按钮，如图 1-72 所示。

图 1-72

Step02 ❶ 打开【登录】对话框，在文本框中输入电子邮箱地址或电话号

码，❷ 单击【下一步】按钮，如图 1-73 所示。

图 1-73

Step 03 在打开的对话框中单击【注册】超级链接进行注册，如图 1-74 所示。

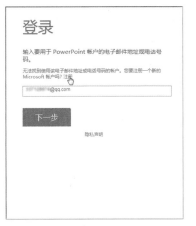

图 1-74

技术看板

如果在【登录】对话框中的文本框中输入的是已注册的 Microsoft 账户，那么可直接输入用户名和密码进行登录。

Step 04 打开【创建 Microsoft 账户】页面，在该页面中根据提示填写相应的注册信息，如图 1-75 所示。

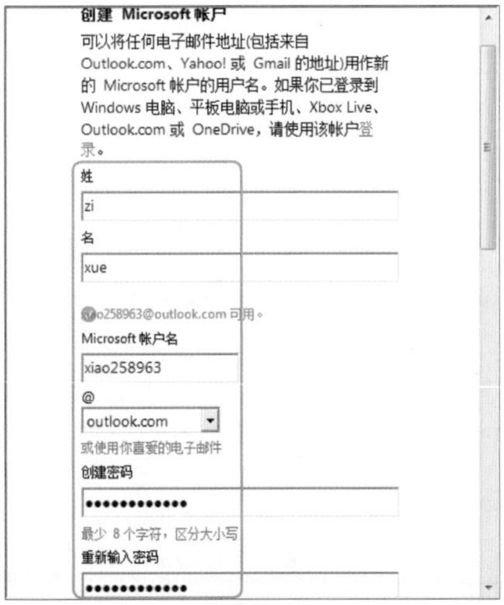

图 1-75

Step 05 继续填写注册信息，填写完成后，单击【创建账户】按钮，如图 1-76 所示。

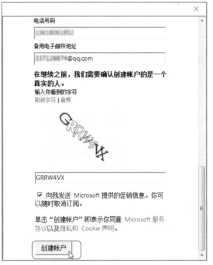

图 1-76

Step 06 开始进行注册，注册成功后，PowerPoint 会自动登录，返回到 PowerPoint 工作界面，可看到右上角已经显示了登录的个人账户，效果如图 1-77 所示。

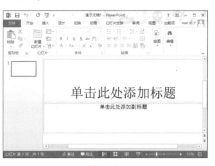

图 1-77

技能拓展——通过网页注册 Microsoft 账户

注册 Microsoft 账户时，也可通过网页直接注册，在浏览器中打开 https://login.live.com/ 网址，在打开的页面中单击【没有账户？创建一个！】超级链接，即可打开【创建 Microsoft 账户】页面，然后填写注册信息，单击【创建账户】按钮进行创建即可。

1.6.2 设置 PowerPoint 账户背景

登录账户后，Office 2013 组件将自动应用账户提供的 Office 背景，如果用户不喜欢该背景，也可换成其他背景效果或取消背景，需要注意的是，更改 Office 2013 某一个组件的背景后，所有组件的背景都将随之发生变化。其方法是：在 Office 2013 任意组件的工作界面中选择【文件】选项卡，❶ 在打开的页面左侧选择【账户】命令，❷ 在中间单击【Office 背景】下拉列表框右侧的下拉按钮，❸ 在弹出的下拉列表框中选择需要的背景选项，如选择【午餐盒】选项，可为 Office 组件应用该背景，如图 1-78 所示。

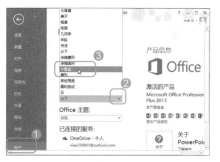

图 1-78

技术看板

在【Office 背景】下拉列表框中选择【无背景】选项，即可取消账户的背景效果。

★ 重点 1.6.3 实战：退出当前 Office 账户

实例门类	软件功能
教学视频	光盘\视频\第 1 章\1.6.3.mp4

当需要进行的操作不登录账户也能完成时，也可退出当前登录的 Office 账户。例如，在 PowerPoint 2013 中退出当前登录的 Office 账户，

具体操作步骤如下。

Step01 ❶ 在 PowerPoint 2013 工作界面选择【文件】选项卡，在打开的页面左侧选择【账户】选项，❷ 单击【注销】超级链接，如图 1-79 所示。

单击【是】按钮，如图 1-80 所示。

图 1-80

图 1-79

Step02 即可打开【删除账户】对话框，确认是否立即注销此账户，这里

Step03 退出登录的 Office 账户，效果如图 1-81 所示。

图 1-81

1.7　巧用 Office 2013 解决问题

在使用 Office 2013 的过程中，如果用户遇到了自己不太懂或不会的问题，可以使用 Office 2013 的帮助功能进行解决。本节主要介绍一些常用的搜索问题的方法，以便帮助用户快速解决问题。

1.7.1　实战：使用关键字搜索问题

实例门类	软件功能
教学视频	光盘\视频\第 1 章\1.7.1.mp4

在使用搜索功能查看帮助时，可以通过输入关键字来搜索需要查找的问题，快速找到解决方法。例如，在 Access 2013 中使用关键字搜索问题获取帮助，具体操作步骤如下。

Step01 启动 Access 2013 程序，在工作界面标题栏中单击【Microsoft Access 帮助】按钮，如图 1-82 所示。

Step02 ❶ 打开【Access 帮助】窗口，在搜索框中输入问题的关键字，如输入【如何创建窗体】，❷ 单击【搜索联机帮助】按钮，如图 1-83 所示。

Step03 在打开的窗口页面中将显示搜索到的结果，单击需要查看问题对应的超级链接，如图 1-84 所示。

图 1-82

图 1-83

图 1-84

Step04 即可在打开的窗口页面中查看到问题的相关内容，如图 1-85 所示。

图 1-85

1.7.2 实战：使用对话框获取帮助

实例门类	软件功能
教学视频	光盘\视频\第1章\1.7.2.mp4

在操作与使用 Office 2013 程序时，当打开一个操作对话框而不知道某选项的具体含义时，可以在对话框中单击【帮助】按钮，即可及时、有效地获取帮助信息。以 PowerPoint 为例，使用对话框获取帮助的具体操作步骤如下。

Step01 在 PowerPoint 2013 工作界面中单击【开始】选项卡【段落】组中的【段落】按钮，如图 1-86 所示。

Step02 打开【段落】对话框，单击右上角的【帮助】按钮，如图 1-87 所示。

图 1-86

图 1-87

Step03 打开【PowerPoint 帮助】窗口，在其中显示了与段落设置相关的帮助信息，如图 1-88 所示。

图 1-88

妙招技法

通过前面知识的学习，相信读者已经掌握了一些 Office 2013 的基础知识，如 Office 2013 的新功能、各组件工作界面和视图模式等。下面结合本章内容，给大家介绍一些实用技巧。

技巧01：设置窗口的显示比例

教学视频	光盘\视频\第1章\技巧01.mp4

在 Office 2013 组件窗口中，可以设置页面显示比例来调整文档窗口的大小。显示比例仅仅调整文档窗口的显示大小，并不会影响实际的打印效果。例如，设置 Word 2013 页面显示比例的具体操作步骤如下。

Step01 打开"光盘\素材文件\第1章\面试通知.docx"文件，单击【视图】选项卡【显示比例】组中【显示比例】按钮，如图 1-89 所示。

Step02 打开【显示比例】对话框，❶ 在【显示比例】栏中选中需要的显示比例，如选中【100%】单选按钮，❷ 单击【确定】按钮，如图 1-90所示。

图 1-89

图 1-90

技术看板

如果没有需要的显示比例，那么可直接在【百分比】数值框中输入需要的显示比例。

Step03 此时可将文档的显示比例设置为【100%】，如图 1-91 所示。

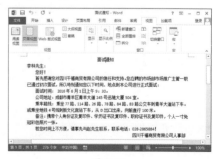

图 1-91

技巧 02：以其他方式打开 Office 2013 文档

教学视频　光盘\视频\第1章\技巧 02.mp4

一般打开 Office 2013 文档，都是直接打开的。其实，在 Office 2013 各组件中提供了多种打开方式，如以副本方式打开、以只读方式打开、在受保护的视图中打开等，用户可根据实际需要对打开方式进行选择。

1. 以只读方式打开

当只需要对演示文稿中的内容进行查看，且不需要对演示文稿进行编辑时，则可以只读的方式打开演示文稿。例如，在 Word 2013 中以只读方式打开"面试通知"文档，具体操作步骤如下。

Step01 在 Word 2013 工作界面中选择【文件】选项卡，❶ 在打开的页面左侧选择【打开】选项，❷ 在中间选择【计算机】选项，❸ 在右侧单击【浏览】按钮，如图 1-92 所示。

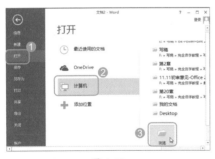

图 1-92

Step02 ❶ 打开【打开】对话框，在地址栏中设置要打开文档的保存位置，❷ 然后选择需要打开的文档【面试通知】，❸ 单击【打开】下拉按钮▾，❹ 在弹出的下拉菜单中选择【以只读方式打开】命令，如图 1-93 所示。

Step03 打开该文档，并自动切换到阅读视图模式，并在标题栏中显示【[只读]】字样，效果如图 1-94 所示。

图 1-93

图 1-94

技术看板

以只读方式打开 Office 2013 文档后，如果对文档进行了编辑，那么不能保存到原文档，只有选择【另存为】选项才能对文档进行保存。

2. 以副本方式打开

以副本方式打开文档时，会在原文档的文件夹中创建一个完全相同的副本文档，并会将其打开。例如，在 Word 2013 中以副本方式打开"面试通知"文档，具体操作步骤如下。

Step01 ❶ 在 Word 2013 中打开【打开】对话框，在地址栏中设置要打开文档的保存位置，❷ 然后选择需要打开的文档【面试通知】，❸ 单击【打开】下拉按钮▾，❹ 在弹出的下拉菜单中选择【以副本方式打开】命令，如图 1-95 所示。

Step02 即可在原始文档文件夹中创建一个与原始文档相同的副本，效果如图 1-96 所示。

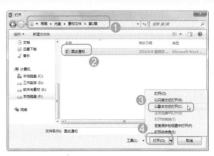

图 1-95

图 1-96

Step03 同时打开创建的副本文档，效果如图 1-97 所示。

图 1-97

3. 在受保护的视图中打开

在受保护的视图中打开文档后，不能直接对文档进行编辑，但允许用户进入编辑状态。例如，在 Word 2013 中以受保护的视图方式打开"面试通知"文档，具体操作步骤如下。

Step01 ❶ 在 Word 2013 中打开【打开】对话框，在地址栏中设置要打开文档的保存位置，❷ 然后选择需要打开的文档【面试通知】，❸ 单击【打开】下拉按钮▾，❹ 在弹出的下拉菜单中选择【在受保护的视图中打开】命令，如图 1-98 所示。

图 1-98

Step02 即可以受保护的视图打开文档，效果如图 1-99 所示。单击【启用编辑】按钮，即可进入文档的编辑状态。

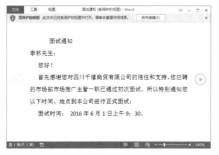

图 1-99

技能拓展——打开并修复 Office 2013 文档

当需要打开的 Office 2013 文档受到损坏，不能正常打开时，可以通过打开修复的方式进行修复。其方法是：在 Office 2013 组件中打开【打开】对话框，在地址栏中设置要打开文档的保存位置，然后选择需要打开的文档，单击【打开】下拉按钮▾，在弹出的下拉菜单中选择【打开并修复】命令，即可对文档进行修复，并将其打开。

技巧 03：快速切换到指定的文档窗口

教学视频	光盘\视频\第 1 章\技巧 03.mp4

当在 Office 2013 组件中打开多个文档进行查看或编辑时，难免需要在多个文档窗口之间进行切换，要

想快速准确地切换到需要的文档窗口中，可通过 Office 2013 提供的切换窗口功能来实现。以 word 2013 为例，快速切换到指定文档窗口的具体操作步骤如下。

Step01 打开多个 Word 文档窗口，❶单击【视图】选项卡【窗口】组中的【切换窗口】按钮，❷在弹出的下拉菜单中选择需要切换到的窗口选项，如选择【办公室文书岗位职责】选项，如图 1-100 所示。

图 1-100

Step02 即可快速切换到"办公室文书岗位职责"文档窗口，如图 1-101 所示。

图 1-101

技巧 04：怎样设置文档自动保存时间

教学视频	光盘\视频\第 1 章\技巧 04.mp4

使用 Office 2013 办公软件编辑文档时，可能会遇到计算机死机、断电及误操作等情况。为了避免不必要的损失，可以设置 Office 的自动保存时间，以 Word 2013 为例，设置自动

保存文档的具体操作步骤如下。

在 Word 2013 中打开【Word 选项】对话框，❶在左侧选择【保存】选项，❷在右侧的【保存文档】组中选中【保存自动恢复信息时间间隔】复选框，❸在其右侧的数值框中对时间间隔进行设置，❹单击【确定】按钮，如图 1-102 所示。

图 1-102

技巧 05：设置最近访问文档个数

教学视频	光盘\视频\第 1 章\技巧 05.mp4

在 Office 2013 组件的开始屏幕中默认显示"25"个最近打开的文档，用户可根据实际需要设置最近打开的文档个数。例如，在 Word 中设置最近访问文档个数的具体操作步骤如下。

打开【Word 选项】对话框，❶在左侧选择【高级】选项；❷在右侧【显示】栏中【显示此数目的"最近使用的文档"】数值框中对文档个数进行设置；❸单击【确定】按钮，如图 1-103 所示。

图 1-103

本章小结

　　通过本章知识的学习，相信读者已经掌握了 Office 2013 的基本知识和基本设置。本章首先介绍了 Office 2013 各组件的作用及 Office 2013 的新功能，紧接着介绍了 Office 2013 的各组件的工作界面和视图模式，然后介绍了 Office 2013 各组件的一些共性操作、工作界面与用户账户的设置、优化工作环境的方法，最后讲述了巧用 Office 2013 的"帮助"功能，以及解决相关问题的方法。通过本章的学习，希望读者能够熟悉 Office 2013 的基本知识，学会定制和优化 Office 2013 工作环境的技巧，从而快速、高效地完成工作。

第2篇 Word办公应用篇

Word 2013 是 Office 2013 中一款强大的文字处理软件，在日常办公中，经常用于处理各种办公文字资料。

第2章 Word 2013 文档内容的输入与编辑

➡ 需要的符号键盘上没有，不知道该如何输入？

➡ 输入的文本位置不对，该如何移动到正确位置？

➡ 标题和正文内容该如何区分？

➡ 如何让文档内容的结构清晰、有条理？

➡ 文档页面大小不相符，怎样调整才合理？

文档的录入、编辑与设置是学习 Word 2013 应用的基础，学完本章不仅能得到以上问题的答案，还会掌握编辑文档的许多技巧和方法。

2.1 文档内容编辑的相关知识

Word 2013 主要用于编辑文本，所以，用户在使用 Word 2013 制作和编辑文本之前，可以先了解办公文档内容的编辑知识，这样，编辑文档内容时才更加得心应手。

2.1.1 不同文档对格式的要求

对于办公文档来说，文档主要分为正式和非正式两种类型，正式的文档对文档内容的字体、段落和间距等格式的要求比较严格，但这些格式基本都是固定的，只需按固定的格式要求来进行设置即可。

例如，对"制度"这类正式文档，可按照如下的格式要求进行设置（这里只是作为示范例子，用户可适当进行更改，不是绝对的）。

➡ 排版规格：（1）题目要求二号宋体字；（2）正文要求三号仿宋体，文中如有大标题可用三号黑体字，小标题则用三号楷体；（3）一般每页排 22 行，每行排 28 个字（页面设置：上 3.3，下 3，左右各 2.5，行空距固定值 30）。

➡ 制版要求：版面干净无底灰，字迹清楚无断画，尺寸标准，版心不斜，误差不超过 1mm。

➡ 成文日期：用汉字将年、月、日标全；"零"写为"0"。

➡ 页码：用四号半角白体阿拉伯数码标识，置于版心下边缘，数码左右各有一条线，如—1—；空白页和空白页以后的页不标识页码。

➡ 发文字号：发文字号由发文机关代字、年份和序号组成。发文机关标识下空 2 行，用三号仿宋体字，居中排列；年份、字号用阿拉伯数码标识；年份应标全称，用六角扩号"〔〕"扩入；序号不编虚位（即 1 不编为 001），不加"第"字。发文字号之下 4mm 处印一条与版心等宽的红色或黑色反线。

➡ 特殊情况说明：当公文排版后所剩空白处不能容下印章位置时，应采取调整行距、字距的措施加以解决，务必使文章与正文同处一面，不得采取标识"此页无正文"的方法解决。

➡ 附注：公文如有附注，用三号仿宋体字，居左空 2 字。

➡ 主题词："主题词"用三号黑体字，居左顶格标识，后标全角冒号；词目用三号宋体字；词目之间空 1 字。

而对非正式性文档内容的格式要求则较低，而且较灵活，只要整体搭配起来较美观、合理即可，如图 2-1 所示。

图 2-1

2.1.2 字体的合理搭配

文档字体搭配必须遵循一个简单法则：标题级别越高，字体越大。同时，字体搭配要协调，如楷体、黑体、宋体、微软雅黑等属于同一类字体，可进行随意搭配。同时，中文字体与西文字体要搭配协调，如宋体、楷体与 Arial 字体搭配；微软雅黑与 Times New Roman 搭配等。

一般文字材料格式要求如下。

（1）大标题一般用二号"宋体"加粗。

（2）副标题或作者姓名一般用三号楷体（不加粗，居中）。

（3）正文用仿宋体。正文小标题层次一般不超过 4 层，第一层次标题用黑体（不加粗），其余层次标题用仿宋体（不加粗）所用数字、英文字母等字体用 Times New Roman 或 Arial。

（4）标题及正文均不宜用斜体，除文件外，一般材料可用四号字。

（5）页码数字字号为小四号，字体为 Times New Roman 或 Arial。

对于一些偏于个性或设计的文档，其字体搭配没有特别明确的要求或规定，可以根据实际需要进行选择，不过，其最基础的要求是清晰和美观。

2.2 输入 Word 文档内容

要使用 Word 2013 制作需要的各类办公文档，首先需要在 Word 2013 中输入办公文档需要的内容，然后才能对文档内容进行编辑，使制作的文档符合办公需要。

2.2.1 实战：在"通知"文档中输入普通文本

实例门类	软件功能
教学视频	光盘\视频\第 2 章\2.2.1.mp4

输入文本就是在 Word 2013 文档编辑区的文本插入点处输入所需的内容。启动 Word 2013 后，在新建的空白文档的编辑区域中可看到不停闪烁的光标｜，这就是文本插入点，它表示文本输入的位置。当在闪烁的光标处输入内容时，文本插入点会自动后移，输入的内容也会显示在屏幕上。

在文档中可以录入英文文本和中文文本。录入英文非常简单，直接输入键盘上对应的字母键；而输入中文则需要先切换到合适的中文输入法状态，然后再进行输入。

在输入时，使用键盘上的【↑】【↓】【←】和【→】方向键可以移动文本插入点的位置；按【Enter】键可将内容进行分段。例如，在 Word 2013 中输入"放假通知"文档的内容，具体操作步骤如下。

Step 01 ❶ 新建一个空白文档，并保存为"放假通知"，❷ 切换到合适的汉字输入法，输入需要汉字的拼音或编码，如图 2-2 所示。

图 2-2

Step 02 ❶ 按空格键或【1】键，确认输入【国庆放假通知】文本内容；❷ 按【Enter】键换行，继续输入该行内容，如图 2-3 所示。

Step 03 按【Enter】键换行，使用前面的输入方法继续输入需要的内容，完成后的效果如图 2-4 所示。

图 2-3

图 2-4

技能拓展——实现即点即输

在 Word 2013 中，除了可以顺序输入文本外，还可以在文档的任意空白位置处输入文本，即使用"即点即输"功能进行输入。将鼠标光标移动到文档编辑区中需要输入文本的任意空白位置，然后双击鼠标，可将文本插入点定位在该位置，再输入所需文本内容。

★ 重点 2.2.2 实战：在通知文档中插入符号

实例门类	软件功能
教学视频	光盘 \ 视频 \ 第2章 \ 2.2.2.mp4

在制作办公文档时，经常需要输入一些符号。有些符号通过键盘就可输入，如"@、$ 和 &"等，但有些符号不能通过键盘直接输入，如"☎、❶ 和 ☑"等，此时就需要通过 Word 2013 提供的插入符号功能来插入。例如，在"放假通知1"文档中插入"✍"和"✌"符号，具体操作步骤如下。

Step01 打开"光盘 \ 素材文件 \ 第2

章 \ 放假通知 1.docx"文件，❶ 将鼠标光标定位到【珂韵公司人事部】前面，❷ 单击【插入】选项卡【符号】组中的【符号】按钮 Ω，❸ 在弹出的下拉列表中选择【其他符号】命令，如图 2-5 所示。

图 2-5

Step02 打开【符号】对话框，❶ 在【字体】下拉列表框中选择需要应用的字符所在的字体集，如选择【Wingdings2】选项，❷ 在下方的列表框中选择需要插入的符号，如选择【✍】选项，❸ 单击【插入】按钮，如图 2-6 所示。

图 2-6

技术看板

【符号】对话框中的【符号】选项卡用于插入字体中所带有的符号；而【特殊字符】选项卡则用于插入文档中常用的特殊符号，如【版权所有】©、【注册】® 和【商标】™等符号。

Step03 在文档光标处插入【✍】符号，如图 2-7 所示。

图 2-7

技术看板

通过【符号】功能插入文档中的符号将显示在【符号】下拉菜单中，下次需要插入该符号时，直接选择即可插入。

Step04 将鼠标光标定位到【珂韵公司人事部】后面，❶ 在【符号】对话框中的列表框中选择【✌】选项，❷ 单击【插入】按钮，❸ 即可将选择的符号插入光标处，❹ 然后单击【关闭】按钮关闭对话框即可，如图 2-8 所示。

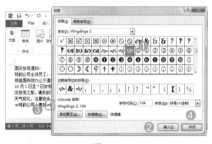

图 2-8

★ 重点 2.2.3 实战：在通知文档中插入日期和时间

实例门类	软件功能
教学视频	光盘 \ 视频 \ 第2章 \ 2.2.3.mp4

在制作报告、通知、邀请函等办公文档时，一般需要输入制作的日期和时间。这时可以使用 Word 2013 中提供的"日期和时间"功能来快速插入所需格式的日期和时间。例如，在"放假通知2"文档末尾插入日期和时间，具体操作步骤如下。

Step01 打开"光盘\素材文件\第2章\放假通知2.docx"文件，❶将鼠标光标定位到第2个符号后面，按【Enter】键分段，❷选择【插入】选项卡【文本】组中的【日期和时间】选项，如图2-9所示。

图 2-9

Step02 打开【日期和时间】对话框，❶在【可用格式】列表框中选择所需的日期或时间格式选项，如选择【2016年9月8日星期四】选项，❷单击【确定】按钮，如图2-10所示。

图 2-10

技能拓展——插入会自动更新的日期和时间

在【日期与时间】对话框中选中【自动更新】复选框，则在每次打开该文档时插入的日期和时间都会按当前的系统日期和时间进行更新。

Step03 经过上步操作，即可在文档中查看到插入日期和时间后的效果，如图2-11所示。

图 2-11

技术看板

用户还可以使用键盘上的快捷键输入当前系统的日期和时间，按【Alt+Shift+D】组合键可输入当前的系统日期；按【Alt+Shift+T】组合键可输入当前的系统时间。

2.2.4 实战：在文档中插入公式

实例门类	软件功能
教学视频	光盘\视频\第2章\2.2.4.mp4

在制作物理、数学等办公文档时，经常会涉及公式，在Word 2013中，输入公式也非常方便。通过Word 2013提供的"公式"功能，既可直接插入内置的公式，也可根据需要自行定制公式插入。

1. 插入内置公式

Word 2013中内置了一些常用的公式样式，用户可直接选择所需的公式样式插入，然后再对插入的公式进行修改即可。例如，要在文档中插入一个数学公式，具体操作步骤如下。

Step01 ❶新建"数学公式"空白文档，❷按空格键将鼠标光标定位到中间首行位置，单击【插入】选项卡【符号】组中的【公式】按钮，❸在弹出的下拉列表中选择与所要插入公式结构相似的内置公式样式，这里选择【泰勒展开式】选项，如图2-12所示。

图 2-12

Step02 此时，在文档中即可出现占位符并按照默认的参数创建一个公式。选择公式对象中的内容，按【Delete】键将原来的内容删除，再输入新的内容，即可修改公式，完成后的效果如图2-13所示。

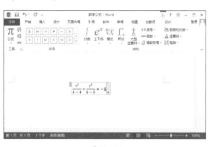

图 2-13

技术看板

若要编辑已经创建好的公式，只需双击该公式，就可再次进入【公式编辑器】窗口进行修改。

2. 自定义输入公式

如果Word 2013中内置的公式不能满足需要，可以使用Word 2013提供的公式编辑器自行创建需要的公式，只是自行创建公式比较复杂，不仅需要自行选择公式需要的符号，还需要自行组建公式的结构。例如，在"数学公式1"文档中自定义插入一个数学公式，具体操作步骤如下。

Step01 打开"光盘\素材文件\第2章\数学公式1.docx"文件，❶将鼠标光标定位到需要插入公式的位置，❷单击【插入】选项卡【符号】组中的【公式】按钮，❸在弹出的下拉菜单中选择【插入新公式】命令，如图 2-14 所示。

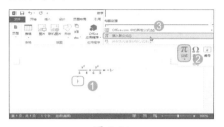

图 2-14

Step02 经过上步操作后，文档中会自动插入一个公式编辑器，❶ 在公式编辑器中输入【y】，❷ 单击【公式工具 设计】选项卡【符号】组中的【=】按钮，输入等号运算符，如图 2-15 所示。

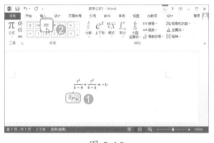

图 2-15

Step03 ❶ 单击【公式工具 设计】选项卡【结构】组中的【分数】按钮，❷ 在弹出的下拉列表中选择【分数】栏中的第一个选项，如图 2-16 所示。

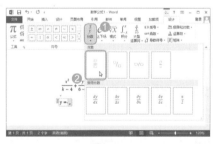

图 2-16

Step04 ❶ 在公式编辑器中插入分数，

选择分母，❷ 单击【公式工具设计】选项卡【结构】组中的【根式】按钮，❸ 在弹出的下拉列表中选择【常用根式】栏中的第 2 个选项，如图 2-17 所示。

图 2-17

Step05 插入选择的根式，然后将根号下的内容更改为【x^2+2】，如图 2-18 所示。

图 2-18

Step06 ❶ 选择分子，❷ 单击【公式工具 设计】选项卡【结构】组中的【上下标】按钮，❸ 在弹出的下拉列表中选择【x^2】选项，如图 2-19 所示。

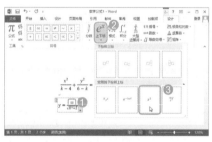

图 2-19

Step07 ❶ 在分子处插入【x^2】，❷ 单击【符号】组中的【其他】按钮，在弹出的列表框中选择【+】选项，如图 2-20 所示。

图 2-20

Step08 在鼠标光标处插入运算符号【+】，然后在其后输入【3】，完成公式的制作，如图 2-21 所示。

图 2-21

技能拓展——保存公式

对于制作的公式，用户可对其进行保存，其保存方法是：选择【公式】，单击【公式编辑器】右侧的下拉按钮，在弹出的下拉菜单中选择【另存为新公式】命令，在打开的对话框中对公式名称、保存位置等进行设置，设置完成后，单击【确定】按钮进行保存。保存后的公式将在【公式】下拉菜单中显示。

2.3　编辑文本内容

编辑文本内容是制作 Word 文档最常见的操作，包括选择文本、复制和移动文本、删除和修改文本、查找和替换文本等操作，通过编辑文本内容，可以使输入的文档内容更正确。

2.3.1 选择文本

要想对文档内容进行编辑和格式设置，首先确定要修改或调整的目标对象，也就是先选择内容。在 Word 2013 中，选择文档文本的方式很多，用户可根据实际情况来决定选择的方式。

1. 选择连续的文本

将鼠标光标移动到需要选择的文本的开始位置，然后按住鼠标左键拖动至需要选择的文本的结束位置释放鼠标即可，如图 2-22 所示。

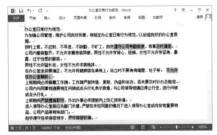

图 2-22

2. 选择不连续的文本

首先使用拖动鼠标的方法选择一个文本，然后按住【Ctrl】键不放，依次选择需要的文本即可，如图 2-23 所示。

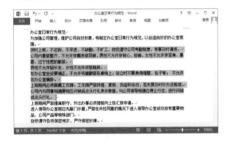

图 2-23

3. 选择行文本

将鼠标光标移动到文档左侧的空白区域，当鼠标光标变为形状时，单击鼠标左键即可选择该行文本，如图 2-24 所示。

图 2-24

技术看板

在选择行文本时，如果需要选择连续的多行文本，则需按住【Shift】键不放进行选择；如果要选择不连续的多行文本，则需按住【Ctrl】键不放进行选择。

4. 选择段落文本

在要选择的段落中的任意位置双击，即可选中整个段落文本，如图 2-25 所示。

图 2-25

技术看板

将鼠标光标移动到需要选择的段落文本左侧，当鼠标光标变为形状时，双击鼠标，也可选中整个段落文本。

5. 选择整篇文档

按【Ctrl+A】组合键可快速选择整篇文档，将鼠标光标移到文本左侧，当鼠标指针变为形状时，连续单击鼠标左键 3 次也可以选中整篇文档，如图 2-26 所示。

图 2-26

技术看板

将鼠标指针移动到文档开始处，按住【Shift】键不放，然后在文档末尾位置单击，也可选中整篇文档。

★ 重点 2.3.2 实战：复制和移动文本

实例门类	软件功能
教学视频	光盘\视频\第2章\2.3.2.mp4

在编辑文档的过程中，当需要在文档不同位置输入相同的内容时，可通过复制文本来实现，而当文本内容的放置位置不正确时，则可通过移动文本来实现，从而提高编辑文档的速度。例如，通过复制和移动功能编辑"面试通知"文档，具体操作步骤如下。

Step01 打开"光盘\素材文件\第2章\面试通知.docx"文件，❶拖动鼠标选中【四川千禧商贸有限公司】文本，❷单击【开始】选项卡【剪贴板】组中的【复制】按钮，如图 2-27 所示。

图 2-27

Step 02 ❶ 在需要粘贴文本的位置双击，将光标定位，❷ 然后单击【开始】选项卡【剪贴板】组中的【粘贴】按钮，如图 2-28 所示。

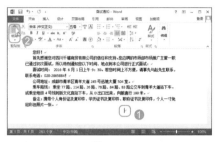

图 2-28

Step 03 即可将复制的文本粘贴到鼠标光标处，并在光标后输入【人事部】文本，如图 2-29 所示。

图 2-29

Step 04 ❶ 拖动鼠标选中面试时间段落的最后一句话，❷ 单击【开始】选项卡【剪贴板】组中的【剪切】按钮，如图 2-30 所示。

图 2-30

Step 05 双击鼠标将光标定位，然后单击【开始】选项卡【剪贴板】组中的【粘贴】按钮，将剪贴的文本粘贴到光标处，即可完成此文本的移动操作，效果如图 2-31 所示。

图 2-31

技术看板

选中文本后，按住鼠标左键不放进行拖动，拖动至目标位置后释放鼠标，可将选中的文本移动到目标位置，在移动过程中按住【Ctrl】键不放，可实现文本的复制操作。

2.3.3　删除和修改文本

在编辑 Word 文档内容的过程中，若发现输入多余的文本或输入的文本错误，可将多余的文本删除，并将错误的文本修改为正确的文本。

1. 删除文本

删除文本的方法很简单，只需要选择需要删除的文本，然后按【Backspace】键或【Delete】键即可。

如果删除文本时，没有先选择要删除的文本，直接按【Backspace】键将删除插入点前的文本；直接按【Delete】键将删除插入点后的文本。

2. 修改文本

对文档中错误的文本进行修改时，可先删除错误的文本，然后重新输入正确的文本；也可选中错误的文本，然后输入正确的文本来替换错误的文本，如图 2-32 所示。

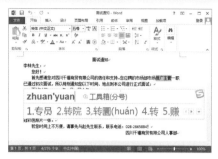

图 2-32

2.3.4　撤销和恢复操作

在输入文档内容和编辑文档的过程中，由于操作失误，需要返回到正确操作，可以使用撤销与恢复的方法对文档进行返回操作，但前提是在没有关闭 Word 文档之前执行撤销和恢复操作，否则就不能对之前的操作进行返回。

1. 撤销操作

在编辑文档的过程中，如果需要返回到上一步或上几步操作时，可在快速访问工具栏中单击【撤销】下拉按钮，在弹出的下拉菜单中显示出已对文档进行的操作，选择需要撤销到的操作对应的命令即可，如图 2-33 所示。

图 2-33

2. 恢复操作

在编辑文档的过程中，如果需要恢复到撤销前的操作，可在快速访问工具栏中单击【重复键入】按钮，即可恢复到撤销前的操作。

技术看板

在对文档进行撤销和恢复操作时，也可直接按【Ctrl+Z】组合键进行撤销；按【Ctrl+Y】组合键进行恢复。

★ 重点 2.3.5 实战：查找与替换"公司简介"文本

实例门类	软件功能
教学视频	光盘\视频\第2章\2.3.5.mp4

Word 2013 中提供了查找和替换功能，通过该功能可快速在文档中查找需要的内容，并可快速对查找的内容进行替换，大大简化了某些重复编辑的过程，因此，在编辑文档内容的过程中，经常被使用。例如，对"公司简介"文档中的文本内容和手动换行符进行查找和替换，具体操作步骤如下。

Step01 打开"光盘\素材文件\第2章\公司简介.docx"文件，单击【开始】选项卡【编辑】组中的【查找】按钮，如图 2-34 所示。

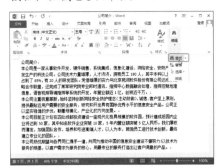

图 2-34

Step02 打开【导航】任务窗格，❶ 在【查找】文本框中输入要查找的内容，如输入【本公司】，Word 会自动以黄色底纹显示查找到的内容，❷ 单击【开始】选项卡【编辑】组中的【替换】按钮，如图 2-35 所示。

图 2-35

Step03 打开【查找和替换】对话框，在【查找内容】文本框中自动显示了查找的内容，❶ 在【替换为】文本框中输入要替换成的内容，如输入【恒达网络科技有限公司】，❷ 单击【全部替换】按钮，❸ 即可对查找到的所有内容进行替换，替换完成后，在打开的提示对话框中单击【确定】按钮，如图 2-36 所示。

图 2-36

Step04 单击【查找和替换】对话框中的【关闭】按钮关闭对话框，返回文档编辑区，即可查看替换后的效果，如图 2-37 所示。

图 2-37

Step05 再次打开【查找和替换】对话框，❶ 删除【查找内容】和【替换为】文本框中的文本，将鼠标光标定位到【查找内容】文本框中，❷ 单击

【更多】按钮，如图 2-38 所示。

图 2-38

Step06 ❶ 展开对话框，单击【特殊格式】按钮，❷ 在弹出的快捷菜单中选择需要查找的项目，如选择【手动换行符】选项，如图 2-39 所示。

图 2-39

Step07 在【查找内容】文本框中输入查找的内容，❶ 将鼠标光标定位到【替换为】文本框中，单击【特殊格式】按钮，❷ 在弹出的快捷菜单中选择要替换的项目，如选择【段落标记】选项，如图 2-40 所示。

图 2-40

在【查找和替换】对话框中，如果只是在【查找内容】文本框中输入信息，【替换为】文本框为空，单击【全部替换】按钮，则会直接将查找的内容全部删除。

Step08 单击【更少】按钮，使对话框恢复到正常大小，单击【查找下一处】按钮，在文档中查找到第一个手动换行符，效果如图 2-41 所示。

图 2-41

Step09 单击【替换】按钮，将查找到的第一个手动换行符替换为段落标记，并自动查找到文档中的第二个手动换行符，如图 2-42 所示。

图 2-42

Step10 ❶继续单击【替换】按钮进行进行替换，文档中所有的手动换行符替换完成后，❷将打开提示对话框，单击【确定】按钮关闭提示对话框，如图 2-43 所示。

图 2-43

Step11 单击【查找和替换】对话框中的【关闭】按钮关闭对话框，返回文档编辑区，即可查看到替换手动换行符后的效果，如图 2-44 所示。

图 2-44

2.4 设置字体格式

在 Word 2013 文档中输入的文本，其字体、字号、字体颜色等格式都是默认的，要想满足所有文档的需要，还需要对文档中不同内容使用不同的字体格式，这样才方便文档内容的区分和查看。在 Word 2013 中，既可通过【字体】对话框对字体格式进行设置，也可通过【字体】组对字体格式进行设置，用户可根据自己的需要来选择不同的方法进行设置。

★ 重点 2.4.1 实战：在【字体】对话框中设置"招聘启事"标题的文本格式

实例门类	软件功能
教学视频	光盘\视频\第2章\2.4.1.mp4

通过【字体】对话框设置字体格式是最常用的方法，因为在该对话框中不仅可对字体、字号、字形、字体颜色等基本格式进行设置，还可对文本的缩放大小和字符间距等进行相应的设置。例如，通过【字体】对话框对"招聘启事"文档中标题文本的字体格式和字符间距等进行设置，具体操作步骤如下。

Step01 打开"光盘\素材文件\第2章\招聘启事.docx"文件，❶选中【招聘启事】文本，❷单击【开始】选项卡【字体】组右下角的【字体】按钮，如图 2-45 所示。

图 2-45

Step02 打开【字体】对话框，❶在【字体】选项卡的【中文字体】下拉列表框中选择字体，如选择【微软雅黑】选项，❷在【加粗】列表框中选择字形选项，如选择【加粗】选项，❸在【字号】列表框中选择字体大小，如选择【四号】选项，❹在【字体颜色】下拉列表中选择需要的字体颜色，如选择【橙色，着色 2，深色 50%】选项，如图 2-46 所示。

Step03 ❶选择【高级】选项卡，❷在【缩放】下拉列表框中选择文本缩放大小，如选择【150%】选项，❸在【间距】下拉列表框中选择间距方式，如选择【加宽】选项，❹在其后的【磅值】数值框中输入字符间距大小，如输入【2磅】，❺单击【确定】按钮，如图 2-47 所示。

图 2-46

图 2-47

技术看板

如果所选文本使用的字体（如 Calibri、Cambria、Candara、Consolas、Constantia 和 Corbel 等字体）支持 OpenType 功能，那么在【字体】对话框【高级】选项卡中的【OpenType 功能】栏中，还可对连字、数字间距、数字形式和样式集等进行设置，使制作的文字更加精美且便于阅读。

Step04 返回文档编辑区，即可查看到设置的字体效果，如图 2-48 所示。

图 2-48

★ 重点 2.4.2 实战：在【字体】组设置"招聘启事"的内容文本格式

实例门类	软件功能
教学视频	光盘\视频\第 2 章\2.4.2.mp4

通过【字体】组设置字体格式非常方便，除了可对字体、字号、字形、字体颜色等基本格式进行设置外，还可对字符边框和底纹进行设置。例如，通过【字体】组继续对"招聘启事"文档中的部分正文内容的字体格式进行设置，具体操作步骤如下。

Step01 ❶ 在打开的"招聘启事"文档中选中需要设置格式的文本，单击【开始】选项卡【字体】组中的【字体】下拉按钮.，❷ 在弹出的下拉菜单中选择需要的字体，如选择【黑体】命令，如图 2-49 所示。

图 2-49

Step02 ❶ 保持文本的选中状态，单击【字体】组中的【字号】下拉按钮，❷ 在弹出的下拉菜单中选择需要的字号，如选择【小四】命令，如图 2-50

所示。

图 2-50

技能拓展——快速设置字体和字号

在【字体】组中设置字体或字号时，为了提高效率，也可直接在【字体】列表框或【字号】列表框中输入需要的字体或字号，然后按【Enter】键确认。需要注意的是，输入的字体必须是显示在【字体】下拉列表框中的才行。

Step03 ❶ 保持文本的选中状态，在【字体】组中单击【下画线】下拉按钮.，❷ 在弹出的下拉菜单中选择需要的下画线样式，如图 2-51 所示。

图 2-51

技能拓展——设置下画线颜色

在 Word 2013 中默认设置的下画线颜色是黑色，用户也可根据需要将下画线颜色设置为其他颜色。其方法是：选择设置下画线的文本，在【下画线】下拉菜单中选择【下画线颜色】命令，在级联菜单中选择需要的颜色。

Step04 ❶ 选中【一、岗位职责：】文本，❷ 单击【字体】组中的【字符底纹】按钮，如图 2-52 所示。

图 2-52

Step05 为选中的文本添加灰色底纹，然后使用添加字符底纹的方法为【二、招聘条件：】文本添加底纹，如图 2-53 所示。

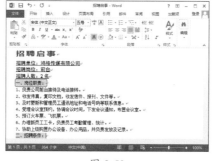

图 2-53

★ 重点 2.4.3 实战：设置"招聘启事"的文本效果

实例门类	软件功能
教学视频	光盘\视频\第2章\2.4.3.mp4

在 Word 2013 中还可为文本设置具有艺术字的效果，使文本效果更加突出。例如，通过提供的【文本效果和版式】功能继续对"招聘启事"文档末尾两行文本的文本效果进行设置，如文本样式、轮廓和阴影等，具体操作步骤如下。

Step01 ❶ 在打开的"招聘启事"文档中选择最后两行文本，单击【字体】组中的【文本效果和版式】按钮▲，❷ 在弹出的下拉列表中选择需要的文字效果样式，如选择【黑色-填充，文本 1，阴影】选项，如图 2-54 所示。

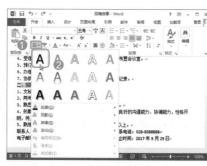

图 2-54

Step02 ❶ 保持文本的选中状态，单击【字体】组中的【文本效果和版式】

按钮▲，❷ 在弹出的下拉列表中选择【轮廓】命令，❸ 在级联列表中选择【橙色，着色 2，深色 50%】选项，如图 2-55 所示。

图 2-55

Step03 ❶ 保持文本的选中状态，单击【字体】组中的【文本效果和版式】按钮，❷ 在弹出的下拉列表中选择【阴影】选项，❸ 在级联列表中选择【向右偏移】选项，如图 2-56 所示。

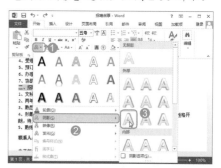

图 2-56

Step04 ❶ 保持最后两行文本的选中状态，单击【字体】组中的【文本效果和版式】按钮A，❷ 在弹出的下拉列表中选择【映像】命令，❸ 在级联列表中选择【紧密映像，接触】选项，如图 2-57 所示。

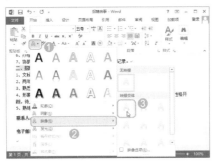

图 2-57

2.5 设置段落格式

段落是构成 Word 文档最基本的单位，要想使文档的整体结构清晰、层次分明，就需要对文档的段落格式进行设置，包括设置段落的对齐方式、段落缩进、段间距、段落项目符号、段落编号、段落边框和底纹等。

2.5.1 设置段落对齐方式

为了使文档的排版更美观，往往需要对文档中段落的对齐方式进行设置。在 Word 2013 中提供了左对齐、居中、右对齐、两端对齐和分散对齐 5 种方式，用户可根据需要在【段落】组中单击相应的对齐按钮进行设置。

（1）单击【左对齐】按钮，所选段落中的每行文本一律以文档的左边界为基准向左对齐，如图 2-58 所示。

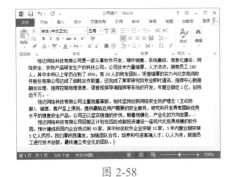

图 2-58

（2）单击【居中】按钮，所选段落的文本将位于文档左右边界的中间位置，如图 2-59 所示。

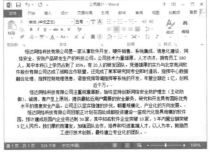

图 2-59

（3）单击【右对齐】按钮，所选段落的文本将以文档右边界为基准对齐，如图 2-60 所示。

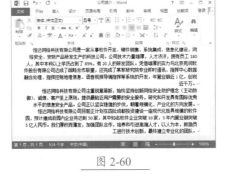

图 2-60

（4）单击【两端对齐】按钮，所选段落除最后一行文本外，其余行文本的左右两端分别以文档的左右边界为基准向两端对齐，这是文档的默认对齐方式，如图 2-61 所示。

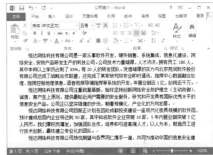

图 2-61

（5）单击【分散对齐】按钮，所选段落将以文档的左右边界为基准向两端对齐，如图 2-62 所示。

图 2-62

★ 重点 2.5.2 实战：设置"办公室日常行为规范"的段落缩进和段间距

实例门类	软件功能
教学视频	光盘\视频\第 2 章\2.5.2.mp4

为文档段落设置缩进和间距，不仅可使文档更加规整，还可使文档段落之间的层次更加清晰，便于读者阅读。

1. 设置文档段落缩进

段落缩进是指段落相对左右页边距向页内缩进一段距离。在 Word 2013 中，段落缩进分为左缩进、右缩进、首行缩进和悬挂缩进 4 种，用户可根据需要进行缩进设置。例如，对"办公室日常行为规范"文档中的段落进行左缩进、右缩进和首行缩进设置，具体操作步骤如下。

Step01 打开"光盘\素材文件\第 2 章\办公室日常行为规范.docx"文件，❶ 选择文档中除标题外的所有段落，❷ 单击【开始】选项卡【段落】组右下角的【段落设置】按钮，如图 2-63 所示。

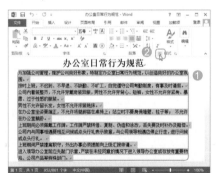

图 2-63

Step02 打开【段落】对话框，❶ 在【缩进和间距】选项卡【缩进】栏中的【左侧】数值框中输入左缩进值，如输入【1】，❷ 在【右侧】数值框中输入右缩进值，如输入【1】，❸ 在【特殊格式】下拉列表框中选择【首行缩进】或【悬挂缩进】选项，

这里选择【首行缩进】选项，❹ 单击【确定】按钮，如图 2-64 所示。

图 2-64

技术看板

【首行缩进】是中文文档中最常用的段落格式，即从一个段落首行第一个字符开始向右缩进，使之区别于前面的段落，默认设置的首行缩进为两个字符。【悬挂缩进】是指段落中除首行以外的其他行与页面左边距的缩进量，常用于一些较为特殊的场合，如报刊和杂志等。

Step03 返回文档编辑区，即可查看到设置段落左右缩进和首行缩进后的效果，如图 2-65 所示。

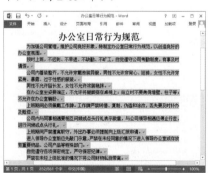

图 2-65

技能拓展——通过拖动标尺设置段落缩进

除了可通过【段落】对话框设置段落缩进外，还可通过拖动标尺来进行设置。其方法是：在【视图】选项卡【显示】组中选中【标尺】复选框，将标尺显示出来，然后将鼠标指针移动到标尺的▽图标上，按住鼠标左键向右拖动可设置段落的首行缩进；将鼠标指针移动到标尺的□图标上，按住鼠标左键向右拖动可设置段落的左缩进；将鼠标指针移动到标尺右侧的△图标上，按住鼠标左键向左拖动可设置段落的右缩进；将鼠标指针移动到标尺左侧的△图标上，按住鼠标左键向左拖动可设置段落的悬挂缩进。

2. 设置文档段落间距

段落间距是指相邻两段落之间的距离，包括段前距、段后距及行间距（段落内每行文字间的距离）。在 Word 2013 中，为文档中的段落设置合适的间距，可提高文档的阅读性和美观性。例如，继续对"办公室日常行为规范"文档中的段落设置合适的间距，具体操作步骤如下。

Step01 ❶ 在打开的"办公室日常行为规范"文档中按【Ctrl+A】组合键，选中所有的段落，❷ 单击【段落】组右下角的【段落设置】按钮，如图 2-66 所示。

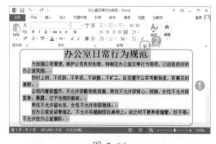

图 2-66

Step02 ❶ 打开【段落】对话框，在【缩进和间距】选项卡【间距】栏中的【段前】数值框中输入段前间距，如输入【0.5】，❷ 在【段后】数值框中输入段后间距，如输入【0.5】，

❸在【行距】下拉列表框中选择所需的行距选项，如选择【多倍行距】选项，❹在其后的【设置值】数值框中输入具体行间距值，如输入【1.2】，❺单击【确定】按钮，如图 2-67 所示。

图 2-67

Step❸ 返回文档编辑区，即可查看到设置段间距和行间距后的效果，如图 2-68 所示。

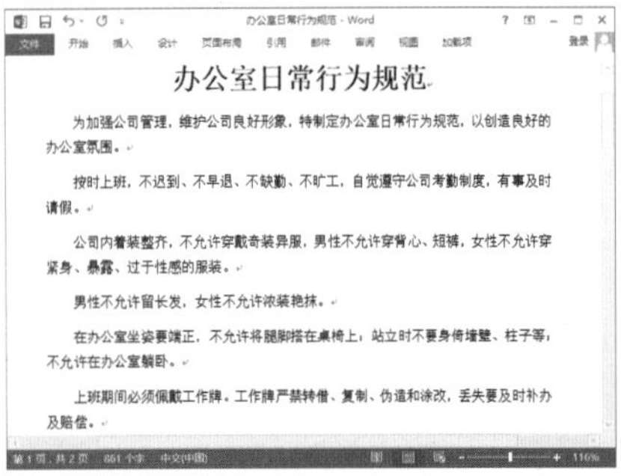

图 2-68

技能拓展——通过【行或段落间距】按钮设置行间距

除了可通过【段落】对话框设置行间距外，还可通过【行或段落间距】按钮来实现。其方法是：选择需要设置行间距的段落，单击【段落】组中的【行或段落间距】按钮，在弹出的下拉菜单中选择需要的行距命令。

★ 重点 2.5.3 实战：为"办公室文书岗位职责"添加项目符号

实例门类	软件功能
教学视频	光盘\视频\第 2 章\2.5.3.mp4

若文档中有存在并列关系的段落，可以在各段落前添加合适的项目符号，使文档中各段落之间的关系更加明了，层次结构更加清晰。例如，为"办公室文书岗位职责"文档添加需要的项目符号，具体操作步骤如下。

Step❶ 打开"光盘\素材文件\第 2 章\办公室文书岗位职责 .docx"文件，❶选择需要添加相同项目符号的多个段落，单击【段落】组中的【项目符号】下拉按钮，❷在弹出的下拉列表中显示了项目符号库和最近使用过的项目符号，选择需要的项目符号，应用于段落中，如图 2-69 所示。

图 2-69

Step❷ ❶选中需要添加其他项目符号的多个段落，单击【段落】组中的【项目符号】下拉按钮，❷在弹出的下拉列表中选择【定义新项目符号】命令，如图 2-70 所示。

图 2-70

Step❸ 打开【定义新项目符号】对话框，单击【符号】按钮，如图 2-71 所示。

图 2-71

技能拓展——添加图片项目符号

在 Word 2013 中，除了可添加最近使用过的项目符号和项目符号库中的项目符号外，还可为段落添加需要的图片项目符号。其方法是：在【定义新项目符号】对话框中单击【图片】按钮，在打开的对话框中单击【浏览】按钮，打开【插入图片】对话框，在其中选择需要作为项目符号的图片，单击【插入】按钮，返回【定义新项目符号】对话框，再单击【确定】按钮，为选择的段落添加图片项目符号。

Step❹ ❶打开【符号】对话框，在【字体】下拉列表框中选择【Wingdings】选项，❷在下方的列表框中选择需要插入的符号，如选择【✛】选项，❸单击【确定】按钮，如图 2-72 所示。

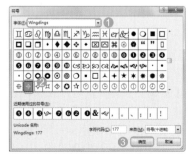

图 2-72

Step05 返回【定义新项目符号】对话框，在其中的【预览】栏中可查看项目符号效果，单击【字体】按钮，如图2-73所示。

图2-73

Step06 ❶ 打开【字体】对话框，在【字形】列表框中选择【加粗】选项，❷ 在【字号】列表框中选择【小四】选项，❸ 在【字体颜色】下拉列表框中选择【橙色，着色2，深色50%】选项，❹ 单击【确定】按钮，如图2-74所示。

图2-74

技术看板

设置项目符号字体格式时，用户可根据文档段落文本的颜色和文档背景颜色来设置，也可以不设置。

Step07 返回【定义新项目符号】对话框，单击【确定】按钮，返回文档编辑区，可查看到添加项目符号后的效果，如图2-75所示。

图2-75

★ 重点 2.5.4 实战：为"办公室日常行为规范"添加编号

实例门类	软件功能
教学视频	光盘\视频\第2章\2.5.4.mp4

当文档中一组同类型的段落具有先后顺序时，可以为其添加编号，使段落之间的逻辑关系更明确。在Word 2013中，既可为段落添加内置的编号样式，也可添加自定义的编号样式，用户可根据需要进行添加。

1. 添加内置的编号样式

Word 2013中内置了常用的编号样式，用户可以直接选择使用。其具体操作步骤如下。

选择需要添加编号的段落，❶ 单击【段落】组中的【编号】下拉按钮▼，❷ 在弹出的下拉列表中的【编号库】栏中选择需要的编号样式，如图2-76所示。

图2-76

2. 添加自定义的编号样式

当Word 2013中内置的编号样式不能满足需要时，用户也可自定义编号样式，将其应用于文档段落中。例如，为"办公室日常行为规范"文档添加自定义的编号样式，具体操作步骤如下。

Step01 打开"光盘\素材文件\第2章\办公室日常行为规范.docx"文件，❶ 选择除标题外的所有段落，❷ 单击【段落】组中的【编号】下拉按钮▼，❸ 在弹出的下拉列表中选择【定义新编号格式】命令，如图2-77所示。

图2-77

Step02 ❶ 打开【定义新编号格式】对话框，在【编号样式】下拉列表框中选择需要的编号样式，❷ 在【编号格式】文本框中的【一】前后输入完整的编号格式，这里分别输入【第】和【条】，❸ 在【对齐方式】下拉列表框中选择编号的对齐方式，如选择【右对齐】选项，❹ 单击【确定】按钮，如图2-78所示。

图 2-78

Step03 返回文档编辑区，即可查看到为段落添加自定义的编号样式后的效果，如图 2-79 所示。

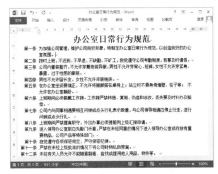

图 2-79

★ 重点 2.5.5 实战：为"行政管理规范目录"添加多级列表

实例门类	软件功能
教学视频	光盘\视频\第2章\2.5.5.mp4

在编辑需要对段落设置级别较多的编号时，可以对段落添加多级列表，让文档结构更加清晰。在 Word 2013 中，既可添加内置的多级列表，也可添加自定义的多级列表。

1. 添加内置的多级列表

Word 2013 列表库中内置了很多常用的多级列表样式，用户可直接选择需要的样式，将其添加到段落中。例如，为"行政管理规范目录"文档添加内置的多级列表，具体操作步骤如下。

Step01 打开"光盘\素材文件\第2章\行政管理规范目录.docx"文件，❶ 选中除标题外的所有段落，❷ 单击【段落】组中的【多级列表】下拉按钮 ., ❸ 在弹出的下拉列表中选择需要的多级列表样式，如图 2-80 所示。

图 2-80

Step02 返回文档编辑区，即可查看到为段落添加多级列表后的效果，如图 2-81 所示。

图 2-81

2. 添加自定义的多级列表

Word 2013 中内置的多级列表样式有限，在制作一些特殊的多级列表时，用户可以根据实际需要自定义多级列表的样式。例如，为"行政管理规范目录"文档添加自定义的多级列表，具体操作步骤如下。

Step01 打开"光盘\素材文件\第2章\行政管理规范目录.docx"文件，❶ 选择除标题外的所有段落，❷ 单击【段落】组中的【多级列表】下拉按钮 ., ❸ 在弹出的下拉列表中选择【定义新的多级列表】命令，如图 2-82 所示。

图 2-82

Step02 ❶ 打开【定义新多级列表】对话框，在【单击要修改的级别】列表框中选择需要修改的级别，如选择【2】选项，❷ 在【此级别的编号样式】下拉列表框中选择相应的编号样式，❸ 在【输入编号的格式】文本框中对多级列表的样式进行修改，如图 2-83 所示。

Step03 ❶ 在【单击要修改的级别】列表框中选择【3】选项，❷ 在【此级别的编号样式】下拉列表框中选择相应的编号样式，❸ 在【输入编号的格式】文本框中对多级列表样式进行修改，❹ 单击【确定】按钮，如图 2-84 所示。

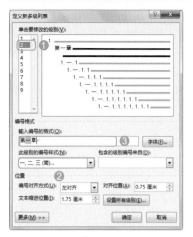

图 2-83

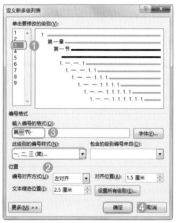

图 2-84

技术看板

在【定义新多级列表】对话框的【位置】栏中，还可对编号对齐方式、对齐位置、文本缩进位置等进行设置。

Step04 返回文档编辑区，即可查看到添加自定义多级列表后的效果，如图 2-85 所示。

图 2-85

★ 重点 2.5.6 实战：为"邀请函"添加段落边框

实例门类	软件功能
教学视频	光盘\视频\第 2 章\2.5.6.mp4

在 Word 2013 中，除了可为文档中的字符添加边框外，还可为文档中的段落添加相应的边框，使相关段落的内容更加醒目。在 Word 2013 中，既可为文档中的段落添加内置的边框，也可添加自定义的边框。

1. 为段落添加内置的边框

Word 2013 中内置的样式很多，用户可根据需要为段落添加相应的边框。例如，为"邀请函"文档添加内置的上边框和下边框样式，具体操作步骤如下。

Step01 打开"光盘\素材文件\第 2 章\邀请函.docx"文件，❶ 选择第 2 段文本，单击【段落】组中的【边框】下拉按钮，❷ 在弹出的下拉菜单中显示了内置的边框样式，选择【上框线】命令，如图 2-86 所示。

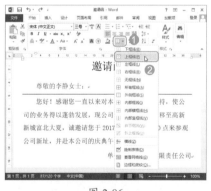

图 2-86

Step02 ❶ 再次单击【段落】组中的【边框】下拉按钮，❷ 在弹出的下拉菜单中选择【下框线】命令，可为选择的段落添加下边框，如图 2-87 所示。

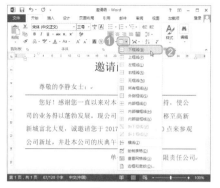

图 2-87

2. 为段落添加自定义的边框

内置的边框样式，其边框样式、颜色和宽度等都是默认的，而自定义边框则可以根据需要对边框样式、颜色和宽度等进行设置，添加的边框样式更加多样化。例如，为"邀请函"文档添加内置的自定义的边框，具体操作步骤如下。

Step01 打开"光盘\素材文件\第 2 章\邀请函.docx"文件，❶ 选择需要添加边框的段落，单击【段落】组中的【边框】下拉按钮，❷ 在弹出的下拉菜单中选择【边框和底纹】命令，如图 2-88 所示。

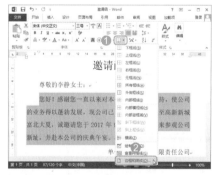

图 2-88

Step02 ❶ 打开【边框和底纹】对话框，并默认选择【边框】选项卡，在【设置】栏中选择【自定义】选项，❷ 在【样式】列表框中选择需要的边框样式，❸ 在【颜色】下拉列表框中选择需要的边框颜色，如选择【橙色，着色 2，深色 25%】选项，❹ 在【预览】栏中选择边框添加的位置，这里依次单击▥和▥按钮，⑤ 单击【确定】按钮，如图 2-89 所示。

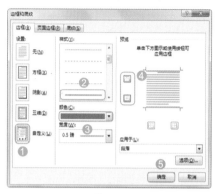

图 2-89

在【边框】选项卡中的【宽度】下拉列表框中提供了一些边框的粗细值，选择需要的值，可为边框设置相应的粗细。

Step03 返回文档编辑区，可查看到为所选段落添加的自定义的上边框和下边框，效果如图 2-90 所示。

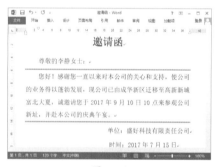

图 2-90

2.5.7 实战：为"邀请函"添加段落底纹

实例门类	软件功能
教学视频	光盘\视频\第 2 章\2.5.7.mp4

在 Word 2013 中，既可为文档中的段落添加纯色的底纹，也可添加图案效果的底纹，以突出显示相应的内容。例如，为"邀请函"文档中的段落添加纯色底纹和图案底纹，具体操作步骤如下。

Step01 打开"光盘\素材文件\第 2 章\邀请函 .docx"文件，① 选择标题，单击【段落】组中的【底纹】下拉按钮 ·，② 在弹出的下拉菜单中选择需要的纯色底纹颜色，如选择【黄色】选项，即可为选择的标题添加纯色底纹效果，如图 2-91 所示。

图 2-91

Step02 ① 选中第 2 段文本，打开【边框和底纹】对话框，选择【底纹】选

项卡，② 在【图案】栏中的【样式】下拉列表框中选择底纹样式，如选择【5%】选项，③ 在【颜色】下拉列表框中选择底纹图案颜色，如选择【橙色】选项，④ 单击【确定】按钮，如图 2-92 所示。

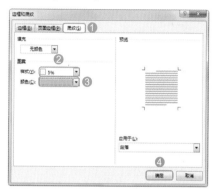

图 2-92

Step03 返回文档编辑区，即可查看到添加的底纹效果，如图 2-93 所示。

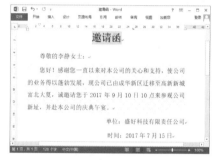

图 2-93

2.6 设置页面格式

不同的办公文档，对页面大小、页面方向和页边距的要求不一样，为了满足不同办公文档的需要，还需要对文档的页面格式进行设置。

2.6.1 实战：设置"表彰通报"页边距

实例门类	软件功能
教学视频	光盘\视频\第 2 章\2.6.1.mp4

页边距是指文本内容与页面边缘之间的距离。在 Word 2013 中，用户可根据文档的不同来设置页边距，使文档的正文内容与页边距保持比较合适的距离。例如，对"表彰通报"文档设置适合的页边距，具体操作步骤如下。

Step01 打开"光盘\素材文件\第 2 章\表彰通报 .docx"文件，① 单击【页面布局】选项卡【页面设置】组中的【页边距】按钮，② 在弹出的下拉列表中选择需要的页边距命令，如选择【适中】命令，如图2-94所示。

图 2-94

Step02 即可为文档设置为选择的页边距，效果如图2-95所示。

图 2-95

技能拓展——自定义页边距

在 Word 2013 中，用户还可根据实际需要自定义文本内容与页面边缘之间的距离。其方法是：在【页边距】下拉列表中选择【自定义边距】命令，打开【页面设置】对话框，在【页边距】选项卡的【页边距】栏中可设置正文距页面边缘上、下、内侧和外侧的距离，设置完成后，单击【确定】按钮。

2.6.2 实战：设置"表彰通报"的页面方向

实例门类	软件功能
教学视频	光盘\视频\第2章\2.6.2.mp4

在 Word 2013 中提供了横向和纵向两种页面方向，用户可根据文档来设置页面的方向。例如，继续上例操作，将"表彰通报"文档的页面方向设置为横向，具体操作步骤如下。

Step01 ① 在打开的"表彰通报"文档中单击【页面布局】选项卡【页面设置】组中的【纸张方向】按钮，② 在弹出的下拉菜单中选择【横向】命令，如图2-96所示。

图 2-96

Step02 将页面方向设置为横向后，页面宽度和高度发生变化，如图2-97所示。

图 2-97

★ 重点 2.6.3 实战：设置"表彰通报"的纸张大小

实例门类	软件功能
教学视频	光盘\视频\第2章\2.6.3.mp4

在 Word 2013 中，默认的纸张大小是 A4（21 厘米 ×29.7 厘米），当该纸张大小不能满足需要时，用户可重新设置纸张的大小。例如，继续上例操作，对"表彰通报"文档的纸张大小设置为 26 厘米 ×24 厘米，具体操作步骤如下。

Step01 ① 在打开的"表彰通报"文档中单击【页面布局】选项卡【页面设置】组中的【纸张大小】按钮，② 在弹出的下拉菜单中选择【其他页面大小】命令，如图2-98所示。

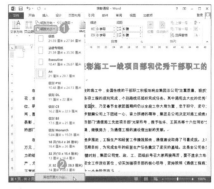

图 2-98

技术看板

在【纸张大小】下拉菜单中提供了多个纸张大小选项，如果有合适的纸张大小选项，可以直接选择应用于文档页面。

Step02 打开【页面设置】对话框，① 在【纸张】选项卡的【纸张大小】下拉列表框中选择【自定义大小】选项，② 在【宽度】数值框中输入纸张宽度，如输入【26】，③ 在【高度】数值框中输入纸张高度，如输入【24】，④ 单击【确定】按钮，如图2-99所示。

图 2-99

Step03 返回文档编辑区，即可查看到设置的纸张大小，如图 2-100 所示。

图 2-100

妙招技法

通过前面知识的学习，相信读者已经掌握了 Word 2013 文档内容的录入与编辑操作了。下面结合本章内容，给大家介绍一些实用技巧。

技巧 01：巧用选择性粘贴

教学视频	光盘\视频\第2章\技巧01.mp4

在文档中直接进行粘贴操作后，复制得到的文本会保留源文件中的格式。如果希望复制粘贴的文本符合当前文档中当前位置的格式，可通过"选择性粘贴"功能在进行粘贴的过程中选择以"无格式"的方式进行粘贴。只需在复制文本后，单击【开始】选项卡【剪贴板】组中的【粘贴】下拉按钮，在弹出的下拉菜单中选择【只保留文本】命令即可，如图 2-101 所示。

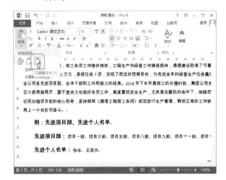

图 2-101

技巧 02：快速输入上标与下标

教学视频	光盘\视频\第2章\技巧02.mp4

在编辑一些专业的数学或化学文档时，可能需要输入大量类似"X^2""m^2"的文本内容，即需要对文本应用上标和下标格式，此时，可通过设置字体格式来完成。例如，要为"数学试卷"文档中的相应字符设置上标与下标格式，具体操作步骤如下。

Step01 打开"光盘\素材文件\第2章\数学试卷.docx"，❶ 按住【Ctrl】键，选择需要设置为上标的多处文本，❷ 单击【开始】选项卡【字体】组中的【上标】按钮 x^2，如图 2-102 所示。

Step02 经过上步操作后，即可将所选文本设置为上标，效果如图 2-103 所示。

图 2-102

图 2-103

Step03 ❶ 按住【Ctrl】键，选择需要设置为下标的多处文本，❷ 单击【开始】选项卡【字体】组中的【下标】按钮 x_2，如图 2-104 所示。

图 2-104

Step04 经过上步操作，即可将所选文本设置为下标，效果如图 2-105 所示。

图 2-105

技巧 03：查找和替换文档中的文字格式

教学视频	光盘\视频\第 2 章\技巧03.mp4

　　Word 2013 中的查找替换命令除了可以查找替换文本内容外，还可以查找或替换文字格式，如字体、段落、样式等。例如，使用查找和替换功能对"公司简介 1"文档中的文本格式进行更改，具体操作步骤如下。

Step01 打开"光盘\素材文件\第 2 章\公司简介 1.docx"文件，单击【开始】选项卡【编辑】组中的【替换】按钮，如图 2-106 所示。

Step02 打开【查找和替换】对话框，单击【更多】按钮展开对话框，❶ 将鼠标光标定位到【查找内容】文本框

中，单击【格式】按钮，❷ 在弹出的快捷菜单中选择【字体】命令，如图 2-107 所示。

图 2-106

图 2-107

Step03 ❶ 打开【查找字体】对话框，在【字体颜色】下拉列表框中选择要查找文本的颜色，如选择【蓝色】选项，❷ 单击【确定】按钮，如图 2-108 所示。

图 2-108

Step04 返回【查找和替换】对话框，将鼠标光标定位到【替换为】文本框中，单击【格式】按钮，在弹出的快捷菜单中选择【字体】命令，❶ 打开【替换字体】对话框，在【字形】列表框中选择【加粗】选项，❷ 在【字体颜色】下拉列表框中选择【深红色】选项，❸ 单击【确定】按钮，如图 2-109 所示。

图 2-109

Step05 ❶ 返回【查找和替换】对话框，单击【更少】按钮缩小对话框，单击【全部替换】按钮，❷ 即可开始对查找到的字体格式进行全部替换，并在打开的提示对话框中单击【确定】按钮完成替换，如图 2-110 所示。

图 2-110

Step06 单击【关闭】按钮关闭对话框，返回文档编辑区，即可查看到替换字体格式后的效果，如图 2-111 所示。

图 2-111

技巧 04：设置自动编号的起始值

教学视频	光盘 \ 视频 \ 第 2 章 \ 技巧 04.mp4

默认情况下，对于输入时自动添加的编号或同时为多个不相连的段落添加编号后，编号都是从"1"开始的，如果不想让段落的编号从"1"开始，可以根据需要对编号的起始值进行设置。例如，对"招聘启事 1"文档中编号的起始值进行设置，具体操作步骤如下。

Step01 打开"光盘 \ 素材文件 \ 第 2 章 \ 招聘启事 1.docx"文件，❶ 选中需要更改的编号，❷ 单击【段落】组中的【编号】下拉按钮，❸ 在弹出的下拉列表中选择【设置编号值】命令，如图 2-112 所示。

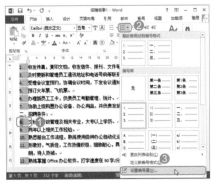

图 2-112

Step02 ❶ 打开【起始编号】对话框，选中【开始新列表】单选按钮，❷ 在【值设置为】数值框中输入起始编号，如输入【1】，❸ 单击【确定】按钮，如图 2-113 所示。

图 2-113

技术看板

若在【起始编号】对话框中选中【继续上一列表】单选按钮，将激活【前进量】复选框，选中该复选框，则可在【值设置为】数值框中输入大于当前编号的起始值。如果【值设置为】数值框中最初显示的【7】，那么设置时，只能输入超过【7】的起始值。

Step03 返回文档编辑区，所选编号将从"1"开始，并且后面的编号值也将发生相应的变化，如图 2-114 所示。

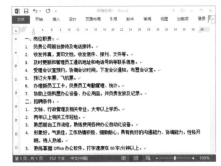

图 2-114

技能拓展——通过快捷菜单设置编号起始值

在文档中选择需要设置起始值的编号，并在其上右击，在弹出的快捷菜单中显示了设置编号的一些命令，如【重新开始于 1】【继续编号】和【设置编号值】命令，用户可根据情况选择相应的命令，对编号值进行设置。

技巧 05：使用格式刷快速复制格式

教学视频	光盘 \ 视频 \ 第 2 章 \ 技巧 05.mp4

在设置文档格式时，如果需要为不同位置的多个文本或多个段落应用相同的格式，可以使用 Word 2013 提供的格式刷功能来快速复制格式，提高制作和编辑文档的效率。例如，继续上例操作，使用格式刷复制"招聘启事 1"文档中某段落的格式，将其应用于其他段落中，具体操作步骤如下。

Step01 ❶ 在打开的"招聘启事 1.docx"文档中将第 1 段文本的文本效果设置为【填充 - 黑色，文本 1，阴影】，并加粗文本，然后选中该段落，❷ 双击【剪贴板】工具组中【格式刷】按钮，如图 2-115 所示。

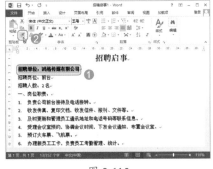

图 2-115

Step02 此时鼠标指针将变成形状，拖动鼠标选择要应用相同格式的段落，如图 2-116 所示。

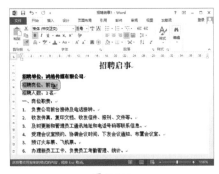

图 2-116

技术看板

若单击【格式刷】按钮 ，则只能应用一次复制的格式，并自动恢复鼠标指针样式。

Step03 为选中的文本应用复制的格式，然后继续拖动鼠标选择要应用格式的段落，即可应用复制的格式，如图 2-117 所示。

图 2-117

技术看板

若双击【格式刷】按钮 ，复制完格式后，则需按【Esc】键或单击【格式刷】按钮 ，才能退出格式刷状态。

本章小结

通过本章知识的学习，相信读者已经掌握了输入和编辑各类办公文档的方法，以及办公文档的制作流程。但在编辑过程中，要想提高文档的制作效率和准确率，在制作文档前，首先要厘清文档的制作思路是先设置文档的页面，还是先输入文档内容，这些都是根据各自制作的文档的需要来选择的，其先后顺序并不是固定的。在制作和编辑文档的过程中，本章所有的知识并没有什么具体的先后顺序，读者可在制作文档时，根据所制作文档的类型、内容等来灵活安排。在编辑过程中还需要掌握一些技巧，如复制／粘贴、查找／替换，以提高工作效率。

第3章 Word 2013 图文混排文档的制作

➤ 网上搜索的图片，怎么插入文档中？

➤ 通过 Word，立体图片效果的制作也变得简单？

➤ 怎么通过形状制作各种想要的图示？

➤ 如何制作循环图、关系图、组织结构图等常用图示？

➤ 不用图形图像软件，也能处理图片背景？

学完这一章的内容，你就学会制作各类图文混排效果的文档了。

3.1 Word 2013 图文混排知识

使用 Word 2013 制作产品说明书、宣传单、企业内刊等文档时，不仅需要使用到文字，还需要使用到艺术字、图片和图形等对象，通过这些对象可以制作出图文混排效果的文档，使文档更具吸引力。

3.1.1 对象的布局

在 Word 2013 中，要想制作出图文混排的效果，往往需要运用到艺术字、图片、形状和 SmartArt 图形等对象，当然，并不是所有对象使用完才能制作出该效果，只要使用其中一个或多个对象，都能制作出图文混排的效果。

要想使制作出的图文混排文档的效果更加美观，那么，对象的布局就显得非常重要。在 Word 2013 中，不同的对象，其默认插入文档中的布局是不一样的，要想随意调整对象的位置，那么需要对对象的布局进行设置。

在 Word 2013 中，为对象提供了嵌入型、四周型环绕、紧密型环绕、穿越型环绕、上下型环绕、衬于文字下方和浮于文字上方等 7 种布局选项，如图 3-1 所示。用户可根据排版需要选择使用。

图 3-1

技术看板

嵌入型是 Word 2013 中图片和 SmartArt 图形默认的布局方式，其位置会随着文档中字符的位置而改变，且不能随意移动。

3.1.2 图片选择需谨慎

在制作产品说明书和宣传类文档时，图片的使用是必不可少的，好的图片不仅可以起到画龙点睛的作用，还可对文档进行修饰，起到美化文档的作用。

所谓的"好的图片"，并不是指好看的图片，而是通过图片的质量、图片的表现力、图片与文字的贴合度及图片的风格等多方面来决定的，因此，在选择图片时，一定要选择与文档内容相契合的图片，不可随意找些与主题完全不相关的图片，并且，还要注意图片的整体风格是否与文档的整体风格相符合。图 3-2 所示为插入了一张与文档主题搭配不合理的图片，图 3-3 所示为图片与文档主题搭配合理的图片。

图 3-2

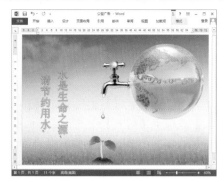

图 3-3

技术看板

在选择图片时，最好选择高清图片，这样放大或缩小图片后，图片的清晰度才不会受影响。

3.1.3 删除图片背景有妙招

当插入文档中的图片与文档内容搭配很合理，但图片背景与文档的背景不融合时，可以通过 Word 2013 提供的背景删除功能来实现，使图片与文档背景融为一体。

在 Word 2013 中，当插入的图片背景是纯色时，可以通过设置透明色功能将图片的背景删除。图 3-4 所示为原图效果，图 3-5 所示为将图片背景设置为透明色后的效果。

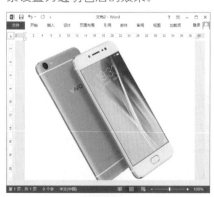

图 3-4

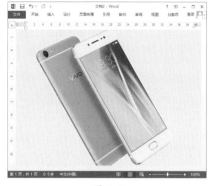

图 3-5

当插入图片的背景不是纯色时，则需要通过 Word 2013 提供的删除背景功能来删除图片的背景。图 3-6 所示为原图效果，图 3-7 所示为删除图片背景后的效果。

图 3-6

图 3-7

技术看板

通过删除背景功能来删除图片背景时，既可以自由确定图片要删除的区域，也可删除图片背景以外的区域。

3.1.4 形状功能很强大

Word 虽然不是专业的形状制作软件，但是通过 Word 2013 提供的形状功能，不仅可以在文档中插入制作的各种各样的形状，如图 3-8 所示，还可以制作出需要的图示，如组织结构图、流程图和关系图等，如图 3-9 所示。此外，通过形状，还可对 Word 文档的页面进行修饰和美化。

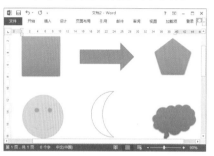

图 3-8

图 3-9

技术看板

Word 2013 提供了 SmartArt 图形功能，通过它可快速制作出需要的组织结构图、流程图和关系图，但由于 SmartArt 图形是由多个形状组合成的一个整体，图形中形状的排列有一定规则，所以没有通过形状制作灵活。因此，当制作某些不规则的图示时，则需要通过形状来实现。

3.2 通过图片提升文档效果

在制作图文混排的文档效果时，经常需要通过一些图片来对文档内容进行补充说明或通过图片来美化文档，以制作出图文并茂的文档效果。

★ 新功能 3.2.1 实战：在文档中插入图片

实例门类	软件功能
教学视频	光盘\视频\第3章\3.2.1.mp4

在制作文档的过程中，经常需要使用到图片，在 Word 2013 中，可直接插入计算机中保存的图片，也可在计算机连接网络的情况下，插入网络中搜索到的图片，用户可根据实际情况来选择插入图片的方法。

1. 插入计算机中保存的图片

在制作图文混排效果的文档时，如果计算机中保存有文档需要的图片，可直接通过 Word 2013 提供的图片功能将计算机中保存的图片插入文档中。例如，在"刊首寄语"文档中插入"拼搏"图片，具体操作步骤如下。

Step01 ❶ 打开"光盘\素材文件\第3章\刊首寄语.docx"文件，将鼠标光标定位到文档最前面，按【Enter】键分段，然后再将鼠标光标定位到空白行开始处，❷ 单击【插入】选项卡【插图】组中的【图片】按钮，如图 3-10 所示。

图 3-10

Step02 ❶ 打开【插入图片】对话框，在左侧的导航窗格中选择图片所保存的磁盘，这里选择【本地磁盘 (F:)】

选项，❷ 在右侧依次选择图片所在的文件夹，在打开的文件夹中选择需要插入的图片【拼搏】，❸ 单击【插入】按钮，如图 3-11 所示。

图 3-11

技术看板

在【插入图片】对话框中选择需要插入的图片后双击，可直接将图片插入到文档中。

Step03 返回文档编辑区，即可查看到选中的图片被插入文档中，如图 3-12 所示。

图 3-12

2. 插入联机图片

Word 2013 中新增了联机图片功能，通过该功能，用户可以从网络中搜索需要的图片插入文档中，但前提是使用联机图片功能时，必须保证计算机已正常连接网络。例如，继续上例操作，在"刊首寄语"文档中插入联机图片，具体操作步骤如下。

Step01 ❶ 将鼠标光标定位到打开的

【刊首寄语】文档末尾，❷ 单击【插入】选项卡【插图】组中的【联机图片】按钮，如图 3-13 所示。

图 3-13

Step02 ❶ 打开【插入图片】对话框，在【必应图像搜索】文本框中输入需要的图片类型，如输入【花边】，❷ 单击【搜索】按钮 🔍，如图 3-14 所示。

图 3-14

Step03 ❶ 开始搜索图片，在搜索结果中选择需要插入的图片，❷ 单击【插入】按钮，如图 3-15 所示。

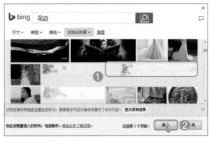

图 3-15

在图片搜索结果对话框中显示了【尺寸】【类型】【颜色】等选项，用户还可根据需要对要查找图片的颜色、尺寸、类型等进行设置，以精确搜索需要的图片。

Step04 开始下载图片，下载完成后返回文档编辑区，即可查看到选择的图片已插入鼠标光标处，效果如图 3-16 所示。

图 3-16

★ 重点 ★ 新功能 3.2.2 实战：设置"刊首寄语"文档中图片的布局方式

实例门类	软件功能
教学视频	光盘\视频\第 3 章\3.2.2.mp4

为了使插入的图片以不同的形式与 Word 文档中的内容相融合，通常需要对图片的布局方式进行设置，以实现各种图片与文字的混排效果。例如，继续上例操作，设置"刊首寄语"文档中图片的环绕方式，具体操作步骤如下。

Step01 在打开的"刊首寄语"文档中选择"拼搏"图片，❶单击【格式】选项卡【排列】组中的【自动换行】按钮，❷在弹出的下拉菜单中选择需要的布局命令，如选择【衬于文字下方】命令，将所选图片放置于文字下方，如图 3-17 所示。

图 3-17

选中需要设置布局方式的图片并右击，在弹出的快捷菜单中选择【自动换行】命令，在级联菜单中选择需要的布局命令即可。

Step02 选择文档最后的【花纹】图片，❶单击图片右侧出现的【布局选项】图标，❷在弹出的快捷菜单中选择需要的布局命令，这里选择【衬于文字下方】选项，如图 3-18 所示。

图 3-18

选中图片后，图片右侧出现【布局选项】按钮，是 Word 2013 的新功能，通过该功能，可快速设置图片的布局。

Step03 将图片移到文档中的文字区域时，图片自动衬于文字下方，效果如图 3-19 所示。

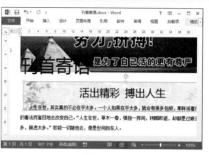

图 3-19

★ 重点 3.2.3 实战：调整"刊首寄语"文档中图片的大小和位置

实例门类	软件功能
教学视频	光盘\视频\第 3 章\3.2.3.mp4

新插入文档中的图片，其大小和位置往往不能满足排版的需要，这时用户需要对图片的大小和位置进行调整，以使文档的整体效果更加协调。例如，继续上例操作，调整"刊首寄语"文档中图片的大小和位置，具体操作步骤如下。

Step01 在打开的【刊首寄语】文档中选择【花纹】图片，将鼠标指针移动到图片上，然后按住鼠标左键不放拖动到首页末尾后释放鼠标，使图片左边和下方与页面左边和下方对齐，如图 3-20 所示。

图 3-20

Step02 保持图片的选中状态，将鼠标光标移动到图片右上角的□控制点上，当鼠标指针变成形状时，按住鼠标左键不放，向右方拖动鼠标，使图片右侧与页面右侧对齐，如图 3-21 所示。

图 3-21

Step 03 释放鼠标，然后选择【拼搏】图片，将鼠标指针移动到图片上，按住鼠标左键不放将图片拖动到首页左上角，使图片左边和上方与页面左边和上方对齐，如图 3-22 所示。

图 3-22

Step 04 保持图片的选中状态，将鼠标

指针移动到图片右下角的□控制点上，当鼠标指针变成形状时，按住鼠标左键不放，向右下拖动鼠标，使图片右侧与页面右侧对齐，如图 3-23 所示。

图 3-23

Step 05 释放鼠标，即可查看到调整【拼搏】图片后的效果，如图 3-24 所示。

图 3-24

3.2.4 实战：裁剪和旋转文档中的图片

实例门类	软件功能
教学视频	光盘\视频\第 3 章\3.2.4.mp4

在编辑图片的过程中，为了使图

片更能贴合内容，有时还需要对图片进行裁剪和旋转操作，下面将对裁剪和旋转图片的方法进行讲解。

1. 裁剪图片

通过 Word 2013 提供的裁剪功能，可快速将文档中图片的多余部分裁剪掉，使图片更加符合排版需要。例如，对文档中的产品图片进行裁剪，具体操作步骤如下。

Step 01 打开"光盘\素材文件\第 3 章\产品图片.docx"文件，选中背景图片，单击【格式】选项卡【大小】组中的【裁剪】按钮，如图 3-25 所示。

图 3-25

Step 02 此时，图片四周将出现裁剪框，将鼠标指针移动到裁剪框黑色的裁剪标志上，这里移动到图片右侧中间的裁剪标志上，当鼠标指针变成形状时，按住鼠标左键不放向左进行拖动，如图 3-26 所示。

图 3-26

Step 03 拖动到适合位置后释放鼠标，在文档编辑区的其他位置单击或按【Enter】键，即可退出图片的裁剪状态，完成图片的裁剪操作，效果如

图 3-27 所示。

图 3-27

技能拓展——将图片裁剪为形状

在 Word 2013 中，还可以将图片裁剪为任意一种形状。其方法是：选中图片，单击【裁剪】下拉按钮，在弹出的下拉菜单中选择【裁剪】命令，在级联菜单中选择需要将图片裁剪为相应的形状命令，即可将图片裁剪为选择的形状。

2. 旋转图片

在编辑文档的过程中，用户还可根据各种排版需要，对插入的图片进行旋转。在 Word 2013 中，既可拖动鼠标手动进行旋转，也可通过单击按钮来旋转图片。

➡ 拖动鼠标旋转图片：选择需要旋转的图片，将鼠标指针移动到旋转手柄 上，当鼠标指针变成 形状时，按住鼠标左键不放并任意拖动，可以旋转该图片，旋转时，鼠标指针显示为 形状，如图 3-28 所示。旋转到合适角度后，释放鼠标即可。

图 3-28

➡ 单击按钮旋转图片：选择需要旋转的图片，单击【格式】选项卡【排列】组中的【旋转】按钮 ，在弹出的下拉菜单中选择需要的旋转选项即可，如图 3-29 所示。

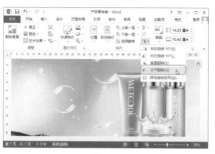

图 3-29

技术看板

通过单击【旋转】按钮对图片进行旋转时，有时需执行多次旋转操作，才能达到需要的旋转效果。

3.2.5 实战：调整图片色彩

实例门类	软件功能
教学视频	光盘\视频\第 3 章\3.2.5.mp4

在 Word 2013 中插入图片后，还可以对图片的亮度、对比度，以及图片颜色的饱和度、色调等进行调整，以使图片的颜色达到最佳的状态。例如，在"刊首寄语 1"文档中对图片的色彩进行调整，具体操作步骤如下。

Step01 打开"光盘\素材文件\第 3 章\刊首寄语 1.docx"文件，❶ 选中【拼搏】图片，单击【格式】选项卡【调整】组中的【颜色】按钮，❷ 在弹出的下拉列表中选择【重新着色】栏中的第 4 个选项，即可将图片颜色更改为所选颜色，如图 3-30 所示。

技术看板

【颜色】下拉菜单用于设置图片的颜色饱和度、色调，以及重新为图片着色等。

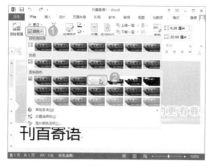

图 3-30

Step02 保持图片的选中状态，❶ 单击【格式】选项卡【调整】组中的【颜色】按钮，❷ 在弹出的下拉列表中选择【颜色饱和度】栏中的最后一个选项，即可更改图片的颜色饱和度，如图 3-31 所示。

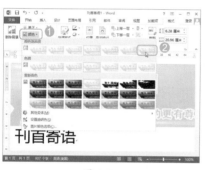

图 3-31

技能拓展——将图片背景设置为透明色

对于纯色背景的图片，如果不想要图片的背景，可通过 Word 2013 提供的设置透明色功能将图片的背景设置为透明色。其方法是：选中图片，单击【格式】选项卡【调整】组中的【颜色】按钮，在弹出的下拉列表中选择【设置透明色】命令，此时鼠标指针将变成 形状，将鼠标指针移动到图片背景上单击，即可将图片背景设置为透明色，但需要注意的是，如果图片其他区域与背景颜色相同，那么将图片背景设置为透明色后，其他相同颜色的区域也将变成透明色。

Step03 ❶ 选中【花纹】图片，单击【格式】选项卡【调整】组中的【颜色】按钮，❷ 在弹出的下拉列表中选择【色调】栏中的最后一个选项，如图 3-32 所示。

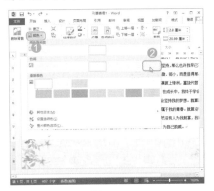

图 3-32

Step04 保持图片的选中状态，❶ 单击【格式】选项卡【调整】组中的【更正】按钮，❷ 在弹出的下拉列表中选择【亮度 / 对比度】栏中第 1 排的第 3 个选项，即可更改图片的亮度和对比度，如图 3-33 所示。

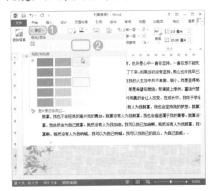

图 3-33

技术看板

在【更正】下拉列表中选择【图片更正选项】命令，可打开【设置图片格式】任务窗格，在【图片更正】栏中可根据需要对图片的锐化 / 柔化和亮度 / 对比度等进行自行设置。

★ 重点 3.2.6 实战：设置"楼盘简介"文档中图片的效果

实例门类	软件功能
教学视频	光盘\视频\第 3 章\3.2.6.mp4

为了使文档中的图片更加美观，用户还可根据需要对图片的样式和图片的效果（如图片边框、阴影效果、映像效果、三维旋转和棱台效果等）进行设置。例如，在"楼盘简介"文档中对图片的样式和效果进行设置，具体操作步骤如下。

Step01 打开"光盘\素材文件\第 3 章\楼盘简介 .docx"文件，❶ 选中文档中第 1 张图片，单击【格式】选项卡【图片样式】组中的【快速样式】按钮，❷ 在弹出的下拉列表中选择需要的图片样式，如选择【简单框架 , 黑色】选项，即可为图片应用选择的样式，如图 3-34 所示。

图 3-34

Step02 保持图片的选中状态，❶ 单击【格式】选项卡【图片样式】组中的【图片边框】下拉按钮，❷ 在弹出的下拉列表中选择需要的边框颜色，如选择【标准色】栏中的【深蓝色】选项，如图 3-35 所示。

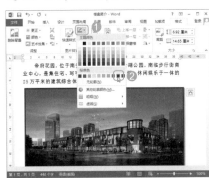

图 3-35

Step03 ❶ 再在【图片边框】下拉列表中选择【粗细】选项，❷ 在级联列表

中选择图片边框的粗细，如选择【1.5磅】选项，如图 3-36 所示。

图 3-36

技能拓展——设置图片边框的样式

在 Word 2013 中，除了可对图片的边框颜色和粗细进行设置外，还可对图片边框的样式进行设置。其方法是：选中带边框的图片，在【图片样式】组中单击【图片边框】下拉按钮，在弹出的下拉列表中选择【虚线】命令，在级联列表中选择需要的图片边框样式。

Step04 ❶ 选中文档中第 2 张图片，单击【格式】选项卡【图片样式】组中的【图片效果】按钮，❷ 在弹出的下拉菜单中选择【柔化边缘】命令，❸ 在级联菜单中选择【5 磅】选项，如图 3-37 所示。

图 3-37

Step05 ❶ 保持图片的选中状态，单击【格式】选项卡【图片样式】组中的【图片效果】按钮，❷ 在弹出的下

拉列表中选择【映像】命令，❸ 在级联列表中选择【紧密映像，接触】选项，如图 3-38 所示。

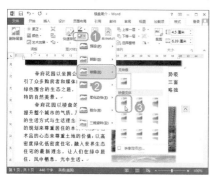

图 3-38

Step06 ❶ 单击【格式】选项卡【图片样式】组中的【图片效果】按钮，❷ 在弹出的下拉列表中选择【三维旋转】命令，❸ 在级联列表中选择【透视】栏中的【上透视】选项，如图 3-39 所示。

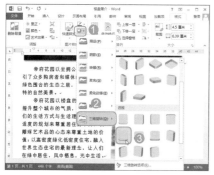

图 3-39

技术看板

在【图片效果】下拉列表中还可对图片的阴影效果、预设效果、发光效果和棱台效果等进行设置，其设置方法与设置映像效果的方法类似。

Step07 返回文档编辑区，即可查看到设置图片效果后的效果，如图 3-40 所示。

图 3-40

技能拓展——为图片应用图片版式

Word 2013 中还提供了【图片版式】功能，通过该功能可快速将图片转化为 SmartArt 图形，轻松为图片添加标题。其方法是：选中图片，单击【格式】选项卡【图片样式】组中的【图片版式】按钮，在弹出的下拉列表中选择需要的图片版式，即可将图

片转换为 SmartArt 图形，转换后将为图片添加标题，然后输入图片的标题即可。

3.2.7　为图片应用艺术效果

实例门类	软件功能
教学视频	光盘\视频\第 3 章\3.2.7.mp4

在 Word 2013 中提供了图片的艺术效果样式，用户可以根据需要为图片应用相应的艺术效果，以增加图片的艺术感。

为图片应用艺术效果的方法是：选择文档中需要应用艺术效果的图片，单击【格式】选项卡【调整】组中的【艺术效果】按钮，在弹出的下拉列表中选择需要的艺术效果样式，并应用于图片中，如图 3-41 所示。

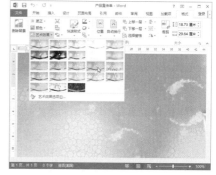

图 3-41

3.3　使用形状图示化内容

Word 2013 中提供了多个类别的形状，如线条、矩形、基本形状、箭头等，通过这些形状不仅可以制作组织结构图、流程图等图示，还可对文档进行点缀和美化，使文档内容更丰富，效果更美观。

★ 重点 3.3.1　实战：通过形状绘制"招聘流程图"

实例门类	软件功能
教学视频	光盘\视频\第 3 章\3.3.1.mp4

在 Word 2013 文档中通过形状功能绘制流程图时，只需要从指定类别中找到需要使用的形状，然后将其插入到文档中即可。例如，在"招聘流程图"文档中通过绘制不同的形状来搭建公司招聘的整个流程，具体操作步骤如下。

Step01 打开"光盘\素材文件\第 3 章\招聘流程图 .docx"文件，❶ 单击【插入】选项卡【插图】组中的【形状】按钮，❷ 在弹出的下拉列表中选择需要的形状样式，如选择【矩形】栏中的【圆角矩形】选项，如图3-42 所示。

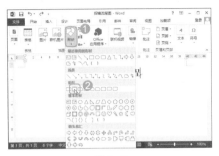

图 3-42

Step02 此时鼠标指针将变成╋形状，在文档标题下方按住鼠标左键不放，然后拖动鼠标绘制圆角矩形，如图3-43 所示。

图 3-43

Step03 拖动到合适位置后释放鼠标即可，然后选中形状，❶ 再单击【插入】选项卡【插图】组中的【形状】按钮，❷ 在弹出的下拉列表中选择【线条】栏中的【箭头】选项，如图3-44 所示。

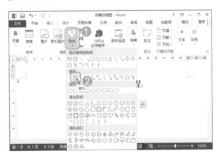

图 3-44

Step04 此时鼠标指针将变成╋形状，按住【Shift】键不放，在圆角矩形中间控制点下方拖动鼠标绘制直线箭头，如图3-45 所示。

图 3-45

技术看板

在 Word 2013 中绘制形状时，按住【Ctrl】键拖动绘制，可以使鼠标位置作为图形的中心点；按住【Shift】键拖动进行绘制，则可以绘制出固定宽度比的形状，如绘制正方形、正圆形和直线等。

Step05 然后使用前面绘制圆角矩形和直线形状的方法，继续绘制流程图需要的其他形状，绘制完成后的效果如图3-46 所示。

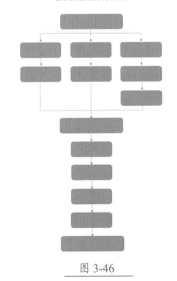

图 3-46

技术看板

在绘制招聘流程图的过程中，当需要绘制相同的形状时，可以通过复制的方法来实现，这样可以提高工作效率。

★ **重点 3.3.2 实战：在"招聘流程图"形状中输入文本**

实例门类	软件功能
教学视频	光盘\视频\第3章\3.3.2.mp4

在文档中绘制的形状并不包含文本，用户可以根据需要为形状添加相应的文字内容，并对输入文字的格式进行设置。例如，继续上例操作，在"招聘流程图"文档的形状中输入相应的文字，并对字体格式进行设置，具体操作步骤如下。

Step01 在打开的"招聘流程图"文档中选中第一个圆角矩形并右击，在弹出的快捷菜单中选择【添加文字】命令，如图3-47 所示。

图 3-47

Step02 此时，选择的形状中将出现光标插入点，直接输入相应的文本内容即可，如图3-48 所示。

图 3-48

Step03 ❶ 选择输入的【外部招聘】文本，❷ 在【开始】选项卡【字体】组中的【字号】下拉列表中选择【小三】选项，❸ 然后单击【加粗】按钮加粗文本，如图3-49 所示。

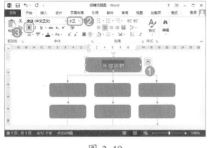

图 3-49

Step**04** 使用为第一个圆角矩形添加文本并设置字体格式的方法，为招聘流程图中的其他形状添加需要的文本，并对字体格式进行相应的设置，效果如图 3-50 所示。

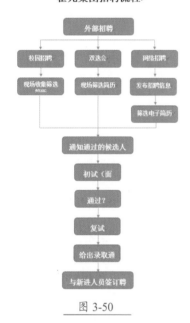

图 3-50

3.3.3　实战：调整"招聘流程图"形状的大小和位置

实例门类	软件功能
教学视频	光盘\视频\第 3 章 3.3.3.mp4

如果在形状中输入的文本较多，那么有可能形状中不能完全显示输入的文本，这时就需要对形状的大小进行调整，调整形状大小后，有时还需要对形状的位置进行调整，使形状的排列更整齐。例如，继续上例操作，

对"招聘流程图"文档中部分形状的大小进行调整，具体操作步骤如下。

Step**01** 在打开的"招聘流程图"文档中按住【Shift】键选择【校园招聘】和【现场收集筛选简历】形状，将鼠标光标移动到任意一个形状中间的控制点上，这里将鼠标光标移动到【现场收集筛选简历】形状左侧中间的□控制点上，当鼠标光标变成 形状时，按住鼠标左键不放向左拖动鼠标，如图 3-51 所示。

图 3-51

技术看板

选择需要调整大小的形状，在【格式】选项卡【大小】组中的【高度】和【宽度】数值框中，可直接输入形状的高度和宽度值来调整形状的大小。

Step**02** 拖动到合适大小后释放鼠标，保持形状的选中状态，将鼠标指针移动到任意一个形状上，当鼠标指针变成 形状时，按住【Shift】键和鼠标左键不放向右进行拖动，如图 3-52 所示。

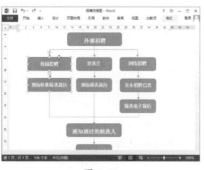

图 3-52

Step**03** 拖动到合适的位置释放鼠标，然后使用前面两步调整形状大小和位置的方法对招聘流程图中其他需要调整的形状进行调整，效果如图 3-53 所示。

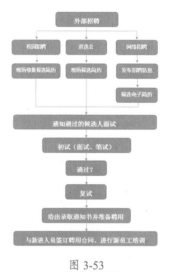

图 3-53

技能拓展——更改形状

在 Word 2013 文档中，如果用户对绘制的形状不满意，可将其更改为其他类型的形状。其方法是：选择需要更改的形状，单击【格式】选项卡【插入形状】组中的【编辑形状】按钮，在弹出的下拉菜单中选择【更改形状】选项，在级联菜单中选择需要的形状选项，即可将原形状更改为选择的形状。

★ 重点 3.3.4　实战：美化"招聘流程图"中的形状

实例门类	软件功能
教学视频	光盘\视频\第 3 章 3.3.4.mp4

对于绘制的形状，还可通过应用形状样式，以及设置填充色、形状轮廓和形状效果等方式对形状进行美化，使形状更加美观。例如，继续上例操作，对"招聘流程图"文档中

的形状进行美化操作，具体操作步骤如下。

Step01 在打开的"招聘流程图"文档中按住【Ctrl】键，选中所有的直线和箭头形状，在【格式】选项卡【形状样式】列表框中选择需要的形状样式，如选择【粗线 - 强调颜色3】选项，即可为直线和箭头形状应用选择的样式，如图3-54所示。

图 3-54

Step02 ① 选择【外部招聘】形状，单击【格式】选项卡【形状样式】组中的【形状轮廓】下拉按钮，② 在弹出的下拉列表中选择【粗细】命令，③ 在级联列表中选择【3磅】选项，如图3-55所示。

图 3-55

Step03 ① 保持形状的选中状态，单击【形状填充】下拉按钮，② 在弹出的下拉列表中选择【蓝色，着色5】选项，如图3-56所示。

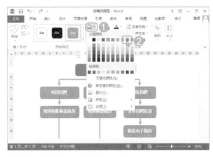

图 3-56

Step04 ① 再次单击【形状填充】下拉按钮，② 在弹出的下拉列表中选择【渐变】命令，③ 在级联列表中选择【深色变体】栏中的【从右下角】选项，如图3-57所示。

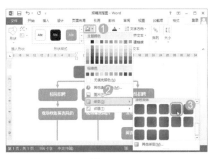

图 3-57

技能拓展——纹理填充形状

在 Word 2013 中，除了可渐变填充形状外，还可使用 Word 2013 提供的纹理样式对形状进行填充。其方法是：选择需要填充的形状，单击【格式】选项卡【形状样式】组中的【形状填充】下拉按钮，在弹出的下拉列表中选择【纹理】命令，在级联列表中选择需要的纹理样式，即可将其填充到形状中。

Step05 ① 保持【外部招聘】形状的选中状态，单击【形状效果】按钮，② 在弹出的下拉菜单中选择【预设】

命令，③ 在级联列表中选择【预设3】选项，如图3-58所示。

图 3-58

Step06 ① 再次单击【形状效果】按钮，② 在弹出的下拉菜单中选择【阴影】命令，③ 在级联菜单中选择【右下斜偏移】选项，如图3-59所示。

图 3-59

Step07 按住【Shift】键，选择除【外部招聘】形状外的所有圆角矩形，在【形状样式】组中的列表框中选择需要的形状样式，这里选择【强烈效果 - 蓝色，强调颜色1】选项，如图3-60所示。

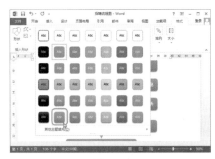

图 3-60

Step08 ① 选择招聘流程图第2排的3个圆角矩形形状，单击【形状样式】组中的【形状填充】下拉按钮，② 在弹出的下拉列表中选择【绿色，着色 6, 深色 25%】选项, 即可将形状填充为选择的颜色, 如图 3-61 所示。

图 3-61

Step09 使用上步的操作方法, 将"招聘流程图"中的其他圆角矩形形状填充为需要的颜色, 如图 3-62 所示。

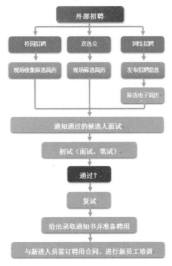

霍元集团招聘流程

图 3-62

3.4 使用文本框装载内容

文本框是一种特殊的文本对象, 既可以作为图形对象进行处理, 也可以作为文本对象进行处理。通过文本框, 可以将文本内容放置于页面中的任意位置, 使文档排版更灵活、文档内容更丰富。

3.4.1 实战: 在"产品介绍"文档中插入内置文本框

实例门类	软件功能
教学视频	光盘\视频\第 3 章 3.4.1.mp4

Word 2013 中提供了多种内置的文本框样式, 使用这些内置的文本框样式可以快速创建出带样式的文本框, 然后在文本框中输入所需的文本内容即可。例如, 在"产品介绍"文档中插入需要的内置文本框样式, 并在文本框中输入相应的内容, 具体操作步骤如下。

Step01 打开"光盘\素材文件\第 3 章\产品介绍 .docx"文件, ❶单击【插入】选项卡【文本】组中的【文本框】按钮, ❷在弹出的下拉列表【内置】栏中选择需要的文本框样式, 这里选择【花丝提要栏】命令,

如图 3-63 所示。

图 3-63

Step02 即可在文档中插入选择的文本框样式, 然后在文本框中输入与【产品说明】相关的文本内容, 如图 3-64 所示。

Step03 再插入两个【花丝提要栏】文本框, 并在文本框中输入与【产品卖点】和【产品用途】相关的文本内容, 效果如图 3-65 所示。

图 3-64

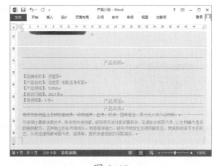

图 3-65

3.4.2 实战：在"产品介绍"文档中绘制文本框

实例门类	软件功能
教学视频	光盘\视频\第3章 3.4.2.mp4

在 Word 2013 中，除了可插入内置的文本框外，还可手动绘制文本框，绘制的文本框包含横排文本框和竖排文本框两种，用户可根据需要进行绘制。例如，继续上例操作，在"产品介绍"文档中绘制一个横排文本框，并在其中输入相应的文本，具体操作步骤如下。

Step01 ❶ 在打开的【产品介绍】文档中单击【插入】选项卡【文本】组中的【文本框】按钮，❷ 在弹出的下拉列表中选择【绘制文本框】命令，如图 3-66 所示。

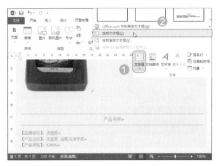

图 3-66

Step02 此时，鼠标指针将变成 ✚ 形状，将鼠标指针移动到需要绘制文本框的位置，然后按住鼠标左键不放，拖动鼠标绘制文本框，如图 3-67 所示。

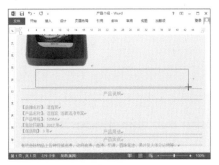

图 3-67

技术看板

若在【文本框】下拉列表中选择【绘制竖排文本框】命令，拖动鼠标即可绘制竖排文本框，在竖排文本框中输入的文本将以垂直方式显示。

Step03 拖动到合适位置后，释放鼠标，即可完成横排文本框的绘制，然后在文本框中输入需要的内容即可，如图 3-68 所示。

图 3-68

技术看板

文本框中包含的内容不仅可以是文字，还可以是图片、形状、表格和 SmartArt 图形等对象。

★ 重点 3.4.3 实战：编辑"产品介绍"文档中的文本框

实例门类	软件功能
教学视频	光盘\视频\第3章 3.4.3.mp4

在 Word 2013 中，对于插入的文本框，用户还可根据需要对文本框的位置和大小、文本框中文字的字体格式、文本框的外观样式等进行相应的设置，使文本框整体效果更加美观。例如，继续上例操作，对"产品介绍"文档中的文本框进行编辑操作，具体操作步骤如下。

Step01 在打开的【产品介绍】文档中选择【产品说明】【产品卖点】和【产品用途】文本框，❶ 单击【格

式】选项卡【排列】组中的【自动换行】按钮，❷ 在弹出的下拉菜单中选择【浮于文字上方】命令，如图 3-69 所示。

图 3-69

Step02 保持 3 个文本框的选中状态，将鼠标光标移动到文本框右侧的□控制点上，当鼠标光标变成双向箭头时，按住鼠标左键不放向左拖动，如图 3-70 所示。

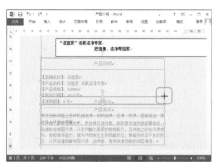

图 3-70

技术看板

在 Word 2013 中，文本框的编辑操作方法与形状的编辑操作方法基本相同。

Step03 拖动到合适位置后，释放鼠标，然后保持文本框的选中状态，将鼠标光标移动到文本框上，按住鼠标左键向右上方拖动，如图 3-71 所示。

Step04 拖动到合适位置后释放鼠标，然后选择【产品用途】文本框，将其移动到【产品卖点】文本框下方，效果如图 3-72 所示。

图 3-71

图 3-72

Step05 选择【产品说明】【产品卖点】和【产品用途】文本框，❶单击【格式】选项卡【形状样式】组中的【形状轮廓】下拉按钮 ·，❷在弹出的下拉列表中选择【蓝色，着色5，淡色40%】选项，为文本框添加轮廓，如图 3-73 所示。

图 3-73

Step06 ❶选择绘制的文本框，在【字体】组中设置文本框中的字体为【黑体】，❷字号设置为【26】，❸再单击【加粗】按钮加粗文本，如图 3-74 所示。

图 3-74

Step07 保持文本框的选中状态，并将文本框调整到合适的大小，使文本框中的文本全部显示出来，然后在【形状样式】组中的列表框中选择文本框需要的样式，这里选择【强烈效果 - 蓝色，强调颜色 1】选项，如图 3-75 所示。

图 3-75

技术看板

如果文本框中包含的是文字内容，那么在设置文本框大小之前，最好先设置好文本框中文本的字体格式，这样可避免对同一文本框进行多次重复操作。

Step08 保持文本框的选中状态，❶单击【字体】组中的【文字效果和版式】按钮，❷在弹出的下拉列表中选择【阴影】命令，❸在级联列表中选择需要的阴影效果，这里选择【居中偏移】选项，如图 3-76 所示。

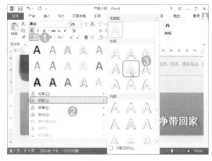

图 3-76

Step09 保持文本框的选中状态，❶单击【形状样式】组中的【形状效果】按钮，❷在弹出的下拉列表中选择【预设】命令，❸在级联列表中选择需要的预设效果，这里选择【预设 5】选项，如图 3-77 所示。

图 3-77

技能拓展——对齐文本框中的内容

在 Word 2013 中，文本框中的文本内容默认是顶端对齐于文本框的，用户也可根据实际情况更改文本框中文本的对齐方式。其方法是：选择文本框，单击【格式】选项卡【文本】组中的【对齐文本】按钮，在弹出的下拉菜单中提供了【顶端对齐】【中部对齐】和【底端对齐】3 种对齐方式，选择需要的对齐方式即可。

3.5 使用艺术字凸显内容

在制作宣传单、邀请函等文档时，为了使文档标题或文档中的重要内容更加突出，经常会使用到艺术字，通过艺术字，不仅可以突出显示内容，还可以使文档整体效果更加美观。

3.5.1 实战：在"产品宣传单"文档中插入艺术字

实例门类	软件功能
教学视频	光盘\视频\第3章3.5.1.mp4

在 Word 2013 中，预设了多种艺术字效果，用户可以根据文档当前需要来选择合适的艺术字效果，将其插入到文档中，然后将艺术字文本框中的内容更改为需要的文本内容即可。例如，在"产品宣传单"文档中插入需要的艺术字，具体操作步骤如下。

Step01 打开"光盘\素材文件\第3章\产品宣传单.docx"文件，❶单击【插入】选项卡【文本】组中的【艺术字】按钮，❷在弹出的下拉列表中选择需要的艺术字样式，这里选择【渐变填充，蓝色，背景1,反射】选项，如图3-78所示。

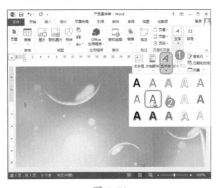

图 3-78

Step02 即可在文档中插入艺术字文本框，然后输入需要的艺术字【水密码深度补水养出嫩弹水润肌】，如图3-79所示。

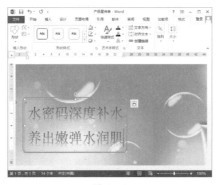

图 3-79

★ 重点 3.5.2 实战：编辑"产品宣传单"文档中的艺术字

实例门类	软件功能
教学视频	光盘\视频\第3章3.5.2.mp4

插入的艺术字一般都不能满足文档的需要，还需要对艺术字样式、字体格式和艺术字效果等进行编辑，使艺术字更加符合实际需要。例如，继续上例操作，对"产品宣传单"文档中的艺术字进行编辑，具体操作步骤如下。

Step01 ❶在打开的"产品宣传单"文档中选择艺术字文本框，单击【格式】选项卡【艺术字样式】组中的【快速样式】按钮，❷在弹出的下拉列表中选择需要的艺术字样式，如选择【填充-蓝色，着色1,轮廓-背景1,清晰阴影-着色1】选项，即可将艺术字样式更改为选择的样式，如图3-80所示。

技术看板

对于艺术字文本框，也可向编辑文本框一样对艺术字文本框进行编辑。

图 3-80

Step02 ❶保持艺术字文本框的选中状态，在【开始】选项卡【字体】组中将字体设置为【隶书】，❷字号设置为【60】，效果如图3-81所示。

图 3-81

Step03 ❶按住【Ctrl】键选中【深度补水】和【水润肌】艺术字文本，单击【艺术字样式】组中的【文本填充】下拉按钮，❷在弹出的下拉列表中选择需要的艺术字填充颜色，这里选择【橙色，着色2】选项，如图3-82所示。

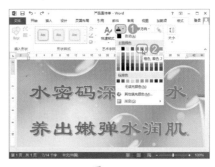

图 3-82

技术看板

在【文本填充】下拉列表中选择【渐变】命令，在级联列表中选择需要的渐变选项，可渐变填充艺术字，但需要注意的是，在对艺术字进行渐变填充时，最好先选择艺术字填充色，也就是渐变色，然后再选择渐变选项。

Step 04 ❶ 选中艺术字文本框，单击【艺术字样式】组中的【文本轮廓】下拉按钮，❷ 在弹出的下拉列表中选择【无轮廓】选项，取消艺术字的轮廓，如图 3-83 所示。

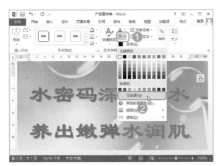

图 3-83

Step 05 保持艺术字文本框的选中状态，❶ 单击【艺术字样式】组中的【文字效果】按钮，❷ 在弹出的下拉列表中选择【阴影】命令，❸ 在级联列表中选择需要的阴影效果，这里选择【向下偏移】选项，如图 3-84 所示。

Step 06 保持艺术字文本框的选中状态，❶ 单击【艺术字样式】组中的【文本效果】按钮Ⓐ，❷ 在弹出的下拉列表中选择【发光】命令，❸ 在级联列表中选择需要的发光效果，这里选择【金色,5pt,着色 4】选项，如图 3-85 所示。

图 3-84

图 3-85

Step 07 保持艺术字文本框的选中状态，❶ 单击【艺术字样式】组中的【文本效果】按钮Ⓐ，❷ 在弹出的下拉列表中选择【三维旋转】命令，❸ 在级联列表中选择需要的三维旋转效果，这里选择【离轴 1 右】选项，如图 3-86 所示。

图 3-86

Step 08 保持艺术字文本框的选中状

态，❶ 单击【艺术字样式】组中的【文本效果】按钮Ⓐ，❷ 在弹出的下拉菜单中选择【转换】命令，❸ 在级联列表中选择需要的转换效果，这里选择【双波形 2】选项，如图 3-87 所示。

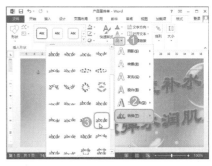

图 3-87

Step 09 完成艺术字的编辑，效果如图 3-88 所示。

图 3-88

技能拓展——设置艺术字文字方向

插入的艺术字默认是水平排列的，当需要制作垂直排列的艺术字时，则需要对艺术字的文字方向进行设置。其方法是：选中艺术字，单击【格式】选项卡【文本】组中的【文字方向】按钮，在弹出的下拉列表中选择需要的文字方向选项即可。

3.6　使用 SmartArt 图形直观展示信息

通过图形列表、流程图和组织结构图等图形来表现内容之间的关系时，可以通过 Word 2013 提供的 SmartArt 图形功能来实现，相比形状来说，通过 SmartArt 图形可以使内容之间的关联表示得更加清晰。

★ 重点 3.6.1 实战：在"公司组织结构图"中插入 SmartArt 图形

实例门类	软件功能
教学视频	光盘\视频\第 3 章 3.6.1.mp4

Word 2013 中提供了列表型、流程型、循环型、层次结构型、关系型、矩阵型、菱锥图和图片型等 8 种类型的 SmartArt 图形，不同的类型中又包含很多 SmartArt 图形，用户可根据需要选择合适类型的 SmartArt 图形插入到文档中。例如，在"公司组织结构图"文档中插入需要的 SmartArt 图形，具体操作步骤如下。

Step01 打开"光盘\素材文件\第 3 章\公司组织结构图 .docx"文件，单击【插入】选项卡【插图】组中的【SmartArt】按钮，如图 3-89 所示。

图 3-89

Step02 ❶ 打开【选择 SmartArt 图形】对话框，在左侧选择需要的 SmartArt 图形类型，这里选择【层次结构】选项，❷ 在中间选择需要的 SmartArt 图形，这里选择【组织结构图】选项，❸ 单击【确定】按钮，如图 3-90 所示。

图 3-90

Step03 将选中的 SmartArt 图形插入到文档中，如图 3-91 所示。

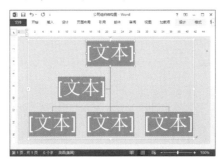

图 3-91

3.6.2 实战：在"公司组织结构图"中输入文本

实例门类	软件功能
教学视频	光盘\视频\第 3 章 3.6.2.mp4

插入 SmartArt 图形后，还需要在 SmartArt 图形的各个形状中输入相应的文字，以对 SmartArt 图形各形状之间的关系进行说明。例如，继续上例操作，在"公司组织结构图"文档中的 SmartArt 图形中输入相应的文本，具体操作步骤如下。

Step01 ❶ 在打开的"公司组织结构图"文档中选择 SmartArt 图形，❷ 单击【设计】选项卡【创建图形】组中的【文本窗格】按钮，如图 3-92 所示。

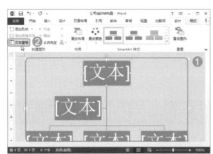

图 3-92

Step02 打开文本窗格，在文本窗格的项目符号后面依次输入相应的文本即可，效果如图 3-93 所示。

图 3-93

★ 重点 3.6.3 实战：编辑"公司组织结构图"

实例门类	软件功能
教学视频	光盘\视频\第 3 章 3.6.3.mp4

插入的 SmartArt 图形经常不能满足文档的需要，一般还需要对 SmartArt 图形进行编辑，包括调整 SmartArt 图形中形状的级别、在 SmartArt 图形中添加形状、更改 SmartArt 图形形状布局等，以使插入的 SmartArt 图形更能符合文档需要。

1. 调整 SmartArt 图形中形状的级别

为了使 SmartArt 图形的结构更加清晰，往往还需要对 SmartArt 图形中形状的级别进行调整。例如，继续上例操作，对"公司组织结构图"文档中 SmartArt 图形中的形状级别进行调整，具体操作步骤如下。

Step01 ❶ 在打开的"公司组织结构图"文档中选择 SmartArt 图形中的【总经理】和【本部】形状，❷ 单击【设计】选项卡【创建图形】组中的

【降级】按钮，如图 3-94 所示。

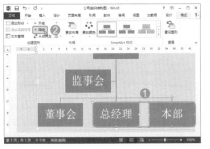

图 3-94

Step 02 经过上步操作，选中的形状将下降一个级别，降到【董事会】形状下方，❶ 然后选择【本部】形状，❷ 单击【设计】选项卡【创建图形】组中的【降级】按钮，如图 3-95 所示。

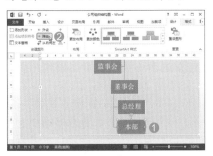

图 3-95

Step 03 将【本部】形状下降一个级别，降到【总经理】形状下方，效果如图 3-96 所示。

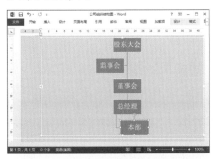

图 3-96

技术看板

　　如果要对 SmartArt 图形中的形状进行升级操作，可先选择需要升级的形状，然后单击【设计】选项卡【创建图形】组中的【升级】按钮，即可将所选中的形状上升一个级别。

2. 在 SmartArt 图形中添加形状

　　插入的 SmartArt 图形中包含的形状有限，并不能满足组织结构图的制作需要，此时就需要通过 Word 2013 提供的添加形状功能，在 SmartArt 图形中添加形状。例如，继续上例操作，在"公司组织结构图"文档中的 SmartArt 图形中添加形状，具体操作步骤如下。

Step 01 ❶ 在打开的"公司组织结构图"文档中选择 SmartArt 图形中的【本部】形状，❷ 单击【设计】选项卡【创建图形】组中的【添加形状】下拉按钮，❸ 在弹出的下拉菜单中选择需要添加的位置，如选择【在下方添加形状】命令，如图 3-97 所示。

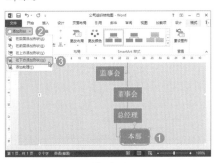

图 3-97

技术看板

　　在【添加形状】下拉菜单中提供的【在后面添加形状】和【在前面添加形状】命令表示在所选形状后面或前面添加同级别的形状；【在上方添加形状】和【在下方添加形状】命令表示在所选形状上方或下方添加不同级别的形状；【添加助理】命令表示在所选形状下方左侧或右侧添加一个形状。

Step 02 即可在【本部】形状下方添加一个形状，并在形状中输入文本【总经办】，效果如图 3-98 所示。

Step 03 ❶ 选择【总经办】形状，❷ 单击【设计】选项卡【创建图形】组中的【添加形状】下拉按钮，❸ 在弹

出的下拉菜单中选择【在后面添加形状】命令，如图 3-99 所示。

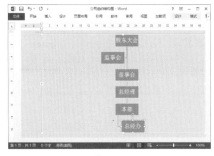

图 3-98

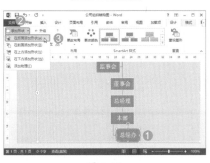

图 3-99

Step 04 在所选形状下方添加一个同级别的形状，然后使用相同的方法继续添加 6 个与【总经办】同级别的形状，并在形状中输入相应的文本，效果如图 3-100 所示。

图 3-100

Step 05 ❶ 选择【董事会】形状，❷ 单击【创建图形】组中的【添加形状】下拉按钮，❸ 在弹出的下拉菜单中选择【添加助理】命令，如图 3-101 所示。

Step 06 在【董事会】下方左侧添加一个形状，并在形状中输入【董事会秘书】文本，然后使用相同的方法在【总经理】形状下添加【分公司】和

【合资公司】两个形状，效果如图 3-102 所示。

图 3-101

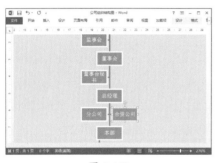

图 3-102

Step07 使用前面添加形状的方法，分别在【分公司】形状下方添加 4 个形状，在【合资公司】下方添加两个形状，并在添加的形状中输入相应的文本，效果如图 3-103 所示。

图 3-103

技能拓展——通过右键菜单添加形状

在 SmartArt 图形中选中某个形状并右击，即可在弹出的快捷菜单中选择【添加形状】命令，然后在级联菜单中选择需要添加形状的命令即可。

3. 更改 SmartArt 图形形状布局

制作好 SmartArt 图形后，如果发现 SmartArt 图形中部分形状的排列并不美观，这时可通过更改 SmartArt 图形中形状的布局，使 SmartArt 图形中形状的排列更合理。例如，继续上例操作，更改"公司组织结构图"文档中 SmartArt 图形的布局，具体操作步骤如下。

Step01 ❶ 在打开的"公司组织结构图"文档中选择 SmartArt 图形中的【分公司】和【合资公司】形状，❷ 单击【设计】选项卡【创建图形】组中的【布局】按钮，❸ 在弹出的下拉菜单中选择需要的布局选项，如选择【标准】命令，如图 3-104 所示。

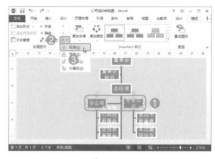

图 3-104

Step02 此时可发现【分公司】和【合资公司】形状下的形状布局发生了变化，然后使用相同的方法将【本部】形状的布局更改为【标准】，效果如图 3-105 所示。

技能拓展——更改 SmartArt 图形布局

除了可对 SmartArt 图形中形状的布局进行更改外，还可对 SmartArt 图形的整体布局进行更改。其方法是：选择 SmartArt 图形，在【设计】选项卡【布局】组中的列表框中可重新选择需要的 SmartArt 图形进行布局。

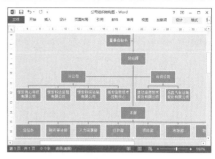

图 3-105

4. 调整 SmartArt 图形大小

如果 SmartArt 图形形状中的文字较多，那么形状中文字的字体较小，这时用户可通过调整 SmartArt 图形的大小来更改形状中文字的大小。例如，继续上例操作，调整"公司组织结构图"文档中 SmartArt 图形的大小，具体操作步骤如下。

Step01 在打开的"公司组织结构图"文档中选择 SmartArt 图形，将鼠标光标移动到 SmartArt 图形的某个控制点上，这里将鼠标光标移动到右下角的控制点上，当鼠标指针变成双向箭头时，按住【Shift】键和鼠标左键不放，向右下拖动鼠标，如图 3-106 所示。

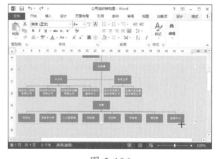

图 3-106

Step02 拖动到合适位置后释放鼠标，即可发现 SmartArt 图形中文字的大小将由原来的【6+】变成【8+】，效果如图 3-107 所示。

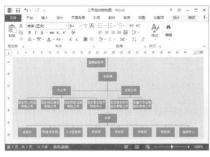

图 3-107

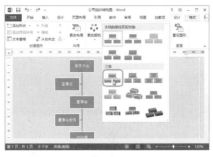

图 3-108

3.6.4 实战：为"公司组织结构图"中的 SmartArt 图形应用样式

实例门类	软件功能
教学视频	光盘 \ 视频 \ 第 3 章 3.6.4.mp4

Word 2013 中提供了 SmartArt 样式，为制作的 SmartArt 图形应用 SmartArt 样式，可增强 SmartArt 图形的立体感，同时也能美化 SmartArt 图形。例如，继续上例操作，为"公司组织结构图"文档中 SmartArt 图形应用需要的样式，具体操作步骤如下。

Step01 在打开的"公司组织结构图"文档中选择 SmartArt 图形，在【设计】选项卡【SmartArt 样式】组中的列表框中选择需要的样式，如选择【优雅】选项，如图 3-109 所示。

Step02 即可将所选的样式应用于 SmartArt 图形中，效果如图 3-109 所示。

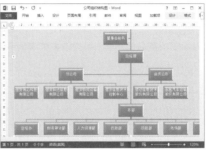

图 3-109

3.6.5 实战：更改"公司组织结构图"文档中 SmartArt 图形的颜色

实例门类	软件功能
教学视频	光盘 \ 视频 \ 第 3 章 3.6.5.mp4

为 SmartArt 图形应用样式后，还可快速更改 SmartArt 图形的颜色，使 SmartArt 图形颜色更加丰富。例如，继续上例操作，更改"公司组织结构图"文档中 SmartArt 图形的颜色，具体操作步骤如下。

Step01 在打开的"公司组织结构图"文档中选择 SmartArt 图形，❶ 单击【设计】选项卡【SmartArt 样式】组

中的【更改颜色】按钮，❷ 在弹出的下拉列表中选择需要的颜色，如选择【彩色】栏中的【彩色范围 - 着色 2 至 3】选项，如图 3-110 所示。

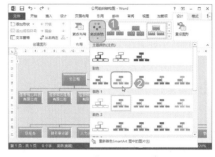

图 3-110

Step02 即可将所选的颜色应用于 SmartArt 图形中，效果如图 3-111 所示。

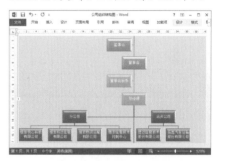

图 3-111

> **技能拓展——重设 SmartArt 图形**
>
> 如果对设置的 SmartArt 图形效果不满意，可单击【设计】选项卡【重置】组中的【重设图形】按钮，使 SmartArt 图形恢复为设置前的效果，然后重新对 SmartArt 图形的效果进行设置即可。

妙招技法

通过前面知识的学习，相信读者已经掌握了 Word 2013 文档中图文混排效果所需使用到对象的使用方法。下面结合本章内容，给大家介绍一些实用技巧。

技巧 01：插入屏幕截图

教学视频	光盘 \ 视频 \ 第 3 章 \ 技巧 01.mp4

在 Word 2013 排版过程中，当需要在该文档中插入其他文档或文件的内容时，如图片、表格等，用户可通过 Word 2013 提供的屏幕截图功能，

快速将需要的内容截图并插入文档中。例如，在"刊首寄语"文档中插入屏幕截取的图片，具体操作步骤如下。

Step01 先打开需要截取的文件或网页窗口，打开"光盘\素材文件\第3章\刊首寄语.docx"文件，❶将鼠标光标定位到需要插入屏幕截图的位置，单击【插入】选项卡【插图】组中的【屏幕截图】按钮❷，❷在弹出的下拉列表中选择【屏幕剪辑】命令，如图 3-112 所示。

图 3-112

技术看板

在【屏幕截图】下拉列表中的【可视窗口】栏中显示了计算机桌面上的所显示的窗口，选择相应的选项，可直接将窗口以图片形式插入到文档中。

Step02 切换到计算机屏幕，此时的计算机屏幕将呈半透明状态显示，当鼠标光标将变成＋形状时，拖动鼠标绘制需要截取的部分，如图 3-113 所示。

图 3-113

技术看板

在截取需要的部分时，截取的部分将以正常透明度显示。

Step03 绘制完成后，释放鼠标，即可将截取的部分以图片形式插入到文档光标处，效果如图 3-114 所示。

图 3-114

技巧 02：删除图片背景

教学视频	光盘\视频\第3章\技巧02.mp4

对于插入 Word 文档中的图片，为了使图片与文档背景融为一体，有时需要将图片背景删除，这时可使用 Word 2013 提供的删除背景功能，快速删除图片背景。例如，在"楼盘简介"文档中对图片背景进行删除，具体操作步骤如下。

Step01 打开"光盘\素材文件\第3章\楼盘简介.docx"文件，❶选中第 1 张图片，❷单击【格式】选项卡【调整】组中的【删除背景】按钮，如图 3-115 所示。

图 3-115

Step02 此时，要删除的区域变为紫色，图框为保留的区域，用户可以适当调整图框大小，尽可能将要保留的区域全部显示出来，当通过调整图框不能完全显示要保留的区域时，可单击【背景清除】选项卡【优化】组中的【标记要保留的区域】按钮，如图 3-116 所示。

图 3-116

Step03 ❶此时可在图片需要保留的区域拖动鼠标绘制直线，标记要保留的区域，❷标记完成后，单击【背景清除】选项卡【关闭】组中的【保留更改】按钮，如图 3-117 所示。

图 3-117

技术看板

若在【优化】组中单击【标记要删除的区域】按钮，可在图片中拖动鼠标绘制直线，标记要删除的部分。

Step04 即可保留图片需要保留的部分，并返回文档编辑区，即可查看到图片的效果，如图 3-118 所示。

图 3-118

技巧 03：使用图片填充形状

教学视频	光盘\视频\第3章\技巧 03.mp4

在 Word 2013 中，除了可对绘制的形状进行纯色、渐变和纹理填充外，还可使用图片对形状进行填充，使形状填充效果更加丰富。例如，使用图片填充"招聘流程图"文档中的形状，具体操作步骤如下。

Step01 打开"光盘\效果文件\第3章\招聘流程图.docx"文件，选中【外部招聘】形状，❶单击【格式】选项卡【形状样式】组中的【形状填充】下拉按钮。，❷在弹出的下拉列表中选择【图片】命令，如图 3-119 所示。

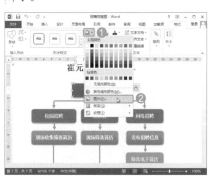

图 3-119

Step02 在打开的对话框中单击【浏览】按钮，打开【插入图片】对话框，❶在地址栏中设置图片保存的位置，❷然后选择需要填充形状的图片

【背景】，❸单击【插入】按钮，如图 3-120 所示。

图 3-120

Step03 即可将选中的图片填充到形状中，效果如图 3-121 所示。

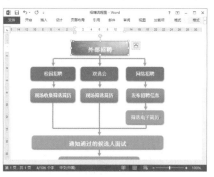

图 3-121

技巧 04：快速对齐多个对象

教学视频	光盘\视频\第3章\技巧 04.mp4

当文档中有多个对象，并且需要将多个对象按一定规则进行对齐时，使用 Word 2013 提供的对齐功能，可使多个对象按一定对齐方式进行快速对齐。例如，在"景点图片"文档中使用对齐功能快速对齐图片，具体操作步骤如下。

Step01 打开"光盘\素材文件\第3章\景点图片.docx"文件，❶选中文档中的 3 张图片，单击【格式】选项卡【排列】组中的【对齐】按钮，❷在弹出的下拉菜单中选择需要的对齐方式，如选择【顶端对齐】命令，如图 3-122 所示。

Step02 选中的 3 张图片的顶端将会在

同一水平线上，效果如图 3-123 所示。

图 3-122

图 3-123

技巧 05：链接文本框

教学视频	光盘\视频\第3章\技巧 05.mp4

当文本框中的内容过多且不能完全显示时，可通过 Word 2013 提供的创建链接功能，将文本框中不能显示的内容链接到另一个文本框中，以显示其余内容。例如，在"链接文本框"文档中将文本框中未显示的内容链接到新绘制的文本框中，具体操作步骤如下。

Step01 打开"光盘\素材文件\第3章\链接文本框.docx"文件，❶在图片下方绘制一个横排文本框，❷选择图片右侧的文本框，单击【格式】选项卡【文本】组中的【创建链接】按钮，如图 3-124 所示。

图 3-124

鼠标光标将变成 形状，单击鼠标左键，如图 3-125 所示。

图 3-125

Step 03 即可将文本框中未显示的内容链接到绘制的新文本框中，效果如图 3-126 所示。

图 3-126

技术看板

要创建文本框链接时，文档中的文本框必须保持在两个或两个以上，否则将不能进行创建。

Step 02 此时鼠标光标将变成 形状，将鼠标指针移至新绘制的文本框上，

技术看板

链接文本框后，将调整第一个文本框中的大小，文本框中内容显示的多少将会随着文本框的大小而发生变化。

本章小结

通过本章的知识的学习，相信读者已经掌握了制作图文混排效果文档的方法。但在排版过程中，要想随意地调整图片、形状、艺术字、文本框和 SmartArt 图形等对象的位置，还需要对各对象的布局方式，也就是自动换行方式进行设置，而且在编辑各个对象时，要灵活应用对象的编辑操作，因为各对象的很多编辑操作，方法都基本相同。只要灵活应用本章的要点，就能制作出各种图文混排文档的效果。在编辑各对象的过程中还需要掌握一些技巧，如删除图片背景、插入屏幕截图、对齐多个对象等，以提高工作效率。

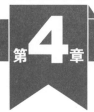

第 4 章 Word 2013 表格的制作与编辑

- ➥ 适合在 Word 中创建的表格有哪些？
- ➥ 表格的创建方式有很多，如何选择合适的创建方式？
- ➥ 表格的编辑，你会哪些？
- ➥ 在 Word 中能不能直接将文字转换为表格？
- ➥ Word 表格数据的计算和排序你会吗？

本章将讲解如何在 Word 中创建、编辑及美化表格，学完本章，读者不仅可以使用 Excel 制作表格，还可以通过 Word 快速制作。

4.1 Word 表格的相关知识

通过 Word 2013 提供的表格功能，可以直接在 Word 中制作表格，但不是所有的表格都适合在 Word 中创建，所以，在使用 Word 的表格功能制作表格之前，还需要先掌握一些 Word 表格的相关知识。

4.1.1 哪些表格适合在 Word 中创建

说起表格，很多人首先想到的就是 Office 中的 Excel 电子表格制作组件，并不会想到 Word。其实，在 Word 中也可创建表格，只是，相对于专业的 Excel 表格制作与处理软件，Word 更偏向于制作文本型的表格，如差旅费报销单、员工请假申请单、员工入职表等，不涉及数据的复杂计算、统计和分析等表格，如图 4-1 至图 4-3 所示。

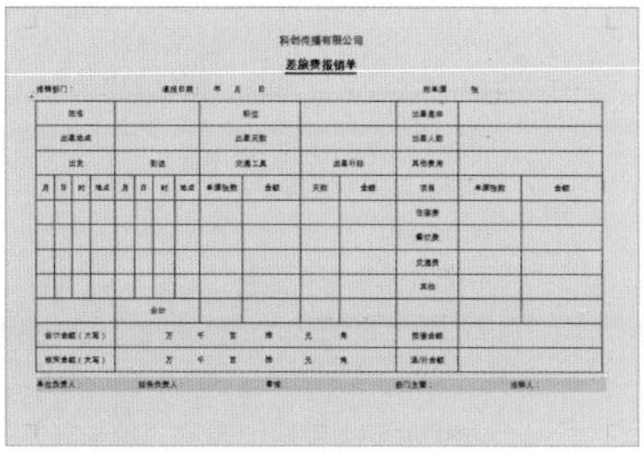

科创传媒有限公司

差旅费报销单

图 4-1

员工请假申请单

姓名		职务		部门	
请假类别	□婚假 □事假 □病假 □丧假 □产假 □年假 □其他				
请假时间	自___年___月___日___时至自___年___月___日___时，共计___天___时				
请假缘由					
职务工作代理人及委托事项	本人休假期间以下工作委托______先生/女士代理。 委托事项： 代理人签字确认： 签字日期： 年 月 日				
审核意见	部门经理： 年 月 日				
	人力资源部(考勤人员)： 年 月 日				
	总经理： 年 月 日				

备注：
病假需要出示医院医生开写的证明。
3 天以上假期需部门负责人、总经理同时签字方可生效。
员工应提前向审批人提出休假申请，待审批人批准后提交请假申请单至考勤员处备案。
本表最终由人力资源部备案。

图 4-2

科创公司员工入职登记表

员工编号：KC60102　　员工入职日期：　年　月　日

姓名		性别		出生年月		照片
名族		政治面貌		婚姻状况		
学历		所学专业		毕业院校		
联系电话		身份证号码				
户口所在地址		现居住地址				

教育/培训经历	起止时间	学校/培训机构	专业/培训内容

工作经历	起止时间	工作单位	职位	离职原因

家庭成员	姓名	关系	年龄	工作单位	联系电话

入职部门		应聘岗位	
申请部门意见(部门经理签字)		主管意见	
人力资源部意见		总经理意见	

备注：
1. 入职时需提交一寸彩色照片两张、身份证复印件、最高学历复印件以及取得的各种证件的复印件。
2. 填写的入职登记表信息必须真实，若在录用之后，发现填报资料虚假或失实，公司有权立即辞退。

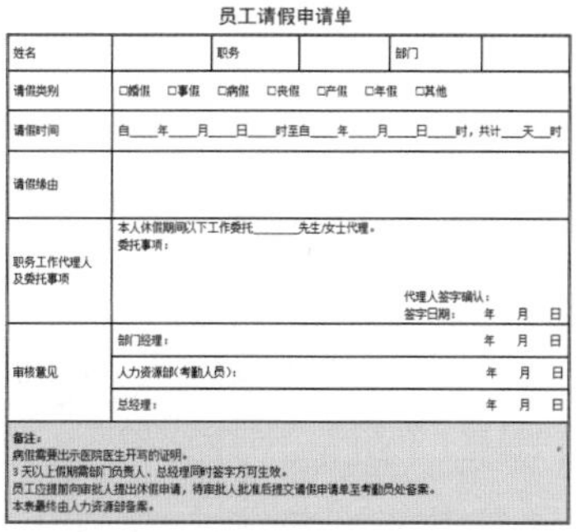

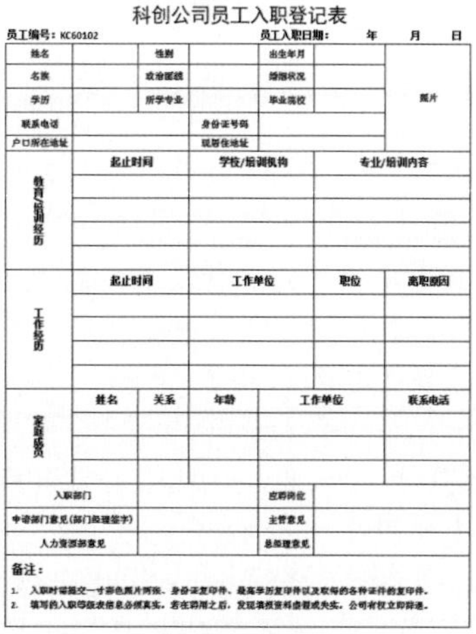

图 4-3

这些表格，与数据计算几乎没有关系，但这些都是使用 Word 制作的表格，它们应用表格的主要目的在于让文档中内容的结构更清晰，以及对表格中内容各项分配更明了，这种类型的表格是 Word 中最常见的表格。

4.1.2 表格的主要构成元素

表格是由一系列的线条进行分割，形成行、列和单元格来规整数据、表现数据的一种特殊格式。

1. 单元格

表格由横向和纵向的线条构成，成条交叉后出现的可以用于放置数据的格式便是单元格，如图 4-4 所示。

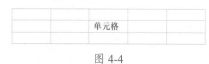

图 4-4

2. 行

表格中水平方向上的一组单元格便称为一行，在一个用于表现数据的规整表格中，通常一行用于表示同一条数据的不同属性，也可用于表示不同数据的同一种属性，如图4-5和图4-6所示。

姓名	语文	数学	英语
陈佳敏	95	86	92
赵恒毅	96	95	75
李明丽	98	89	94

图 4-5

时间	销售额	成本	利润
2015	2.6 亿	1.3 亿	1.3 亿
2016	3.2 亿	1.7 亿	1.5 亿

图 4-6

3. 列

表格中纵向的一组单元格便称为一列，列与行的作用相同。在用于表现数据的表格中，需要分别赋予行和列不同的意义。每一行代表一条数据，每一列代表一种属性，因此在表格中则应该按行、列的意义填写数据，否则将会造成数据混乱。

4.1.3 在 Word 中如何快速制作表格

可能很多人对使用 Word 制作表格并不熟悉，但要学好，也很简单。只需要掌握使用 Word 制作表格的大致步骤即可快速制作出需要的表格。

（1）制作表格前，先要构思表格的大致布局和样式，以便实际操作的顺利完成。

（2）在草纸上画好草稿，将需要数据的表格样式及列数和行数确定。

（3）在 Word 文档中创建表格，搭建表格的框架。

（4）表格框架搭建好后，就可在表格中的单元格中输入相应的内容，并对其格式进行设置，完成后，表格就制作好了。

4.2 创建表格

在 Word 2013 中，创建表格有直接通过拖动行列数创建、指定行列数创建和手动绘制 3 种方式，用户可以根据实际情况来选择表格创建的方式。

★ 重点 4.2.1 拖动行列数创建表格

在 Word 文档中，如果要创建的表格行数和列数很规则，而且在 10 列 8 行以内，就可以通过在虚拟表格中拖动行列数的方法来选择创建。

❶ 在新建的 Word 空白文档中单击【插入】选项卡【表格】组中的【表格】按钮，❷ 在弹出的下拉列表中拖动鼠标选择【4x6 表格】，在文档中创建一个 4 列 6 行的表格，如图 4-7 所示。

图 4-7

★ 重点 4.2.2 实战：指定行列数创建表格

实例门类	软件功能
教学视频	光盘\视频\第4章\4.2.2.mp4

当需要在文档中插入更多行数或列数的表格时，就不能通过拖动行列数的方法来创建，此时就需要通过【插入表格】对话框来实现。例如，在 Word 文档中创建一个行数为 12 行，列数为 8 列的表格，具体操作步骤如下。

Step01 ❶ 在新建的 Word 空白文档中单击【插入】选项卡【表格】组中的【表格】按钮，❷ 在弹出的下拉列表中选择【插入表格】命令，如图 4-8 所示。

Step02 ❶ 打开【插入表格】对话框，在【列数】数值框中输入插入的列数，如输入【8】，❷ 在【行数】数值框中输入插入的行数，如输入

【12】，❸ 单击【确定】按钮，如图 4-9 所示。

图 4-8

图 4-9

在【插入表格】对话框中选中【固定列宽】单选按钮，可让每个单元格保持当前尺寸；选中【根据内容调整表格】单选按钮，表格中的每个单元格将根据内容多少自动调整高度和宽度；选中【根据窗口调整表格】单选按钮，表格尺寸将根据页面的大小而自动改变其大小。

Step03 返回文档编辑区，即可查看到插入的表格效果，如图 4-10 所示。

图 4-10

★ 重点 4.2.3 实战：手动绘制 "员工请假申请单"

实例门类	软件功能
教学视频	光盘\视频\第 4 章\4.2.3.mp4

手动绘制表格是指用画笔工具绘制表格的边线，可以很方便地绘制出同行不同列的不规则表格。例如，在 Word 文档中手动绘制 "员工请假申请单"，具体操作步骤如下。

Step01 打开 "光盘\素材文件\第 4 章\员工请假申请单 .docx" 文件，❶单击【插入】选项卡【表格】组中的【表格】按钮，❷在弹出的下拉列表中选择【绘制表格】命令，如图 4-11 所示。

图 4-11

Step02 此时，鼠标指针变成 形状，按住鼠标左键不放并拖动，在鼠标经过的位置可以看到一个虚线框，该虚线框是表格的外边框，如图 4-12 所示。

图 4-12

Step03 拖动到合适位置后释放鼠标，绘制出表格外边框，然后在表格外边框内横向拖动鼠标绘制出表格的行线，如图 4-13 所示。

图 4-13

Step04 拖动鼠标继续绘制表格的行线，绘制完成后，在表格外边框内竖向拖动鼠标绘制出表格的列线，如图 4-14 所示。

图 4-14

在绘制过程中，如果绘制错误，可单击【布局】选项卡【绘图】组中的【橡皮擦】按钮，此时鼠标指针变成 形状，将鼠标光标移动到需要擦除的表格边框线上单击，即可擦除该边框线。

Step05 拖动到合适位置后释放鼠标，然后使用相同的方法继续绘制第 1 行的列线，效果如图 4-15 所示。

图 4-15

当需要在表格单元格中绘制斜线时，可在绘制表格状态下，将鼠标指针移动到需要绘制斜线的单元格内，然后向右下侧拖动，绘制出该单元格内的斜线，绘制完所有线条后，按【Esc】键即可退出绘制表格状态。

4.3 编辑表格

创建表格框架后，就可以在其中输入表格内容了，并且还可对表格中的单元格进行相应的编辑，使制作的表格更便于数据的查看。

4.3.1 实战：在"员工请假申请单"中输入内容

实例门类	软件功能
教学视频	光盘\视频\第4章\4.3.1.mp4

输入表格内容的方法与直接在文档中输入文本的方法相似，只需将文本插入点定位在不同的单元格内，再进行输入。例如，继续上例操作，在"员工请假申请单"文档的表格中输入相应的内容，具体操作步骤如下。

Step①1 在打开的"员工请假申请单"文档中将鼠标光标定位到表格的第1个单元格中，然后输入文本【姓名】，如图4-16所示。

图 4-16

Step①2 继续在表格中的其他单元格中输入相应的文本内容，如图4-17所示。

图 4-17

Step①3 ❶ 将鼠标光标定位到【婚假】文本前，❷ 单击【插入】选项卡【符号】组中的【符号】按钮▾，❸ 在弹出的下拉列表中选择【其他符号】命令，如图4-18所示。

图 4-18

Step①4 ❶ 打开【符号】对话框，在【字体】下拉列表框中选择【Wingdings】选项，❷ 在下方的列表框中选择需要的符号，❸ 然后单击【插入】按钮，如图4-19所示。

图 4-19

Step①5 将选中的符号插入到鼠标光标处，然后将其复制，将其粘贴到每个请假类别前，效果如图4-20所示。

图 4-20

4.3.2 选择表格对象

在输入表格内容后，往往还需要对表格进行编辑，而编辑表格时通常需要先选择表格的单元格，选择单元格又分为选择单个单元格、选择连续的单元格、选择不连续的单元格、选择行、选择列和选择整个表格等多种情况，不同的情况，其选择的方法也不同。

1. 选择单个单元格

将鼠标指针移动到表格中单元格的左端线上，待指针变为指向右上方的黑色箭头➚时，单击鼠标即可选择该单元格，效果如图4-21所示。

图 4-21

技术看板

通过键盘上的方向键，可以快速选择当前所选单元格上、下、左、右方的一个单元格。

2. 选择连续的单元格

将鼠标指针定位到要选择的连续单元格区域的第一个单元格中，按住鼠标左键不放并拖动至要选择连续单元格的最后一个单元格，或者将文本插入点定位到要选择的连续单元格区域的第一个单元格中，按住【Shift】键的同时单击连续单元格的最后一个单元格，也可选择多个连续的单元格，效果如图 4-22 所示。

图 4-22

3. 选择不连续的单元格

按住【Ctrl】键的同时，依次选择需要的单元格即可选择这些不连续的单元格，效果如图 4-23 所示。

图 4-23

4. 选择行

将鼠标指针移到表格边框左端线的附近，待鼠标光标变为 ∅ 形状时，单击鼠标选中该行，效果如图 4-24 所示。

图 4-24

5. 选择列

将鼠标指针移到表格边框的上端线上，当鼠标指针变成 ↓ 形状时，单

击鼠标选中该列，如图 4-25 所示。如果是不规则的列，则不能使用该方法进行选择。

图 4-25

6. 选择整个表格

将鼠标指针移动到表格内，表格的左上角将出现 ⊞ 图标，右下角将出现 □ 图标，单击这两个图标中的任意一个即可快速选中整个表格，如图 4-26 所示。

图 4-26

技能拓展——通过【选择】按钮选择表格对象

将鼠标光标定位到表格某个单元格中，单击【布局】选项卡【表】组中的【选择】按钮，在弹出的下拉菜单中选择【选择单元格】命令，将选择鼠标光标所在的单元格；若选择【选择行】命令，将选择鼠标光标所在单元格的行；若选择【选择列】命令，将选择鼠标光标所在单元格的列；若选择【选择表格】命令，将选中整个表格。

★ 重点 4.3.3 实战：在"员工请假申请单"中添加和删除行或列

实例门类	软件功能
教学视频	光盘\视频\第 4 章 4.3.3.mp4

在制作表格的过程中，如果文档中插入表格的行或列不能满足需要时，用户可插入相应的行或列。相反，对于多余的行或列，也可将其删除。例如，继续上例操作，在"员工请假申请单 1"文档的表格中插入 1 列，并删除多余的行，具体操作步骤如下。

Step 01 打开"光盘\素材文件\第 4 章\员工请假申请单 1.docx"文件，❶ 选中【部门】单元格，❷ 单击【布局】选项卡【行和列】组中的【在右侧插入】按钮，如图 4-27 所示。

图 4-27

技术看板

在【行和列】组中单击【在左侧插入】按钮，可在所选单元格左侧插入一列；若单击【在上方插入】按钮，可在所选单元格上方插入一行；若单击【在下方插入】按钮，可在所选单元格下方插入一行。

Step 02 在所选单元格右侧插入一列，但由于插入的列超出了 Word 页面，因此显示不是很明显，如图 4-28 所示。

图 4-28

Step03 将鼠标指针移动到表格右下角的□图标上，当鼠标指针变成↖形状时，按住鼠标左键不放向左拖动，使表格右侧部分显示在 Word 页面内，效果如图 4-29 所示。

图 4-29

Step04 ❶ 拖动鼠标选中第 5 行单元格，❷ 单击【布局】选项卡【行和列】组中的【删除】下拉按钮，❸ 在弹出的下拉菜单中选择删除命令，如选择【删除行】命令，如图 4-30 所示。

图 4-30

Step05 即可删除表格中选择的行，效果如图 4-31 所示。

图 4-31

★ 重点 4.3.4 实战：合并与拆分"员工请假申请单"文档中的单元格

实例门类	软件功能
教学视频	光盘\视频\第 4 章 4.3.4.mp4

在编辑表格的过程中，为了更合理地表现表格中的数据，经常需要对表格中的单元格进行合并和拆分操作。

1. 合并单元格

合并单元格是指将两个或两个以上连续的单元格合并成一个大的单元格，在 Word 表格中使用比较频繁。例如，继续上例操作，对"员工请假申请单 1"文档中表格的单元格进行合并操作，具体操作步骤如下。

Step01 ❶ 在打开的"员工请假申请单 1"文档中选择表格第 2 行中需要合并的多个单元格，❷ 单击【布局】选项卡【合并】组中的【合并单元格】按钮，如图 4-32 所示。

图 4-32

Step02 即可将选中的多个单元格合并为一个大的单元格，并且单元格中的文本将放置在合并的单元格中，❶ 选择第 3 行中需要合并的单元格，❷ 单击【合并】组中的【合并单元格】按钮，如图 4-33 所示。

图 4-33

Step03 即可合并选中的单元格，然后继续对表格中其他需要合并的单元格进行合并操作，效果如图 4-34 所示。

图 4-34

2. 拆分单元格

拆分单元格是指将一个单元格分解成多个单元格。Word 表格中的任意一个单元格都可以拆分为多个单元格。例如，继续上例操作，对"员工请假申请单 1"文档中表格的单元格进行拆分操作，具体操作步骤如下。

Step01 ❶ 在打开的"员工请假申请单 1"文档的表格中选择第 5 行中需要拆分的单元格，❷ 单击【布局】选项卡【合并】组中的【拆分单元格】按钮，如图 4-35 所示。

图 4-35

Step02 ❶ 打开【拆分单元格】对话框，取消选中【拆分前合并单元格】复选框，❷ 在【列数】数值框中输入要拆分的列数，如输入【1】，❸ 在【行数】数值框中输入要拆分的行数，如输入【2】，❹ 单击【确定】按钮，如图 4-36 所示。

图 4-36

💡 技术看板

如果在【拆分单元格】对话框中选中【拆分前合并单元格】复选框，那么会先将选择的多个单元格合并为一个单元格，然后再进行拆分操作。

Step03 返回文档编辑区，即可查看到

将所选的单元格拆分为两行，并在拆分好的单元格中输入相应的内容，效果如图 4-37 所示。

图 4-37

★ 重点 4.3.5 实战：调整"员工请假申请单"文档中单元格行高和列宽

实例门类	软件功能
教学视频	光盘\视频\第 4 章 4.3.5.mp4

在 Word 中，创建的表格拥有默认的行高和列宽，但并不能满足所有表格的制作需要，此时，用户可以根据表格中的内容来调整单元格的行高和列宽。例如，继续上例操作，对"员工请假申请单 1"文档中单元格的行高和列宽进行设置，具体操作步骤如下。

Step01 在打开的"员工请假申请单 1"文档中，将鼠标指针移动到表格第 1 列和第 2 列的分隔线上，当鼠标光标变成╬形状时，按住鼠标左键不放向左拖动，如图 4-38 所示。

图 4-38

Step02 拖动到合适位置后释放鼠标，调整单元格的列宽，然后将鼠标指针移动到第 1 行和第 2 行的分隔线上，当鼠标指针变成╪形状时，按住鼠标左键不放向上拖动，如图 4-39 所示。

图 4-39

Step03 拖动到合适位置后释放鼠标，调整单元格的行高，然后继续对最后一行单元格的行高进行调整，效果如图 4-40 所示。

图 4-40

⚙️ 技能拓展——指定表格单元格的大小

通过拖动鼠标调整的单元格大小并不精确，如果需要精确设置单元格的大小，可以通过指定具体值的方式进行调整。其方法是：选择需要调整行高或列宽的单元格，在【布局】选项卡【单元格大小】组中的【高度】数值框中设置单元格的行高大小，在【宽度】数值框中设置单元格的列宽大小，设置后按【Enter】键确认。

4.4 美化表格

对于 Word 中的表格，为了使表格的整体效果更加美观，还需要对表格内容的对齐方式、表格样式、表格边框和底纹等进行设置，以使表格能符合各种文档的需要。

4.4.1 实战：设置"员工请假申请单"表格中文本的对齐方式

实例门类	软件功能
教学视频	光盘\视频\第 4 章 4.4.1.mp4

默认情况下，表格中的文本是靠单元格左上角对齐的，而在 Word 2013 中，提供了多种表格文本的对齐方式，如靠上左对齐、靠上居中对齐、靠上右对齐、中部左对齐、水平居中、中部右对齐、靠下左对齐、靠下居中对齐、靠下右对齐等，用户可以根据自己的需要进行设置。例如，对"员工请假申请单 2"文档表格中文本的对齐方式进行设置，具体操作步骤如下。

Step01 ❶ 在打开的"员工请假申请单 2"文档中选中表格第 1 行单元格中的文本，❷ 然后单击【布局】选项卡【对齐方式】组中的【水平居中】按钮，如图 4-41 所示。

图 4-41

Step02 使所选单元格中的文本水平居中对齐于单元格，❶ 然后选择第 2 行至第 5 行的第 1 个单元格，❷ 单击【布局】选项卡【对齐方式】组中的【水平居中】按钮，如图 4-42 所示。

Step03 使文本水平居中对齐于单元格中，❶ 然后选择第 2 行至第 5 行的

第 2 个单元格，❷ 单击【布局】选项卡【对齐方式】组中的【中部两端对齐】按钮，如图 4-43 所示。

图 4-42

图 4-43

Step04 使文字垂直居中，并靠单元格左侧对齐，然后继续设置最后一行单元格中文本的对齐方式，效果如图 4-44 所示。

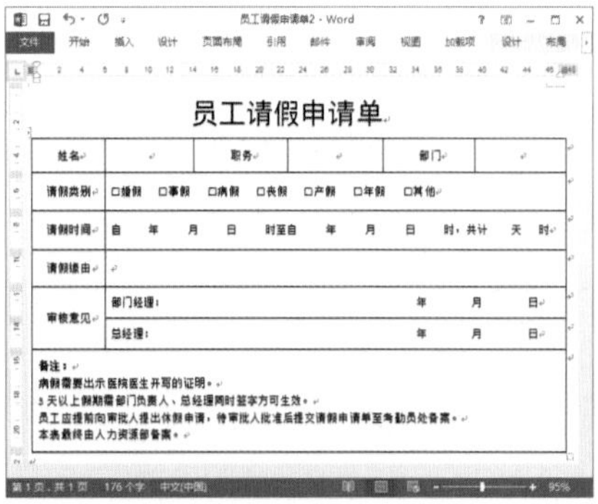

图 4-44

技能拓展——设置单元格中的文字方向

默认情况下，表格单元格中的文字方向是横排显示的，如果需要竖排显示单元格中的文本，可先选择需要设置方向的文本，单击【布局】选项卡【对齐方式】组中的【文字方向】按钮，将所选文本以竖排的方式显示。多次单击【文字方向】按钮，可在多个可用的文字方向中进行切换。

★ 重点 4.4.2 实战：为"办公用品采购单"应用表格样式

实例门类	软件功能
教学视频	光盘\视频\第 4 章 4.4.2.mp4

Word 2013 提供了丰富的表格样式，用户在美化表格的过程中，可以直接应用内置的表格样式快速完成表格的美化操作。例如，在"办公用品采购单"文档中为表格应用需要的样式，具体操作步骤如下。

Step01 打开"光盘\素材文件\第 4 章\办公用品采购单.docx"文件，❶ 单击表格右上角的 ⊞ 图标选中整个表格，❷ 单击【设计】选项卡【表格样式】组中的【其他】按钮，如图 4-45 所示。

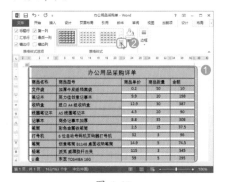

图 4-45

Step02 在弹出的下拉列表框中选择需要的表格样式，如选择【网格表 5 深色 - 着色 1】选项，如图 4-46 所示。

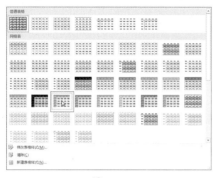

图 4-46

Step03 返回文档编辑区，即可查看表格应用选择的表格样式，效果如图 4-47 所示。

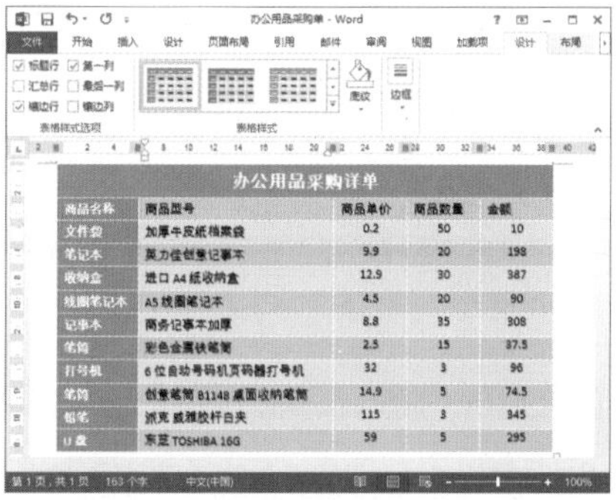

图 4-47

★ **重点 4.4.3 实战：为"办公用品采购单"添加边框和底纹**

实例门类	软件功能
教学视频	光盘\视频\第 4 章 4.4.3.mp4

Word 中默认的表格边框为黑色实线，如果不能满足用户的需要，可重新设置表格的边框，除此之外，也可对表格的底纹进行设置。例如，在"办公用品采购单"中为表格添加双线边框，并为表格标题行添加底纹效果，具体操作步骤如下。

Step01 打开"光盘\素材文件\第 4 章\办公用品采购单 .docx"文件，选中整个表格，❶ 单击【设计】选项卡【边框】组中的【边框样式】下拉按钮，，❷ 在弹出的下拉列表中提供了一些主题边框样式，选择需要的样式，如选择【双实线 ,1/2pt, 着色 3】，如图 4-48 所示。

图 4-48

Step02 ❶ 单击【边框】组中的【边框】下拉按钮，，❷ 在弹出的下拉菜单中选择需要添加边框的范围，如选择【所有框线】命令，如图 4-49 所示。

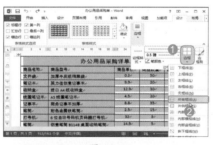

图 4-49

Step03 返回文档编辑区，即可查看为表格添加的所有边框线，效果如图 4-50 所示。

Step04 ❶ 选择表格第 1 行，单击【设计】选项卡【表格样式】组中的【底纹】下拉按钮，，❷ 在弹出的下拉列表中选择底纹需要的颜色，如选择【灰色 -25%, 背景 2】命令，为选择的单元格填充底纹效果，如图 4-51 所示。

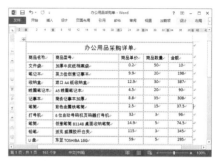

图 4-50

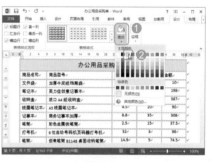

图 4-51

技能拓展——自定义表格边框

除了可为表格应用主题边框样式外，用户还可以根据需要自行设置边框样式。其方法是：在【边框】组中的【笔样式】下拉列表框中选择需要的边框样式，在【笔画粗细】下拉列表框中选择边框粗细，在【笔颜色】下拉菜单中选择需要的笔颜色，然后再单击【边框】下拉按钮，，在弹出的下拉菜单中选择自定义边框应用的范围。

妙招技法

通过前面知识的学习，相信读者已经掌握了 Word 2013 文档中表格的使用方法。下面结合本章内容，给大家介绍一些实用技巧。

技巧 01：如何将一个表格拆分为多个表格

教学视频	光盘\视频\第4章\技巧01.mp4

当需要将一个表格拆分为两个时，可以使用 Word 2013 提供的拆分表格功能来实现。例如，在"计件表"文档中对表格进行拆分，具体操作步骤如下。

Step01 打开"光盘\素材文件\第4章\计件表.docx"文件，❶选择需要拆分的行，❷单击【布局】选项卡【合并】组中的【拆分表格】按钮，如图 4-52 所示。

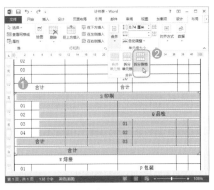

图 4-52

Step02 从所选行中进行拆分，将表格拆分为两个，然后使用相同的方法继续对表格进行拆分，效果如图 4-53 所示。

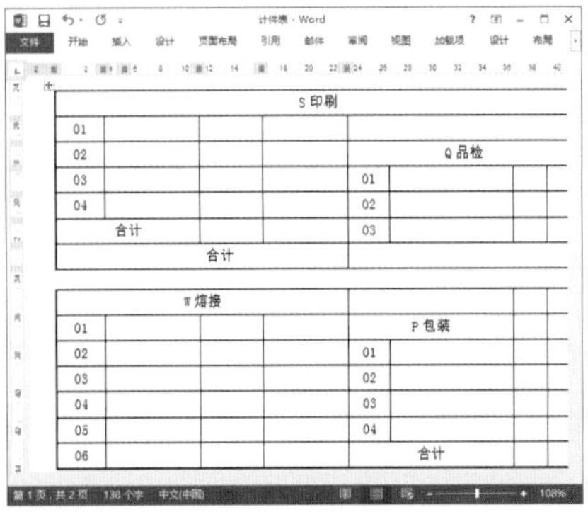

图 4-53

技巧 02：如何防止表格跨页显示

教学视频	光盘\视频\第4章\技巧02.mp4

在制作的表格中输入内容后，有时会出现表格的部分行及内容移到下一页的情况，这样既不方便用户查看也影响美观，用户可以通过设置使表格跨页不断行。例如，在"办公用品明细表"文档设置表格跨页不断行，具体操作步骤如下。

Step01 打开"光盘\素材文件\第4章\办公用品明细表.docx"文件，选中整个表格并右击，在弹出的快捷菜单中选择【表格属性】命令，如图 4-54 所示。

图 4-54

Step02 ❶打开【表格属性】对话框，选择【行】选项卡，❷取消选中【允许跨页断行】复选框，❸单击【确定】按钮，如图 4-55 所示。

图 4-55

技术看板

若在【表格属性】对话框的【行】选项卡中选中【在各页顶端以标题形式重复出现】复选框，表示当表格数据较多，且以多页显示时，每页开头处将自动重复显示表格的标题。

Step03 表格各行将被调整到合适的高度，同一行的内容将显示在同一个页面中，效果如图 4-56 所示。

图 4-56

技巧 03：将文本内容快速转换为表格

教学视频	光盘\视频\第4章\技巧03.mp4

利用 Word 2013 提供的表格功能，也可快速将结构一致且包含特定字符（如段落标记、制表符、回车符等）的内容转换为表格。例如，将"员工通讯录"文档中的文本内容转换为表格，具体操作步骤如下。

Step01 打开"光盘\素材文件\第4章\员工通讯录.docx"文件，❶选择文档中需要转换为表格的文本，单击【插入】选项卡【表格】组中的【表格】按钮，❷在弹出的下拉列表中选择【文本转换成表格】命令，如图 4-57 所示。

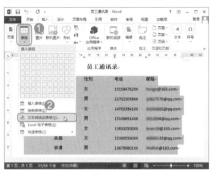

图 4-57

Step02 打开【将文字转换成表格】对话框，在【列数】和【行数】数值框中将自动根据所选文本设置表格的行数和列数，❶ 在【文字分隔位置】栏中选择文字与文字之间的分割方式，这里选中【制表符】单选按钮，❷ 然后单击【确定】按钮，如图 4-58 所示。

图 4-58

Step03 返回文档编辑区，即可查看到将所选文本转换为表格的效果，如图 4-59 所示。

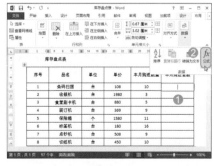

图 4-59

技能拓展——将表格数据转换为文本

在 Word 2013 中，除了可将文本转换为表格外，还可将 Word 文档中的表格数据转换为文本。其方法是：选中整个表格，单击【布局】选项卡【数据】组中的【转换为文本】按钮，在打开的对话框中保持默认设置，单击【确定】按钮，将表格数据转换为普通的文本。

技巧 04：快速对表格数据进行计算

教学视频	光盘\视频\第 4 章\技巧 04.mp4

Word 表格中可以进行简单的数据计算，如对单元格的数据进行求和、求平均值、乘积，以及自定义公式对数据进行计算等。例如，在"库存盘点表"中计算"本月购进金额"，具体操作步骤如下。

Step01 打开"光盘\素材文件\第 4 章\库存盘点表 .docx"文件，❶ 将鼠标光标定位到需要计算的单元格中，❷ 单击【布局】选项卡【数据】组中的【公式】按钮，如图 4-60 所示。

图 4-60

Step02 打开【公式】对话框，❶ 在【公式】文本框中删除【SUM】，单击【粘贴函数】右侧下拉按钮 ，

❷ 在弹出的下拉列表框中选择需要的函数，如选择【PRODUCT】选项，如图 4-61 所示。

图 4-61

Step03 将所选函数添加到【公式】文本框中，❶ 在【公式】文本框中删除函数右侧的【()】，❷ 单击【确定】按钮，如图 4-62 所示。

图 4-62

技术看板

在 Word 中计算数据时，如果不是相邻的两个单元格进行计算，就需要自定义公式进行计算。

Step04 返回文档编辑区，即可在鼠标指针处查看计算的结果，如图 4-63 所示。

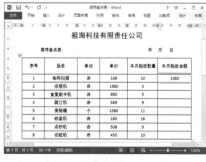

图 4-63

Step05 使用相同的方法继续计算该列

其他单元格，效果如图 4-64 所示。

图 4-64

技巧 05：怎样对表格中的数据进行排序

教学视频	教学视频：光盘 \ 视频 \ 第 4 章 \ 技巧 05.mp4

在数据表中，若要快速调整 Word 表格中数据的顺序，可以通过 Word 2013 提供的排序功能来完成。Word 中的排序功能能够将表格中文本或数据按照指定的关键字进行升序或降序排列，如字母 A~Z、数字 0~9、日期时间的先后、文字的笔画顺序等。例如，继续上述操作，在"库存盘点表"文档中根据"本月购进金额"进行排序，具体操作步骤如下。

Step01 ❶ 在打开的"库存盘点表"文档中定位鼠标光标到表格中，❷ 单击【布局】选项卡【数据】组中的【排序】按钮，图 4-65 所示。

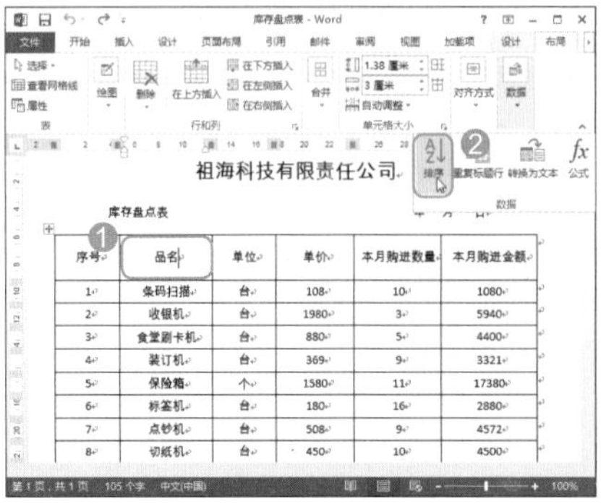

图 4-65

Step02 ❶ 打开【排序】对话框，选中【列表】栏中的【有标题行】单选按钮，❷ 单击【主要关键字】下拉列表框右侧的下拉按钮，❸ 在弹出的下拉列表框中显示了表格的标题字段，选择需要进行排序的字段选项，如选择【本月购进金额】选项，❹ 选中右侧的【降序】单选按钮，❺ 然后单击【确定】按钮，如图 4-66 所示。

图 4-66

技术看板

在 Word 中对表格中的数据进行排序，最多可以设置 3 个关键字，即【主要关键字】【次要关键字】和【第三关键字】。如果【主要关键字】就能将表格的数据排列出来，那么设置的【次要关键字】和【第三关键字】就显示不出效果。

Step03 按所选字段进行降序排列，也就是按字段从高到低排列，效果如图 4-67 所示。

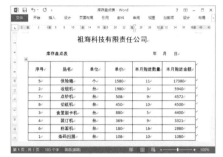

图 4-67

本章小结

通过本章知识的学习，相信读者已经掌握了在 Word 文档中创建表格、编辑表格、美化表格及对表格中的数据进行排序与计算等知识。希望用户可以在实践中加以练习，灵活自如地在 Word 中使用表格。

第5章　Word 2013 高级排版功能的应用

➜ 如何快速设置同级段落为相同的格式？

➜ 页面填充效果也能变得多样化？

➜ 如何为不同的页面设置不同的页眉页脚？

➜ 文档封面也能自由制作？

➜ 怎么提取文档的目录？

　　排版在日常工作中运用得非常频繁，你是否已经完全掌握了排版的相关操作？如果没有，就认真学习本章的内容。本章就将带你学习 Word 2013 高级排版的相关知识与技能，相信学完本章你不仅能得到以上问题的答案，还会有更多的收获的！

5.1　高级排版知识

　　在编排较长的办公文档时，为了提高工作效率，往往需要运用到样式、主题和样式集等知识，而且编排过程中需要运用到的排版知识也很多，为了使编排的文档能满足办公需要，在对长文档进行编辑时，需要掌握一些排版知识，这样有助于提高文档的编排效率。

5.1.1　模板、样式、主题和样式集的区别

　　在制作和编排文档的过程中，经常使用模板、样式、主题和样式集来快速设置文档的格式，那么，样式、主题和样式集之间有什么区别呢！

　　模板又称为样式库，它是各种样式的集合，并包含各种版面设置参数（如纸张大小、页边距、页眉和页脚位置等）。一旦通过模板开始创建新文档，便载入了模板中的版面设置参数和其中的所有样式设置，用户只需在创建的模板中根据提示填加需要的内容，图 5-1 所示为 Word 2013 提供的"夏季活动传单"模板。

图 5-1

　　样式是经过特殊打包的格式的集合，包括字体、字号、字体颜色、行间距、段落间距、对齐方式、项目符号、编号等，在 Word 2013 工作界面的【开始】选项卡【样式】组中的列表中显示的【标题】【正文】【强调】【要点】等都属于样式，如图 5-2 所示。

图 5-2

　　主题就是字体、样式、颜色和页面效果等格式设置的组合，图 5-3 所示为文档应用【基础】主题的效果。Word 2013 提供的样式集会随着主题自动更新，如图 5-4 所示。所以说，不同的主题，对应一组不同的样式集。

图 5-3

图 5-4

样式集是众多样式的集合，可以将文档格式中所需要的众多样式存储为一个样式集。如图 5-5 所示为 Word 2013 提供的样式集。

图 5-5

5.1.2 段落级别对提取目录项的重要性

一般来说，对于制作的各种文档，如果文档的内容较多，一般都会为文档提供目录，以方便通过目录查看文档的大致内容。在 Word 中虽然提供了提取目录的功能，但如果文档中段落的级别不清晰，那么，目录可能不能提取，或提取的目录混乱，如图 5-6 所示为段落级别不清晰，提取目录时，找不到目录项。如果文档中为段落设置了级别，那么就能轻松提取出需要的目录，如图 5-7 所示。所以，在设置段落格式时，最好为段落设置相应的级别，这样，提取出来的目录才会更加准确。

图 5-6

图 5-7

5.1.3 水印位置放置有技巧

当用户在制作公司文件时，通常需要为不同内容的文档或不同重要性的文档添加不同的水印，以方便员工或领导区分。

很多用户认为，为文档添加文字或图片水印后，水印的位置和大小是固定的，其实不然，水印的位置和大小都是可以根据需要自由调整的，其调整方法也很简单，添加水印后，进入页眉页脚编辑状态，选择水印图片，然后对水印图片的大小和位置进行调整。如图 5-8 所示为默认添加水印后，其放置的位置和大小；如图 5-9 所示为调整水印大小和位置后的效果。

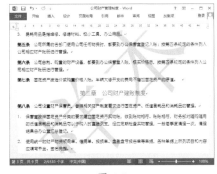

图 5-8

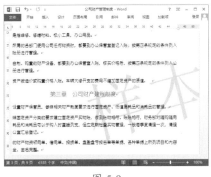

图 5-9

技术看板

在 Word 2013 中，不仅可以对添加的水印的位置和大小进行调整，还可以对水印的效果进行调整。如果在文档中添加的是图片水印，那么可用第 3 章讲解的编辑和美化图片的方法对水印效果进行设置；如果添加的是文字水印，就可像编辑艺术字那样对文字水印效果进行设置。

5.2 设计封面和页面背景

在制作长文档时，为了便于对文档内容进行保存和查阅，通常会为文档制作封面，对于某些文档，还需要对页面背景进行设置，如页面颜色、页面边框和水印等，以使制作的文档更加美观。

★ 重点 5.2.1 实战：为"员工行为规范"文档添加封面

实例门类	软件功能
教学视频	光盘\视频\第 5 章\5.2.1.mp4

为长文档制作封面，不仅可使制作的文档更规范，还可起到引导阅读的作用。在 Word 2013 中提供了很多封面样式，用户可直接应用提供的封面样式，然后对封面内容进行修改。例如，在"员工行为规范"文档中插入封面，具体操作步骤如下。

Step01 打开"光盘\素材文件\第 5 章\员工行为规范 .docx"文件，❶ 单击【插入】选项卡【页面】组中的【封面】按钮，❷ 在弹出的下拉列表中显示了 Word 提供的封面样式，选择需要的封面样式，如选择【运动型】样式，如图 5-10 所示。

图 5-10

📇 技术看板

【封面】下拉列表中提供的封面样式都比较简洁，对于办公文档非常实用。

Step02 在文档最前面插入所选择的封面样式，如图 5-11 所示。

图 5-11

Step03 选择封面中的文本【2016】，将其更改为【2017】，❶ 然后在封面下方的【公司】文本框中输入公司名称，❷ 选择封面中的图片，❸ 单击【格式】选项卡【调整】组中的【更改图片】按钮，如图 5-12 所示。

图 5-12

Step04 在打开的对话框中单击【浏览】按钮，打开【插入图片】对话框，❶ 在地址栏中设置图片所保存的位置，❷ 在窗口中选择需要插入的图片，如选择【工作】选项，❸ 单击【插入】按钮，如图 5-13 所示。

Step05 返回文档编辑区，可看到更改封面图片后的效果，如图 5-14 所示。

图 5-13

图 5-14

⚙ 技能拓展——删除封面

当对插入到文档中的封面效果不满意时，可单击【插入】选项卡【页面】组中的【封面】按钮，在弹出的下拉列表中选择【删除封面】选项，即可将当前的封面删除，然后重新插入需要的封面。

★ 重点 5.2.2 实战：设置"员工行为规范"文档的页面颜色

实例门类	软件功能
教学视频	光盘\视频\第 5 章\5.2.2.mp4

为了快速提升文档的整体效果，可以为文档页面设置相应的填充效果，使文档更加美观。例如，继续上

例操作，设置"员工行为规范"文档页面的颜色，具体操作步骤如下。

Step01 ① 在打开的【员工行为规范】文档中单击【设计】选项卡【页面背景】组中的【页面颜色】按钮，② 在弹出的下拉列表中选择需要的颜色，如选择【蓝色，着色5，淡色60%】，如图5-15所示。

图 5-15

Step02 为文档所有的页面添加选择的填充色，效果如图5-16所示。

图 5-16

技术看板

如果设置的页面颜色影响文档内容，可在【页面颜色】下拉列表中选择【无颜色】命令，删除文档页面填充色。

★ 重点 5.2.3 实战：为"员工行为规范"文档页面添加边框

实例门类	软件功能
教学视频	光盘\视频\第5章\5.2.3.mp4

在Word 2013中提供了页面边框功能，通过该功能可为文档页面添加需要的边框，使正式文档看起来更加规范，非正式的文档显得更加活泼生动。例如，继续上例操作，为"员工行为规范"文档页面添加需要的边框，具体操作步骤如下。

Step01 在打开的【员工行为规范】中单击【设计】选项卡【页面背景】组中的【页面边框】按钮，如图5-17所示。

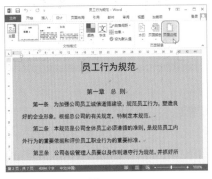

图 5-17

Step02 打开【边框和底纹】对话框，默认选择【页面边框】选项卡，① 在【设置】栏中选择【阴影】选项，② 在【样式】列表框中选择需要的页面边框样式，③ 在【颜色】下拉列表框中选择需要的边框颜色，④ 在【宽度】下拉列表框中选择边框的宽度，如选择【3.0磅】选项，⑤ 单击【确定】按钮，如图5-18所示。

图 5-18

Step03 返回文档编辑区，可看到设置页面边框后的效果，如图5-19所示。

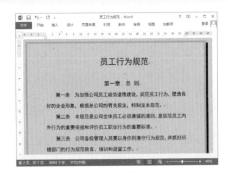

图 5-19

技能拓展——为页面添加艺术型边框

Word 2013中还为页面提供了一些艺术型的边框，可快速提升文档的页面效果。为页面添加艺术型边框的方法为：在文档中打开【边框和底纹】对话框，在【页面边框】选项卡的【艺术型】下拉列表框中显示了提供的艺术型边框样式，选择需要的边框样式，然后还可根据需要对艺术型边框的颜色、粗细等进行设置，设置完成后单击【确定】按钮。

★ 重点 5.2.4 实战：为"企业审计计划书"文档添加水印

实例门类	软件功能
教学视频	光盘\视频\第5章\5.2.4.mp4

水印是指显示在Word文档背景中的文字或图片，它不会影响文字的显示效果，但可以快速让阅读者知道该文件的重要性。在Word 2013中，既可添加内置的水印样式，也可添加自定义的文字水印和图片水印，用户可根据实际需要为文档添加水印。

1. 添加内置水印

Word 2013中内置了一些纯文字的水印样式，如"机密""草稿"等，若有需要，用户可直接进行选择使用。例如，在"企业审计计划书"

文档中添加内置水印，具体操作步骤如下。

Step01 打开"光盘\素材文件\第5章\企业审计计划书.docx"文件，❶单击【设计】选项卡【页面背景】组中的【水印】按钮，❷在弹出的下拉列表中显示了Word提供的水印样式，选择需要的封面样式，如【草稿1】，如图5-20所示。

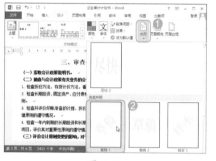

图 5-20

Step02 可为文档添加选择的水印，效果如图5-21所示。

图 5-21

技能拓展——删除水印

如果对文档中添加的水印不满意，用户可将水印删除，其方法为：单击【页面背景】组中的【水印】按钮，在弹出的下拉列表中选择【删除水印】命令，将文档中的水印删除。

2. 自定义水印

Word 2013中内置的水印样式有限，如果不能满足办公需要，用户可根据实际情况自定义水印。例如，在"企业审计计划书"文档中添加自定义的图片水印，具体操作步骤如下。

Step01 打开"光盘\素材文件\第5章\企业审计计划书.docx"文件，❶单击【设计】选项卡【页面背景】组中的【水印】按钮，❷在弹出的下拉列表中选择【自定义水印】命令，如图5-22所示。

图 5-22

Step02 ❶打开【水印】对话框，选中【图片水印】单选按钮，❷单击【选择图片】按钮，如图5-23所示。

图 5-23

Step03 在打开的对话框中单击【浏览】按钮，打开【插入图片】对话

框，❶在地址栏中设置图片所保存的位置，❷在窗口中选择需要插入的图片，如选择【公司LOGO】选项，❸单击【插入】按钮，如图5-24所示。

图 5-24

Step04 返回到【水印】对话框，单击【确定】按钮，返回文档编辑区，可看到添加的图片水印效果，如图5-25所示。

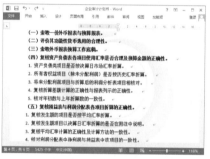

图 5-25

技能拓展——添加自定义的文字水印

在需要添加文字水印的文档中打开【水印】对话框，选中【文字水印】单选按钮，在【文字】下拉列表框中输入需要的水印文字，在【字体】【字号】和【颜色】下拉列表框中还可对文字水印的字体、字号和颜色等进行设置，在【版式】栏中还可对文字水印的摆放方式进行设置。

5.3 样式在排版中的应用

样式是经过特殊打包的格式的集合，包括字体类型、字号大小、字体颜色、对齐方式、制表位和边距等，使用样式可以快速对文档的格式进行设置，提高排版效率，特别是对于长文档来说，非常实用。

5.3.1 实战：为"劳动合同"标题应用内置样式

实例门类	软件功能
教学视频	光盘\视频\第 5 章\5.3.1.mp4

在 Word 2013 中预设了多种样式，如正文、标题、标题 1、操作步骤等，使用这些样式可以快速地为文档中的段落设置文字格式和段落级别。例如，在"劳动合同"文档中为标题应用内置的样式，具体操作步骤如下。

Step01 打开"光盘\素材文件\第 5 章\劳动合同.docx"文件，❶将鼠标光标定位到标题段落中，❷单击【开始】选项卡【样式】组中的【样式】按钮，❸在弹出的下拉列表中显示了 Word 内置的样式，选择需要的样式，如选择【标题】选项，如图 5-26 所示。

图 5-26

技术看板

如果要为文档中的多段内容应用相同的样式，可先选择需要应用样式的多个段落，然后再选择样式应用于段落中。

Step02 为文档标题应用选择的样式，效果如图 5-27 所示。

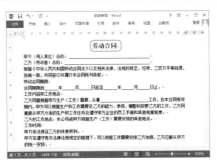

图 5-27

★ 重点 5.3.2 实战：在"劳动合同"文档中新建样式

实例门类	软件功能
教学视频	光盘\视频\第 5 章\5.3.2.mp4

Word 2013 中内置的样式有限，当用户需要为段落应用更多样式时，可以自己动手创建新的样式，创建后的样式将会保存在【样式】任务窗格中。例如，继续上例操作，在"劳动合同"文档中创建"一级标题"和"编号样式"样式，并将应用到相应的段落中，具体操作步骤如下。

Step01 ❶在打开的【劳动合同】文档中将鼠标光标定位到【劳动合同期限】文本后，❷单击【开始】选项卡【样式】组中的【样式】按钮，❸在弹出的下拉列表中选择【创建样式】命令，如图 5-28 所示。

图 5-28

Step02 打开【根据格式设置创建新样式】对话框，单击【修改】按钮，展开对话框，❶在【名称】文本框中输入样式名称，这里输入【一级标题】，❷在【样式基准】下拉列表

框中选择新建样式基于什么样式新建，这里选择【副标题】，❸在【格式】栏中设置样式的字体格式，❹单击【格式】按钮，❺在弹出的快捷菜单中选择【编号】命令，如图 5-29 所示。

图 5-29

技术看板

在【根据格式设置创建新样式】对话框中的【格式】快捷菜单中选择【字体】【段落】等其他选项，可对样式的字体格式、段落格式等进行设置。

Step03 ❶打开【编号和项目符号】对话框，在【编号】选项卡中的列表框中选择需要的编号样式，❷单击【确定】按钮，如图 5-30 所示。

图 5-30

Step04 返回【根据格式设置创建新样式】对话框，单击【确定】按钮，新建的样式将显示在【样式】下拉列表中，然后为需要应用【一级标题】样式的段落应用样式，效果如图 5-31 所示。

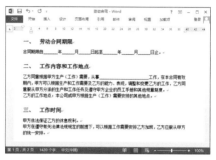

图 5-31

Step05 使用前面新建【一级标题】样式的方法新建【编号样式】样式，并将【编号样式】应用于【工作内容和工作地点】下的段落中，如图 5-32 所示。

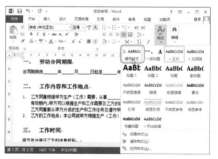

图 5-32

Step06 然后将【编号样式】应用于其他需要应用的段落中，选择编号【3】，在其上右击，在弹出的快捷菜单中选择【重新开始于 1】命令，如图 5-33 所示。

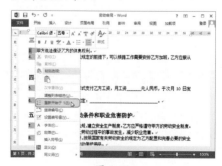

图 5-33

Step07 从 1 开始编号，然后继续对编号的编号值进行设置，设置完成后的效果如图 5-34 所示。

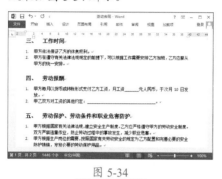

图 5-34

★ 重点 5.3.3　实战：修改"劳动合同"文档中的样式

实例门类	软件功能
教学视频	光盘＼视频＼第 5 章 5.3.3.mp4

如果创建的样式有误，或对内置的样式不满意，用户也可根据需要对现有的样式进行修改。例如，继续上例操作，对"劳动合同"文档中的正文样式进行修改，具体操作步骤如下。

Step01 ❶ 在打开的【劳动合同】文档中单击【样式】组中的【样式】按钮，❷ 在弹出的下拉列表中的【正文】样式上右击，在弹出的快捷菜单中选择【修改】命令，如图 5-35 所示。

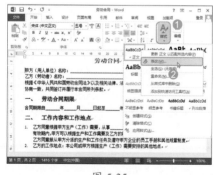

图 5-35

Step02 ❶ 打开【修改样式】对话框，单击【格式】按钮，❷ 在弹出的快捷菜单中选择【段落】命令，如图 5-36 所示。

所示。

图 5-36

Step03 ❶ 打开【段落】对话框，在【缩进和间距】选项卡的【特殊格式】下拉列表框中选择【首行缩进】选项，❷ 在【行距】下拉列表框中选择【多倍行距】选项，❸ 在其后的【设置值】数值框中输入行距值，这里输入【1.2】，❹ 单击【确定】按钮，如图 5-37 所示。

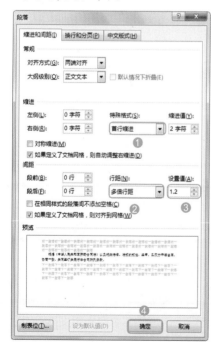

图 5-37

Step04 返回【修改样式】对话框，单击【确定】按钮，返回文档编辑区，可看到应用【正文】样式的段落都将发生变化，效果如图 5-38 所示。

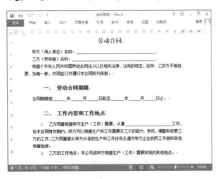

图 5-38

5.3.4 删除样式

对于不常用的样式，无论是内置的样式还是新建的样式，都可以将其删除。其方法为：单击【样式】组中的【样式】按钮，在弹出的下拉列表的【不明显强调】样式上右击，在弹出的快捷菜单中选择【从样式库中删除】命令，从样式库中删除选择的样式，如图 5-39 所示。

图 5-39

5.4 主题和样式集的使用

除了可通过样式快速设置文档格式外，还可通过主题和样式集对文档的整体效果进行设置，使整个文档的效果更加统一。

5.4.1 实战：为"公司财产管理制度"应用主题

实例门类	软件功能
教学视频	光盘\视频\第 5 章 5.4.1.mp4

通过主题可以快速为文档赋予相应的格式和外观效果。Word 2013 中提供了多种主题样式，用户可直接选择使用。例如，为"公司财产管理制度"文档应用主题，具体操作步骤如下。

Step01 打开"光盘\素材文件\第 5 章\公司财产管理制度 .docx"文件，❶ 单击【设计】选项卡【文档格式】组中的【主题】按钮，❷ 在弹出的下拉列表中选择需要的主题，这里选择【切片】选项，如图 5-40 所示。

图 5-40

图 5-41

Step02 为文档内容应用主题中的颜色、字体和图形效果，效果如图 5-41 所示。

★ 重点 5.4.2 实战：为"公司财产管理制度"应用样式集

实例门类	软件功能
教学视频	光盘\视频\第 5 章 5.4.2.mp4

样式集是众多样式的集合，使用它可快速设置文档的整体格式，提高工作效率。例如，继续上例操作，在"公司财产管理制度"文档中应用样式集，具体操作步骤如下。

Step01 在打开的【公司财产管理制度】文档中单击【设计】选项卡【文档格式】组中的【其他】按钮，在弹出的列表中选择需要的样式集，如选择【居中】选项，如图 5-42 所示。

图 5-42

Step02 为文档内容应用所选样式集的格式，效果如图 5-43 所示。

图 5-43

5.4.3 实战：更改主题颜色和字体

实例门类	软件功能
教学视频	光盘\视频\第 5 章 5.4.3.mp4

为文档应用主题后，还可对主题的颜色和字体等进行更改，由于样式集中的主题效果是随着主题的变化而变化的，那么更改主题的颜色和字体后，样式集的颜色和字体也将随之发生变化。例如，继续上例操作，对"公司财产管理制度"文档中的主题颜色和字体进行更改，具体操作步骤如下。

Step01 ❶ 在打开的【公司财产管理制度】文档中单击【设计】选项卡【文档格式】组中的【颜色】按钮，❷ 在弹出的下拉列表中选择需要的颜色，如选择【紫色 II】选项，将文档的主题色更改为选择的颜色，如图 5-44 所示。

图 5-44

Step02 ❶ 单击【设计】选项卡【文档格式】组中的【字体】按钮，❷ 在弹出的下拉列表中选择需要的字体，如选择【微软雅黑 黑体】选项，将文档的字体更改为选择的字体，如图 5-45 所示。

图 5-45

技能拓展——设置样式集的段落间距

在 Word 2013 中，除了可对主题和样式集的颜色和字体进行设置外，还可对样式集的段落间距进行设置。其方法为：在应用主题或样式集的文档中单击【设计】选项卡【文档格式】组中的【段落间距】按钮，在弹出的下拉列表中选择需要的段落间距选项，对文档中内容的段落间距进行相应的设置。

5.5　设计页眉和页脚

页眉和页脚主要用于显示文档的附属信息，如文档标题、企业 LOGO、企业名称、日期和页码等，为文档添加相应的页眉和页脚，可以使文档显得更加规范，增强文档的可读性。

★ 重点 5.5.1 实战：在"公司财产管理制度"中插入页眉和页脚

实例门类	软件功能
教学视频	光盘\视频\第5章5.5.1.mp4

Word 2013 中内置了多种页眉和页脚样式，用户可根据需要选择合适的样式插入文档，再对页眉和页脚内容进行编辑。例如，继续上例操作，在"公司财产管理制度"文档中插入页眉和页脚样式，然后对页眉和页脚内容进行编辑，具体操作步骤如下。

Step01 ❶ 在打开的【公司财产管理制度】文档中单击【插入】选项卡【页眉和页脚】组中的【页眉】按钮，❷ 在弹出的下拉列表中选择需要的页眉样式，这里选择【边线型】选项，如图5-46所示。

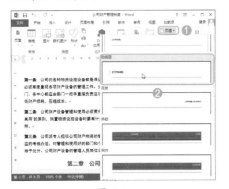

图 5-46

Step02 在文档页眉处插入选择的页眉样式，选择页眉标题文本框中的文本，按【Delete】键删除，然后重新输入公司名称文本【乐圣节能环保有限公司】，如图5-47所示。

Step03 单击【设计】选项卡【导航】组中的【转至页脚】按钮，将光标定位到页脚，❶ 然后单击【页眉和页脚】组中的【页脚】按钮，❷ 在弹出的下拉列表中选择需要的页脚样式，这里选择【怀旧】选项，如图5-48所示。

图 5-47

图 5-48

Step04 在页脚处插入选择的页脚样式，在【姓名】文本框中输入【李梦洁】，如图5-49所示。

图 5-49

Step05 ❶ 选择【李梦洁】文本，在【字体】组中将字号设置为【小四】，单击【加粗】按钮**B**加粗文本，❷ 然后选择页脚处的页码，将其字号设置为【四号】，❸ 单击【加粗】按钮**B**加粗文本，如图5-50所示。

Step06 ❶ 在【页眉和页脚工具 设计】选项卡【位置】组中的【页面底端距离】数值框中输入页面底端到页脚底

端的距离，这里输入【0.2】，❷ 单击【页眉和页脚工具 设计】选项卡【关闭】组中的【关闭页眉和页脚】按钮，如图5-51所示。

图 5-50

图 5-51

技术看板

在【位置】组中的【页面底端距离】数值框中可设置页面顶端到页眉底端的距离。

Step07 退出页眉页脚编辑状态，返回文档编辑区中，可看到添加的页眉和页脚效果，如图5-52所示。

图 5-52

第一篇

第 2 篇

第 3 篇

第 4 篇

第 5 篇

第 6 篇

技能拓展——删除页眉和页脚

如果对插入的页眉或页脚样式不满意，可将其删除。其方法为：在【页眉和页脚】组中单击【页眉】或【页脚】按钮，在弹出的下拉列表中选择【删除页眉】或【删除页脚】命令，即可删除页眉或页脚。

★ 重点 5.5.2 实战：自定义"员工培训计划方案"文档的页眉页脚

实例门类	软件功能
教学视频	光盘\视频\第 5 章 5.5.2.mp4

如果用户对 Word 内置的页眉和页脚样式不满意，用户也可根据需要自定义页眉和页脚的样式。例如，在"员工培训计划方案"文档中通过插入图片、形状和艺术字来自定义文档的页眉和页脚，具体操作步骤如下。

Step01 打开"光盘\素材文件\第 5 章\员工培训计划方案.docx"文件，在文档页眉处双击，进入页眉页脚编辑状态，单击【设计】选项卡【插入】组中的【图片】按钮，如图 5-53 所示。

图 5-53

Step02 ❶ 打开【插入图片】对话框，在地址栏中设置图片保存的位置，❷ 然后选择需要插入的图片，在这里选择"logo"，❸ 单击【插入】按钮，

如图 5-54 所示。

图 5-54

Step03 ❶ 将图片插入到页眉处，将图片调整到合适的大小和位置，❷ 将光标定位到页眉处，按【BackSpace】键删除多余的空格，使光标定位到页眉左侧，单击【设计】选项卡【插入】组中的【文档信息】按钮，❸ 在弹出的下拉菜单中选择【文档标题】命令，如图 5-55 所示。

图 5-55

技术看板

在页眉和页脚中，编辑图片的方法与在文档中编辑图片的方法相同。

Step04 ❶ 在页眉处插入标题文本框，在其中输入公司名称，在【字体】组中将字号设置为【四号】，❷ 单击【加粗】按钮加粗文本，❸ 在【字体颜色】下拉列表中将字体颜色设置为【橙色，着色 2,深色 50%】，如图 5-56 所示。

Step05 单击【转至页脚】按钮，光标定位到页脚中，❶ 单击【插入】选项卡【插图】组中的【形状】按钮，

❷ 在弹出的下拉列表中选择【五边形】，如图 5-57 所示。

图 5-56

图 5-57

Step06 拖动鼠标在页脚右侧绘制形状，并设置形状的旋转为【水平旋转】，然后在【格式】选项卡【形状样式】组中的列表框中为形状应用【强烈效果 - 橙色，强调文字 2】样式，效果如图 5-58 所示。

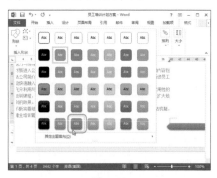
图 5-58

Step07 在文档其他位置双击鼠标，退出页眉页脚的编辑状态，可看到自定义的页眉页脚效果，如图 5-59 所示。

图 5-59

技能拓展——删除页眉分隔线

进入页眉页脚编辑状态后，将自动在页眉处插入一条黑色分隔线，当该分隔线多余或影响文档页眉效果时，可将其删除。其方法为：将光标定位到页眉处，单击【开始】选项卡【字体】组中的【清除所有格式】按钮，删除页眉分隔线。

5.5.3 实战：在"员工培训计划方案"文档中插入页码

实例门类	软件功能
教学视频	光盘\视频\第5章5.5.3.mp4

在 Word 2013 中提供的部分页脚和页码样式中自带有页码，但其页码的样式和位置都是固定的，而通过 Word 2013 提供的页码功能，不仅可选择页码插入的位置，而且其页码样式多样，所以，用户在为文档插入页码时，也可通过页码功能来实现。例如，继续在"员工培训计划方案"文档中插入 Word 内置的页码样式，具体操作步骤如下。

Step01 ❶ 在打开的【员工培训计划方案】文档页眉处双击，进入页眉页脚编辑状态，将光标定位到页脚处，❷ 单击【设计】选项卡【页眉和页脚】组中的【页码】按钮，❸ 在弹出的下拉列表中选择页码位置，这里选

择【当前位置】命令，❹ 在弹出的子列表中选择页码样式，如选择【大型彩色】选项，如图 5-60 所示。

图 5-60

技术看板

在 Word 中可在页面顶端、页面底端、页边距或当前光标所在位置处插入相应的页码样式。

Step02 将选择的页码样式插入到相应的位置，如图 5-61 所示。

图 5-61

★ 重点 5.5.4 实战：设置"员工培训计划方案"文档中页码的格式

实例门类	软件功能
教学视频	光盘\视频\第5章5.5.4.mp4

默认情况下，插入的页码是从首页以罗马数字插入的，如果用户对文档页面页码有所要求，可通过设置页码的格式对页码编号样式和页码的起始页码进行设置。例如，继续在"员

工培训计划方案"文档中对页码的格式进行设置，具体操作步骤如下。

Step01 ❶ 在打开的【员工培训计划方案】文档页脚处选择页码，❷ 单击【设计】选项卡【页眉和页脚】组中的【页码】按钮，❸ 在弹出的下拉菜单中选择【设置页码格式】命令，如图 5-62 所示。

图 5-62

技术看板

在页眉页脚处选择页码，右击，在弹出的快捷菜单中选择【设置页码格式】命令，也可打开【页码格式】对话框。

Step02 ❶ 打开【页码格式】对话框，在【编号格式】下拉列表框中选择需要的页码编号样式，❷ 在【页码编号】栏中选中【起始页码】单选按钮，❸ 在其后的数值框中输入起始页码值，如输入【II】，❹ 单击【确定】按钮，如图 5-63 所示。

图 5-63

技术看板

在【页码格式】对话框中选中【续前节】单选按钮，将表示首页插入的页码是从【1】开始的，而选中【起始页码】单选按钮，则首页插入的页码可以从任意页码开始。

Step 03 对页码的编号样式和起始值进行更改，退出页眉页脚编辑状态，可看到更改后的页码效果，如图 5-64 所示。

图 5-64

5.6　目录与索引的使用

文档创建完成后，为了便于阅读，可以为文档添加一个目录或制作一个索引目录。通过目录可以使文档的结构更加清晰，方便阅读者对整个文档进行定位。

5.6.1　实战：设置"招标文件"目录标题级别

实例门类	软件功能
教学视频	光盘\视频\第 5 章 5.6.1.mp4

在创建目录之前，首先需要为文档需要提取的标题应用样式或设置级别，否则，提取目录时不能正确提取，或提取的目录无效。例如，在大纲视图中为"招标文件"文档的标题设置相应的级别，具体操作步骤如下。

Step 01 打开"光盘\素材文件\第 5 章\招标文件 .docx"文件，单击【视图】选项卡【视图】组中的【大纲视图】按钮，如图 5-65 所示。

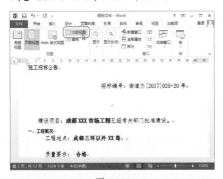

图 5-65

Step 02 ❶ 进入大纲视图，将光标定位到需要设置段落级别的段落中，如定位到【一、工程概况】文本后，❷ 单击【大纲】选项卡【视图工具】组中的【大纲级别】下拉按钮，❸ 在弹出的下拉列表中选择段落级别，这里选择【1 级】选项，如图 5-66 所示。

图 5-66

技术看板

单击【视图工具】组中的【升级】按钮，光标所在的段落将提升一个级别；单击【提升至标题 1】按钮，光标所在的段落将提升到 1 级；单击【降级】按钮，光标所在的段落将下降一个级别；单击【降级为正文】按钮，光标所在的段落将直接降至正文。

Step 03 光标所在段落的级别将由【正

文文本】变成【1 级】，且格式也将发生相应的变化，如图 5-67 所示。

图 5-67

技能拓展——通过【段落】对话框设置段落级别

将光标定位到需要设置段落级别的段落中，打开【段落】对话框，在【缩进和间距】选项卡中的【大纲级别】下拉列表框中选择需要的段落级别，然后单击【确定】按钮。

Step 04 使用相同的方法为其他同级段落设置相同的级别，❶ 然后将光标定位到【1、工程说明】文本后，❷ 单击【大纲】选项卡【视图工具】组中的【大纲级别】下拉按钮，❸ 在弹出的下拉列表中选择【2 级】选项，如图 5-68 所示。

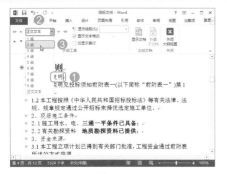

图 5-68

Step05 更改段落的级别，然后使用相同的方法为同级段落设置相同的级别，设置完成后，单击【大纲】选项卡【关闭】组中的【关闭大纲视图】按钮，如图 5-69 所示。

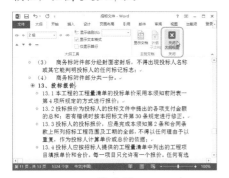

图 5-69

Step06 退出大纲视图，返回文档编辑区，可看到设置段落级别后的效果，如图 5-70 所示。

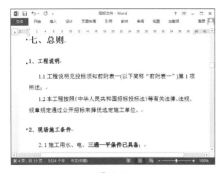

图 5-70

★ 重点 5.6.2 实战：创建"招标文件"的目录

实例门类	软件功能
教学视频	光盘\视频\第 5 章 5.6.2.mp4

为文档插入目录，可以使文档的结构更加清晰。Word 2013 中内置了一些目录样式，选择需要的样式后会自动生成目录。例如，继续上例操作，在"招标文件"文档中生成需要的目录，具体操作步骤如下。

Step01 ❶ 在打开的【招标文件】文档中定位光标到需要插入目录的位置，单击【引用】选项卡【目录】组中的【目录】按钮，❷ 在弹出的下拉列表中选择需要的目录样式，如选择【自动目录1】选项，如图 5-71 所示。

图 5-71

Step02 经过上步操作，在光标处生成文档目录，如图 5-72 所示。

图 5-72

5.6.3 实战：插入分页符分隔文档目录与正文内容

实例门类	软件功能
教学视频	光盘\视频\第 5 章 5.6.3.mp4

一般情况下，文档的目录与正文内容是在不同的页面中，而 Word 插

入目录后，目录并没有和正文内容分隔开，这时就需要插入分页符来分隔文档目录与正文内容。例如，继续上例操作，在"招标文件"文档的目录后插入分页符，使目录与正文内容不在同一页面显示，具体操作步骤如下。

Step01 ❶ 在打开的【招标文件】文档中定位光标到正文内容前，❷ 单击【页面布局】选项卡【页面设置】组中的【分隔符】按钮，❸ 在弹出的下拉列表中选择【分页符】选项，如图 5-73 所示。

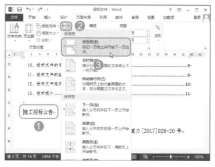

图 5-73

技术看板

在【分隔符】下拉菜单中还提供了分栏符、自动换行符、分节符等，用户可根据实际需要在文档中插入相应的分隔符，以对相应的内容进行区分。

Step02 将目录页中的正文内容移动到下一页中，效果如图 5-74 所示。

图 5-74

5.6.4 实战：更新"招标文件"的目录

实例门类	软件功能
教学视频	光盘\视频\第 5 章 5.6.4.mp4

当对文档中的内容、样式和页码等进行修改后，目录中的内容不会自动修改，这时需要用户对目录进行更新，以保证目录的正确性。例如，继续上例操作，更新"招标文件"文档中的目录，具体操作步骤如下。

Step01 ❶ 在打开的【招标文件】文档中选择目录，❷ 单击【引用】选项卡【目录】组中的【更新目录】按钮，如图 5-75 所示。

图 5-75

技术看板

在文档中选择目录后，单击目录框上方的【更新目录】按钮，也可执行更新目录操作。

Step02 ❶ 打开【更新目录】对话框，选择需要更新的内容，如选中【更新整个目录】单选按钮，❷ 再单击【确定】按钮，如图 5-76 所示。

图 5-76

技术看板

在【更新目录】对话框中选中【只更新页码】单选按钮，将只会对目录的页码进行更新，不会对目录的内容进行更新。

Step03 对文档目录进行更新，效果如图 5-77 所示。

图 5-77

5.6.5 实战：创建"品牌营销策划书"的索引

实例门类	软件功能
教学视频	光盘\视频\第 5 章 5.6.5.mp4

索引是指列出文档中的关键字、关键短语及它们的页码，使用户能快速查找到相应的内容。

在 Word 中制作索引目录，需要先插入索引项，根据索引项再制作出相关的索引目录。

1. 标记文档索引项

索引是一种常见的文档注释。将文档内容标记为索引项本质上是插入了一个隐藏的代码，便于作者查询。例如，在"品牌营销策划书"文档中标记索引项，具体操作步骤如下。

Step01 打开"光盘\素材文件\第 5 章\品牌营销策划书 .docx"文件，❶ 选择文档中要作为索引的文本内容【前言】；❷ 单击【引用】选项卡【索引】组中的【标记索引项】按钮，如图 5-78 所示。

图 5-78

Step02 打开【标记索引项】对话框，单击【标记】按钮，为所选内容添加索引，如图 5-79 所示。

图 5-79

技术看板

在文档中选择需要添加索引的文本，按【Alt+Shift+X】组合键，也可打开【标记索引项】对话框。

Step03 ❶ 在文档中滚动鼠标滚轮，选择下一个要标记的内容【目的】，❷ 在【标记索引项】对话框中单击【主索引项】文本框，在文本框中显示选择的【目的】，❸ 再单击【标记】按钮，如图 5-80 所示。

图 5-80

Step04 使用上一步操作的方法继续对文档中需要标记索引的内容进行标记，标记完成后单击对话框中的【关闭】按钮，关闭对话框，如图 5-81 所示。

图 5-81

2. 创建索引目录

将文档中的内容标记为索引项后，还可以将这些索引提取出来，制作成索引目录，方便查找所需的内容。例如，继续上例操作，为"品牌营销策划书"创建索引目录，具体操作步骤如下。

Step01 ❶ 将光标定位在打开的【品牌营销策划书】文档中需要创建索引目录的位置，❷ 单击【引用】选项卡【索引】组中的【插入索引】按钮，如图 5-82 所示。

图 5-82

Step02 打开【索引】对话框，❶ 在【索引】选项卡中选中【页码右对齐】复选框，❷ 单击【确定】按钮，

如图 5-83 所示。

图 5-83

Step03 经过以上操作，制作的索引效果如图 5-84 所示。

图 5-84

5.7 题注与脚注的应用

在编辑文档的过程中，为了使读者便于阅读和理解文档内容，有时需要在文档中插入题注或脚注，用于对文档的对象进行解释说明。

5.7.1 实战：在"品牌营销策划书"文档中插入题注

实例门类	软件功能
教学视频	光盘\视频\第 5 章 5.7.1.mp4

题注是指出现在图片下方的简短描述，通过简短的话语来描述关于该图片的一些重要的信息。例如，继续上例操作，为"品牌营销策划书"文档中的部分图片插入题注，具体操作步骤如下。

Step01 ❶ 在打开的【品牌营销策划书】文档中选择需要插入题注的第一张图片，❷ 单击【引用】选项卡【题注】组中的【插入题注】按钮，如图 5-85 所示。

图 5-85

Step02 打开【题注】对话框，单击【新建标签】按钮，如图 5-86 所示。

图 5-86

Step03 ❶ 打开【新建标签】对话框，在【标签】文本框中输入标签名称，这里输入【图】，❷ 单击【确定】按钮，如图 5-87 所示。

图 5-87

Step04 返回到【题注】对话框，在【题注】文本框中将显示设置的题注，单击【确定】按钮，如图 5-88 所示。

图 5-88

Step05 返回文档编辑区，即可看到插入的题注，选择第 2 张图片，打开【题注】对话框，单击【确定】按钮，如图 5-89 所示。

图 5-89

技能拓展——更改题注编号格式

Word 中默认的题注编号格式为"1，2，3，…"，如果用户需要将编号格式换成其他格式，可在【题注】对话框中单击【编号】按钮，打开【题注编号】对话框，在【格式】下拉列表框中提供了多种题注编号格式，选择需要的编号格式，依次单击【确定】按钮。

Step06 使用上一步添加题注的操作，为第 3 张图片添加题注，然后将添加题注的图片调整到合适的大小，并将图片和题注的对齐方式设置为【居中】，效果如图 5-90 所示。

图 5-90

5.7.2 实战：在"品牌营销策划书"文档中插入脚注

实例门类	软件功能
教学视频	光盘\视频\ 第 5 章 5.7.2.mp4

适当为文档中的某些内容添加注释，可以使文档更加专业，方便用户更好地完成工作。若将这些注释内容添加到页脚处，即称为"脚注"。Word 2013 中提供了脚注功能，通过该功能可快速添加脚注信息。例如，继续上例操作，为"品牌营销策划书"文档中的部分文本内容添加脚注，具体操作步骤如下。

Step01 ❶ 在打开的【品牌营销策划书】中选择需要添加脚注的文本【前言】，❷ 单击【引用】选项卡【脚注】组中的【插入脚注】按钮，如图 5-91 所示。

图 5-91

Step02 此时，在所选文本页面的底部出现一个脚注分隔符，在分隔符下方输入脚注，如图 5-92 所示。

图 5-92

Step03 将鼠标指针移至插入脚注文本

右侧的标识上，查看脚注内容，如图 5-93 所示。

图 5-93

Step04 使用前面插入脚注的方法继续为需要添加脚注的文本添加脚注，效果如图 5-94 所示。

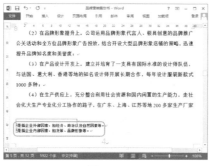

图 5-94

5.8 特殊的中文排版方式

Word 2013 中还提供了双行合一、分栏、首字下沉等特殊的排版方式，通过这些排版方式，可以使文档的排版更灵活、多样。

5.8.1 实战：为文档设置双行合一

实例门类	软件功能
教学视频	光盘\视频\第 5 章 5.8.1.mp4

在制作公司红头文件时，经常需要将文档标题的多个字符以上下两行显示，并且与其他字符水平方向保持一致，这时可使用 Word 2013 提供的双行合一的功能来快速实现。例如，使用双行合一功能制作红头文件标题，具体操作步骤如下。

Step01 打开"光盘\素材文件\第 5 章\聘任通知 .docx"文件，❶ 选择需要双行合一显示的文字，单击【开始】选项卡【段落】组中的【中文版式】按钮，❷ 在弹出的下拉菜单中选择【双行合一】命令，如图 5-95 所示。

Step02 ❶ 打开【双行合一】对话框，选中【带括号】复选框，❷ 在【括号样式】下拉列表框中选择需要的样式，❸ 单击【确定】按钮，如图 5-96

所示。

图 5-95

图 5-96

Step03 返回文档编辑区，可看到设置的双行合一效果，如图 5-97 所示。

图 5-97

★ 重点 5.8.2 实战：分栏排版"公司简介"文档

实例门类	软件功能
教学视频	光盘\视频\第 5 章 5.8.2.mp4

Word 2013 中提供了分栏功能，通过该功能，可将文档中的内容以多栏进行排列。例如，在"公司简介"文档中进行分栏排版，具体操作步骤

如下。

Step01 打开"光盘\素材文件\第5章\公司简介.docx"文件，❶选择需要分栏的正文内容，单击【页面布局】选项卡【页面设置】组中的【分栏】按钮，❷在弹出的下拉列表中选择分栏形式，这里选择【更多分栏】命令，如图5-98所示。

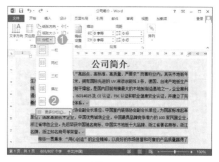

图 5-98

Step02 ❶打开【分栏】对话框，在【预设】栏中选择【两栏】选项，❷在【间距】下的第一个数值框中输入栏与栏之间的间距，这里输入【3】，❸其他保持默认设置，单击【确定】按钮，如图5-99所示。

图 5-99

技术看板

在【分栏】对话框中的【栏数】数值框中也可直接输入分栏的栏数，这样分栏更灵活。

Step03 返回文档编辑区，可看到分栏

后的效果，如图5-100所示。

图 5-100

技能拓展——为栏与栏之间添加分隔线

通过【分栏】对话框还可为栏与栏之间添加一条分隔线，以便于区分。其方法为：在【分栏】对话框中对分栏进行设置后，选中【分隔线】复选框，在栏与栏之间添加一条黑色的分隔线。

5.8.3 实战：设置"公司简介"文档首字下沉

实例门类	软件功能
教学视频	光盘\视频\第5章5.8.3.mp4

在使用Word制作特殊文档时，有时需要将段落的第一个字或词组放大显示，并占据多行文本的位置，以突出文档内容，这时可使用Word提供的首字下沉功能进行设置。例如，在"公司简介"文档中设置首字下沉效果，具体操作步骤如下。

Step01 打开"光盘\素材文件\第5章\公司简介.docx"文件，❶选择需要添加首字下沉效果的词或词组，这里选择第1段中的【帝】字，❷单击【插入】选项卡【文本】组中的【首字下沉】按钮，❸在弹出的下拉列表中选择【首字下沉选项】命令，如图5-101所示。

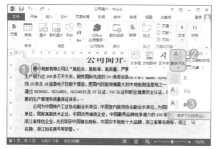

图 5-101

技术看板

若在【首字下沉】下拉列表中选择【悬挂】命令，可设置词或词组的悬挂效果。

Step02 打开【首字下沉】对话框，❶在【位置】栏中选择【下沉】选项，❷在【下沉行数】数值框中输入要下沉的行数，这里输入【2】，❸单击【确定】按钮，如图5-102所示。

图 5-102

Step03 返回文档编辑区，可看到设置首字下沉后的效果，如图5-103所示。

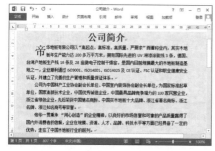

图 5-103

妙招技法

通过前面知识的学习，相信读者已经掌握了 Word 2013 文档中图文混排效果所需使用到对象的使用方法。下面结合本章内容介绍一些实用技巧。

技巧 01：将制作的封面保存到封面库

教学视频	光盘\视频\第 5 章\技巧 01.mp4

对于制作好的文档封面，也可将其保存到 Word 封面库中，下次制作其他文档需要使用时，可直接在封面库中调用，以提高工作效率。例如，将"企业内刊"文档的封面保存到封面库中，具体操作步骤如下。

Step01 打开"光盘\素材文件\第 5 章\企业内刊.docx"文件，❶选择封面中的所有对象，单击【插入】选项卡【页面】组中的【封面】按钮，❷在弹出的下拉列表中选择【将所选内容保存到封面库】命令，如图 5-104 所示。

图 5-104

Step02 ❶打开【新建构建基块】对话框，在【名称】文本框中输入封面名称【内刊封面】，❷其他保持默认设置，单击【确定】按钮，如图 5-105 所示。

Step03 将封面保存到封面库中，如图 5-106 所示。

图 5-105

图 5-106

> **技术看板**
>
> 在查看保存的封面效果时，如果封面内容未完全保存，那么在封面上右击，在弹出的快捷菜单中选择【整理和删除】命令，可删除当前选择的自定义封面。

技巧 02：以不同方式填充页面效果

教学视频	光盘\视频\第 5 章\技巧 02.mp4

在 Word 2013 中，除了可使用纯色填充文档页面外，还可使用渐变填充、纹理填充、图案填充和图片填充等方式来填充页面效果，以满足不同文档对页面效果的要求。

1. 渐变填充页面

渐变填充分为单色和双色填充，单色填充是指通过一种颜色由浅到深进行填充，而双色填充是指由两种颜色进行混合填充。例如，对"公司宣传"文档的页面设置双色的渐变填充，具体操作步骤如下。

Step01 打开"光盘\素材文件\第 5 章\公司宣传.docx"文件，❶单击【设计】选项卡【页面背景】组中的【页面颜色】按钮，❷在弹出的下拉列表中选择【填充效果】命令，如图 5-107 所示。

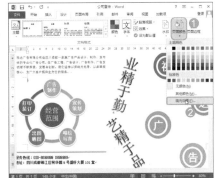

图 5-107

Step02 ❶打开【填充效果】对话框，在【渐变】选项卡中选中【双色】单选按钮，❷在【颜色 1】下拉列表框中选择【橙色，着色 2，淡色 80%】，❸在【颜色 2】下拉列表框中选择【橙色，着色 2，淡色 40%】，❹单击【确定】按钮，如图 5-108 所示。

> **技术看板**
>
> 若在【填充效果】对话框的【渐变】选项卡中选中【预设】单选按钮，那么在【预设颜色】下拉列表框中提供了多种渐变填充效果，用户可直接选择需要的渐变效果来填充页面。

图 5-108

Step 03 返回文档编辑区，可看到渐变填充页面后的效果，如图 5-109 所示。

图 5-109

2. 纹理填充页面

Word 2013 中提供了很多纹理效果，用户可直接将选择的纹理效果填充到文档页面。例如，对"公司宣传"文档的页面设置纹理填充，具体操作步骤如下。

Step 01 打开"光盘\素材文件\第 5 章\公司宣传.docx"文件，❶ 打开【填充效果】对话框，选择【纹理】选项卡，❷ 在【纹理】列表框中选择需要的纹理效果，如选择【信纸】选项，❸ 单击【确定】按钮，如图 5-110 所示。

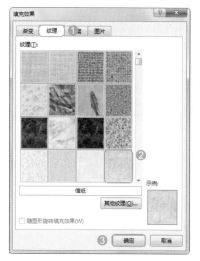

图 5-110

Step 02 返回文档编辑区，可看到纹理填充页面后的效果，如图 5-111 所示。

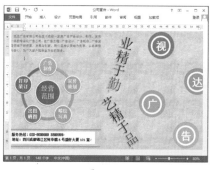

图 5-111

3. 图案填充页面

在 Word 2013 中还可通过提供的图案样式对文档页面进行填充。例如，对"公司宣传"文档的页面进行图案填充，具体操作步骤如下。

Step 01 打开"光盘\素材文件\第 5 章\公司宣传.docx"文件，❶ 打开【填充效果】对话框，选择【图案】选项卡，❷ 在【图案】列表框中选择需要的图案，如选择【横向砖形】选项，❸ 在【前景】下拉列表框中选择图案的颜色，如选择【绿色，着色 6，淡色 40%】，❹ 在【背景】下拉列表框中选择图案背景的颜色，如选择【绿色，着色 6，淡色 80%】，❺ 单击【确定】按钮，如图 5-112 所示。

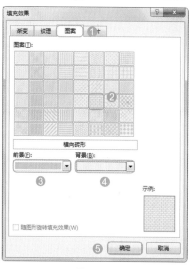

图 5-112

Step 02 返回文档编辑区，可看到图案填充页面后的效果，如图 5-113 所示。

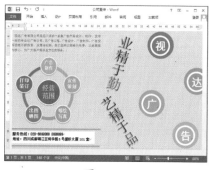

图 5-113

4. 图片填充页面

除了可使用纹理、图案等填充文档页面外，还可将适合的图片填充为页面背景，使页面效果更加丰富多彩。例如，对"公司宣传"文档的页面进行图片填充，具体操作步骤如下。

Step 01 打开"光盘\素材文件\第 5 章\公司宣传.docx"文件，❶ 打开【填充效果】对话框，选择【图片】选项卡，❷ 单击【选择图片】按钮，如图 5-114 所示。

Step 02 打开【选择图片】对话框，❶ 在地址栏中设置图片所保存的位置，❷ 在窗口中选择需要插入的图片，如选择"背景"，❸ 单击【插入】按钮，如图 5-115 所示。

图 5-114

图 5-115

Step03 返回到【填充效果】对话框，在其中显示了插入的图片，单击【确定】按钮，返回文档编辑区，可看到图片填充页面后的效果，如图 5-116 所示。

图 5-116

技巧 03：设置奇偶页不同的页眉和页脚

教学视频	光盘\视频\第 5 章\技巧 03.mp4

默认情况下，为文档设置页眉和页脚后，将会在文档每页添加相同的

页眉和页脚，要想使页面奇数页和偶数页拥有不同的页眉页脚效果，用户可根据 Word 2013 提供的奇偶页不同功能来实现。例如，为"员工培训计划方案"文档添加奇偶页不同的页眉页脚，具体操作步骤如下。

Step01 打开"光盘\素材文件\第 5 章\员工培训计划方案 .docx"文件，进入页眉页脚编辑状态，选中【设计】选项卡【选项】组中的【奇偶页不同】复选框，如图 5-117 所示。

图 5-117

Step02 然后对奇数页的页眉进行设置，效果如图 5-118 所示。

图 5-118

Step03 继续对奇数页页脚和偶数页页眉页脚进行相应的设置，效果如图 5-119 所示。

图 5-119

技能拓展——设置首页不同的页眉页脚

在 Word 2013 中，还可为首页设置不同的页眉页脚。其方法为：进入页眉页脚编辑状态，在【设计】选项卡【选项】组中选中【首页不同】复选框，然后对首页页眉页脚进行相应的设置。

技巧 04：自定义文档目录

教学视频	光盘\视频\第 5 章\技巧 04.mp4

如果用户对自动生成的目录不满意，用户也可根据实际情况自定义文档的目录。例如，在"公司财产管理制度"文档中插入自定义的目录，具体操作步骤如下。

Step01 打开"光盘\素材文件\第 5 章\公司财产管理制度 .docx"文件，❶ 将光标定位到【第一章】文本前，单击【引用】选项卡【目录】组中的【目录】按钮，❷ 在弹出的下拉列表中选择【自定义目录】命令，如图 5-120 所示。

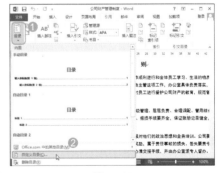

图 5-120

Step02 打开【目录】对话框，默认选择【目录】选项卡，❶ 在【显示级别】数值框中输入提取目录显示的级别，这里输入【1】，❷ 单击【选项】按钮，如图 5-121 所示。

Step03 打开【目录选项】对话框，删除【标题 1】样式右侧【目录级别】

文本框中的【1】，❶ 在【副标题】样式对应的【目录级别】数值框中输入【1】，❷ 单击【确定】按钮，如图 5-122 所示。

图 5-121

技术看板

在【目录】对话框的【制表符前导符】下拉列表框中可设置目录文本与页码之间的制表符样式。

图 5-122

技术看板

如果要提取的目录级别有多个，那么需要根据级别的高低依次在有效样式对应的【目录级别】文本框中输入文本级别，这样提取的目录结构才清晰。

Step04 返回到【目录】对话框，单击【确定】按钮，返回文档编辑区，可

看到自定义的目录效果，如图 5-123 所示。

图 5-123

技巧 05：纵横混排文档内容

教学视频	光盘\视频\第 5 章\技巧 05.mp4

纵横混排是指文档中有的文字进行纵向排列，有的文字进行横向排列。如对文档进行纵向排版时，数字也会向左旋转，这与用户的阅读习惯相悖，此时就可通过纵横混排功能将其正常显示。例如，在"公司简介"文档中首先将文档内容设置为垂直排列，然后对文档中的数字和字母设置纵横混排，具体操作步骤如下。

Step01 打开"光盘\素材文件\第 5 章\公司简介 .docx"文件，❶ 按【Ctrl+A】组合键选择所有内容，单击【页面布局】选项卡【页面设置】组中的【文字方向】按钮，❷ 在弹出的下拉列表中选择【垂直】选项，如图 5-124 所示。

图 5-124

Step02 此时，文档中的内容将以垂直的方式显示，❶ 选择需要设置纵横混排的数据【200】，❷ 单击【开始】选项卡【段落】组中的【中文版式】按钮，❸ 在弹出的下拉菜单中选择【纵横混排】命令，如图 5-125 所示。

图 5-125

技术看板

设置纵横混排效果时，不能同时选择文档中的多处文本进行纵横混排设置，只能单独为每处文本应用纵横混排效果。

Step03 打开【纵横混排】对话框，保持默认设置，单击【确定】按钮，如图 5-126 所示。

图 5-126

技术看板

在【纵横混排】对话框中默认会选中【适应行宽】复选框，表示所选文字将根据实际行宽和内容的多少来决定文本纵横混排的字符间距，若不选中该复选框，将根据文字的多少来决定文本排列的字符间距。

Step 04 返回文档编辑区，可看到所选数据纵横混排的效果，使用覆盖方法继续对文档中的其他数据和部分字母应用纵横混排效果，如图 5-127 所示。

图 5-127

本章小结

通过本章知识的学习，相信读者已经掌握了 Word 常用的高级排版功能，但在本章中，很多高级排版功能多用于长文档中，如封面、水印、样式、目录、索引、页眉和页脚等，通过这些功能，可以使制作的长文档更加规范，更便于阅读。在掌握高级排版功能的同时，还需要掌握一些技巧，如将制作的封面保存到封面库、填充页面、设置奇偶页不同的页眉页脚和自定义文档目录等，以提高工作效率。

Word 2013 邮件合并及文档的审阅修订

第 **6** 章

本章将学习 Word 2013 邮件合并及文档的修订与审阅的相关知识，包括信封、标签等相关制作及邮件合并的技能技巧。

6.1　信封、邮件合并的相关知识

在使用 Word 软件的信封、标签和邮件合并等功能制作需要的文档时，应先掌握一些相关知识，这样在制作过程中才会得心应手。

★ 重点 6.1.1　信封尺寸介绍

使用 Word 软件可以制作出不同尺寸的信封。而 Word 中提供的信封尺寸与现实中邮寄所使用的信封尺寸都是按照国家信封标准尺寸来设计的。

信封分为国内信封和国际信封两种，不同的信封种类，其信封标准尺寸是不一样的，Word 中提供的信封尺寸也是如此。如下表所示为 Word 2013 中提供的两种信封的标准尺寸。

（1）国内信封标准

代号	尺寸大小	备注
B6	176×125	与现行 3 号信封一致
DL	220×110	与现行 5 号信封一致
ZL	230×120	与现行 6 号信封一致
C5	229×162	与现行 7 号信封一致
C4	324×229	与现行 9 号信封一致

（2）国际信封标准

代号	尺寸大小	备注
C6	162×114	新增国际规格
B6	176×125	与现行 3 号信封一致
DL	220×110	与现行 5 号信封一致
C5	229×162	与现行 7 号信封一致
C4	324×229	与现行 9 号信封一致

所以，用户在使用 Word 软件制作信封时，必须按照规定的标准尺寸来设计，不能随意更改信封尺寸的大小。

技术看板

在对制作的信封进行打印时，国内信封应选用不低于 82g 的 B 等信封用纸，而国际信封应选用不低于 100g 的 A 等信封用纸。

★ 重点 6.1.2　制作多个标签的方法

在日常工作中，利用 Word 软件的标签功能，可以对一些办公用品，或者商品进行分类标识。因此，需要制作一些类似于贴纸一样的小标签，打印出来贴在物品上，以达到标识的效果。

标签的样式有多种，用户可以根据自己工作的需求，设置不同样式的标签。由于标签的不同，其制作的方法也会有所不同。下面将介绍一些常用的标签的制作方法。

1.　使用表格制作标签

当需要制作带框的标签时，如果通过文本框来制作，标签数目较多时，就会比较麻烦，因此，可以利用 Word 的表格功能来制作。

使用 Word 表格功能制作标签时，不仅需要为文档页面进行设置，还需要对表格的属性进行设置（主要是将单元格间距设置为 0.4 厘米），这样才能制作出如图 6-1 所示的效果。

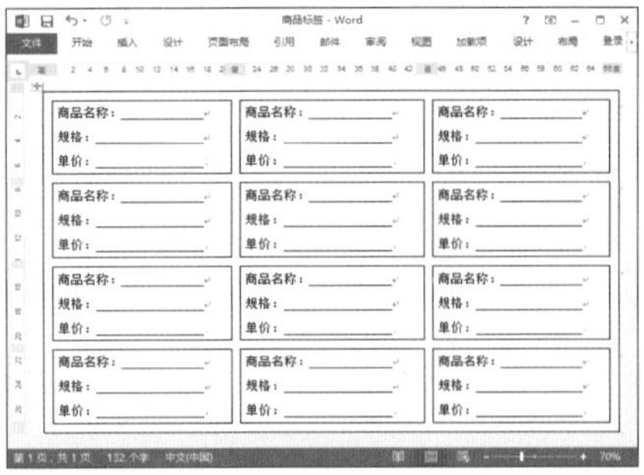

图 6-1

选择表格，在【开始】选项卡【段落】组中的【边框】下拉列表中选择【外框线】命令，取消表格的外边框，最后生成如图 6-2 所示的标签效果。

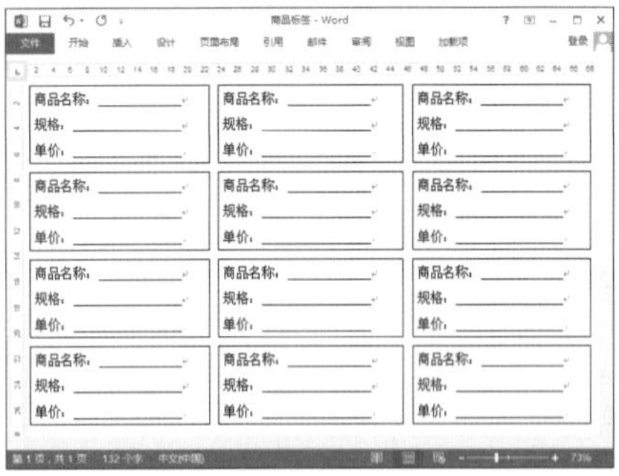

图 6-2

> **技能拓展——不干胶标签的应用**
>
> 在制作标签时，无论最终制作出的标签是哪种类型，都与打印纸有关，与制作的标签样式没有多大的关系。如果只需要制作普通的标签，那么，在打印时直接使用普通纸张即可。若是需要制作出可以直接贴在物品上的标签，那么打印时就需要选择不干胶的材料了。

2. 使用形状、图片制作标签

在 Word 中使用形状制作标签，可以根据自己的设计制作出精美的标签样式，然后复制多个标签，最后打印出标签即可。

除了使用形状制作标签外，还可以通过插入一些其他软件制作的图片，再用艺术字的方式，制作一些特别的标签。无论是使用图形还是图片都需要注意突出标签的要点，这样才能让标签发挥出最主要的作用，而不能为了好看忽略制作标签的意义。如图 6-3 所示为制作的个性化标签。

图 6-3

3. 使用标签命令制作标签

使用标签命令制作标签是 Word 软件中最常用的方法。用户可以根据需要制作出多个相同的标签，如图 6-4 所示。

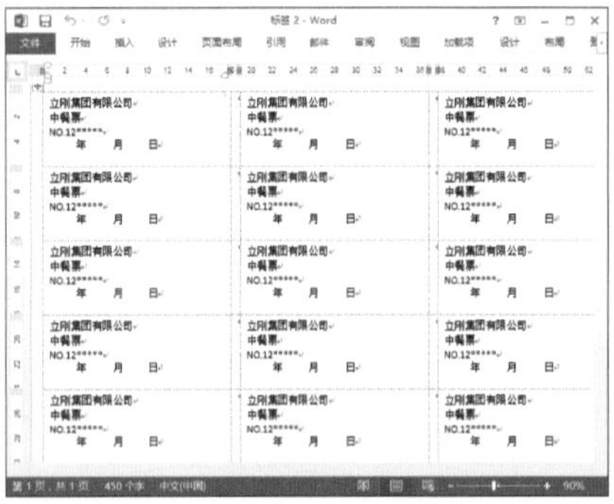

图 6-4

★ 重点 6.1.3 邮件合并的作用

在日常工作中，当遇到处理的文件主要内容相同，只是小部分数据或内容需要更改时，就可利用 Word 提供的邮件合并功能来批量制作，这样不仅操作简单，而且还可满足不同用户的需要，如批量打印信封、批量制作邀请函及请柬、批量制作员工工作证及工资条等。如图 6-5 所示为批量制作的邀请函效果，如图 6-6 所示为制作的工资条效果。

图 6-5

图 6-6

6.2　制作信封和标签

在日常办公过程中，当需要批量制作信封和标签时，可以通过 Word 2013 提供的信封和标签功能来快速实现，以提高工作效率。

6.2.1　实战：使用向导创建信封

实例门类	软件功能
教学视频	光盘\视频\第 6 章\6.2.1.mp4

Word 2013 提供的中文信封功能主要根据向导提示进行创建，通过该功能可以制作出标准信封格式和样式的单个信封或批量生成信封。例如，使用中文信封功能创建单个信封，具体操作步骤如下。

Step01 在打开的 Word 空白文档中单击【邮件】选项卡【创建】组中的【中文信封】按钮，如图 6-7 所示。

图 6-7

Step02 打开【信封制作向导】对话框，单击【下一步】按钮，如图 6-8 所示。

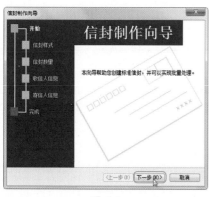

图 6-8

Step03 进入【选择信封样式】界面，❶ 在【信封样式】下拉列表框中选择

需要的信封规格及样式，如选择【国内信封 -DL（220×110）】选项，❷ 然后选中需要打印在信封上的对象对应的复选框，这里选中所有的复选框，❸ 单击【下一步】按钮，如图 6-9 所示。

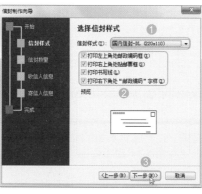

图 6-9

技术看板

对信封样式进行设置后，可在【预览】栏中对信封样式的效果进行查看。

Step04 进入【选择生成信封的方式和数量】界面，❶ 选择生成信封的方式，如选中【键入收件人信息，生成单个信封】单选按钮，❷ 单击【下一步】按钮，如图 6-10 所示。

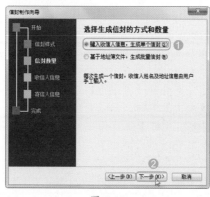

图 6-10

技术看板

选择信封生成方式后，将在界面下方显示该生成方式的说明信息。

Step05 进入【输入收信人信息】界面，❶ 在对应文本框中输入收信人的姓名、称谓、单位、地址及邮编信息，❷ 单击【下一步】按钮，如图 6-11 所示。

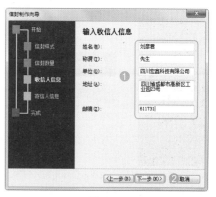

图 6-11

技能拓展——创建多个信封

如果计算机中事先创建收件人信息的相关文件（可以是 TXT、Excel 或 Outlook 文件），则可以利用信封制作向导同时创建多个信封。只须在【选择生成信封的方式和数量】界面中选中【基于地址簿文件，生成批量信封】单选按钮，在新界面中单击【选择地址簿】按钮，并选择收件人信息相关的文件，然后为【匹配收信人信息】区域的各下拉列表框选择对应项，再根据向导继续创建信封操作即可。

Step06 进入【输入寄信人信息】界面，❶ 在对应文本框中输入寄信人的姓名、单位、地址及邮编信息；❷ 单击【下一步】按钮，如图 6-12 所示。

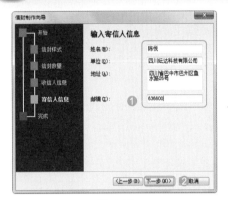

图 6-12

Step07 在向导对话框中单击【完成】按钮，如图 6-13 所示。

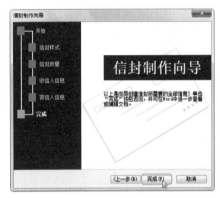

图 6-13

Step08 Word 将自动新建一个文档，其页面大小为信封的大小，其中的内容已经自动按照用户所输入信息正确填写好了，效果如图 6-14 所示。

图 6-14

★ **重点 6.2.2 实战：制作自定义的信封**

实例门类	软件功能
教学视频	光盘\视频\第6章 6.2.2.mp4

使用向导创建的信封是根据特定的格式来创建的，如果需要创建具有公司标识的个性化邮件信封，或只需要创建简易的信封，可以自定义设计信封。例如，自定义创建一个含公司信息的信封，具体操作步骤如下。

Step01 在 Word 文档中单击【邮件】选项卡【创建】组中的【信封】按钮，如图 6-15 所示。

图 6-15

Step02 打开【信封和标签】对话框，在【信封】选项卡中单击【选项】按钮，如图 6-16 所示。

图 6-16

Step03 打开【信封选项】对话框，❶ 在【信封选项】选项卡的【信封尺寸】下拉列表框中选择需要的信封尺寸，如选择【普通3】选项，❷ 单击【确定】按钮，如图 6-17 所示。

Step04 返回【信封和标签】对话框，❶ 在【收信人地址】列表框中输入收信人地址，❷ 在【寄信人地址】列表框中输入寄信人地址，❸ 单击【添加到文档】按钮，如图 6-18 所示。

图 6-17

图 6-18

Step05 打开系统提示对话框，单击【是】按钮，将输入的寄信人地址保存为默认的寄信人地址，如图 6-19 所示。

图 6-19

Step06 返回文档编辑区，即可看到添加收信人地址和寄信人地址的信封，并将文档以【公司信封】为名进行保存，效果如图 6-20 所示。

图 6-20

技术看板

　　自定义创建的信封，默认情况下是没有邮编和邮票框的，如果需要，可自行添加。

Step07 将文档的页面颜色设置为【橙色，着色 2，淡色 80%】，然后在信封页面中绘制 7 个矩形形状，❶ 选择所有的矩形形状，单击【格式】选项卡【形状样式】组中的【形状轮廓】下拉按钮，❷ 在弹出的下拉列表中选择【橙色，着色 2】选项，❸ 再在该下拉列表中选择【粗细】命令，❹ 在其子列表中选择【1.5 磅】选项，如图 6-21 所示。

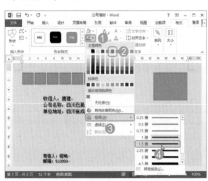

图 6-21

Step08 取消矩形形状的填充色，然后在矩形形状中输入相应的文本，并对文本的格式进行设置，效果如图 6-22 所示。

Step09 选择寄信人地址文本框，按住鼠标左键并拖动，将其移动到合适的位置，如图 6-23 所示。

图 6-22

图 6-23

Step10 在文档中插入公司 LOGO 图片，将图片背景设置为透明色，然后将图片的环绕方式设置为【浮于文字上方】，再将图片调整到合适的大小和位置，效果如图 6-24 所示。

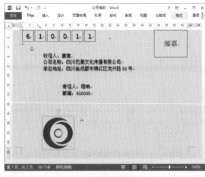

图 6-24

Step11 在图片右侧插入一个文本框，在其中输入相应的文本，并对文本的字体格式进行设置，完成后的信封效果如图 6-25 所示。

图 6-25

★ 重点 6.2.3　实战：快速制作餐票标签

实例门类	软件功能
教学视频	光盘\视频\第 6 章\6.2.3.mp4

　　标签在日常工作中经常使用，如餐票、停车票和产品标签等。Word 2013 中提供了标签功能，通过该功能可快速创建需要的单个标签或多个相同的标签。例如，制作多张餐票，具体操作步骤如下。

Step01 启动 Word 2013，单击【邮件】选项卡【创建】组中的【标签】按钮，如图 6-26 所示。

图 6-26

Step02 打开【信封和标签】对话框，单击【标签】选项卡中的【选项】按钮，如图 6-27 所示。

Step03 打开【标签选项】对话框，❶ 在【产品编号】列表框中选择合适的标签，如选择【每页 30 张】选项，❷ 单击【确定】按钮，如图 6-28 所示。

图 6-27

图 6-28

Step04 返回【信封和标签】对话框，❶ 在【标签】选项卡中的【地址】文本框中输入需要在标签中显示的内容，❷ 然后单击下方的【新建文档】按钮，如图 6-29 所示。

Step05 生成自定义的标签，并将其保存为【餐票】，效果如图 6-30 所示。

图 6-29

图 6-30

6.3 邮件合并

当需要批量制作工作证、邀请函、工资条等主题结构和主要内容相同、部分内容不同的文档时，可以通过 Word 2013 提供的邮件合并功能来实现，以提高工作效率。

★ 重点 6.3.1 实战：创建"邀请函"数据源

实例门类	软件功能
教学视频	光盘\视频\第 6 章 6.3.1.mp4

数据源是执行邮件合并的关键，如果没有数据源，就不能制作出多个内容相似但又不完全相同的邮件。所以，用户可根据实际需要来创建邮件合并的数据源。例如，为"邀请函"文档创建需要的数据源，具体操作步骤如下。

Step01 打开"光盘\素材文件\第 6 章\邀请函.docx"文件，❶ 单击【邮件】选项卡【开始邮件合并】组中的【选择收件人】按钮，❷ 在弹出的下拉菜单中选择需要的命令，这里选择【键入新列表】命令，如图 6-31 所示。

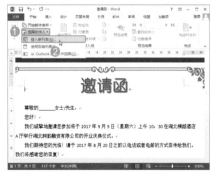

图 6-31

Step02 ❶ 打开【新建地址列表】对话框，单击【自定义列】按钮，❷ 打开【自定义地址列表】对话框，在【字段名】列表框中选择需要删除的字

段，如选择【职务】选项，❸ 单击
【删除】按钮，如图 6-32 所示。

图 6-32

Step03 在打开的提示对话框中单击
【是】按钮，如图 6-33 所示。

图 6-33

Step04 删除选择的字段，使用相同的
方法将不需要的字段全部删除，❶ 然
后在【自定义地址列表】对话框中的
【字段名】文本框中选择需要重命
名的字段，如选择【名字】选项，
❷ 单击【重命名】按钮，如图 6-34
所示。

图 6-34

Step05 ❶ 打开【重命名域】对话框，
在【目标名称】文本框中输入字段名
称，这里输入【姓名】，❷ 单击【确
定】按钮，如图 6-35 所示。

图 6-35

Step06 然后使用相同的方法对需要重
命名的字段进行重命名操作，完成后
单击【确定】按钮，如图 6-36 所示。

图 6-36

技能拓展——移动字段

对于【自定义地址列表】对话框
【字段名】列表框中的字段先后顺序
是可以调整的。其调整方法为：在列
表框中选择需要调整的字段，单击
【下移】或【上移】按钮，即可向下
或向上移动一个位置。

Step07 ❶ 返回【新建地址列表】对话
框，在对应的字段名下输入相应的内
容，❷ 单击【新建条目】按钮，如图
6-37 所示。

图 6-37

Step08 即可新建一个条目，再单击 4
次【新建条目】按钮新建 4 个条目，
❶ 在新建的条目中输入相应的信息，
❷ 完成后单击【确定】按钮，如图
6-38 所示。

图 6-38

技术看板

当新建的条目过多或错误时，可
选择该条目，单击【删除条目】按
钮，将该条目删除。

Step09 ❶ 打开【保存通讯录】对话
框，在地址栏中设置保存的位置，
❷ 在【文件名】文本框中输入保存的
名称，如输入【合作商信息】，❸ 单
击【保存】按钮，保存创建的数据
源，如图 6-39 所示。

图 6-39

技术看板

保存的数据源将自动应用到【邀
请函】文档中。

★ 重点 6.3.2 实战：执行邮件合并创建文档

实例门类	软件功能
教学视频	光盘\视频\第6章\6.3.2.mp4

创建好 Word 文档和数据源后，就可通过插入域将特定的类别信息在特定的位置显示，然后执行邮件合并将文档和数据源关联起来。例如，在"邀请函"文档中插入"姓名"域，然后执行邮件合并，具体操作步骤如下。

Step01 ❶ 在打开的【邀请函】文档中将光标定位到【尊敬的】文本后，❷ 单击【邮件】选项卡【编写和插入域】组中的【插入合并域】按钮，❸ 在弹出的下拉菜单中选择需要的域，这里选择【姓名】命令，如图6-40所示。

图 6-40

技术看板

在【插入合并域】下拉菜单中显示的域命令与数据源列表中的字段名是相同的，只有将文档中的特定文本与数据列表中的字段关联起来，才能批量创建文档。

Step02 将【姓名】域插入到光标所在处，然后单击【邮件】选项卡【预览结果】组中的【预览结果】按钮，如

图 6-41 所示。

图 6-41

Step03 可看到第一个字段名，然后单击【预览结果】组中的【下一记录】按钮，如图6-42所示。

图 6-42

Step04 对下一字段名进行查看，查看完成后，❶ 单击【完成】组中的【完成并合并】按钮，❷ 在弹出的下拉菜单中选择【编辑单个文档】命令，如图6-43所示。

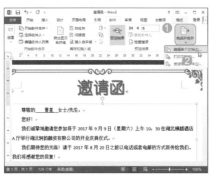

图 6-43

Step05 ❶ 打开【合并到新文档】对话框，设置合并记录范围，这里选中【全部】单选按钮，❷ 再单击【确定】按钮，如图6-44所示。

图 6-44

技术看板

在【合并到新文档】对话框中选中【全部】单选按钮，表示将创建包含所有字段的文档；若选中【当前记录】单选按钮，表示将只创建预览结果所显示的单个记录的文档；选中【从】单选按钮，则可自由设置包含从哪个记录到哪个记录的文档。

Step06 新建一个【信函1】文档，将其保存为【邀请函】，在其中可以查看邮件合并后的效果，如图6-45所示。

图 6-45

6.4　审阅与修订文档

在制作某些办公文档时，如制度文档、红头文件等，就需要对制作的文档内容进行审阅和修订，以使文档的内容更加准确。

★ 重点 6.4.1　实战：为"人事管理制度"文档添加批注

实例门类	软件功能
教学视频	光盘\视频\第 6 章\6.4.1.mp4

对文档进行审阅时，可使用批注为文档内容添加注释或修改建议，方便文档审阅者与制作者之间进行交流。例如，在"人事管理制度"文档中为内容添加批注，具体操作步骤如下。

Step01 打开"素材文件\第 6 章\人事管理制度.docx"文件，❶ 拖动鼠标选择需要添加批注的文本，❷ 单击【审阅】选项卡【批注】组中的【新建批注】按钮，如图 6-46 所示。

图 6-46

Step02 在窗口右侧显示批注框，且自动将插入点定位到其中，然后输入批注的相关信息，如图 6-47 所示。

图 6-47

技术看板

在文档中添加批注后，批注文本框中会出现一个按钮，单击该按钮，可在批注文本框中新建一个批注框，在其中可继续输入需要的批注信息。

Step03 使用相同的方法继续在文档中添加相应的批注，效果如图 6-48 所示。

图 6-48

技术看板

为文档内容添加批注后，标记会显示在文档的文本中，批注标题和批注内容会显示在右页边距的批注框中。

6.4.2　实战：删除"人事管理制度"文档中的批注

实例门类	软件功能
教学视频	光盘\视频\第 6 章\6.4.2.mp4

当编写者按照批注者的建议修改文档后，如果不再需要显示批注，可以将其删除。例如，在"人事管理制度"文档中按批注内容对文档进行修改，并删除批注信息，具体操作步骤如下。

Step01 在打开的【人事管理制度】文档中将第一条添加批注的文本内容更改为【本制度适用于公司所有在职人员】，如图 6-49 所示。

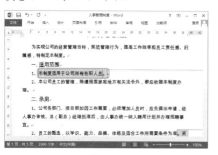

图 6-49

Step02 ❶ 然后在页面右侧选择该批注信息，❷ 单击【审阅】选项卡【批注】组中的【删除】按钮，如图 6-50 所示。

图 6-50

Step03 即可删除该批注，然后使用相同的方法继续对添加批注的内容进行修改，并删除相应的批注，效果如图 6-51 所示。

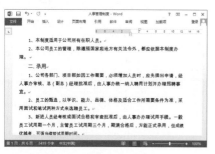

图 6-51

★ 重点 6.4.3 实战：修订"人事管理制度"文档

实例门类	软件功能
教学视频	光盘\视频\第6章\6.4.3.mp4

审阅者在审阅其他用户制作的文档时，可以使用 Word 2013 提供的修订功能，对文档内容进行修改，修改后，Word 则会自动根据修订内容的不同以不同的修订标记格式显示。例如，使用修订功能继续对"人事管理制度"文档中的内容进行修订，具体操作步骤如下。

Step01 在打开的【人事管理制度】文档中单击【审阅】选项卡【修订】组中的【修订】按钮，如图6-52所示。

图 6-52

Step02 选择【、项目部】文本，按【Delete】键删除选择的内容，在文档左侧会显示出修订的标记，效果如图6-53所示。

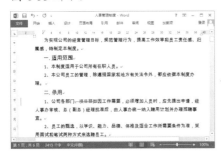

图 6-53

Step03 继续对文档中的内容进行修订，并跟踪对文档所进行的所有更改，效果如图6-54所示。

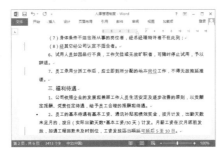

图 6-54

技能拓展——设置修订显示状态

默认情况下，在文档中添加修订后，修订的所有标记都将显示出来，如果需要将修订标记进行隐藏或只显示简单标记，可对修订的显示状态进行设置。其方法为：在【审阅】选项卡【修订】组中的【所有标记】下拉列表框中选择需要的标记选项即可。

★ 重点 6.4.4 实战：接受或拒绝文档修订

实例门类	软件功能
教学视频	光盘\视频\第6章\6.4.4.mp4

当审阅者对文档进行修订后，作者或其他审阅者可根据实际情况接受或拒绝审阅者添加的修订。例如，继续上例操作，接受"人事管理制度"文档中的修订，具体操作步骤如下。

Step01 ❶ 在打开的【人事管理制度】文档中将光标定位到第一个添加修订的内容中，❷ 单击【审阅】选项卡【更改】组中的【接受】按钮，如图6-55所示。

图 6-55

Step02 即可接受第一处修订，并自动跳转到下一条修订中，单击【更改】组中的【拒绝】按钮，如图6-56所示。

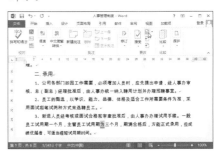

图 6-56

Step03 可拒绝当前修订，并跳转到下一条修订，然后继续接受文档中的修订，完成后将打开提示对话框，提示文档中没有任何批注和修订，单击【确定】按钮，如图6-57所示。

图 6-57

Step04 返回文档编辑区，即可看到接受和拒绝修订后的效果，如图6-58所示。

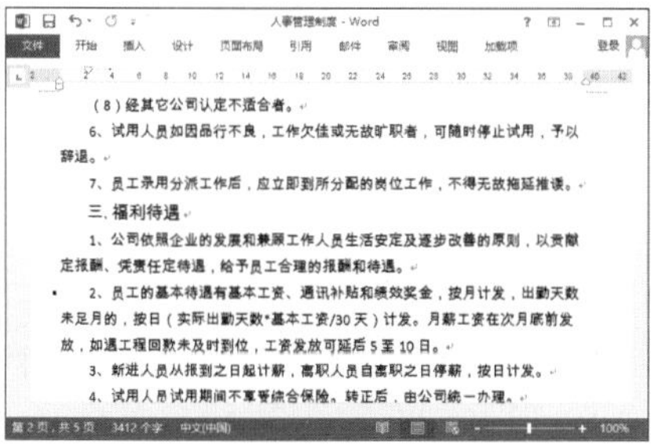

图 6-58

（8）经其它公司认定不适合者。

6、试用人员如因品行不良，工作欠佳或无故旷职者，可随时停止试用，予以辞退。

7、员工录用分派工作后，应立即到所分配的岗位工作，不得无故拖延推诿。

三、福利待遇。

1、公司依照企业的发展和兼顾工作人员生活安定及逐步改善的原则，以贡献定报酬、完善任定待遇，给予员工合理的报酬和待遇。

2、员工的基本待遇有基本工资、通讯补贴和绩效奖金，按月计发，出勤天数未足月的，按日（实际出勤天数×基本工资/30 天）计算。月薪工资在次月最前发放，如遇工程因款来的对付位，工资发放可延后 5 至 10 日。

3、新进人员从报到之日起计薪，离职人员自离职之日停薪，按日计发。

4、试用人员试用期间不享综合保险，转正后，由公司统一办理。

图 6-58

妙招技法

下面结合本章内容介绍一些实用技巧。

技巧 01：编辑数据源

教学视频	光盘\视频\第 6 章\技巧 01.mp4

在预览邮件合并效果的过程中，若发现邮件数据源有误，还可对其编辑，使其显示正确。例如，对"员工工作证"文档中的数据源进行编辑，具体操作步骤如下。

Step01 打开"光盘\素材文件\第 6 章\员工工作证.docx"文件，单击【邮件】选项卡【开始邮件合并】组中的【编辑收件人列表】按钮，如图 6-59 所示。

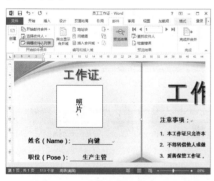

图 6-59

Step02 ❶ 打开【邮件合并收件人】对话框，在【数据源】列表框中选择需要更改的数据源，如选择【员工信息 .mdb】选项，❷ 单击【编辑】按钮，如图 6-60 所示。

图 6-60

Step03 ❶ 打开【编辑数据源】对话框，在其中对第一个条目的名字和编号进行修改，❷ 单击【确定】按钮，❸ 在打开的提示对话框中单击【是】按钮，如图 6-61 所示。

图 6-61

Step04 对数据源进行更改后，返回到【邮件合并收件人】对话框，单击【确定】按钮，返回文档编辑区，即可看到更改数据源后文档的效果，如图 6-62 所示。

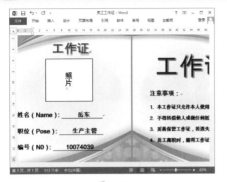

图 6-62

技巧 02：快速检查拼写和语法错误

教学视频	光盘 \ 视频 \ 第 6 章 \ 技巧 02.mp4

在审阅文档时，可以使用 Word 2013 提供的拼写和语法检查功能，对文档进行全面的检查，并会在出现拼写和语法错误的文本下方添加红色、蓝色或绿色波浪线，以便于区分。例如，通过拼写和语法功能对"员工培训计划方案"文档进行检查，具体操作步骤如下。

Step01 打开"光盘 \ 素材文件 \ 第 6 章 \ 员工培训计划方案 .docx"文件，选择【文件】选项卡，在其中选择【选项】选项，如图 6-63 所示。

图 6-63

Step02 ❶ 打开【Word 选项】对话框，在左侧选择【校对】选项卡，❷ 在右侧的【在 Word 中更正拼写和语法时】栏中选中【键入时检查拼写】【键入时标记语法错误】【经常混淆的单词】和【随拼写检查语法】复选框，❸ 然后单击【确定】按钮，如图

6-64 所示。

图 6-64

技术看板

要想使用 Word 2013 提供的拼写和语法功能，首先需要在【Word 选项】对话框中开启拼写和语法检查功能，否则将不能对文档中的错误进行检查。

Step03 此时，有语法和拼写错误的文本下方都显示有不同颜色的波浪线，单击【审阅】选项卡【校对】组中的【拼写和语法】按钮，如图 6-65 所示。

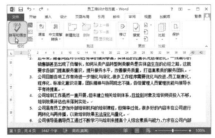

图 6-65

Step04 打开【语法】任务窗格，同时，Word 会自动从文本插入点处开始检查，识别到错误后将在【语法】任务窗格中显示出错误的原因，此时用户可自行判断后决定是否更改，这里单击【忽略】按钮忽略当前项检查，如图 6-66 所示。

Step05 经过上步操作，Word 会继续检查下一处错误，识别到错误后将在【语法】任务窗格中显示出错误的所在，继续忽略，当检查到【给于】语法错误时，单击【语法】任务窗格中

的【更改】按钮，对错误进行更改，如图 6-67 所示。

图 6-66

图 6-67

Step06 继续检查文档中的错误，检查完成后，将打开提示对话框，提示检查完成，然后单击【确定】按钮即可，如图 6-68 所示。

图 6-68

技术看板

Word 只能识别常规的拼写和语法错误，对于一些特殊用法则只会识别为错误，此时需要用户自行决定是否修改。

技巧 03：查看指定审阅者的修订

教学视频	光盘\视频\第6章\技巧03.mp4

在默认状态下，Word 显示的是所有审阅者的修订标记，当显示所有审阅者的修订标记时，Word 将通过不同的颜色区分不同的审阅者。如果用户只想查看某个审阅者的修订，则需要进行一定的设置。例如，在"宣传册制作方法"文档中，只显示 AutoBVT 的修订内容，具体操作步骤如下。

Step01 打开"光盘\素材文件\第6章\宣传册制作方法.docx"文件，❶ 单击【审阅】选项卡【修订】组中的【显示标记】按钮，❷ 在弹出的下拉菜单中选择【特定人员】命令，❸ 在弹出的子菜单中取消选中【admin】复选框，如图 6-69 所示。

图 6-69

Step02 经过上步操作，只显示 AutoBVT 的修订内容，效果如图 6-70 所示。

图 6-70

技巧 04：对修订文档和原始文档进行比较

教学视频	光盘\视频\第6章\技巧04.mp4

对文档进行审阅后，可通过 Word 提供的比较功能对原文档和修订后的文档进行比较，以查看两个文档内容的区别。例如，对"人事管理制度"的修订文档和原始文档内容进行比较，具体操作步骤如下。

Step01 ❶ 在 Word 文档中单击【审阅】选项卡【比较】组中的【比较】按钮，❷ 在弹出的下拉列表中选择【比较】命令，如图 6-71 所示。

图 6-71

技术看板

若在【比较】下拉列表中选择【合并】命令，可将文档中多个作者的修订添加到一个文档中，便于查看。

Step02 打开【比较文档】对话框，单击【原文档】下拉列表框右侧的按钮，如图 6-72 所示。

图 6-72

Step03 ❶ 打开【打开】对话框，在地址栏中选择原文档保存的位置，❷ 然后选择原文档文件【人事管理制度】，❸ 单击【打开】按钮，如图

6-73 所示。

图 6-73

Step04 返回【比较文档】对话框，在【原文档】下拉列表框中显示原文档名称，然后使用相同的方法添加修订的文档，单击【确定】按钮，如图 6-74 所示。

图 6-74

Step05 此时，在文档窗口中将显示 4 个文档窗格，在左侧窗格显示修订的内容；在中间窗格显示文档修订状态内容；在右侧窗格上方显示原文档内容；在右侧窗格下方显示修订后的文档效果，如图 6-75 所示。

图 6-75

技巧 05：统计文档字数

教学视频	光盘\视频\第5章\技巧05.mp4

在制作限制字数的办公文档时，可以使用 Word 提供的字数统计功能

随时查看文档的字数，及时控制文档的数量。

统计文档字数的方法为：在打开的 Word 文档中单击【审阅】选项卡【校对】组中的【字数统计】按钮，打开【字数统计】对话框，在其中显示了文档的统计信息，查看完后单击【关闭】按钮即可，如图 6-76 所示。

图 6-76

本章小结

通过本章知识的学习，相信读者已经掌握了 Word 邮件合并及文档审阅修订的操作方法，灵活运用本章的知识，可以批量制作邀请函、面试通知、信封、标签等各种文档，提高工作效率。在掌握本章基础操作知识的同时，还需要掌握一些技巧，如编辑邮件合并数据源、检查文档拼写和语法错误、对原文档和修订的文档进行比较等，以快速完成各种操作。

第3篇

Excel 办公应用篇

Excel 2013 是 Office 2013 中一款强大的电子表格处理软件，被广泛应用于行政文秘、人力资源、财务会计和市场营销等领域。通过 Excel 可以对数据进行统计、管理、分析，从而帮助用户做出更好的决策。

第7章　Excel 2013 电子表格数据的输入与编辑

➡ 能将当前工作簿中的工作表复制到其他工作簿的工作表中吗？
➡ 输入的身份证号码该如何正常显示出来？
➡ 如果在单元格中输入的数据不是需要的，能不能弹出提示信息进行提示？
➡ 如何快速输入相同或有规律的数据？
➡ 表格的格式怎么设置才合理？

在日常办公中，经常需要制作各种表格，而且制作表格的工序很多，对于新手来说，非常烦琐。通过本章的学习，您就能在 Excel 中轻松地输入与编辑表格中的各种数据，也能轻松美化表格，使制作的表格更规整、美观。

7.1　Excel 建表的基本知识

Excel 是存储数据的场所，在使用 Excel 对数据进行存储之前，最好先了解一些 Excel 的相关知识，如工作簿、工作表和单元格之前的关联等，这样才能在 Excel 中更好地存储和处理数据。

7.1.1　工作簿、工作表和单元格之间的关联

很多用户使用 Excel 时，都会存在这样一个疑问，那就是怎么对工作簿、工作表进行区分，它们之间存在什么关系。

工作簿是计算和存储数据的文件，也是用户进行 Excel 操作的主要对象和载体，每一个工作簿可以由一张或多张工作表组成，默认情况下新建的工作簿名称为"工作簿 1"，此后新建的工作簿将以"工作簿 2""工作簿 3"等依次命名，图 7-1 所示为启动 Excel 2013 后创建的工作簿。

图 7-1

工作表是工作簿的基本组成单位，它由若干个单元格构成，是Excel对数据进行存储和处理的主要平台。在工作簿中，每张工作表都是以工作表标签的形式显示在工作簿中的，以方便用户进行切换。

单元格是指工作表中通过行线和列线划分出来的一个个小方格，是Excel中存储数据最小的单位，在每个单元格中都可以输入符号、数值、公式及其他内容。

由此可见，工作簿、工作表和单元格三者之间的关系是包含与被包含的关系，即一张工作表中包含多个单元格，它们按行列方式排列组成了一张工作表；而一个工作簿中又可以包含一张或多张工作表，具体关系如图7-2所示。

图 7-2

7.1.2 如何快速区分多张工作表

在处理大型表格时，一个工作

簿中包含的工作表较多，如果直接使用工作表默认的名称，将不能有效进行区分，需要进入工作表后，才能知道工作表中包含的内容。为了能快速区分工作簿中每个工作表中包含的内容，可通过重命名工作表和设置工作表标签颜色来进行区分。

1. 通过名称区分工作表

重命名工作表是指根据当前工作表中的内容来为工作表重新设置一个容易记忆，且又能快速通过工作表名称知道工作表内容的名称，这样，通过工作表名称就能快速知道工作表包含的大体内容。图7-3所示为工作簿中的多张工作表设置了不同的名称来区分。

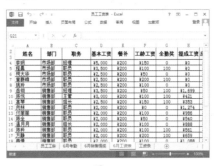

图 7-3

2. 通过颜色区分工作表

在Excel中，除了可通过名称区分工作表外，还可通过为工作表标签设置不同的颜色来进行区分，但这种方式没有通过名称区分更直接。图7-4所示为工作表标签设置了不同的颜色。

图 7-4

7.1.3 Excel中常用的数据类型

在Excel工作表中可根据不同的需要，输入不同类型的数据。在Excel中，常用的数据类型有文本型数据、数值型数据及日期与时间型数据等。

1. 文本型数据

在Excel中，文本型数据是指在表格中输入的汉字、字母、空格等其他字符，也可以是它们的组合。在默认状态下，所有文本型数据在单元格中均左对齐，如图7-5所示。

图 7-5

2. 数值型数据

在Excel中，数值型数据除了0~9中的数字外，还包含正号（+）、负号（−）、货币符号（$）、百分号（%）、小数点（.）等任一种符号的数据。默认情况下，数值型数据将自动沿单元格右边对齐。

技术看板

在Excel中输入负数时，需要将数值放在括号中，然后按【Enter】键确认，才能正确输入负数。而输入分数时，需要先在单元格中输入【0】和一个空格，然后再输入分数，否则会将输入的分数当作日期处理。

3. 日期和时间型数据

日期和时间型数据在制作表格的过程中经常输入，要想使Excel能快速识别出输入的是日期和时间型数据，则需要通过添加一些符号来实现。

在 Excel 单元格中输入日期时，一般采用"/"或"-"分隔符来隔开，而输入时间时，则采用"："来隔开，以便正常识别。

技术看板

如果在单元格中既输入了日期，也输入了时间，那么日期和时间必须采用空格隔开，这样 Excel 才能正确识别。

7.2 工作表的基本操作

在制作表格的过程中，经常需要对工作表进行操作，如选择工作表、插入或删除工作表、移动或复制工作表、重命名工作表、隐藏或显示工作表及保护工作表等。

7.2.1 选择工作表

一个 Excel 工作簿中可以包含多张工作表，如果需要同时在几张工作表中进行输入、编辑或设置工作表的格式等操作，首先就需要选择相应的工作表。通过单击 Excel 工作界面底部的工作表标签可以快速选择不同的工作表，选择工作表主要分为 4 种不同的方式。

1. 选择一张工作表

移动鼠标指针到需要选择的工作表标签上，单击选择该工作表，使之成为当前工作表。被选择的工作表标签以白色为底色显示。

2. 选择多张相邻的工作表

选择需要的第一张工作表后，按住【Shift】键的同时单击需要选择的多张相邻工作表的最后一个工作表标签，可选择这两张工作表之间的所有工作表，且工作簿标题中将显示"[工作组]"字样，如图 7-6 所示。

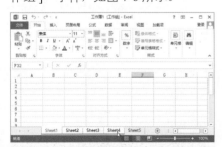

图 7-6

3. 选择多张不相邻的工作表

选择需要的第一张工作表后，按住【Ctrl】键的同时单击其他需要选择的工作表标签可选择多张不连续的工作表，如图 7-7 所示。

图 7-7

4. 选择工作簿中所有的工作表

在任意一个工作表标签上右击，在弹出的快捷菜单中选择【选定全部工作表】命令，如图 7-8 所示，可选择工作簿中的所有工作表。

图 7-8

技能拓展——如何退出工作组

选择多张工作表时，将在窗口的标题栏中显示"[工作组]"字样。单击其他不属于工作组的工作表标签或者在工作组中的任意工作表标签上右击，在弹出的快捷菜单中选择【取消组合工作表】命令，可以退出工作组。

★ 重点 7.2.2 实战：插入或删除工作表

实例门类	软件功能
教学视频	光盘\视频\第 7 章\7.2.2.mp4

Excel 2013 工作簿中默认只有 1 张工作表，如果不能满足用户的需要，可以插入一张或多张工作表。而当工作簿中有无用的工作表时，可以将其删除，以方便管理。例如，在"6 月份表格"工作簿中插入一张新工作表，并删除多余的表格，具体操作步骤如下。

Step01 打开"光盘\素材文件\第 7 章\6 月份表格 .xlsx"文件，❶ 选择【6 月考勤】工作表，❷ 单击【开始】选项卡【单元格】组中的【插入】下拉按钮，❸ 在弹出的下拉菜单中选择【插入工作表】命令，如图

7-9 所示。

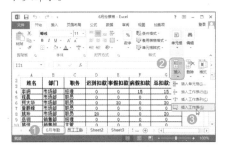

图 7-9

技术看板

直接单击工作表标签后的【新建工作表】按钮⊕，可在选择的工作表后面插入一张新工作表。

Step02 在所选工作表前面插入一张名为【Sheet1】的新工作表，如图 7-10 所示。

图 7-10

Step03 ❶ 按住【Shift】键选择【Sheet2】至【Sheet3】工作表标签，❷ 在其上右击，在弹出的快捷菜单中选择【删除】命令，如图 7-11 所示。

图 7-11

Step04 删除选择的工作表，并切换到前一张工作表中，如图 7-12 所示。

图 7-12

技术看板

选择需要删除的工作表，单击【开始】选项卡【单元格】组中的【删除】下拉按钮，在弹出的下拉菜单中选择【删除工作表】命令，可删除当前选择的工作表。

7.2.3 实战：重命名工作表

实例门类	软件功能
教学视频	光盘\视频\第 7 章\7.2.3.mp4

默认情况下，插入的新工作表将以 Sheet1，Sheet2，Sheet3，…的顺序依次进行命名。为了方便对工作表中的数据进行有效管理，最好将工作表命名为与工作表内容相符，且容易区别和理解的名称。例如，继续上例操作，在"6月份表格"工作簿中将插入的工作表名称命名为"6月工资表"，具体操作步骤如下。

Step01 ❶ 在打开的【6月份表格】工作簿中选择【Sheet1】工作表，❷ 在其工作表标签上右击，在弹出的快捷菜单中选择【重命名】命令，如图 7-13 所示。

图 7-13

Step02 此时，工作表名称呈可编辑状态，然后输入相应的名称，按【Enter】键确认，效果如图 7-14 所示。

图 7-14

技术看板

在需要更改工作表名称对应的工作表标签上双击，也可使工作表名称呈可编辑状态。

★ 重点 7.2.4 实战：移动或复制工作表

实例门类	软件功能
教学视频	光盘\视频\第 7 章\7.2.4.mp4

在管理表格数据的过程中，用户可以根据需要对工作表的位置进行调整。对于制作相同工作表结构的表格时，可以使用复制工作表功能来提高工作效率。例如，继续上例操作，对"6月份表格"工作簿中的工作表进行移动和复制操作，具体操作步骤如下。

Step01 ❶ 在打开的【6月份表格】工作簿中选择【6月工资表】工作表，❷ 将鼠标指针移动到该工作表标签上，按住鼠标左键不放拖动至【员工工龄】工作表后面，如图 7-15 所示。

图 7-15

钮，如图 7-18 所示。

图 7-18

技术看板

在移动过程中出现的黑色倒三角形符号表示工作表放置的位置。

Step02 释放鼠标，将所选工作表移动至【员工工龄】工作表后面，然后选择【员工工龄】工作表，按住鼠标左键不放，将其拖动到【6月考勤】工作表前面，如图 7-16 所示。

图 7-16

Step03 ❶ 释放鼠标，选择【6月考勤】工作表，❷ 在其上右击，在弹出的快捷菜单中选择【移动或复制】命令，如图 7-17 所示。

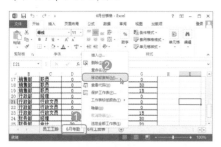

图 7-17

技术看板

在【移动或复制工作表】对话框中选中【建立副本】复选框，表示复制选择的工作表，取消选中【建立副本】复选框，表示移动选择的工作表。

Step04 ❶ 打开【移动或复制工作表】对话框，在【下列选定工作表之前】列表框中选择移动的位置，这里选择【6月工资表】选项，❷ 选中【建立副本】复选框，❸ 单击【确定】按

Step05 新建一个【6月考勤（2）】工作表，并放置在【6月工资表】工作表之间，效果如图 7-19 所示。

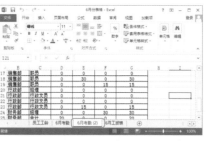

图 7-19

技能拓展——移动或复制工作表到其他工作簿中

在 Excel 2013 中，除了可在同一工作簿中进行移动或复制操作外，还可将当前工作簿中的工作表移动或复制到其他工作簿中。其方法为：选择需要复制或移动的工作表，打开【移动或复制工作表】对话框，在【工作簿】下拉列表框中选择目标工作簿，然后再选择移动或复制的位置。

7.2.5 实战：**隐藏或显示工作表**

实例门类	软件功能
教学视频	光盘\视频\第 7 章\7.2.5.mp4

在工作表中输入了一些数据后，如果不想让他人轻易看到这些数据，或者为了方便其他重要数据表的操作，可以将不需要显示的工作表进行

隐藏，当需要时，再将其显示出来。

1. 隐藏工作表

隐藏工作表是指将当前工作簿中指定的工作表隐藏，使用户无法查看到该工作表及工作表中的数据。例如，继续上例操作，将"6月份表格"工作簿中的"员工工龄"和"6月考勤"工作表隐藏，具体操作步骤如下。

Step01 ❶ 在打开的"6月份表格"工作簿中同时选择【员工工龄】和【6月考勤】两张工作表，❷ 在其工作表标签上右击，在弹出的快捷菜单中选择【隐藏】命令，如图 7-20 所示。

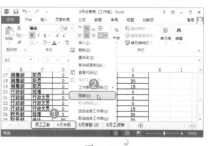

图 7-20

Step02 将选择的两张工作表隐藏起来，效果如图 7-21 所示。

图 7-21

技术看板

选择需要隐藏的工作表，单击【开始】选项卡【单元格】组中的【格式】按钮，在弹出的下拉菜单中选择【隐藏和取消隐藏】命令，在弹出的子菜单中选择【隐藏工作表】命令，也可隐藏当前选择的工作表。

2. 显示工作表

显示工作表是指将隐藏的工作表显示出来，使用户能够查看到隐藏工作表中的数据，是隐藏工作表的逆向操作。例如，继续上例操作，将"6月份表格"工作簿中隐藏的"6月考勤"工作表显示出来，具体操作步骤如下。

Step01 ❶ 在打开的"6月份表格"工作簿中单击【开始】选项卡【单元格】组中的【格式】按钮，❷ 在弹出的下拉菜单中选择【隐藏和取消隐藏】命令，❸ 在弹出的子菜单中选择【取消隐藏工作表】命令，如图 7-22 所示。

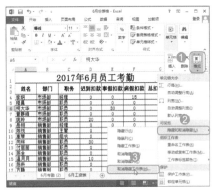

图 7-22

Step02 打开【取消隐藏】对话框，❶ 在【取消隐藏工作表】列表框中选择需要显示的工作表，如选择【6月考勤】选项，❷ 单击【确定】按钮，如图 7-23 所示。

图 7-23

技术看板

在工作簿中的任意工作表标签上右击，在弹出的快捷菜单中选择【取消隐藏】命令，也可打开【取消隐藏】对话框。

Step03 将隐藏的"6月考勤"工作表显示出来，效果如图 7-24 所示。

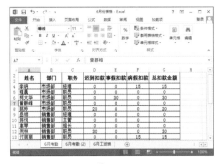

图 7-24

★ 重点 7.2.6 实战：保护工作表

实例门类	软件功能
教学视频	光盘\视频\第 7 章\7.2.6.mp4

制作好工作表后，为防止他人在查看时对制作的工作表进行修改，可通过保护工作表的功能对工作表进行保护。例如，对"产品库存表"进行保护，具体操作步骤如下。

Step01 打开"光盘\素材文件\第 7 章\产品库存表.xlsx"文件，在需要保护的工作表标签上右击，在弹出的快捷菜单中选择【保护工作表】命令，如图 7-25 所示。

图 7-25

Step02 ❶ 打开【保护工作表】对话框，选中【保护工作表及锁定的单元格内容】复选框，❷ 在【允许此工作表的所有用户进行】列表框中选择用户可对工作表操作的权益，这里保持默认设置，在【取消工作表保护时使用的密码】文本框中输入取消保护的密码，这里输入【123456789】，

❸ 然后单击【确定】按钮，如图 7-26 所示。

图 7-26

Step03 ❶ 打开【确认密码】对话框，在【重新输入密码】文本框中输入设置的密码【123456789】，❷ 单击【确定】按钮，如图 7-27 所示。

图 7-27

Step04 设置保护工作表后，当用户对工作表中的内容进行更改时，会打开提示对话框，提示要取消工作表保护，才能进行操作，如图 7-28 所示。

图 7-28

技能拓展——取消工作表的保护

选择被保护的工作表，单击【审阅】选项卡【更改】组中的【撤销保护工作表】按钮，打开【撤销工作表保护】对话框，在【密码】文本框中输入设置的保护密码，单击【确定】按钮，即可撤销对工作表的保护。

7.3　输入表格数据

在 Excel 中，在单元格中可输入的数据类型很多，如文本、日期、数值等，而且输入的方式也很多，用户可以根据输入的数据类型来决定输入的方式。

★ 重点 7.3.1　实战：直接输入数据

实例门类	软件功能
教学视频	光盘\视频\第 7 章\7.3.1.mp4

对于文本型和某些数值型数据，可在单元格中直接输入。例如，在"来访人员登记表"中输入标题、表字段、姓名、身份证号码、来访时间和离开时间等数据，具体操作步骤如下。

Step 01 ❶ 在 Excel 2013 中新建一个空白工作簿，将其保存为【来访人员登记表】，❷ 选择 A1 单元格，在编辑栏中输入标题【迅驰大厦来访人员登记表】，如图 7-29 所示。

图 7-29

> **技术看板**
>
> 在单元格中输入数据时，既可通过编辑栏输入，也可直接双击需要输入数据的单元格，将光标定位到单元格中，然后输入需要的数据。

Step 02 ❶ 单击 A2 单元格，将光标定位到编辑栏中，输入文本【编号】，❷ 使用相同的方法继续在该工作表中输入表字段和姓名文本型数据，效果如图 7-30 所示。

Step 03 在【身份证号码】列中输入来访人员的身份证号码，如图 7-31 所示。

图 7-30

图 7-31

Step 04 单击 E3 单元格，在编辑栏中输入【9:35】，按【Enter】键，在编辑中以时间型数据的格式进行显示，继续在【来访时间】和【离开时间】列中输入来访时间和离开时间，效果如图 7-32 所示。

图 7-32

> **技术看板**
>
> 默认情况下，在单元格中输入的数字若大于 15 位，将采用科学计数的方式进行显示，并且后四位数将显示为【0】。要想让输入地身份证号码正确显示，需先输入【'】。

★ 重点 7.3.2　实战：快速填充数据

实例门类	软件功能
教学视频	光盘\视频\第 7 章\7.3.2.mp4

当需要在工作表某列或某行连续的单元格中输入相同或有规律的数据时，可通过 Excel 提供的填充功能来快速填充数据。例如，继续上例操作，通过填充功能在"来访人员登记表"中输入编号和日期数据，具体操作步骤如下。

Step 01 ❶ 在打开的【来访人员登记表】工作簿中的 A3 单元格中输入【1】，❷ 将鼠标指针移动到 A3 单元格右下角，当鼠标指针变成 ✚ 形状时，按住鼠标左键不放，向下拖动至 A11 单元格中，如图 7-33 所示。

图 7-33

Step 02 释放鼠标，为 A3:A11 单元格区域填充相同的数据，❶ 单击右侧出现的【自动填充选项】按钮，❷ 在弹出的菜单中选择需要的填充命令，这里选择【填充序列】命令，如图 7-34 所示。

Step 03 为 A3:A11 单元格区域填充有规律的序列数据，效果如图 7-35 所示。

Step 04 ❶ 选择 B3 单元格，在其中输入日期型数据【2018/9/5】，❷ 将鼠标指针移动到 B3 单元格右下角，当鼠标指针变成╋形状时，按住鼠标左键不放，向下拖动至 B11 单元格中，如图 7-36 所示。

图 7-34

图 7-35

图 7-36

技能拓展——快速填充等差较大的数据

默认填充的有规律的数据，其等差为【1】，如果要填充等差较大的数据，可先在第一个单元格中输入起始值，如【1】，在第二个单元格中输入与第一个单元格等差较大的值，如【4】，然后选择这两个单元格，将鼠标指针移动到【4】单元格右下方，当鼠标指针变成╋形状时，按住鼠标左键不放向下拖动，可填充等差为【3】且有规律的数据。

Step05 ❶ 释放鼠标，为 B3:B11 单元格区域填充有规律的日期数据，单击右侧出现的【自动填充选项】按钮，❷ 在弹出的菜单中选择需要的填充命令，这里选择【复制单元格】命令，如图 7-37 所示。

图 7-37

技术看板

【自动填充选项】下拉菜单中【复制单元格】命令表示填充相同的数据；【仅填充格式】命令表示只填充所选单元格的格式，不填充数据；【不带格式填充】命令表示只填充所选单元格中的数据，但不填充所选单元格的格式；【以天数填充】命令表示以天数来进行递增填充；【以工作日填充】命令表示以天数进行递增填充，但不包含周末和国家法定假日；【以月填充】命令表示以月为单位进行递增填充；【以年填充】命令表示以年为单位进行递增填充。

Step06 为 B3:B11 单元格区域填充相同的日期数据，效果如图 7-38 所示。

图 7-38

7.3.3 实战：在多个单元格中同时输入相同的数据

实例门类	软件功能
教学视频	光盘\视频\第 7 章\7.3.3.mp4

在输入数据的过程中，如果需要在多个不连续的单元格中输入相同的数据，可以同时在这些单元格中输入相同的数据，以提高工作效率。例如，继续上例操作，在"来访人员登记表"中同时在多个单元格中输入相同的数据，具体操作步骤如下。

Step01 在打开的【来访人员登记表】工作簿中按住【Ctrl】键，选择需要输入相同数据的多个单元格，在最后选择的单元格中输入数据，如输入【面试】，如图 7-39 所示。

图 7-39

Step02 按【Ctrl+Enter】组合键，为选择的多个单元格输入相同的数据，效果如图 7-40 所示。

图 7-40

Step03 选择需要输入【谈事】文本的单元格，在最后选择的单元格中输入【谈事】，如图 7-41 所示。

图 7-41

图 7-42

Step04 按【Ctrl+Enter】组合键，为选择的多个单元格输入相同的数据，然后在 F4 单元格中输入【收快递】文本，完成来访人员登记表数据的输入，效果如图 7-42 所示。

7.4 设置输入数据的有效性

在工作表中输入某些特殊的数据时，可通过 Excel 2013 中提供的数据验证功能限制单元格中输入数据的类型和范围，防止用户输入无效数据。

★ 重点 7.4.1 实战：设置性别数据序列

实例门类	软件功能
教学视频	光盘\视频\第 7 章\7.4.1.mp4

当需要在单元格区域中输入某一特定序列中的某一个内容项时，可以通过数据验证提供的"序列"条件来实现，序列的内容既可以是单元格引用或公式，也可以是手动输入的数据。例如，在"员工档案表"中设置性别列为序列条件，并通过序列提供的下拉菜单输入数据，具体操作步骤如下。

Step01 ❶ 打开"光盘\素材文件\第 7 章\员工档案表.xlsx"文件，在 I 列列号上单击，选择 I 列单元格，❷ 单击【数据】选项卡【数据工具】组中的【数据验证】按钮，如图 7-43 所示。

图 7-43

Step02 ❶ 打开【数据验证】对话框，在【设置】选项卡中的【允许】下拉列表框中选择验证条件，这里选择【序列】选项，❷ 在【来源】文本框中输入序列内容或来源，这里直接输入序列内容【男,女】，❸ 然后单击【确定】按钮，如图 7-44 所示。

图 7-44

技术看板

在设置序列时，选中【提供下拉箭头】复选框，表示在设置序列验证条件的单元格右侧出现一个下拉按钮，如果不选中该复选框，则不会出现下拉按钮，而且在输入【来源】内容时，每一项内容之间用英文状态下的逗号隔开。

Step03 ❶ 返回工作表，选择 I3 单元格，在单元格右侧出现一个下拉按钮，单击该按钮，❷ 在弹出的下拉菜单中将显示设置的序列内容，选择需要输入的内容，这里选择【男】选项，如图 7-45 所示。

图 7-45

Step04 将【男】添加到选择的单元格中，然后使用相同的方法来输入 I 列其他需要添加的数据，效果如图 7-46 所示。

图 7-46

★ 重点 7.4.2 实战：限制身份证号码的长度

实例门类	软件功能
教学视频	光盘\视频\第7章\7.4.2.mp4

通过数据验证提供的"文本长度"验证条件，可以限制输入数据的字符个数。例如，继续上例操作，在"员工档案表"中限制输入身份证号码的文本长度，具体操作步骤如下。

Step01 ❶ 在打开的【员工档案表】工作簿中选择H3:H22单元格区域，❷ 单击【数据】选项卡【数据工具】组中的【数据验证】按钮，如图7-47所示。

图 7-47

Step02 ❶ 打开【数据验证】对话框，在【设置】选项卡的【允许】下拉列表框中选择【文本长度】选项，❷ 在【数据】下拉列表框中选择数据长度范围，这里选择【等于】选项，❸ 在【长度】文本框中输入文本的长度，如输入【18】，❹ 单击【确定】按钮，如图7-48所示。

图 7-48

技能拓展——数据有效性允许的条件

在【数据验证】对话框【设置】选项卡的【允许】下拉列表框中提供了除序列和文本长度数据有效性允许条件外，还提供了任何值（允许在单元格中输入任何数据而不受限制）、整数（限制单元格只能输入整数）、小数（限制单元格只能输入小数）、日期（用于限制单元格只能输入某一区间的日期，或者是排除某一区间外的日期）、时间（用于限制单元格只能输入某一区间的时间，或者是排除某一区间外的时间）和自定义（主要是指通过函数和公式来实现较为复杂的条件）等。

Step03 返回工作表编辑区，在H3:H22单元格区域中输入员工对应的身份证号码，如果输入的身份证号码没有18位数，则会打开提示对话框，提示输入的值非法，然后单击【重试】按钮，如图7-49所示。

图 7-49

技能拓展——删除单元格数据有效性

如果需要删除单元格设置的数据有效性时，可先选择设置数据有效性的单元格或单元格区域，单击【数据验证】按钮，打开【数据验证】对话框，单击【全部清除】按钮，即可删除所选单元格设置的数据有效性。

Step04 返回工作表编辑区，重新在G3:G22单元格区域中输入18位数的身份证号码，若输入的身份证位数正确，则不会打开提示对话框，如图7-50所示。

图 7-50

7.4.3 实战：设置输入信息提示

实例门类	软件功能
教学视频	光盘\视频\第7章\7.4.3.mp4

通过数据验证功能，还可为单元格区域预先设置输入信息提示，这样可避免输入错误的数据，提供数据的准确性。例如，继续上例操作，在"员工档案表"中为所属部门列单元格设置输入信息提示，具体操作步骤如下。

Step01 ❶ 在打开的【员工档案表】工作簿中选择需要设置输入信息提示的单元格区域，这里选择D3:D22单元格区域，❷ 单击【数据】选项卡【数据工具】组中的【数据验证】按钮，如图7-51所示。

图 7-51

Step02 ❶ 打开【数据验证】对话框，选择【输入信息】选项卡，❷ 在【标题】文本框中输入信息提示标题，如输入【提示：】，❸ 在【输入信息】文本框中输入需要的信息提示，❹ 单击【确定】按钮，如图 7-52 所示。

图 7-52

Step03 返回工作表编辑区，选择 D3:D22 单元格区域中的任意一个或多个单元格，都会显示设置的信息提示，效果如图 7-53 所示。

图 7-54

7.4.4 实战：设置出错警告提示

实例门类	软件功能
教学视频	光盘\视频\第 7 章\7.4.4.mp4

当用户在设置数据有效性的单元格中输入了不符合条件的数据时，Excel 会自动打开出错警告信息提示框，为了明确出错的原因，用户可根据实际情况对出错警告信息进行设置。例如，继续上例操作，在"员工档案表"中为联系电话列单元格设置出错警告提示，具体操作步骤如下。

Step01 ❶ 在打开的【员工档案表】工作簿中选择 K3:K22 单元格区域，❷ 打开【数据验证】对话框，在【允许】下拉列表框中选择【文本长度】选项，❸ 在【数据】下拉列表框中选择【等于】选项，❹ 在【长度】文本框中输入【11】，❺ 单击【确定】按钮，如图 7-55 所示。

图 7-55

Step02 ❶ 选择【出错警告】选项卡，❷ 在【样式】下拉列表框中选择出错警告图标样式，这里选择【停止】选项，❸ 在【错误信息】文本框中输入出错警告提示信息，❹ 然后单击【确定】按钮，如图 7-56 所示。

图 7-56

Step03 ❶ 返回工作表编辑区，在 K3 单元格中输入联系电话，❷ 当输入的数据不满 11 位数时，则会打开出错警告提示框，单击【重试】按钮，如图 7-57 所示。

图 7-57

Step04 返回工作表，重新在单元格中输入 11 位数的手机号码，则不会打开出错警告提示框，继续在 K 列其他单元格中输入联系电话，效果如图 7-58 所示。

图 7-58

7.5 单元格的编辑管理

在 Excel 工作表中不仅可以对单元格中的数据进行操作，用户也可根据需要对单元格进行操作，如插入单元格、删除单元格、调整行高或列宽及合并单元格等操作，使工作表中显示的数据更完整。

7.5.1 实战：在表格中插入单元格

实例门类	软件功能
教学视频	光盘\视频\第 7 章\7.5.1.mp4

在编辑工作表的过程中，如果用户少输入了一些内容，可以通过插入单元格、行或列来添加数据，以保证表格中的其他内容不会发生改变。例如，在"商品进货月报表"工作簿的工作表中插入一行和一列单元格，并在其中输入相应的数据，具体操作步骤如下。

Step01 打开"光盘\素材文件\第 7 章\商品进货月报表 .xlsx"文件，❶选择需要插入单元格的区域，如选择 A10 单元格，❷单击【开始】选项卡【单元格】组中的【插入】下拉按钮，❸在弹出的下拉菜单中选择【插入单元格】命令，如图 7-59 所示。

图 7-59

Step02 打开【插入】对话框，❶选择插入的方式，这里选中【整行】单选按钮，❷单击【确定】按钮，如图 7-60 所示。

图 7-60

Step03 在所选单元格上方插入一行空白单元格，如图 7-61 所示。

技术看板

在【插入】下拉菜单中选择【插入工作表行】命令，也可在所选单元格上方插入一行空白单元格。

技术看板

在【插入】对话框中若选中【活动单元格右移】单选按钮，可在所选单元格处插入一个空白单元格，当前

所选单元格及其右侧的单元格，均向右移动一个位置；若选中【活动单元格下移】单选按钮，可在所选单元格处插入一个空白单元格，当前所选单元格及其下方的单元格，均向下移动一个位置；选中【整列】单选按钮，可在所选单元格前方插入一列空白单元格。

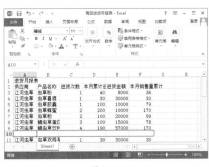

图 7-61

Step04 在所插入的空白单元格中输入需要的内容，效果如图 7-62 所示。

Step05 ❶选择【进货金额】单元格，❷单击【开始】选项卡【单元格】组中的【插入】下拉按钮，❸在弹出的下拉菜单中选择【插入工作表列】命令，如图 7-63 所示。

Step06 在所选单元格前面插入一列空白单元格，然后在插入的空白单元格

中输入需要的内容，效果如图7-64所示。

图 7-62

图 7-63

图 7-64

7.5.2 实战：删除单元格行或列

实例门类	软件功能
教学视频	光盘\视频\第7章\7.5.2.mp4

如果在表格中插入了多余的单元格、行或列，也可以将其删除。例如，继续上例操作，将"商品进货月报表"中重复内容的行删除，具体操作步骤如下。

Step01 ❶ 在打开的【商品进货月报表】工作簿中选择A7:H7单元格区域，❷ 单击【开始】选项卡【单元

格】组中的【删除】下拉按钮·，❸ 在弹出的下拉菜单中选择需要的删除命令，如选择【删除工作表行】命令，如图7-65所示。

图 7-65

技术看板

在【删除】下拉菜单中选择【删除单元格】命令，会打开【删除】对话框，在其中选择删除的方式，再单击【确定】按钮即可。

Step02 将选择的行删除，效果如图7-66所示。

图 7-66

★ 重点 7.5.3 实战：调整单元格行高或列宽

实例门类	软件功能
教学视频	光盘\视频\第7章\7.5.3.mp4

工作表中单元格的行高和列宽都是固定值，当单元格中的文本输入较多时，由于受到行高和列宽的限制，单元格中的文本不能完全显示，要想完全使单元格中的文本显示出来，就需要对单元格的行高和列宽进行设

置，设置单元格行高和列宽既可通过手动拖动鼠标调整，也可通过对话框来设置。例如，继续上例操作，对"商品进货月报表"中单元格的行高和列宽进行相应的设置，具体操作步骤如下。

Step01 在打开的【商品进货月报表】工作簿中将鼠标指针移动到第1行和第2行的分隔线上，当鼠标指针变成╪形状时，按住鼠标左键不放向下拖动，如图7-67所示。

图 7-67

Step02 拖动到合适位置后释放鼠标，调整第一行的行高，然后将鼠标指针移动到B列和C列之间的分隔线上，当鼠标指针变成╪形状时，按住鼠标左键向右拖动，如图7-68所示。

图 7-68

Step03 拖动到合适位置后，释放鼠标，调整单元格的列宽，然后使用相同的方法调整D列和G列单元格的列宽，效果如图7-69所示。

Step04 ❶ 选择A2:G11单元格区域，单击【开始】选项卡【单元格】组中的【格式】按钮，❷ 在弹出的下拉菜单中选择【行高】命令，如图7-70所示。

图 7-69

图 7-74

图 7-70

技术看板

在【格式】下拉菜单中若选择【列宽】命令，可在打开的【列宽】对话框中对单元格列宽进行设置；若选择【自动调整行高】或【自动调整列宽】命令，可根据单元格中数据的多少来自动调整单元格的行高或列宽。

Step05 ❶ 打开【行高】对话框，在【行高】文本框中输入行高值，如输入【18】，❷ 单击【确定】按钮，如图 7-71 所示。

图 7-71

Step06 返回工作表，可看到为单元格设置行高后的效果，如图 7-72 所示。

★ 重点 7.5.4 实战：合并单元格

实例门类	软件功能
教学视频	光盘\视频\第 7 章\7.5.4.mp4

在制作工作表时，经常需要将多个单元格合并为一个单元格，此时就可通过 Excel 提供的合并单元格功能对单元格进行合并操作，使其能满足制表的需要。例如，继续上例操作，对"商品进货月报表"中的标题行进行合并操作，具体操作步骤如下。

Step01 在打开的【商品进货月报表】工作簿中选择 A1:G1 单元格区域，单击【开始】选项卡【对齐方式】组中的【合并后居中】按钮，如图 7-73 所示。

图 7-73

Step02 将选择的多个单元格合并为一个单元格，并且单元格中的文本将居中显示，效果如图 7-74 所示。

技术看板

单击【开始】选项卡【对齐方式】组中的【合并后居中】下拉按钮，在弹出的下拉菜单中提供了 4 个命令，若选择【合并后居中】命令，将会把选择的多个单元格合并为一个较大的单元格，且新单元格中的内容居中显示；若选择【跨越合并】命令，将会把相同行中的多个单元格合并为一个较大的单元格；选择【合并单元格】命令，将所选单元格合并为一个单元格；若选择【取消单元格合并】命令，则会将当前合并的单元格拆分为多个单元格。

7.5.5 实战：隐藏行或列

实例门类	软件功能
教学视频	光盘\视频\第 7 章\7.5.5.mp4

通过对行或列隐藏，可以有效地保护行和列内的数据不被误操作。在 Excel 2013 中，用户可以使用【隐藏】命令隐藏行或列。例如，继续上例操作，对"商品进货月报表"中的 C 列数据进行隐藏，具体操作步骤如下。

Step01 ❶ 在打开的【商品进货月报表】工作簿中选择 C2:C11 单元格区域，❷ 单击【开始】选项卡【单元格】组中的【格式】按钮，❸ 在弹出的下拉菜单中选择【隐藏和取消隐藏】命令，❹ 在弹出的子菜单中选择隐藏命令，如选择【隐藏列】命令，如图 7-75 所示。

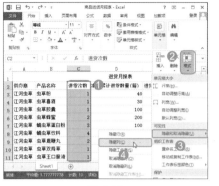

图 7-75

Step02 将所选单元格所在的列隐藏，效果如图 7-76 所示。

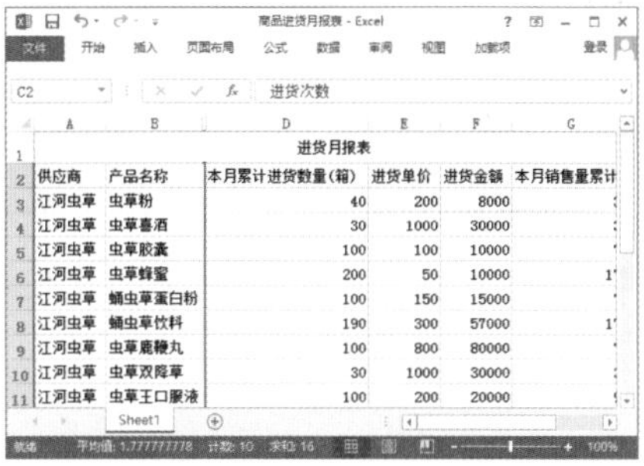

图 7-76

技能拓展——取消隐藏行或列

当需要将工作表中隐藏的行或列显示出来时，可单击【开始】选项卡【单元格】组中的【格式】按钮，在弹出的下拉菜单中选择【隐藏和取消隐藏】命令，在弹出的子菜单中选择【取消隐藏行】或【取消隐藏列】命令，即可将工作表中隐藏的行或列显示出来。

7.6 设置单元格格式

Excel 2013 默认状态下，在工作表中输入数据后，其数据的字体格式、对齐方式等都是固定的，为了使制作的表格条理清晰，可对单元格格式进行设置，包括字体格式、对齐方式、数字格式、边框和底纹的设置等。

7.6.1 实战：设置“员工档案表”字体格式

实例门类	软件功能
教学视频	光盘\视频\第 7 章\7.6.1.mp4

在工作表单元格中输入数据后，其字体格式是默认的，要想突出某些数据内容，可对单元格字体格式进行设置。例如，对“员工档案表”中单元格的字体格式进行设置，具体操作步骤如下。

Step01 打开“光盘\素材文件\第 7 章\员工档案表 1.xlsx”文件，选择 A1 单元格，❶ 在【开始】选项卡【字体】组中的【字体】下拉列表框中选择需要的字体，如选择【黑体】，❷ 在【字号】下拉列表框中选择需要的字号，如选择【20】，❸ 单击【字体颜色】下拉按钮，❹ 在弹出的下拉列表中选择需要的颜色，如选择【蓝色】，效果如图 7-77 所示。

Step02 ❶ 选择 A2:N2 单元格区域，❷ 在【开始】选项卡【字体】组中的【字号】下拉列表框中选择【12】，❸ 单击【加粗】按钮 B 加粗文本，❹ 再单击【倾斜】按钮 I 倾斜文本，效果如图 7-78 所示。

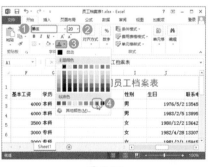

图 7-77

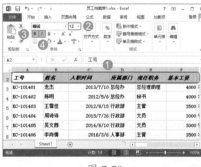

图 7-78

7.6.2 实战：设置“员工档案表”对齐方式

实例门类	软件功能
教学视频	光盘\视频\第 7 章\7.6.2.mp4

默认情况下，在 Excel 中输入的文本显示为左对齐，数据显示为右对齐，为保证工作表中数据的整齐性，可以为单元格中的数据重新设置对齐方式。例如，继续上例操作，将“员工档案表”中的对齐方式设置为居中对齐，具体操作步骤如下。

Step01 ❶ 在打开的【员工档案表】工作簿中选择 A2:N22 单元格区域，❷ 单击【开始】选项卡【对齐方式】组中的【居中】按钮，如图 7-79 所示。

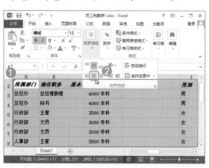

图 7-79

Step02 将所选单元格区域中数据的对齐方式设置为居中对齐，效果如图7-80所示。

图 7-80

Excel 2013 提供的单元格中文本的对齐方式有【顶端对齐】【垂直居中】【底端对齐】【左对齐】【居中】和【右对齐】6种，用户可根据实际需要为单元格中的文本设置不同的对齐方式。

★ **重点 7.6.3 实战：设置"员工档案表"数字格式**

实例门类	软件功能
教学视频	光盘\视频\第7章\7.6.3.mp4

在单元格中输入数据后，Excel会自动识别数据类型并应用相应的数字格式，当自动识别的数字格式不能满足需要时，用户可通过设置数字格式的方法让输入的数据自动显示为需要的效果，如显示为货币、百分比等。例如，继续上例操作，为"员工档案表"中的数据设置不同的数字格式，具体操作步骤如下。

Step01 ❶ 在打开的"员工档案表"工作簿中选择C3:C22单元格区域，❷ 单击【开始】选项卡【数字】组右下角的【数字格式】按钮，如图7-81所示。

Step02 ❶ 打开【设置单元格格式】对话框，在【数字】选项卡的【分类】列表框中选择数据类型，如选择【日期】选项，❷ 在右侧的【类型】列表框中显示了提供的日期格式，如选择【2012年3月14日】选项，❸ 单击【确定】按钮，如图7-82所示。

图 7-81

图 7-82

Step03 返回工作表编辑区，可看到设置日期数字格式后的效果，如图7-83所示。

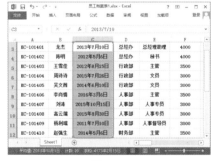

图 7-83

Step04 ❶ 选择F3:F22单元格区域，❷ 单击【开始】选项卡【数字】组中的【数字格式】下拉按钮，❸ 在弹出的下拉菜单中选择【货币】选项，如图7-84所示。

图 7-84

Step05 将所选单元格区域的格式设置为货币格式，效果如图7-85所示。

图 7-85

Step06 ❶ 选择H3:H22单元格区域，❷ 单击【开始】选项卡【数字】组右下角的【数字格式】按钮，如图7-86所示。

图 7-86

Step07 ❶ 打开【设置单元格格式】对话框，在【数字】选项卡的【分类】列表框中选择【文本】选项，❷ 单击【确定】按钮，如图7-87所示。

图 7-87

技术看板

要想使输入的身份证号码正常显示，可在输入之前，先将单元格数字格式设置为【文本】，或在输入的身份证号码前输入英文状态下的【'】，然后按【Enter】键确认即可。需要注意的是，输入身份证号码之后，将单元格数字格式设置为【文本】，则就不能完全显示身份证号码。

Step08 输入身份证号码后单击 按钮，在弹出的下拉列表中选择【忽略错误】，忽略身份证号码单元格的错误，然后选择 J3:J22 单元格区域，打开【设置单元格格式】对话框，❶ 在【分类】列表框中选择【日期】选项，❷ 在右侧的【类型】列表框中选择【3月14日】选项，❸ 然后单击【确定】按钮，如图 7-88 所示。

图 7-88

Step09 返回工作表编辑区，可看到设置的日期格式只包含月和日，效果如

图 7-89 所示。

图 7-89

技能拓展——输入以 "0" 开头的数字编号

默认情况下，在单元格中输入以 "0" 开头的数字后，系统会自动将 "0" 过滤掉，例如输入 "0001"，则会自动显示成 "1"，此时就需要对单元格的数字格式进行设置。其方法为：选择需要输入以 "0" 开头的数字编号对应的单元格区域，在【开始】选项卡【数字】组中的【数字格式】下拉菜单中选择【文本】命令，然后在单元格中输入以 "0" 开头的数字编号时，就能正常显示了。

★ 重点 7.6.4 实战：设置"员工档案表"边框和底纹

实例门类	软件功能
教学视频	光盘\视频\第7章\7.6.4.mp4

在 Excel 2013 中，单元格默认的背景是白色，边框在屏幕上看到的是浅灰色，但实际打印时是没有边框的。为了突出显示数据表格，使表格更加清晰、美观，可以为表格设置适当的边框和底纹。例如，继续上例操作，为"员工档案表"添加边框和底纹，具体操作步骤如下。

Step01 ❶ 在打开的【员工档案表】工作簿中选择 A1:N22 单元格区域，单击【开始】选项卡【字体】组中的【无框线】下拉按钮 ；❷ 在弹出的

下拉列表中选择【线条颜色】命令，❸ 在弹出的子列表中选择需要的颜色，如选择【蓝色，着色5】，如图 7-90 所示。

图 7-90

Step02 ❶ 再次单击【无框线】下拉按钮 ；❷ 在弹出的下拉列表中选择需要的边框命令，如选择【粗匣框线】命令，如图 7-91 所示。

图 7-91

Step03 为所选区域添加蓝色的粗外框线，❶ 然后单击【粗匣框线】下拉按钮 ；❷ 在弹出的下拉列表中选择【其他边框】命令，如图 7-92 所示。

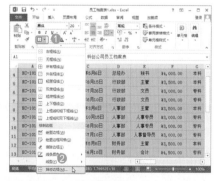

图 7-92

Step**04** ❶ 打开【设置单元格格式】对话框，默认选择【边框】选项卡，在【样式】列表框中选择需要的边框样式，如选择双横线，❷ 在【颜色】下拉列表框中选择边框颜色，如选择【蓝色，着色 5，淡色 40%】，❸ 单击【预置】栏中的【内部】按钮，❹ 然后单击【确定】按钮，如图 7-93 所示。

图 7-93

Step**05** 返回工作表编辑区，可看到为所选单元格区域添加内部边框后的效果，如图 7-94 所示。

Step**06** ❶ 选择 A1 单元格区域，单击【填充颜色】下拉按钮，❷ 在弹出的下拉列表中选择底纹颜色，如选择【蓝色，着色 1，淡色 80%】，为所选单元格区域填充选择的底纹颜色，效

果如图 7-95 所示。

图 7-94

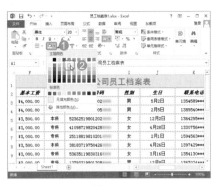

图 7-95

Step**07** ❶ 选择 A2:N2 单元格区域，单击【填充颜色】下拉按钮，❷ 在弹出的下拉列表中选择底纹颜色，如选择【蓝色，着色 1，淡色 40%】，为所选单元格区域填充选择的底纹颜色，

效果如图 7-96 所示。

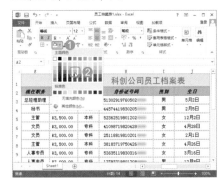

图 7-96

技能拓展——通过对话框设置底纹颜色

除了可通过【填充颜色】按钮设置单元格底纹外，还可通过【设置单元格格式】对话框进行设置。其方法为：选择需要设置底纹的单元格区域，打开【单元格格式】对话框，选择【底纹】选项卡，在【背景色】栏中选择需要的底纹颜色即可，或在【图案颜色】和【图案样式】下拉列表框中选择图案颜色和图案的样式，使用图案对单元格底纹进行填充。

7.7 设置表格格式

对于制作好的工作表，用户还可通过设置条件格式、表格样式、单元格样式和设置工作表背景等对单元格进行美化操作，使制作的表格更美观、数据更突出。

★ 重点 7.7.1 实战：为"办公用品领用登记表"设置条件格式

实例门类	软件功能
教学视频	光盘\视频\第 7 章\7.7.1.mp4

条件格式是根据设置的条件采用数据条、色阶和图标集等突出显示所关注的单元格或单元格区域来直观体现数据。在 Excel 2013 中，条件格式

包括突出显示单元格规则、项目选取规则、数据条、色阶和图标集等，用户可根据需要为数据应用相应的条件格式。

1. 使用突出显示单元格规则

条件格式中的突出显示单元格规则可以根据特定的条件突出显示数据。例如，在"办公用品领用登记表"中使用突出显示单元格规则条件突出显示"所属部门"列中的"财务

部"，具体操作步骤如下。

技术看板

在【突出显示单元格规则】子菜单中显示了【大于】【小于】【介于】【等于】【文本包含】【发生日期】和【重复值】等 7 种规则，用户可根据实际情况进行选择。

Step**01** 打开"光盘\素材文件\第 7 章\办公用品领用登记表.xlsx"文

件，❶选择 I3:I25 单元格区域，单击【开始】选项卡【样式】组中的【条件格式】按钮，❷在弹出的下拉菜单中选择【突出显示单元格规则】命令，❸在弹出的子菜单中选择需要的规则命令，如选择【文本包含】命令，如图 7-97 所示。

图 7-97

Step02 ❶打开【文本中包含】对话框，在文本框中输入包含的文本内容，这里输入【财务部】，❷在【设置为】下拉列表框中选择包含文本的格式，如选择【红色文本】选项，❸单击【确定】按钮，如图 7-98 所示。

图 7-98

Step03 返回工作表编辑区，可看到突出显示单元格规则的效果，如图 7-99 所示。

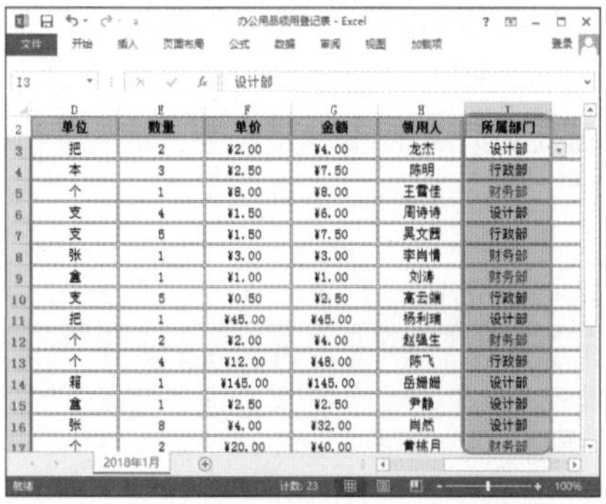

图 7-99

2. 使用项目选取规则

如果用户只需要将数据中满足条件的数据以某种规则显示出来，可以使用条件格式中的项目选取规则。例如，继续上例操作，在"办公用品领用登记表"中使用项目选取规则将"金额"列中前 10 项以条件显示出来，具体操作步骤如下。

Step01 ❶在打开的【办公用品领用登记表】工作簿中选择 G3:G25 单元格区域，单击【样式】组中的【条件格式】按钮，❷在弹出的下拉菜单中选择【项目选取规则】命令，❸在弹出的子菜单中选择需要的规则命令，如选择【前 10 项】命令，如图 7-100 所示。

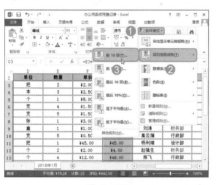

图 7-100

技术看板

【前 10 项】和【最后 10 项】表示为值最大或值最小的前 10 项设置指定格式；【前 10%】和【最后 10%】表示值最大或值最小的前 10% 项设置指定格式；【高于平均值】和【低于平均值】表示为高于或低于平均值的单元格设置指定格式。

Step02 ❶打开【前 10 项】对话框，在数值框中设置选取的项数，这里输入【8】，❷在【设置为】下拉列表框中选择包含文本的格式，如选择【浅红填充色深红色文本】选项，❸单击【确定】按钮，如图 7-101 所示。

图 7-101

Step03 返回工作表编辑区，可看到突出显示值最大的前 8 项，效果如图 7-102 所示。

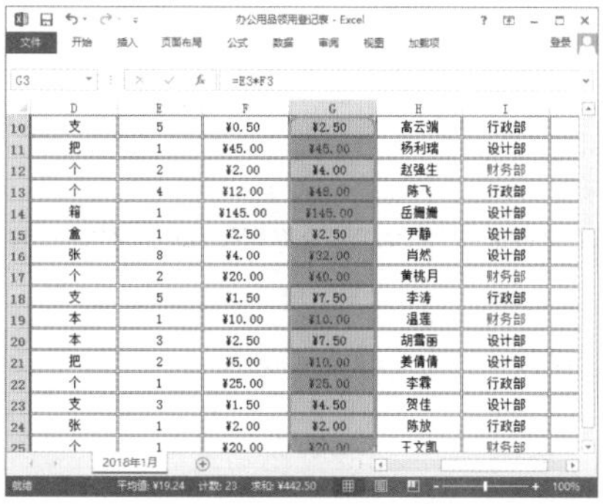

图 7-102

技能拓展——快速清除单元格中的条件格式

当不需要单元格中添加的条件格式时，可将其清除。其方法为：单击【样式】组中的【条件格式】按钮，在弹出的下拉菜单中选择【清除规则】命令，在弹出的子菜单中若选择【清除所选单元格的规则】命令，可只清除所选单元格中的条件格式；若选择【清除整个工作表的规则】命令，则会清除当前工作表中包含的所有条件格式。

3. 使用数据条

使用数据条可快速对单元格数值的大小进行查看。例如，继续上例操作，在"办公用品领用登记表"中使用数据条突出显示"数量"列中的数据，具体操作步骤如下。

Step01 ❶在打开的【办公用品领用登记表】工作簿中选择 E3:E25 单元格区域，单击【样式】组中的【条件格式】按钮，❷在弹出的下拉列表中选择【数据条】命令，❸在弹出的子列表中选择需要的数据条样式，如选择【实心填充】栏中的【绿色数据条】选项，如图 7-103 示。

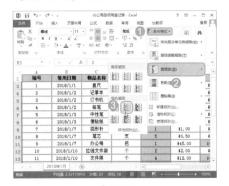

图 7-103

Step02 返回工作表编辑区，可看到使用数据条突出显示数据的效果，如图 7-104 所示。

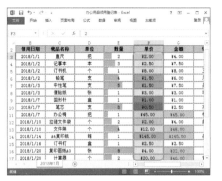

图 7-104

4. 使用色阶

使用色阶条件可以用色彩直观地反映数据。例如，继续上例操作，在"办公用品领用登记表"中使用色阶凸显"单价"列中的数据，具体操作步骤如下。

Step01 ❶ 在打开的【办公用品领用登记表】工作簿中选择 F3:F25 单元格区域，单击【样式】组中的【条件格式】按钮，❷ 在弹出的下拉列表中选择【色阶】命令，❸ 在弹出的子列表中选择需要的色阶种类，如选择【绿-黄-红色阶】选项，如图 7-105 所示。

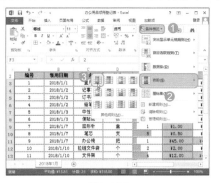

图 7-105

Step02 返回工作表编辑区，可看到使用色阶突出显示数据的效果，如图 7-106 所示。

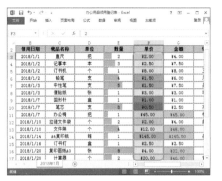

图 7-106

5. 使用图标集

使用图标集条件允许用户在单元格中呈现不同的图标来区分数据的大小，Excel 2013 中提供了方向、形状、标记和等级四大类，用户可根据需要选择不同的种类。例如，在"产品库存表"中使用图标集突出显示"产品数量"列中的数据，具体操作步骤如下。

Step01 打开"光盘\素材文件\第 7 章\产品库存表.xlsx"文件，❶ 选择 D3:D20 单元格区域，单击【开始】选项卡【样式】组中的【条件格式】按钮，❷ 在弹出的下拉列表中选择【图标集】命令，❸ 在弹出的子列表中选择需要的图标集类型，如选择【四向箭头(彩色)】选项，如图 7-107 所示。

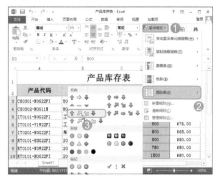

图 7-107

Step02 返回工作表编辑区，可看到使用图标集突出显示数据的效果，如图 7-108 所示。

图 7-108

★ 重点 7.7.2 实战：为"产品销售表"应用表样式

实例门类	软件功能
教学视频	光盘\视频\第7章\7.7.2.mp4

Excel 2013 中提供了许多预定义的表样式，使用这些样式可快速美化表格效果。例如，为"产品销售表"应用表样式，具体操作步骤如下。

Step01 打开"光盘\素材文件\第 7 章\产品销售表.xlsx"文件，❶ 选择 A1:F32 单元格区域，单击【开始】选项卡【样式】组中的【套用表格格式】按钮，❷ 在弹出的下拉列表中选择需要的表格样式，如选择【表样式浅色 18】选项，如图 7-109 所示。

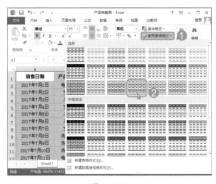

图 7-109

Step02 打开【套用表格式】对话框，在其中确认表样式应用的单元格区域，这里保持默认设置，单击【确定】按钮，如图 7-110 所示。

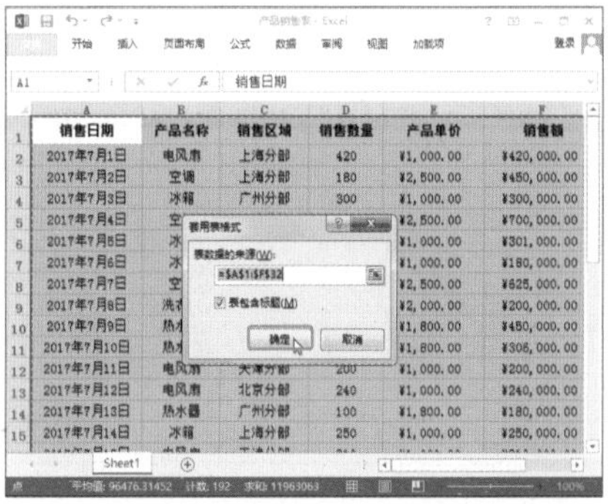

图 7-110

技术看板

【套用表格式】对话框中的【表包含标题】是指表格中的表字段，不是指表格标题，因为为表格标题应用样式后，表格标题会被删除，并增加一行包含【列1，列2，…】的数据，所以，一般都不会为表格标题应用表样式。

Step03 返回文档编辑区，可看到为单元格区域应用表样式后的效果，如图 7-111 所示。

技术看板

套用表格样式后，表格第一行的每个单元格中将显示一个下拉按钮，单击该按钮，在弹出的下拉菜单中可对表格进行排序，排序的知识将

在第10章进行讲解。如果不想单元格中显示下拉按钮，可选择应用表格样式的单元格，然后单击【设计】选项卡【工具】组中的【转化为区域】按钮，即可将表格区域转化为普通区域，取消单元格中的下拉按钮。

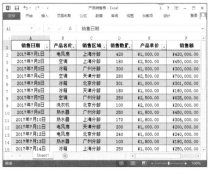

图 7-111

★ 重点 7.7.3 实战：设置"产品销售表"标题单元格样式

实例门类	软件功能
教学视频	光盘\视频\第7章\7.7.3.mp4

在 Excel 中，系统提供了一系列单元格样式，如字体和字号、数字格式、单元格边框和底纹，称为内置单元格样式。使用内置单元格样式，可以快速对表格中的单元格设置格式，起到美化工作表的目的。例如，为"产品销售表"应用单元格样式，具体操作步骤如下。

Step01 打开"光盘\素材文件\第7章\产品销售表.xlsx"文件，❶选择A1:F1单元格区域，单击【开始】选项卡【样式】组中的【单元格样式】按钮，❷在弹出的下拉列表中选择需要的单元格样式，如选择【数据和模型】栏中的【检查单元格】选项，如图 7-112 所示。

Step02 为选择的单元格区域应用选择的样式，效果如图 7-113 所示。

Step03 ❶选择行号为单数的所有单元

格区域，单击【样式】组中的【单元格样式】按钮，❷在弹出的下拉列表中选择【主题单元格样式】栏中的【20%-着色2】选项，如图 7-114所示。

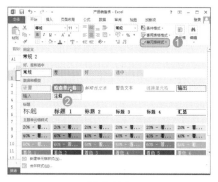

图 7-112

图 7-113

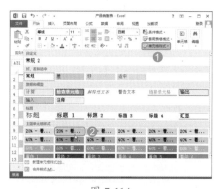

图 7-114

Step04 为选择的单元格区域应用【20%-着色2】单元格样式，❶选择行号为双数的所有单元格区域，单击【样式】组中的【单元格样式】按钮，❷在弹出的下拉列表中选择【主题单元格样式】栏中的【20%-着色1】选项，如图 7-115 所示。

第1篇 第2篇 第3篇 第4篇 第5篇 第6篇

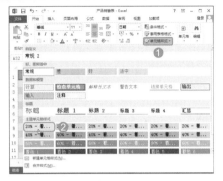

图 7-115

Step 05 为选择的单元格区域应用【20%-着色 1】单元格样式，效果如图 7-116 所示。

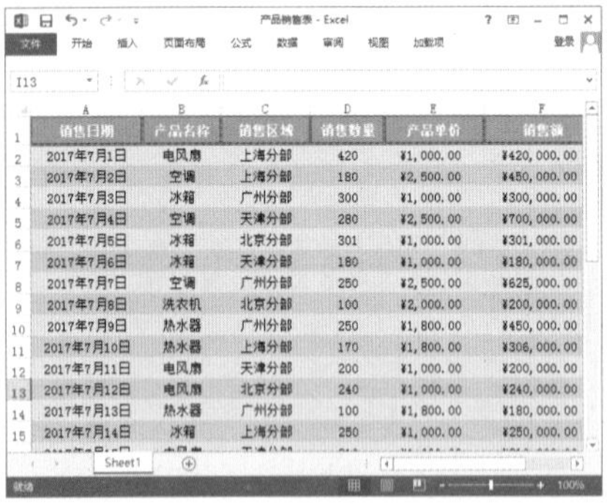

图 7-116

技能拓展——自定义单元格样式

如果 Excel 中提供的单元格样式不能满足需要，用户可单击【样式】组中的【单元格样式】按钮，在弹出的下拉列表中选择【新建单元格样式】命令，打开【样式】对话框，在其中对单元格样式名称和包含的样式进行设置，然后单击【格式】按钮，在打开的【设置单元格格式】对话框中对单元格样式的字体格式、对齐方式、数字格式、边框和底纹等进行设置即可。

7.7.4 实战：设置"产品销售表"的背景

实例门类	软件功能
教学视频	光盘\视频\第7章\7.7.4.mp4

工作表默认的背景色是白色，为了使表格更美观，也可将计算机中保存的图片或网络中的图片设置为工作表的背景。例如，将计算机中保存的图片设置为"产品销售表"的背景，具体操作步骤如下。

Step 01 打开"光盘\素材文件\第7章\产品销售表.xlsx"文件，单击【页面布局】选项卡【页面设置】组中的【背景】按钮，如图 7-117 所示。

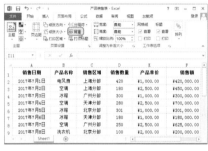

图 7-117

Step 02 打开【插入图片】对话框，单击【来自文件】后的【浏览】按钮，如图 7-118 所示。

插入图片

来自文件
浏览

必应图像搜索

图 7-118

技术看板

若在【插入图片】对话框中的【搜索必应】文本框中输入图片的关键字，单击【搜索】按钮，可从网络中搜索与关键字相关的图片，然后选择需要的图片，将其插入到工作表中。

【背景】选项，❸ 单击【插入】按钮，如图 7-119 所示。

图 7-119

Step 04 返回到工作表，可看到将图片设置为工作表背景后的效果，如图 7-120 所示。

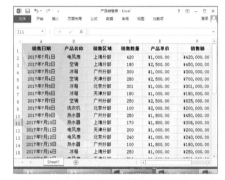

图 7-120

技能拓展——打印工作表背景

在 Excel 2013 中，默认情况下不能打印工作表背景，如果需要将工作表背景打印出来，可先复制需要打印的单元格区域，单击【开始】选项卡【剪贴板】组中的【粘贴】下拉按钮，在弹出的下拉列表中选择【图片】选项，即可将复制的单元格区域粘贴为图片，然后再执行打印操作，就能将工作表背景打印出来。

Step 03 ❶ 打开【工作表背景】对话框，在地址栏中设置图片所保存的位置，❷ 选择需要插入的图片，如选择

妙招技法

下面结合本章内容介绍一些实用技巧。

技巧 01： 自定义填充序列

教学视频	光盘＼视频＼第7章＼技巧01.mp4

使用 Excel 制作表格时，如果经常需要输入相同的内容，且输入的内容过多时，可以为其定义序列，这样，下次需要输入时，可直接输入定义序列的任一序列值，使用拖动填充的方式就能快速填充出所有的序列。例如，将公司销售部门定义为序列，具体操作步骤如下。

Step01 在 Excel 工作簿中选择【文件】选项卡，再选择【选项】选项，如图7-121 所示。

图 7-121

Step02 ❶打开【Excel 选项】对话框，在左侧选择【高级】选项卡，❷在右侧的【常规】栏中单击【编辑自定义列表】按钮，如图 7-122 所示。

图 7-122

Step03 ❶打开【自定义序列】对话框，在【输入序列】文本框中输入序列内容，❷单击【添加】按钮，如图7-123 所示。

图 7-123

技术看板

如果工作表中已输入自定义的序列内容，可在【自定义序列】对话框中的【从单元格中导入序列】文本框中输入单元格引用地址，然后单击【导入】按钮，即可将单元格中的序列内容导入到【自定义序列】列表框中。

Step04 将输入的序列添加到【自定义序列】列表框中，单击【确定】按钮，如图7-124 所示。

图 7-124

Step05 返回【Excel 选项】对话框，单击【确定】按钮，返回工作表中，在A1 单元格中输入【销售部门】，将

鼠标指针移动到该单元格右下角，当鼠标指针变成 + 形状时，按住鼠标左键向下拖动，如图 7-125 所示。

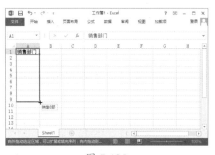

图 7-125

Step06 拖动到合适位置后，释放鼠标，自动填充定义的序列，效果如图7-126 所示。

图 7-126

技巧 02： 冻结工作表行或列

教学视频	光盘＼视频＼第7章＼技巧02.mp4

当工作表中的数据较多时，为了保证在拖动工作表滚动条时，能固定显示表头标题行或标题列，可以通过 Excel 2013 提供的冻结窗格功能来实现。例如，冻结"产品销售表"中的首行，具体操作步骤如下。

Step01 打开"光盘＼素材文件＼第7章＼产品销售表 .xlsx"文件，❶单击【视图】选项卡【窗口】组中的【冻结窗格】按钮，❷在弹出的下拉菜单中选择【冻结首行】命令，如图 7-127 所示。

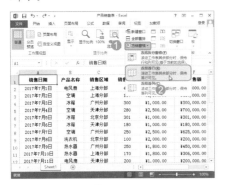

图 7-127

技术看板

在【冻结窗格】下拉菜单中选择【冻结首列】命令，可冻结工作表的首列单元格。

Step02 冻结工作表首行，这样，在拖动工作表滚动条时，首行位置不会发生变化，效果如图 7-128 所示。

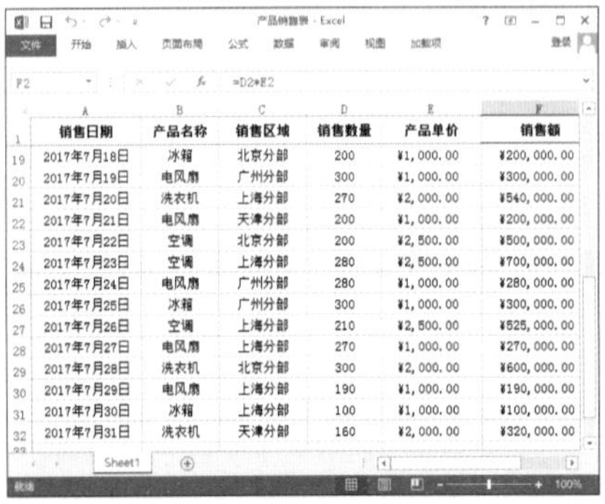

图 7-128

技能拓展——冻结多行或多列数据

当需要同时冻结工作表中连续的多行或多列时，可先选择需冻结行或列的下一行或下一列，单击【视图】选项卡【窗口】组中的【冻结窗格】按钮，在弹出的下拉菜单中选择【冻结拆分窗格】命令，即可冻结所选行或列前面的行或列。

技巧 03：自定义数字格式

教学视频 光盘\视频\第 7 章\技巧 03.mp4

Excel 2013 中虽然提供了很多数字格式，但在输入某些特殊数据时，如位数较多的编号、为数据添加单位文本等，就可通过自定义数字格式来实现，以提高工作效率。例如，在"新员工入职考核表"中通过自定义的数字格式快速输入员工编号和添加单位，具体操作步骤如下。

Step01 打开"光盘\素材文件\第 7 章\新员工入职考核表.xlsx"文件，❶ 选择 A1:A13 单元格区域，❷ 单击【开始】选项卡【数字】组右下角的【数字格式】按钮，如图 7-129 所示。

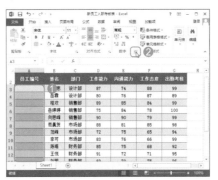

图 7-129

Step02 ❶ 打开【设置单元格格式】对话框，在【数字】选项卡的【分类】列表框中选择【自定义】选项，❷ 在右侧的【类型】列表框中输入员工编号固定格式，如输入【"HT2017-"00】，❸ 单击【确定】按钮，如图 7-130 所示。

Step03 返回工作表编辑区，在 A3 单元格中输入【1】，按【Enter】键，为单元格应用设置的数字格式，效果如图 7-131 所示。

Step04 继续在 A4:A13 单元格区域中输入编号"2，3，4，…"，并按【Enter】键，输入完整的员工编号，效果如图 7-132 所示。

图 7-130

图 7-131

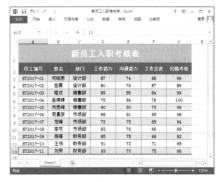

图 7-132

Step05 选择 D3:G13 单元格区域，打开【设置单元格格式】对话框，❶ 在【数字】选项卡的【分类】列表框中选择【自定义】选项，❷ 在右侧的【类型】下方的列表框中选择自定义的数字格式，如选择【G/ 通用格式】选项，❸ 将该选项显示在【类型】文本框中，并在其后输入单位【分】，❹ 然后单击【确定】按钮，如图 7-133 所示。

图 7-133

技术看板

在【设置单元格格式】对话框的【数字】选项卡的【分类】列表框中选择【自定义】选项卡，在【类型】下方的列表框中列出了很多常用的格式，用户可选择需要的格式进行定义，以创建新的数字格式。

Step06 返回工作表编辑区，可为选择的单元格添加单位【分】，效果如图7-134所示。

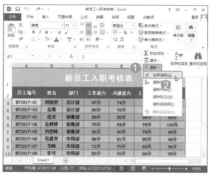

图 7-134

技巧 04：快速清除表格内容和格式

教学视频	光盘\视频\第7章\技巧04.mp4

当需要删除工作表中多个单元格的数据或格式时，可通过清除功能快速删除单元格中的数据和单元格格式。例如，继续上例操作，快速清除

"新员工入职考核表"中除标题和表字段外的所有内容和格式，具体操作步骤如下。

Step01 在打开的"新员工入职考核表"工作簿中选择A3:G13单元格区域，❶单击【开始】选项卡【编辑】组中的【清除】按钮，❷在弹出的下拉菜单中选择清除命令，如选择【全部清除】命令，如图7-135所示。

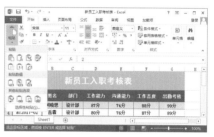

图 7-135

技术看板

若在【清除】下拉菜单中选择【清除内容】命令，将只删除所选单元格区域中的数据；若选择【清除格式】命令，将只清除单元格中的格式，保留内容；若选择【清除批注】命令，将清除所选单元格区域中添加的批注；若选择【清除超链接】命令，将清除所选单元格区域中的超链接。

Step02 可清除所选单元格区域中的文本内容及所有格式，效果如图7-136所示。

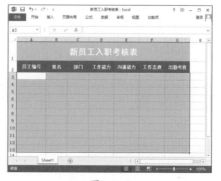

图 7-136

技巧 05：强大的 Excel 粘贴功能

在输入单元格数据和设置单元格格式的过程中，经常需要使用到Excel的粘贴功能，它的使用方法与Word中的粘贴功能使用方法相同，只是包含的粘贴选项有所区别，Excel 2013中包含的粘贴选项如图7-137所示。

图 7-137

不同的粘贴选项，其包含的含义不同，各粘贴选项的具体含义如下。

（1）【粘贴】：表示粘贴源单元格和区域中复制的全部内容，为Excel默认的粘贴方式。

（2）【公式】：表示粘贴所有数据，包括公式，不保留格式、批注等内容。

（3）【公式和数字格式】：表示粘贴时保留数据内容（包括公式）及原有的数字格式，而去除原来所包含的文本格式（如字体、边框、底纹和对齐方式等格式）。

（4）【保留源格式】：表示粘贴保留源单元格或单元格区域中的所有格式，但不包含文本内容。

（5）【无边框】：表示粘贴时保留所有的数据、公式、格式、数据有效性等格式，但不包括单元格边框的格式设置。

（6）【保留源列宽】：表示粘贴时只保留源单元格区域的列宽设置，不保留任何其他内容。

（7）【转置】：表示将复制的源数据区域的行列相对位置顺序互换后粘贴到目标区域。

（8）【值】：表示粘贴时，将粘贴源单元格中的数值、文本及公式运算结果，但不保留公式、格式、批注等内容。

（9）【值和数字格式】：表示粘贴时保留数值、文本、公式运算结果及原有的数字格式，但不保留文本格式及公式本身。

（10）【值和源格式】：表示粘贴时，将粘贴源单元格中的数值和所有的格式（包括条件格式）。

（11）【格式】：表示只粘贴所有格式（包括条件格式），但不保留任何数值、文本和公式，也不保留批注和数据有效性等内容。

（12）【粘贴链接】：表示粘贴时，粘贴的目标区域将生成含引用的公式，并且，链接将指向源单元格区域，保留原有的数字格式，去除其他格式。

（13）【图片】：表示以图片形式粘贴被复制的内容，此图片可以随意移动，与源数据没有关联。

（14）【链接的图片】：表示以动态图片的方式粘贴被复制的内容，如果源数据区域中的内容发生变化，那么图片也会发生相应的变化。

技术看板

在【粘贴】下拉列表中还提供了【选择性粘贴】命令，选择该命令，可打开【选择性粘贴】对话框，在其中提供了更多的粘贴选项，但大部分粘贴选项与【粘贴】下拉列表中的粘贴选项含义相同。

本章小结

通过本章的学习，相信读者已经掌握了 Excel 工作表和单元格的基本操作，以及数据的输入、格式的设置等编辑操作。在制作表格的过程中，要想提高工作效率，可以灵活应用本章的知识，如输入数据时，既可先设置单元格数字格式、数据有效性后，再输入数据，也可先输入数据，再设置单元格的数据格式等，用户可以根据实际需要选择操作的先后顺序。本章在最后还讲解了一些表格操作技巧，以帮助用户更高效地制作电子表格。

第8章　Excel 2013 公式与函数的应用

- ➡ 公式中的运算符有哪些？
- ➡ 能不能引用不同工作表中的数据进行计算呢？
- ➡ 你还在为怎么对考核成绩进行排名而烦恼吗？
- ➡ 对于复杂的计算，怎么让公式变得简单化？
- ➡ 不知函数名，怎么查找函数呢？

使用 Excel 创建表格，若还在用"计算器"计算数据，你真的"Out"啦！对于不熟悉 Excel 公式与函数的办公人士来说，怎么使用公式计算，使用什么函数计算？通过本章的学习，相信你不仅能使用公式对简单数据进行计算，还能使用函数计算各类数据，提高计算速度，使数据的计算变得简单化。

8.1　公式与函数基础知识

Excel 不仅能够编辑和制作各种电子表格，还可以在表格中使用公式和函数进行数据计算。进行数据计算前，首先需要了解公式和函数的一些相关知识，然后才能正确使用公式和函数计算数据。

8.1.1　了解公式的组成

公式是以"="开头的一组按照一定的顺序组合进行数据运算处理的等式，其组成要素包含运算符、常量、单元格引用、函数和名称等。在单元格中输入公式后，Excel 会自动计算公式表达式的结果，并将结果显示在相应的单元格中。公式各组成部分及其作用介绍如下。

（1）运算符：Excel 公式中的基本元素（包括"="""+"""–"""*"和"/"等），它用于指定表达式内执行的计算类型，不同的运算符进行不同的运算。

（2）常量：直接输入公式中的数字或文本等各类数据。

（3）单元格引用：指定要进行运算的单元格地址，从而方便引用单元格中的数据。

（4）函数：预先编写的公式，它们利用参数按特定的顺序或结构进行计算，可以对一个或多个值进行计算，并返回一个或多个值。

（5）名称：通过名称直接进行计算，如公式"= 单价 * 数量"，其中，"单价"和"数量"表示名称。

★ 重点 8.1.2　认识公式中的运算符

运算符是构成公式的基本元素之一，它决定了公式中元素执行的计算类型。在 Excel 中，计算用的运算符分为算术运算符、比较运算符、文本连接运算符和引用运算符 4 种类型。

1. 算数运算符

使用算术运算符可以完成基本的数学运算（如加法运算、减法运算、乘法运算和除法运算）、合并数字及生成数值结果等，是所有类型运算符中使用率最高的。算术运算符的主要种类和含义如表 8-1 所示。

表 8-1

算术运算符	含义	示例
+	加号	2+1
–	减号	2–1
*	乘号	3*5

续表

算术运算符	含义	示例
/	除号	9/2
%	百分号	50%
^	乘幂号	3^2

2. 比较运算符

当需要对两个值进行比较时，可使用比较运算符，使用该运算符返回的结果为逻辑值"TRUE"（真）或"FALSE"（假）。比较运算符的主要种类和含义如表 8-2 所示。

表 8-2

比较运算符	含义	示例
=	等于	A1=B1
>	大于	A1>B1
<	小于	A1<B1
>=	大于等于	A1>=B1
<=	小于等于	A1<=B1
<>	不等于	A1<>B1

3. 文本连接运算符

文本连接运算符（&）用于连

接一个或多个文本字符串，以生成一个新的文本字符串。例如：公式"Office"&"2013"的结果就是"Office 2013"。

使用文本连接运算符也可以连接数值。例如：A1 单元格中包含"123"，A2 单元格中包含"456"，则输入"=A1&A2"，Excel 会默认将 A1 和 A2 单元格中的内容连接在一起，即等同于输入"123456"。

4. 引用运算符

引用运算符是与单元格引用一起使用的运算符，用于对单元格进行操作，从而确定用于公式或函数中进行计算的单元格区域。引用运算符主要包括冒号（:）、逗号（,）和空格，其含义分别介绍如下。

（1）冒号（:）：为范围运算符，生成指向两个引用之间所有单元格的引用，如 B5:B15。

（2）逗号（,）：为联合运算符，将多个单元格或范围引用合并为一个引用，如 SUM(B5:B15,D5:D15)。

（3）空格：为交集运算符，生成对两个引用中共有的单元格的引用，如 A1:B8 B1:D8。

★ **重点 8.1.3 运算的优先级**

当公式中包含若干个运算符时，则需要按照一定的顺序进行计算。公式的计算顺序与运算符优先级有关，如果一个公式中的多个运算符具有相同的优先顺序，则按照等号开始从左到右进行计算；如果公式中的多个运算符属于不同的优先顺序，则按照运算符的优先级进行运算。公式中具体的优先顺序如表 8-3 所示。

表 8-3

顺序	运算符	说明
1	:（冒号） ,（逗号） （空格）	引用运算符
2	−	作为负号使用

续表

顺序	运算符	说明
3	%	百分比运算
4	^	乘幂运算
5	* 和 /	乘和除运算
6	＋和 −	加和减运算
7	&	连接两个文本字符串
8	=,<>,<=,>=,<>	比较两个值

8.1.4 公式中常见的错误值

使用公式计算数据时，可能会因为某种原因无法得到或显示正确结果，在单元格中返回错误值信息。公式中常见的错误值及其含义如表 8-4 所示。

表 8-4

错误值类型	含义
#####	当列宽不够显示数值，或使用了负的日期和时间时出现错误
#VALUE!	当使用的参数或操作数类型错误时出现错误
#DIV/0!	当数字被零（0）除时出现错误
#NAME?	当 Excel 未识别公式中的文本时，如未加载宏或定义名称时出现错误
#N/A	当数值对函数或公式不可用时出现错误
#REF!	当单元格引用无效时出现错误
#NUM!	公式或函数中使用无效数值时出现错误
#NULL!	当用空格表示两个引用单元格之间的相交运算符，但指定并不相交的两个区域的焦点时，出现错误

8.1.5 函数的分类

根据函数的功能，Excel 主要将函数划分为财务函数、逻辑函数、文本函数、日期和时间函数、查找与引用函数、数学和三角函数、统计函数、工程函数、多维数据集函数、信息函数、数据库函数等 11 类，下面分别进行介绍。

（1）财务函数：使用财务函数可以完成大部分的财务统计和计算。如 DB 函数可返回固定资产的折旧值，IPMT 函数可返回投资回报的利息部分等。

（2）逻辑函数：该类型的函数只有 7 个，用于测试某个条件，总是返回逻辑值 TRUE 或 FALSE。它们与数值的关系为：①在数值运算中，TRUE=1，FALSE=0；②在逻辑判断中，0=FALSE，所有非 0 数值=TRUE。

（3）文本函数：在公式中处理文本字符串的函数。主要功能包括截取、查找或搜索文本中的某个特殊字符，或提取某些字符，也可以改变文本的编写状态。如 TEXT 函数可将数值转换为文本，LOWER 函数可将文本字符串的所有字母转换成小写形式等。

（4）日期和时间函数：用于分析或处理公式中的日期和时间值。如 TODAY 函数可以返回当前系统日期。

（5）查找与引用函数：用于在数据清单或工作表中查询特定的数值，或某个单元格引用的函数。如使用 VLOOKUP 函数可以确定某一收入水平的税率。

（6）数学和三角函数：该类型的函数包括很多，主要运用于各种数学计算和三角计算。如 RADIANS 函数可以把角度转换为弧度。

（7）统计函数：这类函数可以对一定范围内的数据进行统计学分析。如计算平均值、模数、标准偏差等。

（8）工程函数：这类函数常用于工程应用中。它们可以处理复杂的数字，在不同的计数体系和测量体系之间转换，如将十进制数转换为二进制数。

（9）多维数据集函数：用于返回多维数据集中的相关信息，如返回多维数据集中成员属性的值。

（10）信息函数：这类函数有助于确定单元格中数据的类型，还可以使单元格在满足一定的条件时返回逻辑值。

（11）数据库函数：用于对存储在数据清单或数据库中的数据进行分析，判断其是否符合某些特定的条件。这类函数在需要汇总符合某一条件的列表中的数据时十分有用。

8.2 使用公式计算数据

在制作表格的过程中，经常需要对表格中的数据进行计算，如果计算很简单，可直接使用公式进行计算，以提高工作效率。

★ 重点 8.2.1 实战：在销售报表中输入公式进行计算

实例门类	软件功能
教学视频	光盘\视频\第8章\8.2.1.mp4

输入公式计算数据时，需要先在单元格中输入"="，如果直接输入公式，而不加起始符号，Excel会自动将输入的内容作为数据。例如，在"洗涤用品销售报表"中输入公式计算"总销售额"，具体操作步骤如下。

Step01 打开"光盘\素材文件\第8章\洗涤用品销售报表.xlsx"文件，选择H3单元格，在其中输入【=】，如图8-1所示。

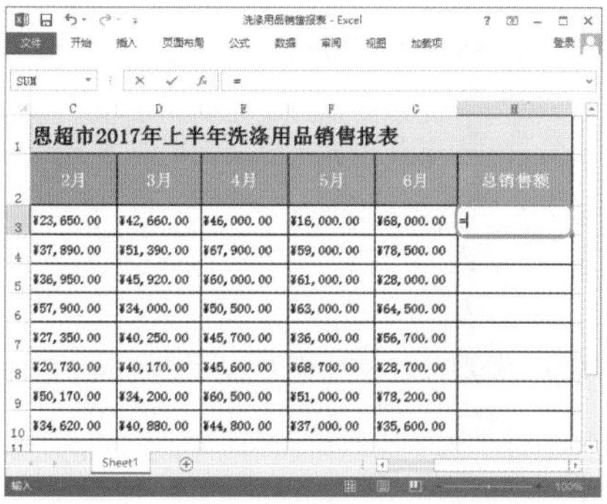

图 8-1

Step02 ❶ 选择参与计算的第一个单元格B3，❷ 按键盘上的【+】键输入运算符"+"，效果如图8-2所示。

图 8-2

技术看板

除了可通过单元格输入公式外，也可通过编辑栏输入公式。选择需要输入公式的单元格，将光标定位到编辑栏中，然后输入需要的公式。

Step03 继续选择参与计算的其他单元格，并输入运算符"+"，效果如图8-3所示。

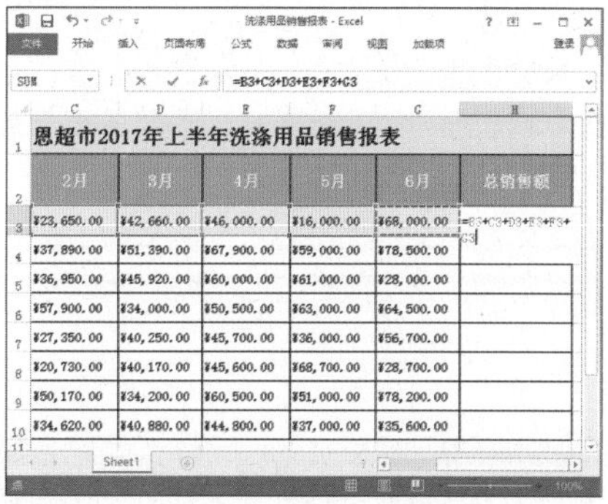

图 8-3

Step04 公式输入完成后，按【Enter】键确认，便可计算出结果，如图8-4所示。

图 8-4

技术看板

公式输入完成后，单击编辑栏中的【输入】按钮✓，也可计算出结果。

★ 重点 8.2.2 实战：复制公式计算数据

实例门类	软件功能
教学视频	光盘\视频\第8章\8.2.2.mp4

公式与数据一样，也可在工作表中进行复制，复制单元格中的公式后，将复制的公式粘贴到目标单元格中，公式将自动适应目标单元格的位置并计算出结果。例如，继续上例操作，在"洗涤用品销售报表"中通过复制H3单元格中的公式，计算H4:H10单元格区域，具体操作步骤如下。

Step01 ❶ 在打开的【洗涤用品销售报表】工作簿中选择H3单元格，❷ 单击【开始】选项卡【剪贴板】组中的【复制】按钮，如图8-5所示。

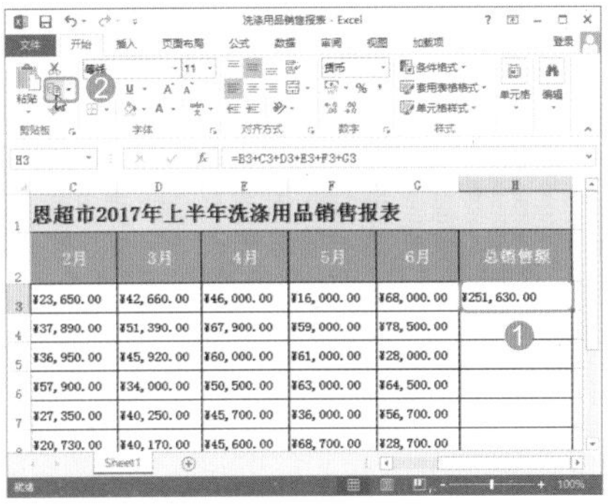

图 8-5

Step02 ❶ 选择 H4 单元格，单击【剪贴板】组中的【粘贴】下拉按钮，❷ 在弹出的下拉列表中选择粘贴选项，这里选择【公式】选项，将复制的公式粘贴到选择的单元格，并计算出结果，如图 8-6 所示。

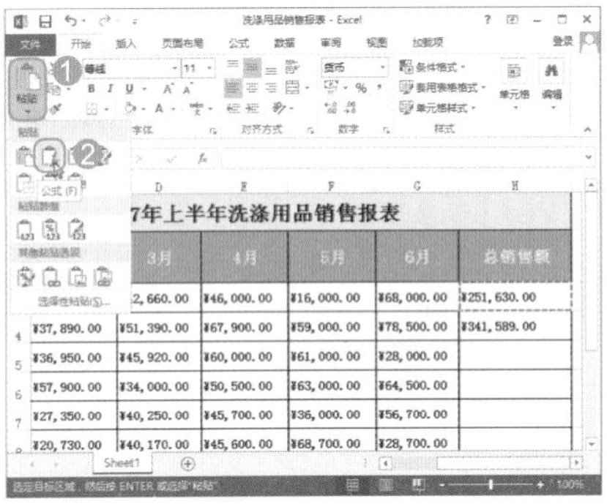

图 8-6

Step03 ❶ 选择 H5 单元格，单击【剪贴板】组中的【粘贴】下拉按钮，❷ 在弹出的下拉列表中选择【公式】选项，将复制的公式粘贴到 H5 单元格中，并计算出结果，效果如图 8-7 所示。

Step04 使用相同的方法，继续将复制的公式粘贴到 H6: H10 单元格区域中，并计算出结果，如图 8-8 所示。

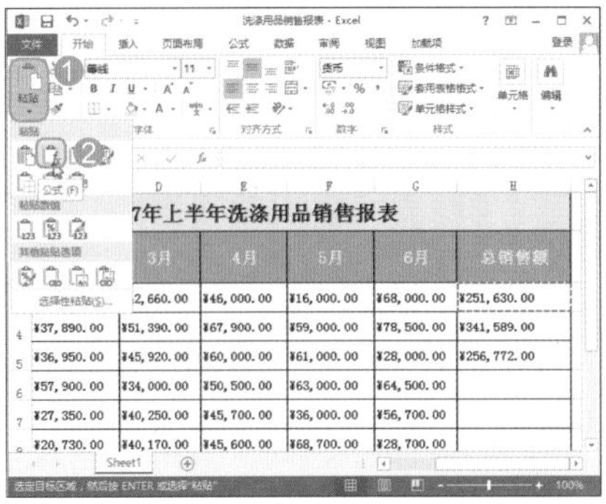

图 8-7

技术看板

选择有公式的单元格，按【Ctrl+C】组合键，可复制单元格中的公式，然后在目标单元格中按【Ctrl+V】组合键，可粘贴复制的公式，计算出结果。

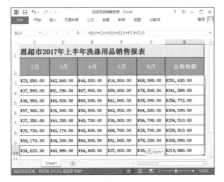

图 8-8

技能拓展——快速填充公式

公式也可像数据一样进行填充，这样可以提高计算效率。填充公式的方法为：选择使用公式计算出结果的单元格，将鼠标移动到单元格右下

角，当鼠标指针变成+形状时，双击鼠标，完成该列公式的自动填充，或按住鼠标左键不放，向下或向右进行拖动，拖动到合适的单元格后释放鼠标，此时，公式将填充到选择的单元格区域，并在单元格区域中显示出计算的结果。

8.2.3 编辑公式

对于输入的公式，用户还可对其进行修改和删除等编辑操作，以保证公式的准确性，这样计算的结果也才会正确。

1. 修改公式

对于输入和复制的公式，如果发现错误，用户可以对公式进行修改，以保证计算的结果正确。修改公式的方法很简单，在单元格中双击鼠标，进入公式编辑状态，选择公式中的错误部分，将其修改正确，修改完成后按【Enter】键确认。

2. 删除公式

在编辑和输入数据时，如果发现某个公式是多余的，可以将其删除，以便于对单元格进行操作。删除公式时，直接在单元格或编辑栏中选择公式，然后按【BackSpace】键或【Delete】键删除。

8.3 单元格地址的引用

在使用公式和函数计算表格中的数据时，往往需要对单元格进行引用，单元格引用既可以引用同一工作簿不同工作表中的单元格值，也可以引用不同工作簿中的单元格值。

★ 重点 8.3.1 实战：单元格相对引用、绝对引用和混合引用

在 Excel 2013 中，单元格的引用包括相对引用、绝对引用和混合引用 3 种，在通过公式和函数计算数据时，用户可通过实际情况来选择公式中单元格的引用类型。

1. 相对引用

单元格的相对引用是基于包含公式和引用的单元格的相对位置而言的。如果公式所在单元格的位置改变，引用也将随之改变，如果多行或多列地复制公式，引用会自动调整。默认情况下，新公式使用相对引用。例如，在"销售提成表"中通过单元格相对引用计算"销售金额"，具体操作步骤如下。

Step01 打开"光盘\素材文件\第8章\销售提成表.xlsx"文件，选择 E4 单元格，输入公式【=C4*D4】，此时公式中相对引用了工作表中的单元格 C4 和 D4，如图 8-9 所示。

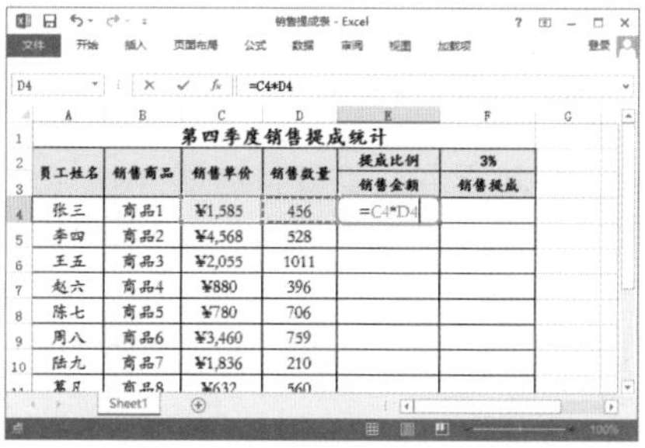

图 8-9

Step02 按【Enter】键，计算出结果，如图 8-10 所示。

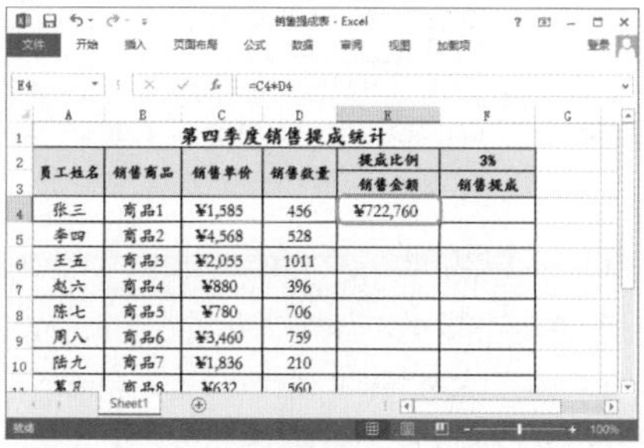

图 8-10

Step03 将鼠标指针移动到 E4 单元格右下角，当鼠标指针变成✚形状时，按住鼠标左键不放拖动至 E11 单元格，复制 E4 单元格中的公式，计算出结果，此时可发现，随着公式所在单元格的位置改变，引用也随之改变，例如单元格 E5 中的公式变成了"=C5*D5"，如图 8-11 所示。

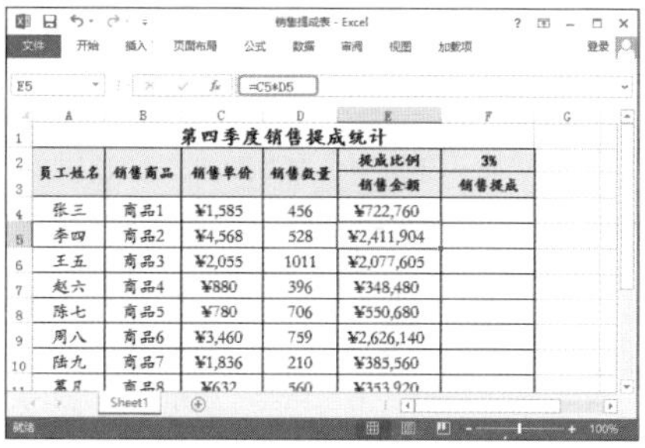

图 8-11

2. 绝对引用

绝对引用指的是某一确定的位置，即被引用的单元格与引用的单元格之间的位置关系是绝对的。绝对引用不会随单元格位置的改变而改变其结果。如果一个公式的表达式中有绝对引用作为组成元素，则当把该公式复制到其他单元格中时，公式中单元格的绝对引用地址始终保持固定不变。例如，继续上例操作，在"销售提成表"中通过单元格绝对引用计算"销售提成"，具体操作步骤如下。

Step01 在打开的【销售提成表】工作簿中选择 F4 单元格，输入公式【=E4*F2】，如图 8-12 所示。

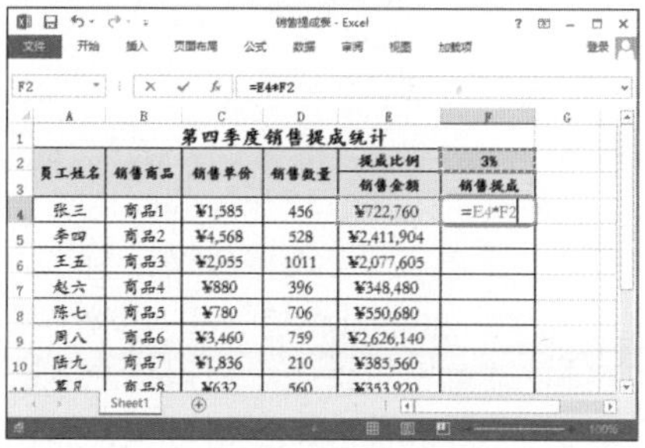

图 8-12

Step02 按【F4】键，公式变成"=E4*$F$2"，此时公式绝对引用

了工作表中的单元格 F2，如图 8-13 所示。

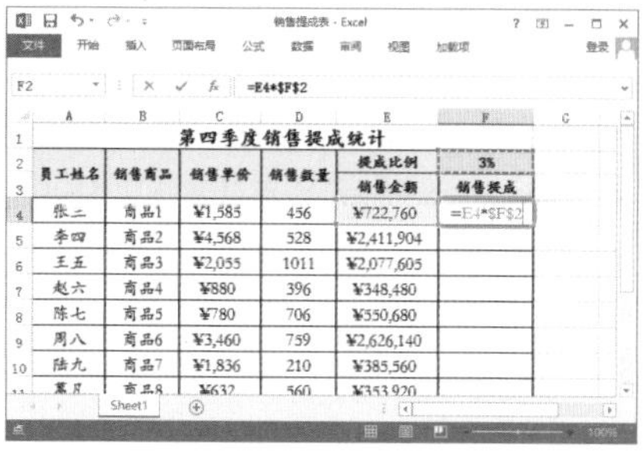

图 8-13

Step03 按【Enter】键，计算出结果，然后复制 F4 单元格中的公式，计算出 F5:F11 单元格区域中的结果，此时可发现，随着公式所在单元格的位置改变，$F$2 绝对引用位置始终没变，例如单元格 F5 中的公式变成了"=E5*$F$2"，如图 8-14 所示。

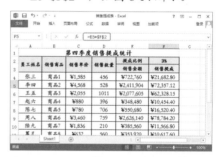
图 8-14

技术看板

除了可按【F4】键快速切换单元格引用类型以外，也可在英文状态下，按【Shift】键的同时，按主键盘区的数字键【4】，输入符号"$"，设置单元格引用方式。

3. 混合引用

混合引用包括绝对列和相对行（如 $A1），或是绝对行和相对列（如 A$1）两种形式。如果公式所在单元格的位置改变，则相对引用改变，而绝对引用不变。如果多行或多列地复制公式，相对引用自动调整，而绝对引用不作调整。例如，在"计

第1篇 第2篇 第3篇 第4篇 第5篇 第6篇

算年金值"中通过单元格混合引用计算"不同利率得到的年终值",具体操作步骤如下。

Step01 打开"光盘\素材文件\第8章\计算年金值.xlsx"文件,选择C4单元格,输入公式【$A$3*(1+C$3)^$B4】,此时,公式中的绝对引用为"$A$3",混合引用为"C$3"和"$B4",如图8-15所示。

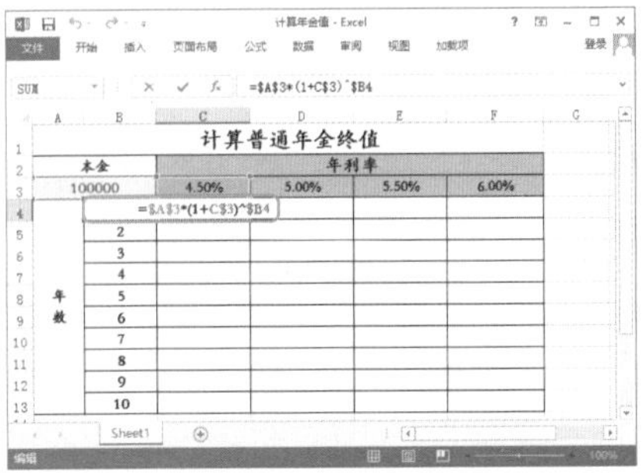

图 8-15

Step02 按【Enter】键,计算出结果,然后复制C4单元格中的公式,计算出C5:C13单元格区域中的结果,此时可发现,随着公式所在单元格的位置改变,绝对引用位置始终没变,而混合引用中的列标也随之改变,例如单元格C13中的公式变成了"=$A$3*(1+C$3)^$B13",如图8-16所示。

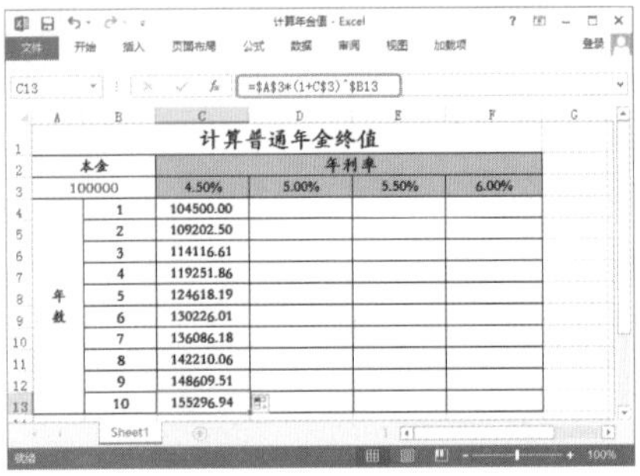

图 8-16

Step03 选择C4单元格,将鼠标指针移动到单元格的右下角,当鼠标指针变成+形状,按住鼠标左键不放向右拖动至F4单元格,释放鼠标,计算出D4:F4单元格区域的结果,此时可发现,随着公式所在单元格的位置改变,绝对引用位置始终没

变,而混合引用中的行号发生了变化,例如单元格F4中的公式变成了"=$A$3*(1+F$3)^$B4",如图8-17所示。

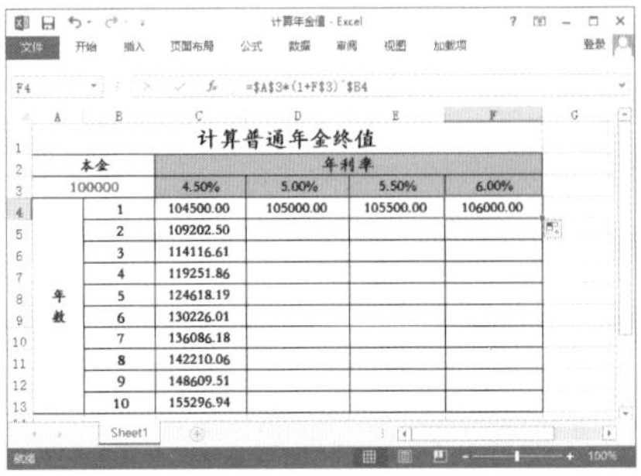

图 8-17

Step04 使用前面复制公式的方法计算出D5:F13单元格区域的结果,效果如图8-18所示。

图 8-18

★ 重点 8.3.2 实战:引用同一工作簿不同工作表中的单元格

实例门类	软件功能
教学视频	光盘\视频\第8章\8.3.2.mp4

在日常工作中,一个Excel文件中可能包括有多张不同的工作表,如果这些工作表之间存在一定的数据联系,那么可以通过单元格的引用功能在工作表之间相互调用数据。例如,在"化妆品销售清单"工作簿中的"销售清单"工作表中引用"产品定价单"工作表中的单元格计算数据,具体操作步骤如下。

Step01 打开"光盘\素材文件\第8章\化妆品销售清单.xlsx"文件,

❶ 在【销售清单】工作表的D3单元格中输入公式【=C3*】,❷ 单击【产品定价单】工作表标签,如图8-19所示。

图 8-19

Step02 切换到【产品定价单】工作表中,选择需要引用的单元格,这里选择B3单元格,如图8-20所示。

图 8-20

Step03 按【Enter】键,返回【销售清单】工作表,计算出D3单元格,效果如图8-21所示。

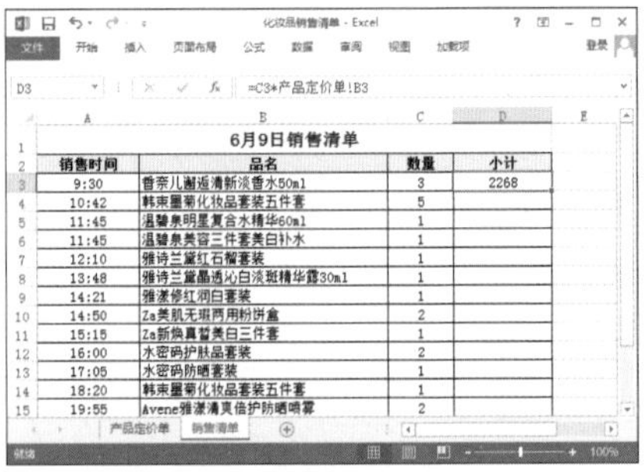

图 8-21

技术看板

同一工作簿中不同工作表单元格中的数据引用,一般格式为:=工作表名称!单元格地址。

Step04 然后复制D3单元格中的公式，计算出D4:D15单元格区域，效果如图8-22所示。

图 8-22

8.3.3 实战：引用其他工作簿中的单元格

实例门类	软件功能
教学视频	光盘\视频\第8章\8.3.3.mp4

除了可引用当前工作簿中的单元格外，还可引用其他工作簿中的单元格。例如，在"员工档案表"工作簿中引用"员工生日"工作簿中的单元格，具体操作步骤如下。

Step01 打开"光盘\素材文件\第8章\员工档案表.xlsx和员工生日.xlsx"

文件，在【员工档案表】工作簿中的I2单元格中输入【=】，如图8-23所示。

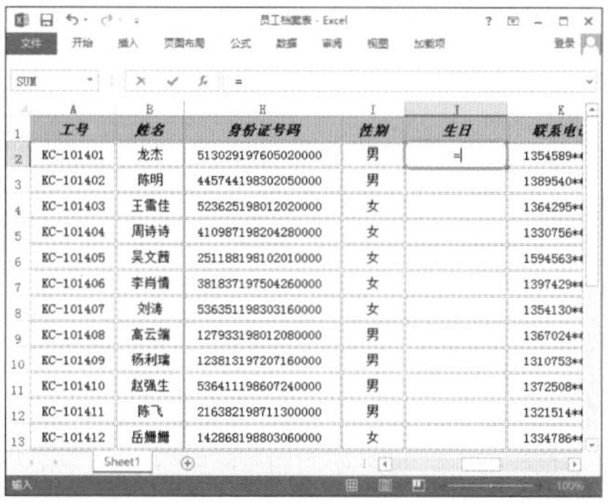

图 8-23

Step02 切换到【员工生日】工作簿，选择D2单元格，如图8-24所示。

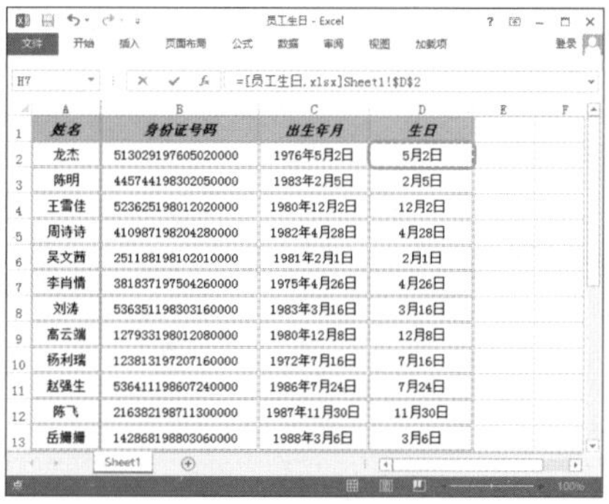

图 8-24

Step03 按【Enter】键，返回【员工档案表】工作簿中，并计算出I2单元格，然后使用相同的方法计算出I3:I21单元格区域，效果如图8-25所示。

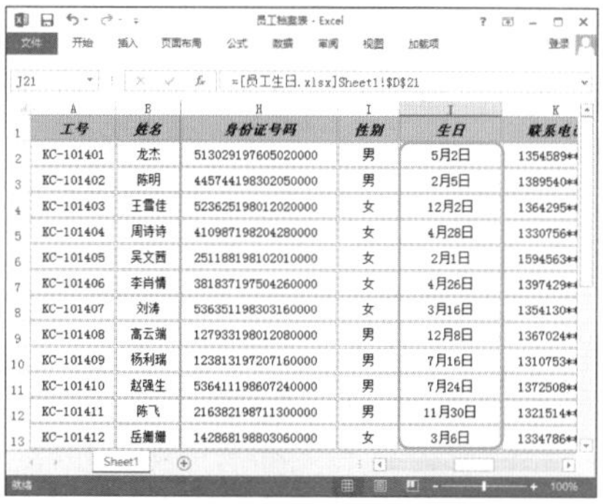

图 8-25

技术看板

跨工作簿引用单元格时，引用的工作簿名称需要用 [ ] 括起来，而且表名和单元格之间用!隔开。

8.4 名称的使用

使用较复杂的公式计算数据时，为单元格或单元格区域定义名称，不仅可以在计算数据时快速选择目标单元格区域，还可简化公式，增强公式的可读性。

★ 重点 8.4.1 实战：为单元格定义名称

实例门类	软件功能
教学视频	光盘\视频\第8章\8.4.1.mp4

为了提高计算效率，用户可以根据需要为单元格定义一个容易区分和记忆的名称，但定义单元格名称时需要注意，单元格名称不能包含任何空格，但可以使用下画线或点号代替空

格；名称可以使用任何字符和数字的组合，但不能以数字开头；名称除了可以使用下画线和点号外，不能使用其他符号；名称不区分大小。例如，为"新员工培训成绩表"中的成绩定义名称，具体操作步骤如下。

Step01 打开"光盘\素材文件\第8章\新员工培训成绩表.xlsx"文件，❶ 选择C2:C14单元格区域，❷ 单击【公式】选项卡【定义的名称】组中的【定义名称】按钮，如图8-26所示。

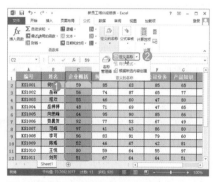

图 8-26

Step 02 ❶ 打开【新建名称】对话框，在【名称】文本框中输入定义的名称，如输入【企业概括分数】，❷ 在【引用位置】文本框中输入需要定义名称的单元格区域，这里保持默认设置，单击【确定】按钮，如图8-27所示。

图 8-27

Step 03 完成名称的定义，再次单击【定义名称】按钮，打开【新建名称】对话框，❶ 在【名称】文本框中输入【规章制度分数】，❷ 单击【引用位置】文本框后的圖按钮，如图8-28所示。

图 8-28

Step 04 缩小【新建名称】对话框，❶ 在工作表中拖动鼠标选择 D2:D14 单元格区域，❷ 在文本框中显示选择的单元格区域，单击右侧的圖按钮，如图8-29所示。

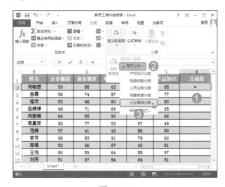

图 8-29

Step 05 返回【新建名称】对话框，单击【确定】按钮，然后使用相同的方法继续为其他单元格区域定义名称，定义完成后，单击【公式】选项卡【定义的名称】组中的【名称管理器】按钮，如图8-30所示。

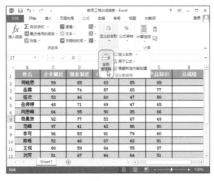

图 8-30

Step 06 打开【名称管理器】对话框，在其中可看到定义的所有名称，效果如图8-31所示。

图 8-31

技术看板

在打开的【名称管理器】对话框中单击【新建】按钮，也可打开【新建名称】对话框，为单元格定义名称。

8.4.2 实战：将定义的名称应用于公式中

实例门类	软件功能
教学视频	光盘\视频\第8章\8.4.2.mp4

对于定义的单元格名称，还可将其应用于公式中，以方便理解和计算。例如，继续上例操作，在"新员工培训成绩表"中通过定义的名称计算总成绩，具体操作步骤如下。

Step 01 ❶ 在打开的【新员工培训成绩表】工作簿中的 H2 元格中输入【=】，❷ 单击【公式】选项卡【定义的名称】组中的【用于公式】按钮，❸ 在弹出的下拉菜单中显示了定义的名称，选择要参与计算的名称，这里选择【企业概括分数】命令，如图8-32所示。

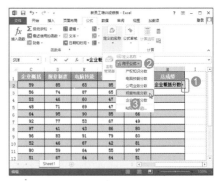

图 8-32

Step 02 ❶ 将选择的名称添加到公式中，然后在单元格中添加的名称后输入【+】，❷ 单击【公式】选项卡【定义的名称】组中的【用于公式】按钮，❸ 在弹出的下拉菜单中选择【规章制度分数】命令，如图8-33所示。

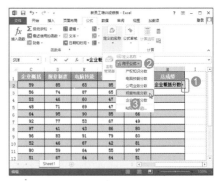

图 8-33

Step 03 继续在 H2 单元格中输入运算符【+】和添加定义的名称，添加完成后的效果如图8-34所示。

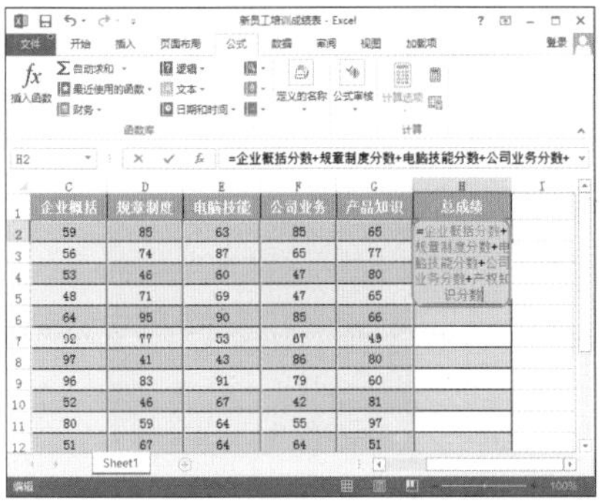

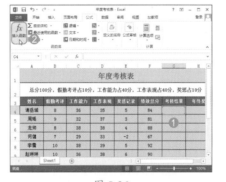

图 8-34

Step 04 按【Enter】键计算出结果，然后复制 H2 单元格中的公式，计算出 H3:H14 单元格区域，效果如图 8-35 所示。

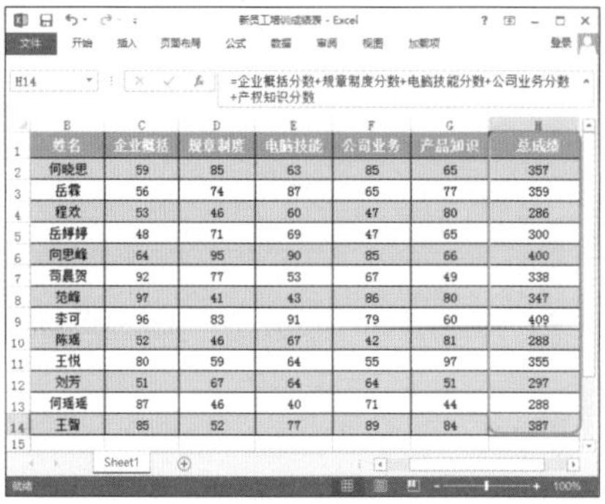

图 8-35

8.5 使用函数计算数据

在 Excel 中，经常会使用函数对数据进行计算，特别是需要输入较长且复杂的公式时，基本上都会选择函数来简化公式的计算。Excel 2013 中提供了各种类型的函数，用户可根据情况选择需要的函数进行数据的计算。

★ 重点 8.5.1 实战：使用 IF 函数计算考核结果和年终奖

实例门类	软件功能
教学视频	光盘\视频\第 8 章\8.5.1.mp4

IF 函数能对数值和公式执行条件检测，并根据逻辑计算的真假值返回不同结果，其语法结构为：IF(logical_test,[value_if_true],[value_if_false])，可理解为“= IF（条件，真值，假值）”，当“条件”成立时，结果取“真值”，否则取“假值”。例如，在“年度考核表”中使用 IF 函数计算考核结果和年终奖，具体操作步骤如下。

Step 01 打开“光盘\素材文件\第 8 章\年度考核表.xlsx”文件，❶ 选择 G4 单元格，❷ 单击【公式】选项卡【函数库】组中的【插入函数】按钮，如图 8-36 所示。

技术看板

如果对函数不熟悉，可直接在【搜索函数】文本框中输入函数名称或用简短的语句描述要进行的操作，如输入【计算是否合格】，单击【转到】按钮，将根据描述直接选择需要的函数。

图 8-36

Step 02 打开【插入函数】对话框，❶ 在【或选择类别】下拉列表框中选择所用函数的类别，如选择【常用函数】选项，❷ 在【选择函数】列表框中将显示常用的函数，选择需要的函数【IF】选项，❸ 单击【确定】按钮，如图 8-37 所示。

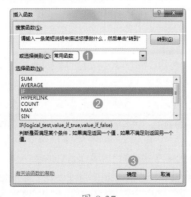

图 8-37

Step 03 ❶ 打开【函数参数】对话框，在【Logical_test】文本框中输入【F4>=90】，❷ 在【Value_if_true】文本框中输入【"优"】，❸ 在【Value_if_false】文本框中输入【IF(F4>=80,"良","差")】，❹ 单击【确定】按钮，如图 8-38 所示。

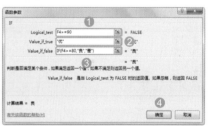

图 8-38

技术看板

IF 函数中，Logical_test 参数是必需参数，表示计算结果为 TRUE 或 FALSE 的任意值或表达式；Value_if_true 为可选参数，表示 Logical_test 为 TRUE 时要返回的值，返回的值可以是任意数据；Value_if_false 参数表示 Logical_test 为 FALSE 时要返回的值。

Step 04 返回工作表编辑区，可看到计算的结果，然后复制 G4 单元格中的公式，计算出 G5:G14 单元格区域，效果如图 8-39 所示。

技术看板

公式 "=IF(F4>=90," 优 ",IF(F4>=80," 良 "," 差 "))" 表示，如果绩效总分大于或等于 90 分，则表示优，如果绩效总分大于或等于 80 分，则表示良，低于 80 分，则表示差。

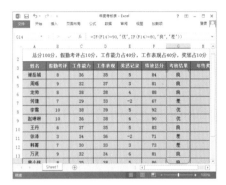

图 8-39

Step05 ❶ 选择 H4 单元格，❷ 单击【公式】选项卡【函数库】组中的【最近使用的函数】按钮，❸ 在弹出的下拉菜单中显示了最近使用的函数，选择需要使用的函数，如选择【IF】命令，如图 8-40 所示。

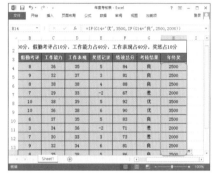

图 8-40

Step06 ❶ 打开【函数参数】对话框，在【Logical_test】文本框中输入【G4=" 优 "】，❷ 在【Value_if_true】文本框中输入【3500】，❸ 在【Value_if_false】文本框中输入【IF(G4=" 良 ",2500,2000)】，❹ 单击【确定】按钮，如图 8-41 所示。

图 8-41

Step07 返回工作表编辑区，可看到计算的结果，然后复制 H4 单元格中的公式，计算出 H5: H14 单元格区域，效果如图 8-42 所示。

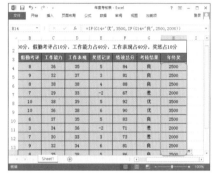

图 8-42

★ **重点 8.5.2 实战：使用 SUM 函数计算总销售额**

实例门类	软件功能
教学视频	光盘\视频\第 8 章\8.5.2.mp4

SUM 函数用于对所选单元格或单元格区域进行求和计算，其语法结构为：SUM(number1, [number2],…)。其参数既可以是数值，也可以是单元格或单元格区域的引用。例如，计算"销售统计表"中的上半年员工的总销售额，具体操作步骤如下。

Step01 打开"光盘\素材文件\第 8 章\销售统计表 .xlsx"文件，❶ 选择 I2 单元格，❷ 单击【公式】选项卡【函数库】组中的【自动求和】下拉按钮 .，❸ 在弹出的下拉菜单中选择【求和】命令，如图 8-43 所示。

Step02 系统会自动选择 C2:H2 单元格区域，同时，在单元格和编辑栏中可

看到插入的函数为【=SUM(C2:H2)】，效果如图 8-44 所示。

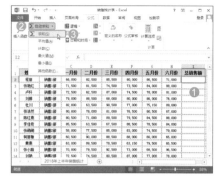

图 8-43

图 8-44

Step03 返回工作表编辑区，可看到计算的结果，然后复制 I2 单元格中的公式，计算出 I3: I21 单元格区域，效果如图 8-45 所示。

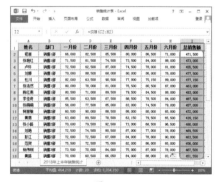

图 8-45

★ **重点 8.5.3 实战：使用 RANK 函数计算员工销售排名**

实例门类	软件功能
教学视频	光盘\视频\第 8 章\8.5.3.mp4

RANK 函数用来返回某数字在一列数字中相对于其他数值的大小排名。其语法结构为：RANK (number,Ref,Order)。其中 number 参数是要在数据区域中进行比较的指定数据；Ref 参数是将进行排名的数值范围，非数值将会被忽略；Order 参数用来指定排名顺序的方式。例如，继续上例操作，在"销售统计表"中根据总销售额计算员工销售排名，具体操作步骤如下。

Step01 ❶ 在打开的【销售统计表】工作簿中选择 J2 单元格，❷ 单击【公式】选项卡【函数库】组中的【插入函数】按钮，如图 8-46 所示。

图 8-46

Step02 ❶ 打开【插入函数】对话框，在【或选择类别】下拉列表框中选择【全部】选项，❷ 在【选择函数】列表框中显示了 Excel 所有的函数，选择【RANK】选项，❸ 单击【确定】按钮，如图 8-47 所示。

图 8-47

Step03 ❶ 打开【函数参数】对话框，

在【Number】参数框中输入引用的单元格【I2】，❷ 单击【Ref】参数框后的■按钮，如图 8-48 所示。

图 8-48

> **技术看板**
>
> 在【Ref】参数框中输入的单元格区域必须是绝对引用，如果单元格区域是相对引用，排名则容易出现错误。

Step04 ❶ 缩小对话框，在工作表中拖动鼠标选择 I2:I21 单元格区域，将鼠标光标定位到对话框的参数框中，按【F4】键输入绝对引用符号【$】，❷ 然后单击参数框右侧的■按钮，如图 8-49 所示。

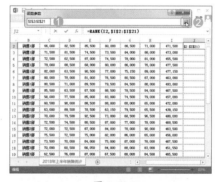

图 8-49

> **技术看板**
>
> 使用 RANK 函数进行排名时，若有同值的情况，则会给相同的名次。当有相同的名次时（如有两个第一名），则排名时不会有第二名，会直接过渡到第三名。

Step05 返回【函数参数】对话框，单击【确定】按钮，返回工作表编辑区，可看到计算的结果，然后复制 J2 单元格中的公式，计算出 J3:J21 单元格区域，效果如图 8-50 所示。

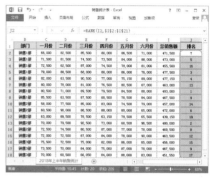

图 8-50

8.5.4 实战：使用 AVERAGE 函数计算每月销售额的平均值

实例门类	软件功能
教学视频	光盘\视频\第 8 章\8.5.4.mp4

AVERAGE 函数用于返回所选单元格或单元格区域中数据的平均值，其语法结构为：AVERAGE (number1,[number2],…)，其中，number1,number2,… 表示 1~255 个需要求平均值的参数。例如，继续上例操作，在"销售统计表"中使用 AVERAGE 函数计算每月销售额的平均值，具体操作步骤如下。

Step01 ❶ 在打开的【销售统计表】工作簿中选择 C23 单元格，❷ 单击【函数库】组中的【自动求和】按钮，❸ 在弹出的下拉菜单中选择【平均值】命令，如图 8-51 所示。

Step02 系统会自动选择 C2:C22 单元格区域，将公式中的【C2:C22】更改为【C2:C21】，如图 8-52 所示。

Step03 返回工作表编辑区，可看到计算的结果，然后复制 C23 单元格中的公式，计算出 D23:I23 单元格区域，效果如图 8-53 所示。

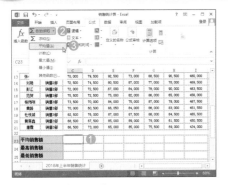

图 8-51

图 8-54

Step01 ❶ 在打开的【销售统计表】工作簿中选择 C24 单元格，并输入运算符【=】，❷ 此时，名称框中将显示函数，单击【名称框】下拉按钮，❸ 在弹出的下拉菜单中选择【MAX】命令，如图 8-54 所示。

图 8-52

Step02 ❶ 打开【函数参数】对话框，在【Number1】参数框中输入引用的单元格区域【C2:C21】，❷ 单击【确定】按钮，如图 8-55 所示。

图 8-55

图 8-53

8.5.5 实战：使用 MAX 函数计算每月最高销售额

实例门类	软件功能
教学视频	光盘\视频\第 8 章\8.5.5.mp4

MAX 函数用于返回一组数据中的最大值，其语法结构为：MAX(Number1,Number2,…)。例如，继续上例操作，在"销售统计表"中计算最高销售额，具体操作步骤如下。

Step03 返回工作表编辑区，可看到计算的结果，然后复制 C24 单元格中的公式，计算出 D24:I24 单元格区域，效果如图 8-56 所示。

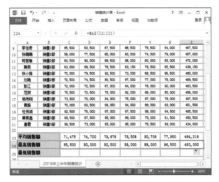

图 8-56

8.5.6 实战：使用 MIN 函数计算每月最低销售额

实例门类	软件功能
教学视频	光盘\视频\第 8 章\8.5.6.mp4

MIN 函数用于返回一组数据中的最小值，其语法结构与 MAX 函数相同。例如，继续上例操作，在"销售统计表"中计算最低销售额，具体操作步骤如下。

Step01 ❶ 在打开的【销售统计表】工作簿中选择 C25 单元格，❷ 然后在编辑栏中输入公式【=MIN(C2:C21)】，如图 8-57 所示。

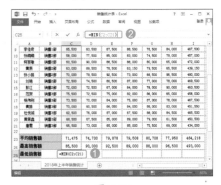

图 8-57

Step02 按【Enter】键计算出结果，然后复制 C25 单元格中的公式，计算出 D25:I25 单元格区域，效果如图 8-58 所示。

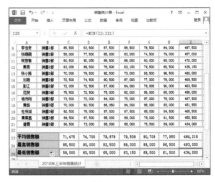

图 8-58

8.5.7 实战：使用COUNTIF函数统计部门人数

实例门类	软件功能
教学视频	光盘\视频\第8章\8.5.7.mp4

COUNTIF函数用于统计某区域中满足给定条件的单元格数目。其语法为：=COUNTIF(range,criteria)。其中，range参数表示要统计单元格数目的区域；criteria参数表示给定的条件。例如，继续上例操作，统计"销售统计表"中各销售部的人数，具体操作步骤如下。

Step01 ❶在打开的【销售统计表】工作簿中选择B28单元格区域，❷单击【函数库】组中的【其他函数】按钮，❸在弹出的下拉菜单中选择【统计】命令，❹在弹出的子菜单中选择需要的统计函数，如选择【COUNTIF】命令，如图8-59所示。

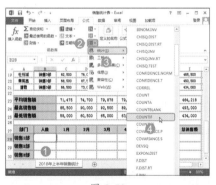

图 8-59

Step02 ❶打开【函数参数】对话框，在【Range】文本框中输入引用的单元格区域，如输入【B2:B21】，❷在【Criteria】文本框中输入统计的部门【"销售1部"】，❸单击【确定】按钮，如图8-60所示。

Step03 返回工作表编辑区，可看到计算的结果，然后复制B28单元格中的公式，计算出B29: B30单元格区域，效果如图8-61所示。

图 8-60

图 8-61

Step04 选择B29单元格，在编辑栏中将公式【=COUNTIF(B3:B22,"销售1部")】更改为【=COUNTIF(B2:B21,"销售2部")】，如图8-62所示。

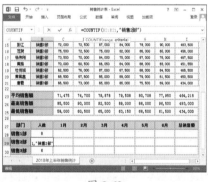

图 8-62

Step05 按【Enter】键，计算出销售2部的人数，然后使用相同的方法将B30单元格中的【=COUNTIF(B4:B23,"销售1部")】更改为【=COUNTIF(B2:B21,"销售3部")】，并按【Enter】键确认，效果如图8-63所示。

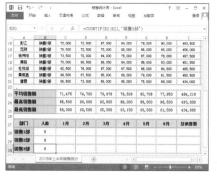

图 8-63

8.5.8 实战：使用SUMIF函数计算各部门销售额

实例门类	软件功能
教学视频	光盘\视频\第8章\8.5.8.mp4

SUMIF函数用于对满足条件的单元格进行求和运算。其语法结构为：=SUMIF(range,criteria, [sum_range])。其中，range参数表示要进行计算的单元格区域；criteria参数表示单元格求和的条件；sum_range参数表示求和运算的实际单元格，若省略，将使用区域中的单元格。例如，继续上例操作，在"销售统计表"中统计每个月各部门的销售额，具体操作步骤如下。

Step01 在打开的【销售统计表】工作簿中选择C28单元格，在编辑栏中输入公式【=SUMIF($B$2:$B$21,"销售1部",C2:C21)】，如图8-64所示。

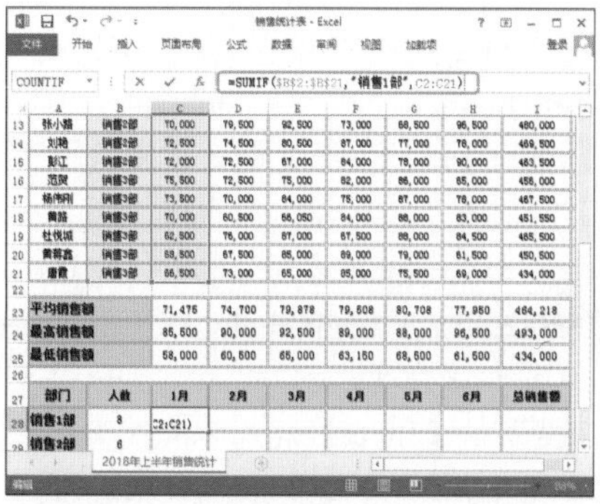

图 8-64

Step 02 按【Enter】键计算出结果，然后复制 C28 单元格中的公式，计算出 D28: I28 单元格区域，效果如图 8-65 所示。

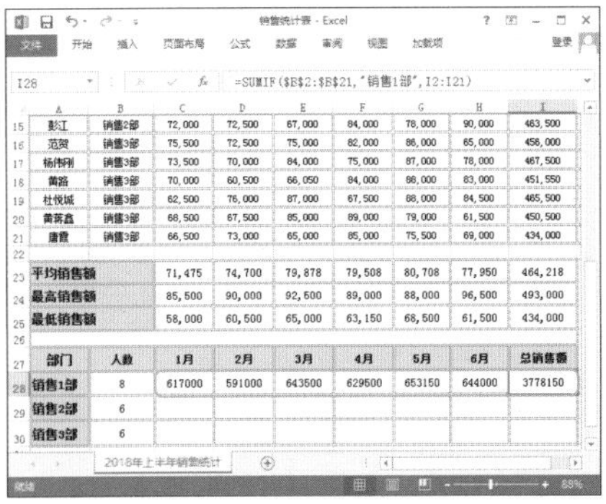

图 8-65

Step 03 复制 C28 单元格中的公式，计算出 C29: C30 单元格区域，选择 C29 单元格，在编辑栏中将公式【=SUMIF ($B$2:$B$21,"销售 1 部 ",C3:C22)】更改为【=SUMIF($B$2:$B$21,"销售 2 部 ",C2:C21)】，如图 8-66 所示。

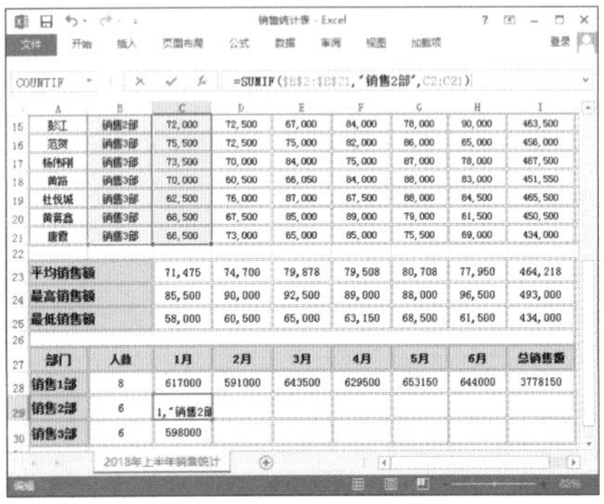

图 8-66

Step 04 按【Enter】键计算出结果，然后复制 C29 单元格中的公式，计算出 D29: I29 单元格区域，效果如图 8-67 所示。

Step 05 选择 C30 单元格，在编辑栏中将公式【=SUMIF ($B$2:$B$21," 销售 1 部 ",C4:C23)】更改为【=SUMIF ($B$2:$B$21," 销售 3 部 ",C2:C21)】，如图 8-68 所示。

Step 06 按【Enter】键计算出结果，然后复制 C30 单元格中的公式，计算

出 D30: I30 单元格区域，效果如图 8-69 所示。

图 8-67

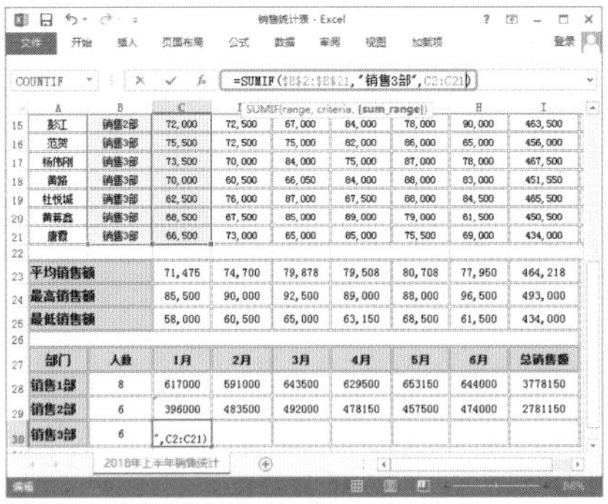

图 8-68

图 8-69

★ 重点 8.5.9 实战：使用 VLOOKUP 函数制作工资条

实例门类	软件功能
教学视频	光盘\视频\第 8 章\8.5.9.mp4

VLOOKUP 函数用于查找指定的值，并根据指定列中的值返回当

前行中其他列中的值。其语法结构为：VLOOKUP(Lookup_value,Table_array,Col_index_num,Range_lookup)。其中，Lookup_value 参数是指要查找的值；Table_array 参数是指要查找的区域；Col_index_num 参数是指返回数据在查找区域的第几列数；Range_lookup 参数是指模糊匹配。例如，在"员工工资表"中使用 VLOOKUP 函数查找 6 月工资表中的数据来制作工资条，具体操作步骤如下。

Step 01 打开"光盘\素材文件\第 8 章\员工工资表 .xlsx"文件，❶ 在【工资条】工作表中选择 A3 单元格，输入【=】，❷ 单击【6 月工资表】工作表标签，如图 8-70 所示。

图 8-70

Step 02 切换到【6 月工资表】工作表中，选择需要引用的单元格【A4】，如图 8-71 所示。

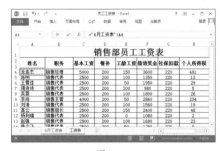

图 8-71

Step 03 ❶ 按【Enter】键计算出结果，选择 B3 单元格，❷ 单击【公式】选项卡【函数库】组中的【查找与引用】按钮，❸ 在弹出的下拉菜单中选择需要的函数，如选择【VLOOKUP】命令，如图 8-72 所示。

图 8-72

Step 04 ❶ 打开【函数参数】对话框，在【Lookup_value】参数框中输入查找的单元格【A3】，❷ 在【Table_array】参数框中输入引用的范围【'6 月工资表'!$A$4:$I$19】，❸ 在【Col_index_num】参数框中输入返回数据在查找区域的列数，如输入【2】，❹ 在【Range_lookup】参数框中输入【0】，❺ 然后单击【确定】按钮，如图 8-73 所示。

图 8-73

Step 05 返回工作表编辑区，可看到计算出的结果，然后复制 B3 单元格中的公式，计算出 C3:I3 单元格区域，效果如图 8-74 所示。

图 8-74

技术看板

由于公式中要查找的单元格引用和查找的列数不正确，所以返回的结果是错误值【#N/A】。

Step 06 选择 C3 单元格，在编辑栏中将公式【= VLOOKUP(B3,'6 月工资表'!$A$4:$I$19,2,0)】更改为【= VLOOKUP(A3,'6 月工资表'!$A$4:$I$19,3,0)】，如图 8-75所示。

图 8-75

Step 07 按【Enter】键计算出结果，然后使用相同的方法对 D3:I3 单元格区域中公式的查找单元格和查找区域的列数进行修改，效果如图 8-76 所示。

图 8-76

Step 08 选择 A1:I3 单元格区域，将鼠标指针移动到该区域右下角，当鼠标指针变成 + 形状时，按住鼠标左键不放，将其拖动到 I49 单元格后释放鼠标，填充公式，效果如图 8-77 所示。

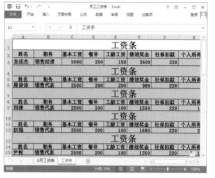

图 8-77

Step 09 选择 A6 单元格，在编辑栏中将公式【='6 月工资表'!A7】更改为【='6 月工资表'!A5】，然后按按【Enter】键，该行所有的数据都将发生更改，效果如图 8-78 所示。

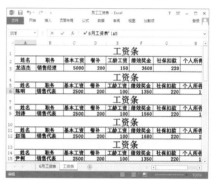

图 8-78

Step 10 使用相同的方法，对员工姓名单元格中公式的引用单元格进行更改，使员工工资数据显示正确，效果如图 8-79 所示。

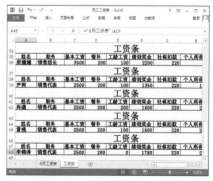

图 8-79

妙招技法

通过前面知识的学习，相信读者已经掌握了 Excel 2013 公式与一些常见函数的使用方法了。下面结合本章内容介绍一些实用技巧。

技巧 01: 同时计算多个单元格

教学视频	光盘\视频\第 8 章\技巧 01.mp4

当计算某列或某行单元格时，如果需要使用的公式类似，那么可以同时进行计算，这样可提高计算速度。例如，在"洗涤用品销售报表"中同时计算所有洗涤用品的总销售额，具体操作步骤如下。

Step01 打开"光盘\素材文件\第 8 章\洗涤用品销售报表 .xlsx"文件，❶ 选择 H3:H10 单元格区域，❷ 在编辑栏中输入公式【=SUM(B3:G3)】，如图 8-80 所示。

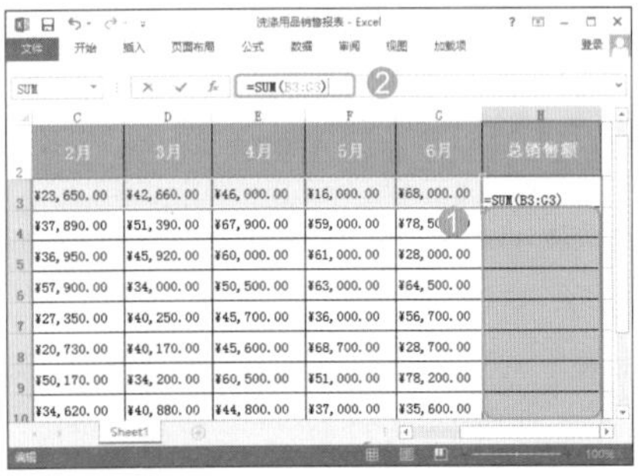

图 8-80

Step02 按【Ctrl+Enter】组合键，同时计算出所选单元格的结果，效果如图 8-81 所示。

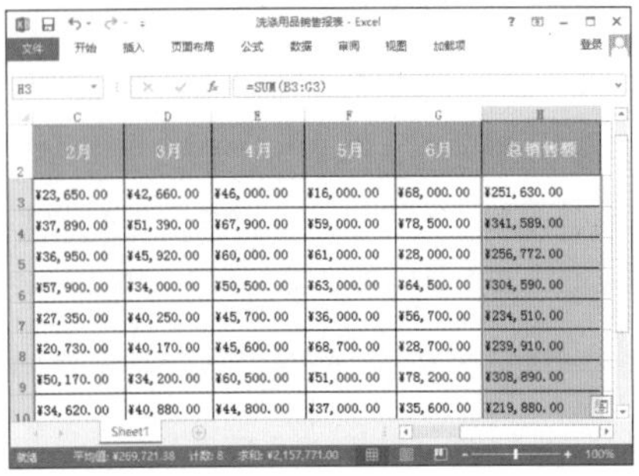

图 8-81

技巧 02: 编辑定义的名称

教学视频	光盘\视频\第 8 章\技巧 02.mp4

在 Excel 2013 中，通过名称编辑器还可对定义的名称进行编辑，如修改名称、删除多余的名称等，以方便对名称的管理。例如，在"百货公司销量统计表"中使用名称管理器对名称进行管理，具体操作步骤如下。

技术看板

在打开的工作簿中按【Ctrl+F3】组合键，也可打开【名称管理器】对话框。

Step01 打开"光盘\素材文件\第 8 章\百货公司销量统计表 .xlsx"文件，单击【公式】选项卡【定义的名称】组中的【名称管理器】按钮，如图 8-82 所示。

图 8-82

技术看板

为单元格定义名称后，在使用名称进行计算时，可直接在公式中输入定义的名称，就能进行计算。

Step02 ❶ 打开【名称管理器】对话框，选择【类别】名称选项，❷ 单击

【删除】按钮，如图 8-83 所示。

图 8-83

Step03 在打开的提示对话框中提示是否删除名称，这里单击【确定】按钮，如图 8-84 所示。

图 8-84

Step04 返回【名称管理器】对话框，可看到在名称列表框中将没有【类别】名称，❶ 选择【三季】名称选项，❷ 单击【编辑】按钮，如图 8-85 所示。

图 8-85

Step05 打开【编辑名称】对话框，在【名称】文本框中对名称进行修改，

这里保持不变，单击【引用位置】文本框后的 📷 按钮，如图8-86所示。

图 8-86

Step06 缩小对话框，❶在工作表中拖动鼠标选择D2:D9单元格区域，❷单击对话框中的 📷 按钮，如图8-87所示。

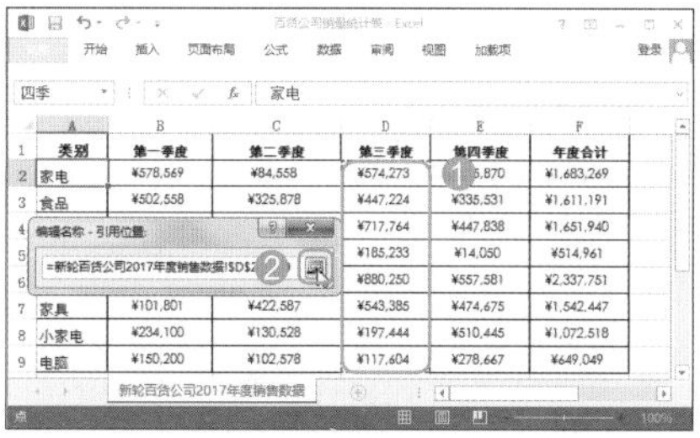

图 8-87

Step07 返回到【编辑名称】对话框，单击【确定】按钮，返回到【名称管理器】对话框，在其中可看到【三季】名称数值发生变化，❶选择【四季】名称选项，❷在下方的【引用位置】文本框中的单元格引用更改为【$E$2:$E$9】，❸单击 ✓ 按钮，如图8-88所示。

图 8-88

Step08 更改名称引用位置，并且数值也将随引用位置而发生变化，效果如图8-89所示。

图 8-89

技能拓展——筛选名称

当【名称管理器】中定义的名称较多时，在编辑和查看名称的过程中，可以通过筛选名称功能，只筛选出符合条件的名称，将其显示在【名称管理器】对话框中。其方法为：在【名称管理器】对话框中单击【筛选】按钮，在弹出的下拉菜单中提供了多个名称筛选选项，选择需要的选项。

技巧03：追踪引用单元格

教学视频	光盘\视频\第8章\技巧03.mp4

追踪引用单元格是指标记所选单元格中公式引用的单元格，通过追踪引用单元格功能，可以清楚地看到公式中所使用的所有单元格中的内容。例如，在"员工工资表"中查看I4单元格中公式的引用，具体操作步骤如下。

Step01 打开"光盘\素材文件\第8章\员工工资表.xlsx"文件，❶选择I4单元格，❷单击【公式】选项卡【公式审核】组中的【追踪引用单元格】按钮，如图8-90所示。

Step02 此时，工作表中将使用蓝色的箭头标记所选单元格中公式引用的单元格，效果如图8-91所示。

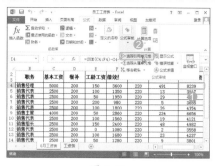

图 8-90

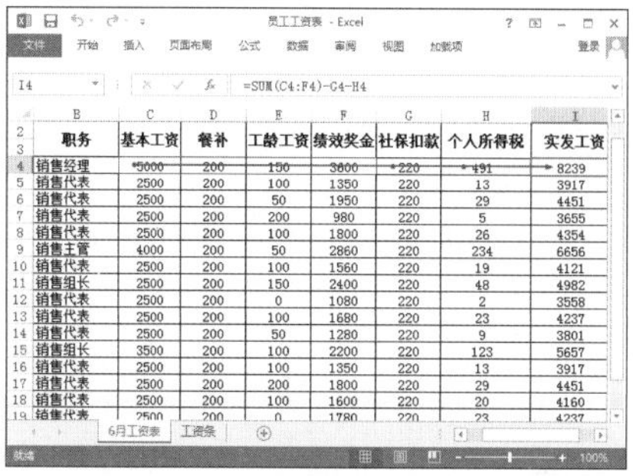

图 8-91

技能拓展——追踪从属单元格

追踪从属单元格是指将所选单元格作为参数引用的公式所在的单元格，使用该功能可追踪引用单元格和被引用单元格，避免连锁错误的发生。其方法为：选择带公式的单元格，单击【公式】选项卡【公式审核】组中的【追踪从属单元格】按钮，此时，工作表中将使用蓝色的箭头标记单元格从属的公式箭头指向单元格中的公式引用的单元格。

技巧04：显示单元格中的公式

教学视频	光盘\视频\第8章\技巧04.mp4

默认情况下，在工作表单元格中只显示计算结果，不会显示公式，若要对公式进行检查，可使工作表中的公式显示在单元格中，这样方便对公式进行检查。例如，在"员工工资

表"中的单元格中显示出公式,具体操作步骤如下。

Step01 打开"光盘\素材文件\第8章\员工工资表.xlsx"文件,单击【公式】选项卡【公式审核】组中的【显示公式】按钮,如图8-92所示。

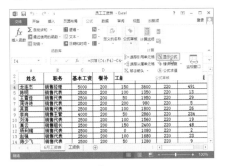

图 8-92

Step02 在单元格中显示出公式,效果如图8-93所示。

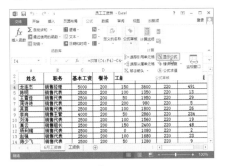

图 8-93

技术看板

当不需要在单元格中显示公式时,再次单击【公式审核】组中的【显示公式】按钮,在单元格中显示数值,不显示公式。

技巧05:检查错误公式

教学视频	光盘\视频\第8章\技巧05.mp4

当公式出现错误,且不知道出错原因时,可以利用 Excel 2013 提供的错误检查功能来对工作表中错误的公式进行检查,并对其进行更正。例

如,对"产品库存表"中的错误公式进行检查,并对其错误进行更改,具体操作步骤如下。

Step01 打开"光盘\素材文件\第8章\产品库存表.xlsx"文件,❶选择F3单元格,❷单击【公式】选项卡【公式审核】组中的【错误检查】按钮,如图8-94所示。

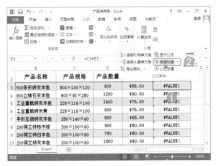

图 8-94

Step02 打开【错误检查】对话框,在该对话框中显示了公式出错的原因,如果还不清楚错误所在,可单击【显示计算步骤】按钮,如图8-95所示。

图 8-95

Step03 打开【公式求值】对话框,在【求值】文本框中显示了公式的计算步骤,在其中可看到公式错误的原因是引用了"产品规格"的值,应该引用"产品数量"的值,此时单击【关闭】按钮关闭对话框,如图8-96所示。

图 8-96

Step04 返回到【错误检查】对话框,单击【在编辑栏中编辑】按钮,如图8-97所示。

图 8-97

Step05 ❶此时可在工作表编辑栏中对公式进行修改,❷修改完成后单击【继续】按钮,如图8-98所示。

图 8-98

Step06 计算出F4单元格的正确结果,并切换到F5单元格,继续对该单元格中的公式进行修改,修改完成后再单击【继续】按钮,如图8-99所示。

图 8-99

Step07 继续对其他单元格中错误的公式进行修改,修改完所有单元格中的公式后,单击【继续】按钮,将打开提示对话框,再单击【确定】按钮,如图8-100所示。

图 8-100

本章小结

通过本章知识的学习，相信读者已经不会再为数据的计算而烦恼了，其实，在使用公式和函数计算数据时，只要掌握了公式中各运算符的含义及各函数的用途和函数各参数的作用后，都能轻松使用公式和函数计算出各种复杂的数据，而且效率也会大大提高。

- ➡ 什么图表类型才能适合表格数据？
- ➡ 你会更改图表数据源吗？
- ➡ 在 Excel 2013 中能不能创建组合图表？
- ➡ 怎么使用迷你图来分析表格数据？
- ➡ 使用数据透视表和数据透视图怎么生成汇总图表？

图表是 Excel 分析数据的一个重要功能，那么，怎样才能让烦琐的数据变成会说话的图表呢？其实很简单，通过本章的学习，就能让你快速学会使用图表分析数据、使用数据透视表和数据透视图快速地生成汇总图表。

9.1　Excel 图表的相关知识

不同类型的数据需要使用不同的图表来展示，所以，用户在使用图表展现数据之前，最好先了解清楚图表的组成，以及不同的图表适合于体现哪类数据，这样才能选择合适的图表来体现数据。

★ 新功能 9.1.1　图表的类型

Excel 2013 中提供了柱形图、折线图、饼图、条形图、面积图、XY（散点图）、股价图、曲面图、雷达图和组合等 10 种图表类型，每种图表类型下还包含多种子图表类型，用户可以根据实际需要选择图表类型，如图 9-1 所示。

图 9-1

1. 柱形图

柱形图是最常用的图表之一，也是 Excel 的默认图表，主要用于反映一段时间内的数据变化或显示不同项目间的对比，如图 9-2 所示。

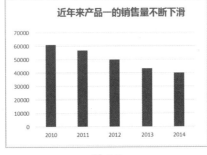

图 9-2

柱形图的子类型主要包括 7 种，分别是簇状柱形图、堆积柱形图、百分比堆积柱形图、三维簇状柱形图、三维堆积柱形图、三维百分比堆积柱形图和三维柱形图等。

2. 折线图

折线图用于显示一段时间的连续数据，非常适合显示相等时间间隔（如月、季度或会计年度）下数据的趋势，如图 9-3 所示。

折线图的子类型主要包括 7 种，分别是折线图、堆积折线图、百分比堆积折线图、带数据标记的折线图、带数据标记的堆积折线图、带数据标记的百分比堆积折线图和三维折线图等。

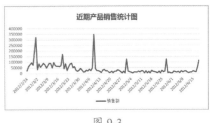

图 9-3

折线图也可以添加多个数据系列。这样既可以反映数据的变化趋势，也可以对两个项目进行对比，如比较某项目或产品的计划情况和完成情况，如图 9-4 所示。

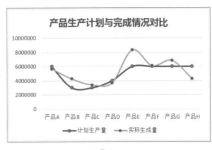

图 9-4

3. 饼图

饼图主要用于展示数据系列的组成结构，或部分在整体中的比例。如可以使用饼图来展示某地区的产品销售额的相对比例或在全国总销售额中所占份额，如图 9-5 所示。

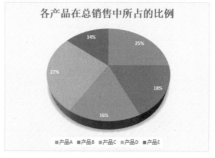

图 9-5

饼图的子类型主要包括二维饼图、三维饼图、复合饼图、复合条饼图、圆环图等。

饼图通常用来表示一组数据之间的比重关系，用分割并填充了颜色或图案的饼形来表示数据。如果需要，也可以创建多个饼图来显示多组数据。

4. 条形图

与柱形图相同，条形图也是用于显示各个项目之间的对比情况。与柱形图不同的是条形图的分类轴在纵坐标轴上，而柱形图的分类轴在横坐标轴上，如图 9-6 所示。

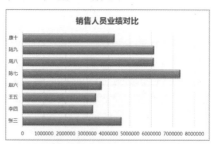

图 9-6

条形图的子类型主要包括簇状条形图、堆积条形图、百分比堆积条形图、三维簇状条形图、三维堆积条形图、三维百分比堆积条形图等。

简而言之，条形图就是柱形图

的一种变体，它能够准确体现每组图形中的具体数据，易比较数据之间的差别。

5. 面积图

面积图主要用于强调数量随时间而变化的程度，也可用于引起人们对总值趋势的注意。例如，表示随时间而变化的利润的数据可以绘制在面积图中以强调总利润，如图 9-7 所示。

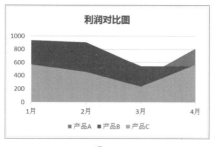

图 9-7

面积图的子类型主要包括二维面积图、堆积面积图、百分比堆积面积图、三维面积图、三维堆积面积图、三维百分比堆积面积图等。

6. XY（散点图）

散点图用于显示若干数据系列中各数值之间的关系，或者将两组数据绘制为 xy 坐标的一个系列。散点图两个坐标轴都显示数值，如图 9-8 所示。

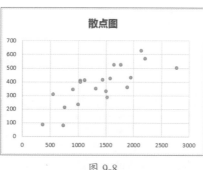

图 9-8

散点图的子类型主要包括散点图、带平滑线和数据标记的散点图、带平滑线的散点图、带直线和数据标记的散点图、带直线的散点图、气泡图和三维气泡图等，如图 9-9 所示。

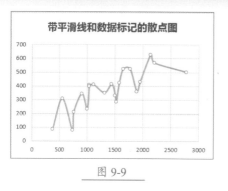

图 9-9

7. 股价图

股价图是将序列显示为一组带有最高价、最低价、收盘价和开盘价等值的标记的线条。这些值通过由 y 轴度量的标记的高度来表示，类别标签显示在 x 轴上。

股价图分为三种：盘高 - 盘低 - 收盘图、开盘 - 盘高 - 盘低 - 收盘图、成交量 - 盘高 - 盘低 - 收盘图和成交量 - 开盘 - 盘高 - 盘低 - 收盘图。

盘高 - 盘低 - 收盘图将每个值序列显示为一组按类别分组的符号。符号的外观由值序列的 High、Low 和 Close 值决定，如图 9-10 所示。

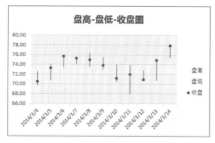

图 9-10

开盘 - 盘高 - 盘低 - 收盘图将每个值序列显示为一组按类别分组的符号。符号的外观由值序列的 Open、High、Low 和 Close 值决定，如图 9-11 所示。

成交量 - 盘高 - 盘低 - 收盘图：需要按成交量、盘高、盘低、收盘顺序排列的四个数值系列，如图 9-12 所示。

成交量 - 开盘 - 盘高 - 盘低 - 收盘图基本相同，唯一的区别在于前者不是用水平线来表示开盘和收盘，而是用矩形来显示开盘和收盘之间的范围，如图 9-13 所示。

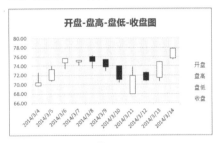

图 9-11

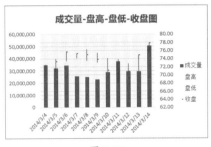

图 9-12

图 9-13

8. 曲面图

曲面图显示的是连接一组数据点的三维曲面。曲面图主要用于寻找数据间最佳组合。

曲面图数据点是指在图表中绘制的单个值，这些值由条形、柱形、折线、饼图或圆环图的扇面、圆点和其他被称为数据标志的图形表示。相同颜色的数据标志组成一个数据系列，如图 9-14 所示。

曲面图的子类型包括三维曲面图、三维曲面图（框架图）、曲面图、曲面图（俯视框架图），如图 9-15 所示。

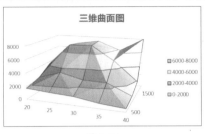

图 9-14

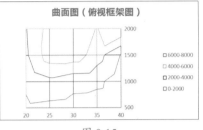

图 9-15

9. 雷达图

雷达图是用来比较每个数据相对于中心点的数值变化，将多个数据的特点以蜘蛛网的形式呈现出来的图表，多使用于倾向分析和把握重点，如图 9-16 所示。

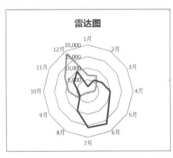

图 9-16

雷达图的子类型主要包括雷达图、带数据标记的雷达图和填充雷达图，如图 9-17 所示。

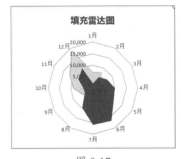

图 9-17

10. 组合图表

组合图表是 Excel 2013 新增的一个图表类型，它指的是在一个图表中包含两种或两种以上的图表类型。例如，可以让一个图表同时具有折线系列和柱形系列。组合图表可以突出显示不同类型的数据信息，适用于数据变化加大或混合类型的数据，如图 9-18 所示。

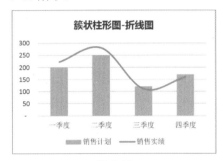

图 9-18

组合图表的子类型包括簇状柱形图 - 折线图、簇状柱形图 - 次坐标轴上的折线图、堆积面积图 - 簇状柱形图、自定义组合图表，如图 9-19 所示。

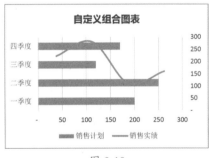

图 9-19

9.1.2 图表的组成

Excel 图表的构成元素主要由图表标题、图例、坐标轴、数据系列、绘图区、图表区和网格线等部分组成，如图 9-20 所示。

（1）图表区域：图表区域是指整个图表及其内部，所有的图表元素都位于图表区域中。

（2）绘图区：绘图区是图表区域中的矩形区域，用于绘制图表序列和网格线。

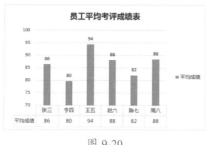

图 9-20

（3）图表标题：图表标题是说明性的文本，可以自动与坐标轴对齐或在图表顶部居中。

（4）图例：用于指出图表中不同的数据系列采用的标识方式，通常列举不同系列在图表中应用的颜色。

（5）数据系列：在数据区域中，同一列（或同一行）数值数据的集合构成一组数据系列，也就是图表中相关数据点的集合。图表中可以有一组到多组数据系列，多组数据系列之间通常采用不同的图案、颜色或符号来区分。

（6）坐标轴：图表中的坐标轴分为纵坐标轴和横坐标轴，用来定义一个图表的一组数据或一个数据系列。

（7）网格线：贯穿绘图区的线条，用于作为估算数据系列所示值的标准。

9.1.3 图表与数据透视图的区别

数据透视图是基于数据透视表生成的数据图表，它随着数据透视表数据的变化而变化，如图 9-21 所示。

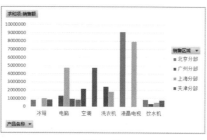

图 9-21

图表是把表格里的数据用图形的方式表达出来，看起来更直观，如图 9-22 所示。而透视图更像是分类汇总，可以按类别把数据汇总出来。

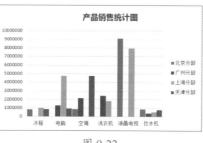

图 9-22

数据透视图和标准图表之间的具体区别主要有以下几点。

（1）交互性不同：数据透视图可通过更改报表布局或显示的明细数据以不同的方式交互查看数据。而标准图表中的每组数据只能对应生成一个图表，这些图表之间不存在交互性。

（2）源数据不同：数据透视图可以基于相关联的数据透视表中的几组不同的数据类型。而标准图表则可直接链接到工作表单元格中。

（3）图表元素不同：数据透视图除包含与标准图表相同的元素外，还包括字段和项，可以添加、旋转或删除字段和项来显示数据的不同视图。而标准图表中的分类、系列和数据分别对应于数据透视图中的分类字段、系列字段和值字段。数据透视图中还可包含报表筛选。而这些字段中都包含项，这些项在标准图表中显示为图例中的分类标签或系列名称。

（4）格式不同：刷新数据透视图时，会保留大多数格式（包括元素、布局和样式）。但是，不保留趋势线、数据标签、误差线及对数据系列的其他更改。而标准图表只要应用了这些格式，刷新格式也不会将其丢失。

9.2 创建与编辑图表

了解图表的基本知识，就可根据表格数据来选择图表类型进行创建。创建后，还可根据需要对创建的图表进行编辑，以便更好地体现出数据。

★ 新功能★重点 9.2.1 实战：创建销量统计图表

在 Excel 2013 中，既可根据程序推荐的图表类型来创建，也可自行选择需要的图表类型进行创建，还可创建包含两种或两种以上图表类型的组合图表。

1. 根据推荐的图表创建

Excel 2013 新增了推荐的图表功能，当不知道表格中的数据更适合哪种图表类型时，就可使用推荐的图表功能来创建，这样可以快速创建出适合表格数据的图表。例如，在"产品销量统计表"工作簿中根据推荐的图表来创建，具体操作步骤如下。

Step01 打开"光盘\素材文件\第9章\产品销量统计表 .xlsx"文件，❶ 选择需要创建图表的数据区域，这里选择 A1:E11 单元格区域，❷ 单击【插入】选项卡【图表】组中的【推荐的图表】按钮，如图 9-23 所示。

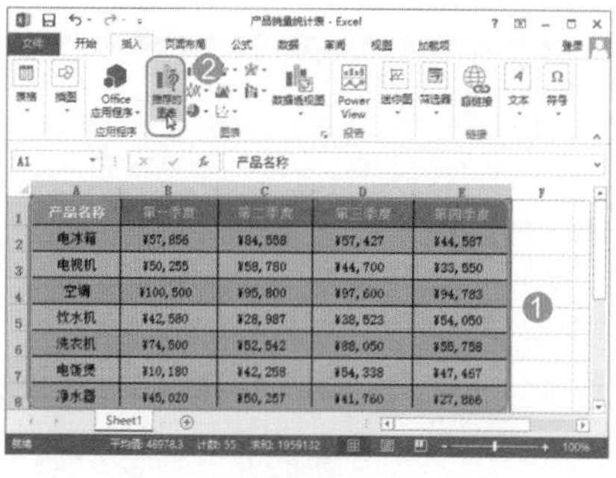

图 9-23

Step02 打开【插入图表】对话框，默认选择【推荐的图表】选项卡，在该选项卡左侧列出了推荐的适合所选数据的图表，❶ 选择需要的图表类型，如选择【堆积柱形图】选项，❷ 单击【确定】按钮，如图 9-24 所示。

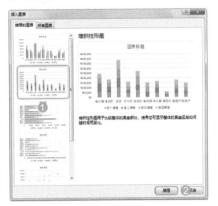

图 9-24

技术看板

在【插入图表】对话框的【所有图表】选项卡中提供了 Excel 2013 提供的所有图表类型，用户也可在该选项卡中选择需要的图表类型，进行创建。

Step03 返回工作表编辑区，可看到创建的图表效果，如图 9-25 所示。

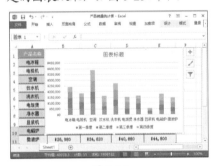

图 9-25

2. 自行选择图表类型创建

创建图表时，用户也可以根据实际需要自行选择需要的图表类型。例如，在"产品销量统计表"工作簿中自行选择图表进行创建，具体操作步骤如下。

Step01 打开"光盘\素材文件\第 9 章\产品销量统计表.xlsx"文件，选择需要创建图表的数据区域，这里选择 A1:E11 单元格区域，❶ 单击【插入】选项卡【图表】组中的【插入柱形图】按钮，❷ 在弹出的下拉列表中选择柱形图图表类型，这里选择【三维簇状柱形图】选项，如图 9-26 所示。

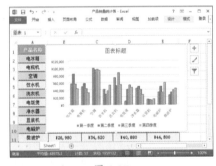

图 9-26

Step02 根据所选的数据创建图表，效果如图 9-27 所示。

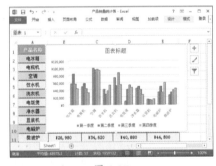

图 9-27

3. 创建组合图表

组合图表是 Excel 2013 新增的图表类型，通过该图表类型，可以使用两种或两种以上图表类型对工作表中的数据进行分析，使图表中体现的数据更直观。例如，在"产品质量分析表"工作簿中创建柱形图和折线图组合图表，具体操作步骤如下。

Step01 打开"光盘\素材文件\第 9 章\产品质量分析表.xlsx"文件，❶ 选择需要创建图表的数据区域，这里选择 A2:I15 单元格区域，单击【插入】选项卡【图表】组中的【插入组

合图】按钮，❷ 在弹出的下拉列表中选择【创建自定义组合图】命令，如图 9-28 所示。

图 9-28

技术看板

在【插入组合图】下拉列表中提供了 3 种组合图表，若有适合所选数据的，也可直接选择使用。

Step02 打开【插入图表】对话框，并默认选择【所有图表】选项卡中的【组合】选项，❶ 选中【系列名称】为【A 车间 不合格产品】后的【次坐标轴】复选框，❷ 单击该系列名称【图表类型】下拉按钮，❸ 在弹出的下拉列表框中选择需要的图表类型，这里选择【折线图】选项，如图 9-29 所示。

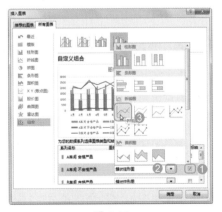

图 9-29

Step03 将【B 车间 不合格产品】图表类型等设置为与【A 车间 不合格产品】一样，❶ 然后单击【C 车间 合格产品】该系列名称【图表类型】下

拉按钮 ，② 在弹出的下拉列表框中选择需要的图表类型，这里选择【簇状柱形图】选项，如图 9-30 所示。

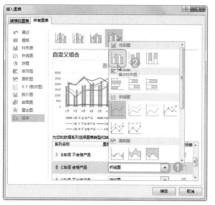

图 9-30

Step 04 然后继续对其他系列名称的图表类型和次坐标轴等选项进行相应的设置，设置完成后单击【确定】按钮，如图 9-31 所示。

图 9-31

技术看板

组合图包括两个纵坐标轴，一个是主坐标轴，一个是次坐标轴，分布于组合图表的左右两侧。

Step 05 返回工作表编辑区，可看到创建的组合图表效果，如图 9-32 所示。

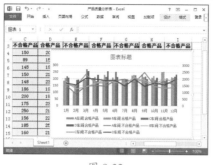

图 9-32

9.2.2 实战：移动销售图表位置

实例门类	软件功能
教学视频	光盘\视频\第 9 章\9.2.2.mp4

在工作表中插入图表后，有时会将工作表中的数据遮挡住，为了方便查看工作表中的数据，就需要对图表进行移动操作。例如，在"年度销售数据统计表"工作簿中移动图表的位置，具体操作步骤如下。

Step 01 打开"光盘\素材文件\第 9 章\年度销售数据统计表 .xlsx"文件，将鼠标指针移动到图表的图表区上，将出现【图表区】提示字样，如图 9-33 所示。

图 9-33

技术看板

如果先选择图表，然后将鼠标指针移动到图表区上后，就不会显示【图表区】提示字样。

Step 02 按住鼠标左键不放进行拖动，拖动至合适位置后释放鼠标，如图

9-34 所示。

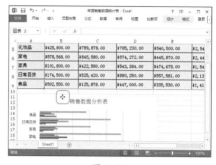

图 9-34

技能拓展——移动图表至新工作表中

除了可拖动鼠标在当前工作表中移动图表外，还可将图表移动到新的工作表中。其方法为：在工作表中选择需要移动的图表，单击【设计】选项卡【位置】组中的【移动图表】按钮，打开【移动图表】对话框，选中【新工作表】单选按钮，然后单击【确定】按钮，将图表移动到新建的名为【Chart1】的新工作表中。

9.2.3 实战：调整销售图表的大小

实例门类	软件功能
教学视频	光盘\视频\第 9 章\9.2.3.mp4

如果用户觉得图表的大小不利于数据的查看和分布，用户可以根据实际情况对图表的大小进行调整。例如，继续上例操作，在"年度销售数据统计表"中拖动鼠标调整图表的大小，具体操作步骤如下。

Step 01 在打开的【年度销售数据统计表】工作簿中选择图表，此时图表四周将出现正方形的控制点，将鼠标指针移动到控制点上，这里将鼠标指针移动到图表右下角的控制点上，当鼠标指针变成形状时，按住鼠标左键不放向右下拖动，如图 9-35 所示。

169

图 9-35

Step02 拖动到合适位置后，释放鼠标，可等比例调整图表的高度和宽度，效果如图 9-36 所示。

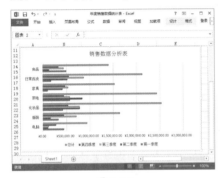

图 9-36

技术看板

如果将鼠标指针移动到图表四角的控制点上，可同时调整图表高度和宽度，如果将鼠标指针移动到图表四边中间的控制点上，将只能调整图表的高度或宽度。

★ 重点 9.2.4 实战：更改销售图表类型

实例门类	软件功能
教学视频	光盘\视频\第 9 章\9.2.4.mp4

插入图表后，如果用户对当前图表类型不满意，可以更改图表类型。例如，继续上例操作，对"年度销售数据统计表"工作簿中图表的类型进行更改，具体操作步骤如下。

Step01 ❶ 在打开的【年度销售数据统计表】工作簿中选择图表，❷ 单击【设计】选项卡【类型】组中的【更改图表类型】按钮，如图 9-37 所示。

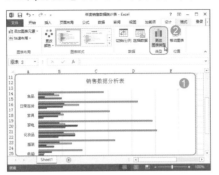

图 9-37

Step02 ❶ 打开【更改图表类型】对话框，在【所有图表】选项卡中选择【柱形图】选项，❷ 在右侧选择需要的柱形图图表，如选择【三维簇状柱形图】选项，❸ 单击【确定】按钮，如图 9-38 所示。

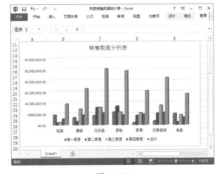

图 9-38

Step03 返回工作表编辑区，可看到将图表更改为所选图表类型后的效果，如图 9-39 所示。

图 9-39

★ 重点 9.2.5 实战：更改销售图表数据源

实例门类	软件功能
教学视频	光盘\视频\第 9 章\9.2.5.mp4

创建图表后，若需要对创建图表的数据源进行修改或调整，这时可通过 Excel 2013 提供的选择数据源功能对图表引用的数据源进行设置，使图表中的数据显示正确。例如，继续上例操作，对"年度销售数据统计表"中图表的数据源进行修改，具体操作步骤如下：

Step01 ❶ 在打开的【年度销售数据统计表】工作簿中选择图表，❷ 单击【设计】选项卡【数据】组中的【选择数据】按钮，如图 9-40 所示。

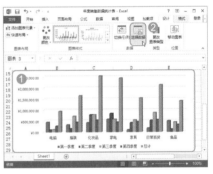

图 9-40

技术看板

在选择的图表上右击，在弹出的快捷菜单中选择【选择数据】命令，也可打开【选择数据源】对话框。

Step02 打开【选择数据源】对话框，单击【图表数据区域】文本框后的 🔲 按钮，如图 9-41 所示。

Step03 在工作表中拖动鼠标，选择数据区域 A2:E9，然后单击 🔲 按钮，如图 9-42 所示。

图 9-41

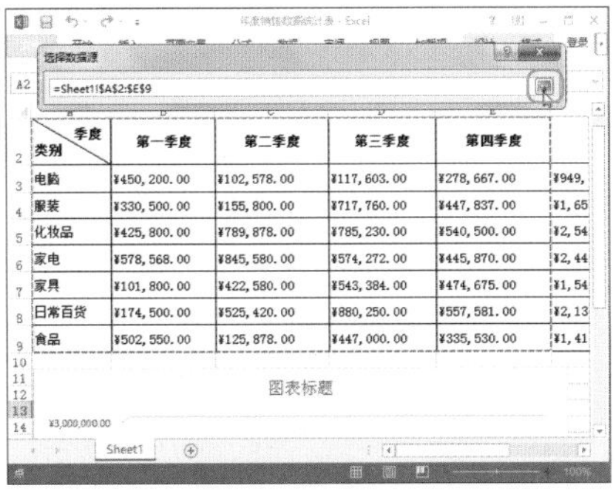

图 9-42

Step04 返回【选择数据源】对话框，此时可发现【图例项（系列）】列表框中的【总计】数列已不存在，单击【确定】按钮，如图9-43所示。

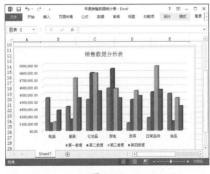

图 9-43

Step05 返回工作表编辑区，此时看到更改数据源后所生成的图表，效果如图9-44所示。

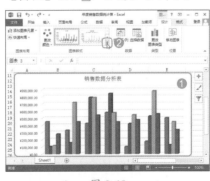

图 9-44

技术看板

在【选择数据源】对话框中单击【切换行/列】按钮，【图例项（系列）】和【水平（分类）轴标签】列表框中的数据交换位置。

★ 重点 9.2.6 实战：应用图表样式

实例门类	软件功能
教学视频	光盘\视频\第9章\9.2.6.mp4

Excel 2013中提供了多种图表样式，应用提供的样式可以快速对图表进行美化，使图表更加美观。例如，继续上例操作，为"年度销售数据统计表"工作簿中的图表应用样式，具体操作步骤如下。

Step01 ❶ 在打开的【年度销售数据统计表】工作簿中选择图表，❷ 单击【设计】选项卡【图表样式】组中的【其他】按钮，如图9-45所示。

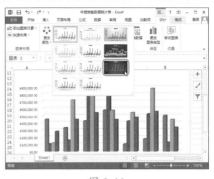

图 9-45

Step02 在弹出的下拉列表框中选择需要的图表样式，如选择【样式9】选项，如图9-46所示。

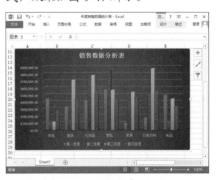

图 9-46

Step03 为选择的图表应用所选的样式，效果如图9-47所示。

图 9-47

技能拓展——更改图表数据系列效果

除了可对图表应用样式外，还可对图表中数据系列的颜色和效果进行更改。其方法为：选择整个图表，单击【设计】选项卡【图表样式】组中的【更改颜色】按钮，在弹出的下拉列表中可对图表所有数据系列的颜色进行修改。如果要修改数据系列的效果，则需要先选择图表中的某一个数据系列，在【格式】选项卡的【形状样式】组中可对数据系列的颜色和效果进行更改。

9.3 迷你图的使用

迷你图是放入单个单元格中的小型图表，每个迷你图代表所选内容中的一行或一列数据。通过迷你图可以快速查看出相邻数据的分布趋势。

★ 重点 9.3.1 实战：在产品销量统计表中创建迷你图

实例门类	软件功能
教学视频	光盘\视频\第9章\9.3.1.mp4

Excel 2013 中提供了折线迷你图、柱形迷你图和盈亏迷你图 3 种类型，用户可根据需要创建不同的迷你图对数据进行分析。例如，在"产品销量统计表"中创建柱形图，具体操作步骤如下。

Step01 ❶ 打开"光盘\素材文件\第9章\产品销量统计表 .xlsx"文件，选择 F2 单元格，❷ 单击【插入】选项卡【迷你图】组中的【柱形图】按钮，如图 9-48 所示。

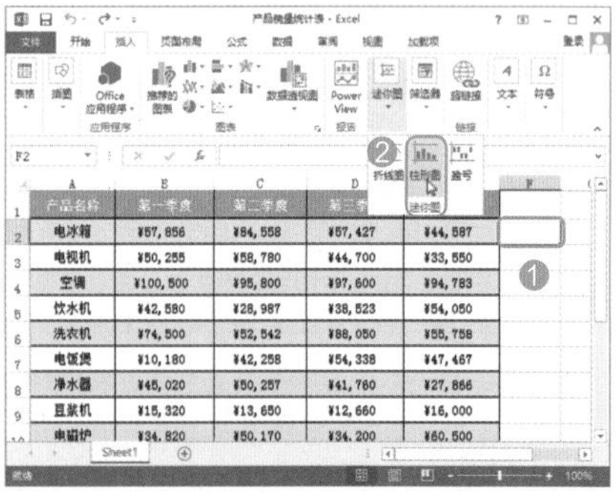

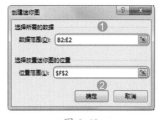

图 9-48

Step02 打开【创建迷你图】对话框，❶ 在【数据范围】文本框中选择迷你图的数据范围，这里设置为【B2:E2】；❷ 单击【确定】按钮，如图 9-49 所示。

图 9-49

Step03 此时在单元格 F2 中插入一个迷你图，效果如图 9-50 所示。

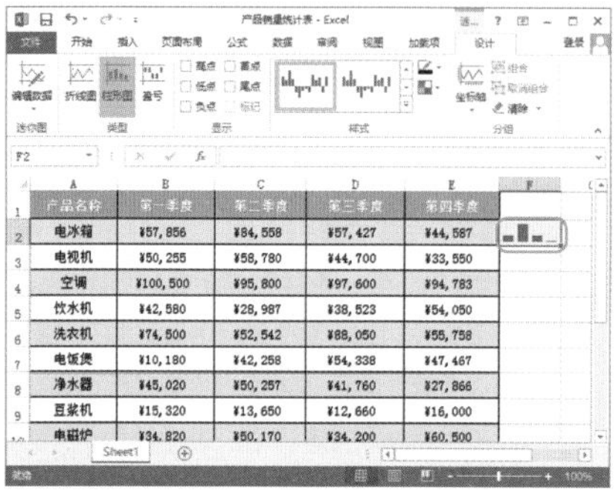

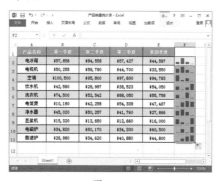

图 9-50

Step04 选择 F2 单元格，将鼠标指针移动到单元格右下角，此时鼠标指针变成+形状，按住鼠标左键不放，向下拖动至 F11 单元格，将迷你图填充到选择的单元格区域，效果如图 9-51 所示。

图 9-51

★ 重点 9.3.2 实战：编辑产品销量统计表中的迷你图

实例门类	软件功能
教学视频	光盘\视频\第9章\9.3.2.mp4

创建迷你图后，还可以根据需要对迷你图的类型、显示效果和样式等进行编辑，以便更好地体现数据的走势。例如，继续上例操作，编辑"产品销量统计表"中的迷你图，具体操作步骤如下。

Step01 ❶ 在打开的【产品销量统计表】工作簿中选择所有的迷你图，❷ 单击【设计】选项卡【类型】组中的【折线图】按钮，如图 9-52 所示。

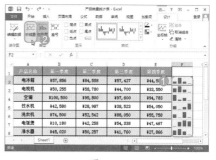

图 9-52

Step02 将迷你图更改为折线图，然后将鼠标指针移动到【设计】选项卡【显示】组中的【标记】复选框上，如图 9-53 所示。

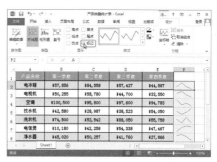

图 9-53

Step03 单击，选中【标记】复选框，将迷你图中的数据点显示出来，效果如图 9-54 所示。

Step04 保持迷你图的选择状态，单击【设计】选项卡【样式】组中的【其他】按钮，在弹出的下拉列表框中选择需要的迷你图样式，如选择【迷你图样式着色 6（无深色或浅色）】选项，如图 9-55 所示。

技术看板

【显示】组中的【高点】表示迷你图组中数据的最高点；【首点】表示迷你图组中数据的第一个点；【低点】表示迷你图组中数据的最低点；【尾点】表示迷你图组中数据的最后一个点；【负点】表示迷你图组中数据的负值对应的点；【标记】表示迷你图中每个线迷你图的每个点。

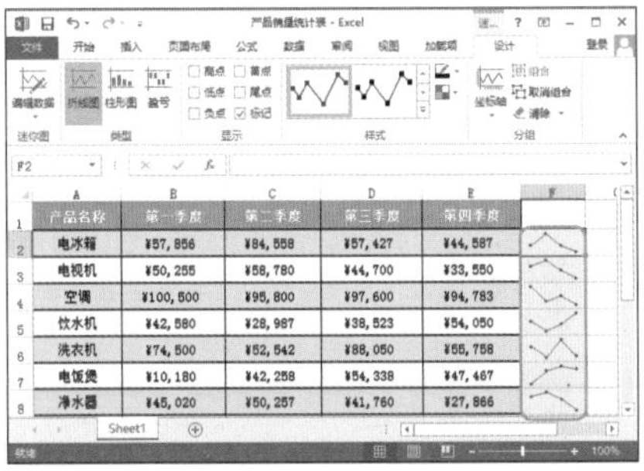

图 9-54

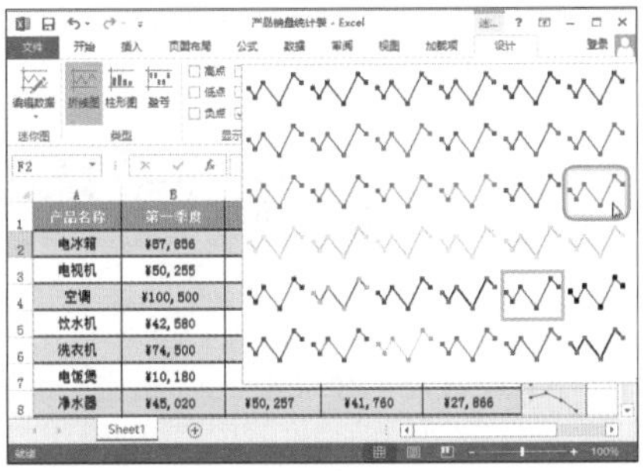

图 9-55

Step05 将迷你图样式更改为选择的样式，❶ 然后单击【设计】选项卡【样式】组中的【迷你图颜色】下拉按钮，❷ 在弹出的下拉列表中选择【粗细】选项，❸ 在弹出的子列表中选择需要的线条粗细，如选择【2.25磅】选项，如图 9-56 所示。

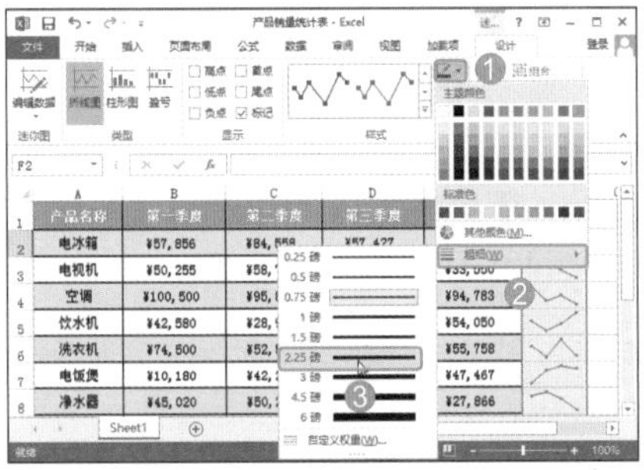

图 9-56

Step06 更改折线迷你图线条粗细，❶ 然后单击【设计】选项卡【样式】组中的【标记】按钮，❷ 在弹出的下拉列表中选择需要的标记颜色，这里选择【红色】，如图 9-57 所示。

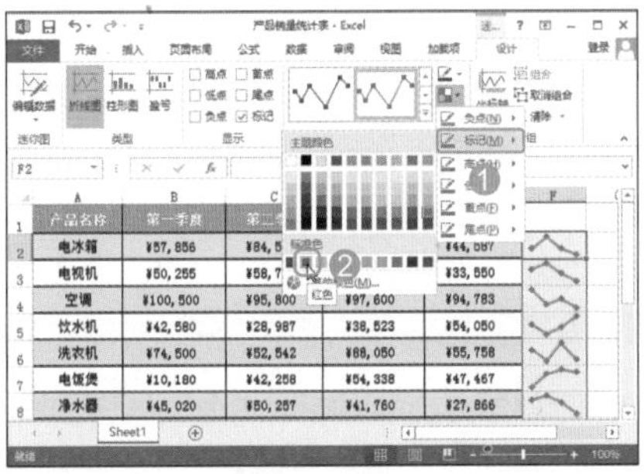

图 9-57

技术看板

在【标记】下拉列表中选择不同的选项，可为迷你图不同的点设置不同的颜色。

Step07 将折线迷你图的标记更改为红色，效果如图 9-58 所示。

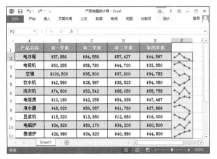

图 9-58

技能拓展——编辑迷你图数据

选择创建的迷你图后，单击【设计】选项卡【迷你图】组中的【编辑数据】按钮，打开【编辑迷你图】对话框，在其中可对迷你图的数据范围和位置范围进行更改，更改后单击【确定】按钮。

9.4 数据透视表的使用

数据透视表是一种可以对大量数据进行快速汇总和建立交叉列表的交互式表格，它是 Excel 中具有强大分析能力的工具，可以帮助用户从成千上万条数据记录中生成汇总表。

★ 新功能★重点 9.4.1 实战：创建部门费用统计透视表

实例门类	软件功能
教学视频	光盘\视频\第 9 章\9.4.1.mp4

Excel 2013 提供了数据透视表功能，通过该功能可快速从大量的基础数据中生成分类汇总表。创建数据透视表既可根据推荐的数据透视表进行创建，也可自行根据需要添加字段创建。

1. 根据推荐的透视表创建

Excel 2013 新增了推荐的透视表功能，当不知道使用什么方式汇总表格数据时，可使用推荐的数据透视表功能快速进行创建。例如，在"部门费用统计表"工作簿中根据推荐的数据透视表功能来创建，具体操作步骤如下。

Step01 打开"光盘\素材文件\第 9 章\部门费用统计表.xlsx"文件，❶ 选择需要创建透视表的数据区域，这里选择 A1:F24 单元格区域，❷单击【插入】选项卡【表格】组中的【推荐的数据透视表】按钮，如图9-59 所示。

图 9-59

Step 02 打开【推荐的数据透视表】对话框，在左侧列出了推荐的适合所选数据的数据透视表，❶ 选择需要的数据透视表，如选择第二种选项，❷ 单击【确定】按钮，如图9-60 所示。

图 9-60

Step 03 新建一个工作表，并在该工作表中显示创建的数据透视表，效果如图9-61 所示。

图 9-61

2. 自行添加字段创建

创建数据透视表时，用户也可根据需要添加需要的字段，创建出符合需要的数据透视表。例如，在"部门费用统计表"工作簿中自行添加字段创建数据透视表，具体操作步骤如下。

Step 01 打开"光盘\素材文件\第9章\部门费用统计表.xlsx"文件，❶ 选择 A1:F24 单元格区域，❷ 单击【插入】选项卡【表格】组中的【数据透视表】按钮，如图9-62 所示。

图 9-62

Step 02 打开【创建数据透视表】对话框，❶ 此时在【表/区域】文本框中显示当前选择的数据区域【'8月部门费用统计表'! $A$1:$F$24】；❷ 选中【新工作表】单选按钮；❸ 然后单击【确定】按钮，如图9-63 所示。

图 9-63

Step 03 在新工作表中创建一个空白数据透视表，并打开【数据透视表字段】任务窗格，在任务窗格中的【字段列表】列表框中选中需要添加到数

据透视表中的字段对应的复选框，这里依次选中【所属部门】【员工姓名】和【金额】复选框，效果如图9-64 所示。

技术看板

若在【创建数据透视表】对话框中选中【现有工作表】单选按钮，在【位置】文本框中输入数据透视表放置的位置（也就是单元格位置），单击【确定】按钮，可在当前工作表中创建数据透视表。

图 9-64

技术看板

在添加数据透视表字段时，必须按顺序选中相应的复选框，因为数据透视表中数据的汇总项是按字段的添加顺序进行显示的。

9.4.2 实战：在数据透视表中查看明细数据

实例门类	软件功能
教学视频	光盘\视频\第9章\9.4.2.mp4

默认情况下，数据透视表中的数据是汇总数据，用户可以在汇总数据上双击鼠标，显示明细数据进行查看。例如，继续上例操作，在"部门费用统计表"中查看明细数据，具体操作步骤如下。

Step 01 ❶ 在打开的【部门费用统计表】工作簿中选择【Sheet1】工作

表，❷ 在需要查看的金额上双击，这里双击 B12 单元格，如图 9-65 所示。

图 9-65

Step02 此时，根据选择的汇总数据生成新的数据明细表，明细表中显示了汇总数据背后的明细数据，效果如图 9-66 所示。

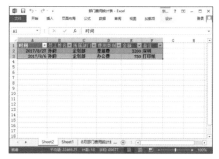

图 9-66

★ **重点 9.4.3 实战：筛选数据透视表中的数据**

实例门类	软件功能
教学视频	光盘\视频\第 9 章\9.4.3.mp4

在数据透视表中，用户还可根据需要对数据透视表中的数据进行筛选，只显示符合条件的数据。例如，继续上例操作，在"部分费用统计表"中的"Sheet1"工作表中筛选数据，具体操作步骤如下。

Step01 ❶ 在打开的【部门费用统计表】工作簿中选择【Sheet1】工作表，❷ 在【数据透视表字段】任务窗格的【选择要添加到报表的字段】

列表框中选择筛选的类别，这里选择【费用类别】，然后按住鼠标左键不放，将其拖动到【筛选器】区域中，如图 9-67 所示。

图 9-67

Step02 此时可在 A1:B1 单元格区域添加筛选器，❶ 单击 B1 单元格右侧的筛选下拉按钮 ，❷ 在弹出的下拉列表中选中【选择多项】复选框，如图 9-68 所示。

图 9-68

Step03 ❶ 选中该复选框，然后在菜单中显示所有筛选字段，取消选中【快递费】和【宣传费】复选框，❷ 单击【确定】按钮，如图 9-69 所示。

图 9-69

Step04 此时，数据透视表中将只显示筛选的数据，效果如图 9-70 所示。

图 9-70

★ **重点 9.4.4 实战：在数据透视表中插入切片器**

实例门类	软件功能
教学视频	光盘\视频\第 9 章\9.4.4.mp4

使用 Excel 2013 提供的切片器功能，可以对数据进行快速分段和筛选，仅显示所需数据，这样可以更加直观、动态地展现数据。例如，继续上例操作，在"部门费用统计表"中的数据透视表中插入切片器，具体操作步骤如下。

Step01 在打开的【部门费用统计表】工作簿的【Sheet1】工作表中单击【分析】选项卡【筛选】组中的【插入切片器】按钮，如图 9-71 所示。

图 9-71

Step02 ❶ 打开【插入切片器】对话框，选中【员工姓名】复选框，❷ 单击【确定】按钮，如图 9-72 所示。

图 9-72

Step03 此时创建一个名为【员工姓名】切片器，切片器中显示了所有员工的姓名，效果如图 9-73 所示。

图 9-73

技能拓展——删除切片器

当不需要切片器动态展示数据时，可将其删除。其方法为：选择不需要的切片器，直接按【Delete】键删除。

★ 重点 9.4.5 实战：美化数据透视表和切片器

实例门类	软件功能
教学视频	光盘\视频\第9章\9.4.5.mp4

Excel 2013 提供了许多数据透视表和切片器样式，用户可以选择需要

的样式对数据透视表和切片器进行快速美化。例如，继续上例操作，在"部门费用统计表"中为数据透视表和切片器应用需要的样式，具体操作步骤如下。

Step01 ❶ 在打开的【部门费用统计表】工作簿的【Sheet1】工作表中选择数据透视表中的某一个单元格，❷ 单击【设计】选项卡【数据透视表样式】组中的【其他】按钮，如图 9-74 所示。

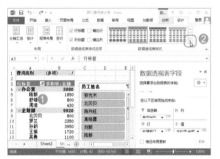

图 9-74

Step02 在弹出的下拉列表中显示了提供的数据透视表样式，选择需要的样式，如选择【数据透视表样式中等深浅 24】选项，如图 9-75 所示。

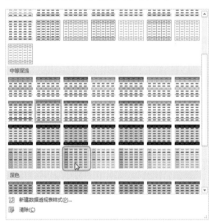

图 9-75

Step03 为数据透视表应用选择的样

式，然后选择切片器，❶ 单击【选项】选项卡【切片器样式】组中的【快速样式】按钮，❷ 在弹出的下拉列表中选择需要的切片器样式，如选择【切片器样式深色 2】选项，如图 9-76 所示。

图 9-76

技术看板

如果 Excel 2013 提供的切片器样式不能满足需要，可在【快速样式】下列表单中选择【新建切片器样式】命令，在打开的对话框中可根据需要对新建切片器样式中的切片器名称、切片器元素和元素格式进行相应的设置。

Step04 为切片器应用选择的样式，效果如图 9-77 所示。

图 9-77

9.5 使用数据透视图

数据透视图与数据透视表一样，用于分析和展示数据汇总的结果，不同的是数据透视图是以图表的形式来展示数据，相对于数据透视表更直观。

★ 重点 9.5.1 实战：创建销售数据透视图

实例门类	软件功能
教学视频	光盘\视频\第9章\9.5.1.mp4

数据透视图是基于数据透视表中的数据进行创建的，所以，在创建数据透视图的同时，会创建一个数据透视表。例如，在"区域销售统计表"中创建数据透视图，具体操作步骤如下。

Step① 打开"光盘\素材文件\第9章\区域销售统计表.xlsx"文件，❶ 选择数据区域中的任意一个单元格，❷ 单击【插入】选项卡【图表】组中的【数据透视图】按钮，如图9-78所示。

图 9-78

Step② 打开【创建数据透视图】对话框，在【表/区域】文本框中将自动识别出数据区域，其他保持默认设置，单击【确定】按钮，如图9-79所示。

图 9-79

Step③ 此时，系统会自动地在新的工作表中创建一个空白的数据透视表和数据透视图，并打开【数据透视图字段】任务窗格，如图9-80所示。

图 9-80

Step④ 在【数据透视图字段】任务窗格的【选择要添加到报表的字段】列表框中依次选中【销售区域】【产品名称】和【销售额】复选框，如图9-81所示。

图 9-81

Step⑤ 此时根据选中的字段生成数据透视表和数据透视图，效果如图9-82所示。

图 9-82

9.5.2 实战：更改销售数据透视图的数据系列

实例门类	软件功能
教学视频	光盘\视频\第9章\9.5.2.mp4

当数据透视表中的行标签较多时，数据透视图中显示的横坐标轴内容也比较多，不便于数据的查看，为了使数据透视图中显示的数据更直观，可以根据轴类别进行设置，这样可更改数据透视图的数据系列，使数据透视图更直观。例如，继续上例操作，在"区域销售统计表"中对数据透视图的数据系列进行更改，具体操作步骤如下。

Step① ❶ 在打开的【区域销售统计表】工作簿的【Sheet2】工作表中的【数据透视图字段】任务窗格的【轴（类别）】列表框中单击【产品名称】按钮，❷ 在弹出的菜单中选择【移动图例字段（系列）】命令，如图9-83所示。

图 9-83

Step② 将【轴（类别）】列表框中的【产品名称】移动到【图例（系列）】列表框中，效果如图9-84所示。

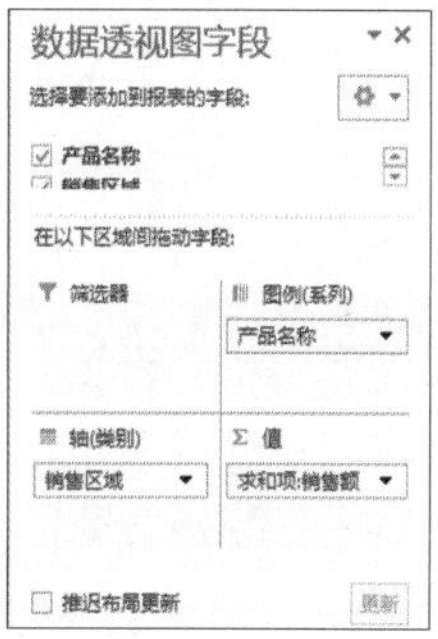

数据透视图字段

图 9-84

Step **03** 此时，数据透视表和数据透视图会随着字段位置的变化而发生变化，效果如图 9-85 所示。

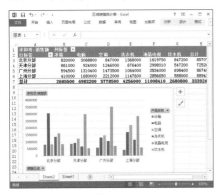

图 9-85

技能拓展——更新数据透视图中的数据

当工作表中表格的数据发生变化时，默认情况下，数据透视表和数据透视图不会发生动态变化，这时就需要对数据透视表和数据透视图中的数据进行更新，由于数据透视图是基于数据透视表进行创建的，那么更新数据透视表或数据透视图中的数据后，另一项也将发生变化。更新数据透视表或数据透视图的方法为：在数据透视表或数据透视图上右击，在弹出的快捷菜单中选择【刷新】或【刷新数据】选项，将会更新数据透视表和数据透视图中的数据。

9.5.3 实战：筛选销售数据透视图中的数据

实例门类	软件功能
教学视频	光盘\视频\第9章\9.5.3.mp4

对于数据透视图中的数据，用户也可根据需要进行筛选，使数据透视图只显示需要分析的数据。例如，继续上例操作，对"区域销售统计表"数据透视图中的数据进行筛选，具体操作步骤如下。

Step **01** ❶ 在打开的【区域销售统计

表】工作簿的【Sheet2】工作表中的数据透视图上单击【产品名称】按钮，❷ 在弹出的下拉列表中取消选中【电脑】和【饮水机】复选框，❸ 单击【确定】按钮，如图 9-86 所示。

图 9-86

技术看板

在数据透视图上单击【销售区域】按钮，在弹出的下拉列表中也可以对销售区域进行筛选。

Step **02** 此时，数据透视表和数据透视图将只对【冰箱】【空调】【洗衣机】和【液晶电视】相关的数据进行汇总和分析，效果如图 9-87 所示。

图 9-87

9.5.4 实战：为销售数据透视图应用样式

实例门类	软件功能
教学视频	光盘\视频\第9章\9.5.4.mp4

通过 Excel 2013 提供的数据透视图样式，可以快速更改数据透视图的外观效果。例如，继续上例操作，在"区域销售统计表"中为数据透视图应用样式，具体操作步骤如下。

Step **01** 在打开的【区域销售统计表】工作簿的【Sheet2】工作表中选择数据透视图，单击【设计】选项卡【图表样式】组中的【其他】按钮，在弹出的下拉列表中选择需要的样式，如选择【样式9】选项，如图 9-88 所示。

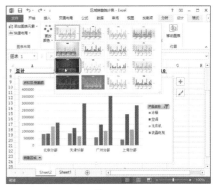

图 9-88

Step **02** 为数据透视图应用选择的样式，效果如图 9-89 所示。

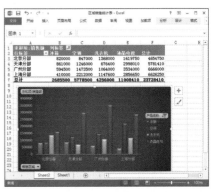

图 9-89

技术看板

也可使用编辑图表大小、位置等方法对数据透视图进行相应的操作。

妙招技法

下面结合本章内容介绍一些实用技巧。

技巧01：修改图表图例和轴标签

教学视频	光盘\视频\第9章\技巧01.mp4

在编辑图表的过程中，若发现图表中的图例名称、数据和轴标签名称不正确时，可对其进行编辑，使图表中的数据显示正确。例如，对"产品生产质量表"中图表的图例名称、图例数据和轴标签进行编辑，具体操作步骤如下。

Step01 打开"光盘\素材文件\第9章\产品生产质量表.xlsx"文件，❶选择工作表中的图表，❷单击【设计】选项卡【数据】组中的【选择数据】按钮，如图9-90所示。

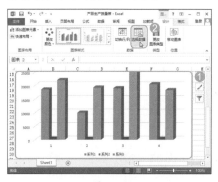
图 9-90

Step02 ❶打开【选择数据源】对话框，在【图例项（系列）】列表框中选择【系列1】选项，❷单击【编辑】按钮，如图9-91所示。

图 9-91

Step03 ❶打开【编辑数据系列】对话框，在【系列名称】文本框中输入名称引用的位置，如输入【=Sheet1!$B$2】，❷单击【确定】按钮，如图9-92所示。

图 9-92

Step04 ❶返回【选择数据源】对话框，在【图例项（系列）】文本框中可发现第一个图例名称发生了变化，然后选择【系列2】选项，❷单击【编辑】按钮，如图9-93所示。

图 9-93

Step05 ❶打开【编辑数据系列】对话框，在【系列名称】文本框中输入【=Sheet1!$D$2】，❷在【系列值】文本框中输入该系列名称对应的系列值所在的单元格区域，如输入【=Sheet1!$D$4: $D$7】，❸然后单击【确定】按钮，如图9-94所示。

图 9-94

Step06 ❶返回【选择数据源】对话框，使用相同的方法对其他图例项进行

更改，然后单击【水平（分类）轴标签】下的【编辑】按钮，如图9-95所示。

图 9-95

Step07 ❶打开【轴标签】对话框，在【轴标签区域】文本框中输入轴标签所在的单元格区域，如输入【=Sheet1!$A$4: $A$7】，❷然后单击【确定】按钮，如图9-96所示。

图 9-96

Step08 返回【选择数据源】对话框，可看到分类轴标签名称发生了变化，然后单击【确定】按钮，如图9-97所示。

图 9-97

Step09 返回工作表编辑区，可看到更改图表数据源后的效果，如图9-98所示。

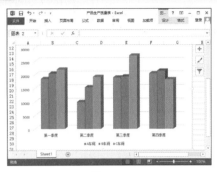

图 9-98

技巧 02：更改图表的布局

教学视频	光盘\视频\第9章\技巧 02.mp4

　　Excel 2013 提供了多种不同的布局方式，用户可以根据需要为图表应用合适的布局方式。例如，继续上例操作，对"产品生产质量表"中图表的布局方式进行更改，具体操作步骤如下。

Step 01 ❶ 在打开的【产品生产质量表】工作簿中选择工作表中的图表，单击【设计】选项卡【图表布局】组中的【快速布局】按钮，❷ 在弹出的下拉列表中选择需要的布局方式，如选择【布局5】选项，如图 9-99 所示。

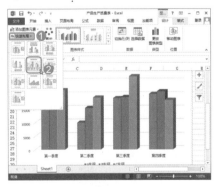

图 9-99

Step 02 将图表的布局方式更改为所选的布局方式，如图 9-100 所示。

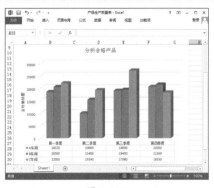

图 9-100

技巧 03：如何在图表中添加趋势线

教学视频	光盘\视频\第9章\技巧 03.mp4

　　一个复杂的数据图表通常包含许多数据系列，为了能更加直观地对系列中的数据变化趋势进行分析与预测，可以为数据系列添加趋势线，这样可以清楚地看到数据背后所蕴藏的趋势。例如，为"员工人数统计图"中的图表添加趋势线，具体操作步骤如下。

Step 01 打开"光盘\素材文件\第9章\员工人数统计图.xlsx"文件，❶ 选择工作表中的图表，单击【设计】选项卡【图表布局】组中的【添加图表元素】按钮，❷ 在弹出的下拉列表中选择【趋势线】命令，❸ 在弹出的子列表中选择趋势线类型，如选择【线性】选项，如图 9-101 所示。

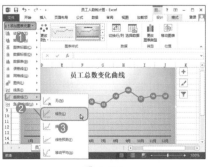

图 9-101

Step 02 此时，可为图表添加一条趋势线，从趋势线中可以清晰地看出员工人数的变化趋势，效果如图 9-102 所示。

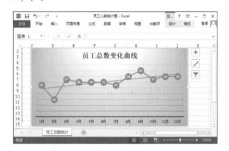

图 9-102

> **技能拓展——设置趋势线效果**
>
> 　　对于图表中添加的趋势线，还可对趋势线的颜色、效果等进行设置。其方法为：选择图表中的趋势线，在【格式】选项卡中的【形状样式】组中可对趋势线的效果、颜色等进行相应的设置。

技巧 04：如何添加图表误差线

教学视频	光盘\视频\第9章\技巧 04.mp4

　　使用 Excel 制作图表时，有时图表系列会表达得不够准确，数据之间存在误差，此时可以为图表添加误差线，让图表表达更为准确。例如，为"员工年龄结构分布图"中的图表添加误差线，具体操作步骤如下。

Step 01 打开"光盘\素材文件\第9章\员工年龄结构分布图.xlsx"文件，❶ 选择工作表中的图表，单击【设计】选项卡【图表布局】组中的【添加图表元素】按钮，❷ 在弹出的下拉列表中选择【误差线】命令，❸ 在弹出的子列表中选择误差线类型，如选择【标准误差】命令，如图 9-103 所示。

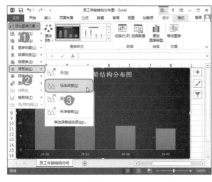

图 9-103

在【添加图表元素】下拉列表中选择其他图表元素，在弹出的子列表中选择相应的命令，可在图表中添加相应的元素或隐藏图表中相应的元素。

Step02 为图表添加【标准误差】样式的误差线，效果如图 9-104 所示。

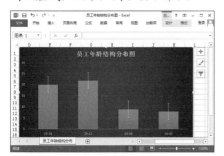

图 9-104

技巧 05：更改数据透视表的汇总方式

教学视频	光盘 \ 视频 \ 第 9 章 \ 技巧 05.mp4

在数据透视表中，默认的值的汇总方式为"求和"，而在 Excel 2013 中，提供的数据透视表值的汇总方式包括求和、计数、平均值、

最大值、最小值和乘积等，所以，用户可以根据需要对值的汇总方式进行更改。例如，将数据透视表中值的汇总方式更改为"求平均值"，具体操作步骤如下。

Step01 打开"光盘 \ 素材文件 \ 第 9 章 \ 产品生产产量统计表 .xlsx"文件，❶ 在【数据透视表】工作表中的【数据透视表字段】任务窗格的【值】列表框中单击【求和项：生产量】按钮，❷ 在弹出的菜单中选择【值字段设置】命令，如图 9-105 所示。

图 9-105

Step02 打开【值字段设置】对话框，❶ 在【值汇总方式】选项卡的【计算类型】列表框中选择汇总方式，如选择【平均值】选项，❷ 单击【确定】按钮，如图 9-106 所示。

图 9-106

Step03 返回工作表编辑区，可看到更改数据透视表汇总方式后的效果，如图 9-107 所示。

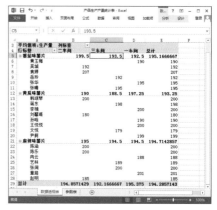

图 9-107

默认情况下，数据透视表中值的显示方式为"无计算"，除此之外，还包括总计的百分比、列汇总的百分比、行汇总的百分比、百分比等，用户可以根据实际需要进行设置。其方法为：在【值字段设置】对话框中选择【值显示方式】选项卡，在【值显示方式】下拉列表框中提供了值的显示方式，然后选择需要的显示方式，单击【确定】按钮。

本章小结

　　通过本章知识的学习，相信读者已经掌握了 Excel 图表、迷你图、数据透视表和数据透视图的操作方法。在实际工作中，使用图表对表格数据进行分析时，一定要根据数据来选择图表类型，只有合适的图表类型才能更好地展现数据。另外，在设置图表格式时，可以单独对图表各组成部分进行设置，使图表展现出不同的效果。本章在最后还讲解了一些图表和数据透视表的操作技巧，以帮助用户更高效地分析数据。

第10章 Excel 2013 数据管理与分析功能

➡ 掌握排序规则有何用处？

➡ 如何对工作表中的数据进行排序？

➡ 为什么同类字段总是汇总不到一起？

➡ 符合条件的数据筛选不出来，这是怎么回事？

➡ 数据分析工具有哪些？

当面对大量的数据时，怎么才能将同类字段的数据排列到一起？怎么才能将数据按照类别进行汇总？怎么从众多数据中筛选出需要的数据？这些都是分析数据时常遇到的问题，通过本章的学习，能帮你解决数据分析中常遇到的一些问题，并能快速得出分析结果。

10.1 数据管理的相关知识

Excel 还能对大型的数据进行管理和分析，在使用 Excel 2013 的数据管理功能之前，可以先了解一些数据管理的基础知识，这样在管理数据的过程中才能得心应手。

10.1.1 数据分析的意义

Excel 是一款重要的数据分析工具。使用 Excel 的排序、筛选和分类汇总等功能，可以对收集来的大量数据进行统计和分析，从中提取有用信息，形成科学、合理的结论或总结，以帮助用户快速做出判断和决策。

数据分析的意义主要体现在以下几点。

（1）对数据进行有效整合，挖掘数据背后潜在的内容。

（2）对数据整体中缺失的信息进行科学预测。

（3）对数据所代表的系统走势进行预测。

（4）支持对数据所在系统功能的优化，或者对决策起到评估和支撑作用。

★ 重点 10.1.2 Excel 排序规则

在 Excel 中通常有大量的数据存在，要让这些数据显得更加直观，就必须有一个合理的排序。Excel 2013 中提供了多种排序方式，用户可根据实际情况选择合理的排序方式对表格中的数据进行排序。

1. 按列排序

Excel 2013 默认的排序方向是"按列排序"，用户可以根据输入的"列字段"对数据进行排序，如图 10-1 所示。

图 10-1

2. 按行排序

Excel 除了默认的"按列排序"之外，还可以按行来排序。图 10-2 所示为执行按行排序，图 10-3 所示为按行排序后的效果。

图 10-2

图 10-3

3. 按字母排序

Excel 2013 默认的排序方法是"字母排序"，可以按照从 A 至 Z 这 26 个字母对数据进行排序，图

10-4 所示为原始表格，图 10-5 所示
为按【销售区域】列中字母的先后顺
序进行排序的效果。

图 10-4

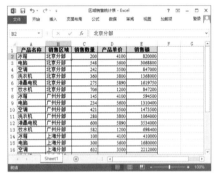

图 10-5

4. 按笔画排序

按照中国人的习惯，常常是根据
汉字的"笔画"来进行排列的。

按笔画排序具体包括以下几种
情况。

（1）按姓字的画数多少排列，
同画数内的姓字按起笔顺序排列
（横、竖、撇、捺、折）。

（2）画数和笔形都相同的字，
按字形结构排列，先左右、再上下、
最后整体字。

（3）如果姓字相同，则依次看
名第二、三字，规则同姓字。

5. 按数字排序

Excel 表格中经常包含大量的数
字，如数量、金额等。按"数字"排
序就是按照数值的大小进行升序或降
序排列，图 10-6 所示为原始表格，

图 10-7 所示为按第一季度数值的由
低到高进行排列的。

图 10-6

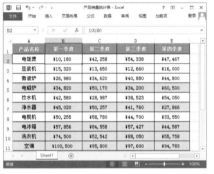

图 10-7

6. 按自定义的序列排序

在某些情况下，Excel 表格中会
涉及一些没有明显顺序特征的数据，
如"产品名称""销售区域""业务
员""部门"等。此时，已有的排序
规则是不能满足用户要求的，此时可
以自定义排序规则。

10.1.3 大浪淘沙式的数据筛选

Excel 提供了"筛选"功能，可
以在成千上万条数据记录中筛选需要
的数据。Excel 中数据的筛选包括多
种方式，用户可根据实际情况选择合
适的筛选方式进行筛选。

1. 自动筛选

自动筛选是 Excel 的一个易于操
作，且经常使用的实用技巧。自动筛
选通常是按简单的条件进行筛选，筛
选时将不满足条件的数据暂时隐藏起

来，只显示符合条件的数据。

进行数据筛选之前，首先要执行
【筛选】命令，进入筛选状态。此时
可一键调出筛选项，在每个字段右侧
出现一个下拉按钮，如图 10-8 所示。

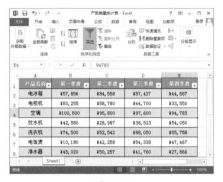

图 10-8

2. 单个条件筛选

通常情况下，最常用的筛选方式
就是单个条件筛选。

进入筛选状态，单击其中的某个
字段右侧的下拉按钮，在弹出的筛选
列表中取消选中【全选】复选框，此
时就取消了所有选项，然后选中需要
筛选的选项，单击【确定】按钮，如
图 10-9 所示。

图 10-9

3. 多条件筛选

与排序功能相似，Excel 也提供
了多条件筛选功能。

在按照第一个字段进行数据筛选

后，还可以使用其他筛选字段继续进行数据筛选，这就形成了多个条件的筛选。

4. 数字筛选

除了根据文本筛选数据记录以外，也可以根据数字进行筛选，如金额、数量等。配合常用的数字符号"大于、等于、小于"等，可以对数字项进行各种筛选操作，如图 10-10 所示。

图 10-10

10.1.4 分类汇总相关知识

在日常工作中，经常接触到 Excel 二维数据表格，我们需要根据表中某列数据字段（如"所属部门、产品名称、销售地区"等）对数据进行分类汇总，得出汇总结果。

1. 汇总之前先排序

创建分类汇总之前，首先按照要汇总的字段对工作表中的数据进行排序，如果没有对汇总字段进行排序，那么此时进行数据汇总就不能得出正确结果，如图 10-11 所示，而按分类字段进行排序后再进行汇总，可以轻

松得出正确的汇总结果，如图 10-12 所示。

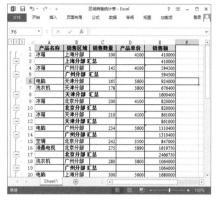

图 10-11

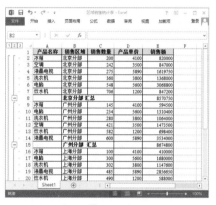

图 10-12

2. 一步生成汇总表

对汇总字段做好排序后，下一步就可以执行【分类汇总】命令，设置分类汇总选项，可一步生成汇总表，如图 10-13 所示。

> **技术看板**
>
> 单击工作表名称框下方的①按钮，将显示 1 级汇总结果；单击②按钮，将显示 2 级汇总结果；单击③按钮，将显示 3 级汇总结果。

图 10-13

3. 汇总级别的选择

默认情况下，Excel 中的分类汇总表显示全部的 3 级汇总结果，我们可以根据需要单击"分类汇总表"左上角的"汇总级别"按钮，显示 2 级或 1 级汇总结果，图 10-14 所示为显示 2 级分类汇总的效果。

图 10-14

4. 汇总之后还能还原

根据某个字段进行分类汇总后，还可以取消分类汇总结果，还原到汇总前的状态。

10.2 表格数据的排序

为了便于查看和分析表格中的数据，有时就需要将表格中的数据按照一定的顺序进行排列。Excel 2013 提供了简单排序、高级排序和自定义排序 3 种排序方式，选择合适的排序方式可快速对表格中的数据进行排序。

10.2.1 实战：快速对表格中的数据进行简单排序

实例门类	软件功能
教学视频	光盘\视频\第10章\10.2.1.mp4

对数据进行排序时，如果按照单列的内容进行简单排序，既可以直接使用"升序"或"降序"按钮来完成，也可以通过"排序"对话框来完成。

1. 使用"升序"或"降序"按钮

使用"升序"或"降序"按钮可以实现数据的一键排序。例如，使用排序按钮按"销售数量"对"汽车销量统计表"进行排序，具体操作步骤如下。

Step01 打开"光盘\素材文件\第10章\汽车销量统计表.xlsx"文件，❶选择【销售数量】列中的任意一个单元格，这里选择D3单元格，❷单击【数据】选项卡【排序和筛选】组中的【降序】按钮，如图10-15所示。

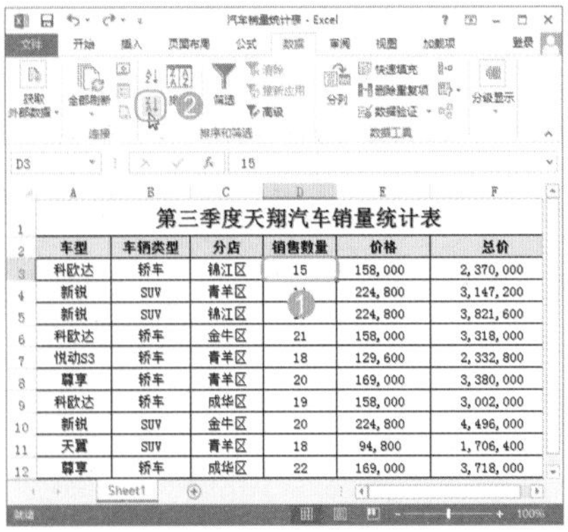

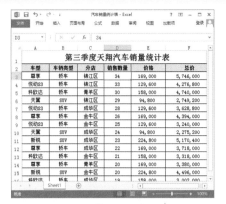
图 10-16

2. 使用"排序"对话框

通过"排序"对话框对数据进行排序时，需要设置排序条件，如排序关键字、排序依据等。例如，继续上例操作，在"汽车销量统计表"中按"车型"进行排序，其具体操作步骤如下。

Step01 在打开的【汽车销量统计表】工作簿中的数据区域选择任意一个单元格，单击【数据】选项卡【排序和筛选】组中的【排序】按钮，如图10-17所示。

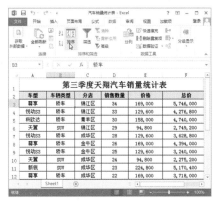
图 10-17

Step02 打开【排序】对话框，❶在【主要关键字】下拉列表框中选择排序关键字，如选择【车型】选项，❷在【次序】下拉列表框中选择【降序】选项，❸单击【确定】按钮，如图10-18所示。

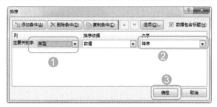
图 10-18

技术看板

在【排序】对话框中单击【选项】按钮，在打开的【排序选项】对话框中可对排序方向和方法进行设置。

Step03 此时，工作表中的数据就会按照"车型"列中车型字母的先后顺序进行降序排列，效果如图10-19所示。

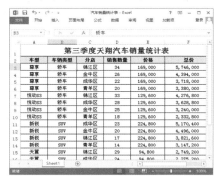
图 10-19

技术看板

如果排序的主要关键字是文本，则默认按字母的先后顺序进行降序或升序排列。

10.2.2 实战：对表格中的数据进行高级排序

实例门类	软件功能
教学视频	光盘\视频\第10章\10.2.2.mp4

高级排序是指按多个关键字进行排序，使用多个关键字进行排序时，先按第一关键字进行排序，当遇到相同的数据时，则再按第二关键字进行

图 10-15

Step02 此时，工作表中的数据就会按照"销售数量"进行降序排列，效果如图10-16所示。

排序，以此类推。例如，在"汽车销量统计表"中进行多条件排序，具体操作步骤如下。

Step01 打开"光盘\素材文件\第10章\汽车销量统计表.xlsx"文件，选择数据区域中的任意一个单元格，单击【数据】选项卡【排序和筛选】组中的【排序】按钮，如图10-20所示。

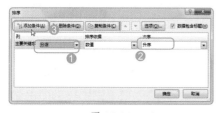

图 10-20

Step02 打开【排序】对话框，❶ 在【主要关键字】下拉列表框中选择【分店】选项；❷ 在【次序】下拉列表框中选择【升序】选项；❸ 单击【添加条件】按钮，如图10-21所示。

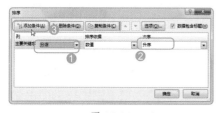

图 10-21

Step03 此时可添加一组新的排序条件，❶ 在【次要关键字】下拉列表框中选择【总价】选项，❷ 在【次序】下拉列表框中选择【降序】选项，❸ 单击【确定】按钮，如图10-22所示。

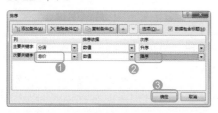

图 10-22

技能拓展——复制排序条件

如果要添加的"次要关键字"条件与"主要关键字"条件区别不大，可在【排序】对话框中单击【复制条件】按钮，这样可基于"主要关键字"条件添加一个"次要关键字"条件，然后对"次要关键字"条件进行修改。

Step04 此时表格数据在根据"分店"进行升序排列的基础上，按照"总价"进行了降序排列，效果如图10-23所示。

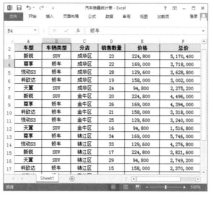

图 10-23

★ 重点 10.2.3　实战：在销售表中自定义排序条件

实例门类	软件功能
教学视频	光盘\视频\第10章\10.2.3.mp4

如果用户对数据的排序有特殊要求，可以根据需要自定义排序条件，使数据按照定义的排序条件进行排序。例如，在"汽车销量统计表"中对数据进行自定义排序，具体操作步骤如下。

Step01 打开"光盘\素材文件\第10章\汽车销量统计表.xlsx"文件，选择数据区域中的任意一个单元格，打开【排序】对话框，在【主要关键字】行的【次序】下拉列表框中选择【自

定义序列】选项，如图10-24所示。

图 10-24

Step02 打开【自定义序列】对话框，❶ 在【自定义序列】列表框中选择【新序列】选项，❷ 在【输入序列】文本框中输入自定义序列内容，如输入【青羊区 锦江区 金牛区 成华区】，❸ 单击【添加】按钮，如图10-25所示。

图 10-25

Step03 此时，❶ 新定义的序列将添加到【自定义序列】列表框中，选择该序列，❷ 单击【确定】按钮，如图10-26所示。

图 10-26

Step04 返回到【排序】对话框，此时，❶ 在【主要关键字】行的【次序】下拉列表框中自动选择【青羊区，锦江区，金牛区，成华区】选

项，❷ 在【主要关键字】下拉列表框中选择【分店】选项，❸ 单击【确定】按钮，如图 10-27 所示。

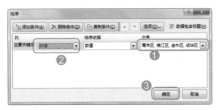

图 10-27

Excel 数据的排序依据有数值、单元格颜色、字体颜色和单元格图标等多种，而按照数值进行排序是最常用的一种排序依据。

Step 05 此时，表格中的数据按照自定义的序列进行排序，效果如图 10-28 所示。

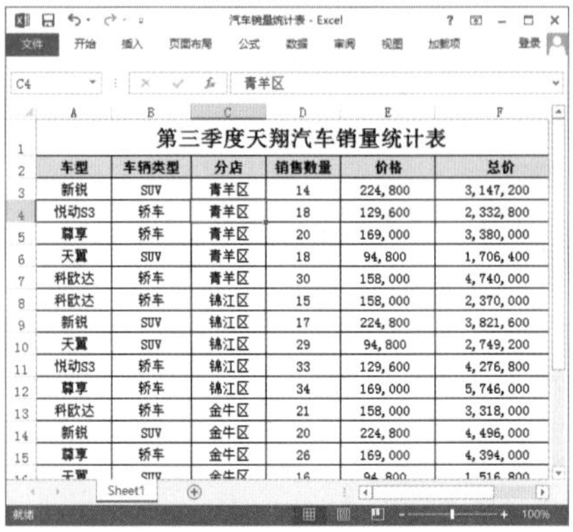

图 10-28

10.3 筛选出需要的数据

如果要在成千上万条数据记录中查询需要的数据，此时可通过 Excel 2013 的筛选功能，将不符合筛选条件的数据隐藏起来。Excel 2013 中提供了自动筛选、自定义筛选和高级筛选 3 种数据的筛选方式，用户可根据实际情况选择相应的筛选方式对数据进行筛选。

★ 重点 10.3.1 实战：在"产品生产产量表"中进行自动筛选

实例门类	软件功能
教学视频	光盘\视频\第 10 章\10.3.1.mp4

自动筛选是 Excel 的一个易于操作，且经常使用的实用技巧。自动筛选通常是按简单的条件进行筛选，筛选时将不满足条件的数据暂时隐藏起来，只显示符合条件的数据。例如，在"产品生产产量表"中筛选出一车间和三车间生产的产品产量统计数据，具体操作步骤如下。

Step 01 打开"光盘\素材文件\第 10 章\产品生产产量表 .xlsx"文件，❶ 选择数据区域中的任意一个单元格，❷ 单击【数据】选项卡【排序和筛选】组中的【筛选】按钮，如图 10-29 所示。

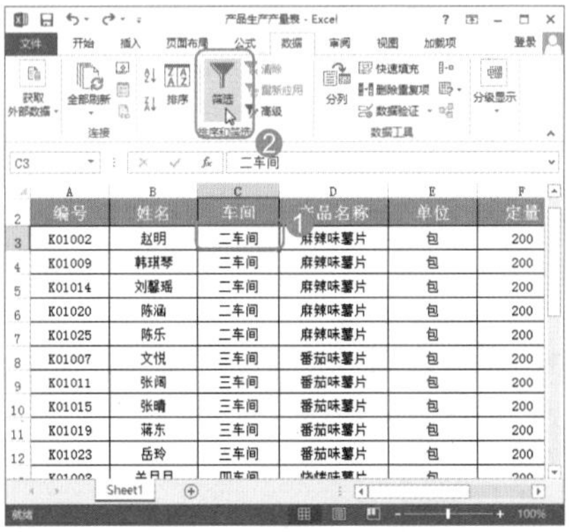

Step 02 此时，工作表进入筛选状态，各标题字段的右侧出现一个下拉按钮，❶ 单击【车间】右侧的下拉按钮，❷ 在弹出的下拉列表中取消选中【二车间】【四车间】和【五车

间】复选框，❸ 然后单击【确定】按钮，如图 10-30 所示。

图 10-29

图 10-30

Step 03 此时，在一车间和三车间生产的产品产量记录就筛选出来了，并在筛选字段的右侧出现一个【筛选】按钮，效果如图 10-31 所示。

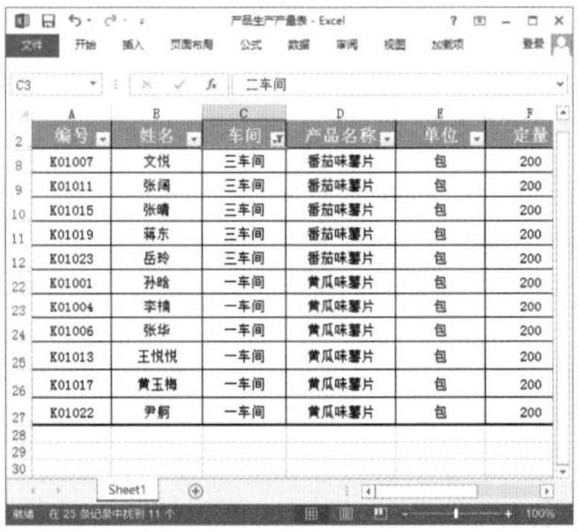

图 10-31

★ 重点 10.3.2 实战：在"产品生产产量表"中进行自定义筛选

实例门类	软件功能
教学视频	光盘\视频\第 10 章\10.3.2.mp4

自定义筛选是指通过定义筛选条件，查询符合条件的数据记录。在 Excel 2013 中，自定义筛选包括日

期、数字筛选和文本筛选。例如，在"产品生产产量表"中筛选出生产量大于或等于195的数据，具体操作步骤如下。

Step01 打开"光盘\素材文件\第10章\产品生产产量表.xlsx"文件，❶单击【数据】选项卡【排序和筛选】组中的【筛选】按钮，❷进入筛选状态，单击【生产量】右侧的下拉按钮，❸在弹出的下拉列表中选择【数字筛选】命令，❹在弹出的子列表中选择筛选条件，如选择【大于或等于】命令，如图10-32所示。

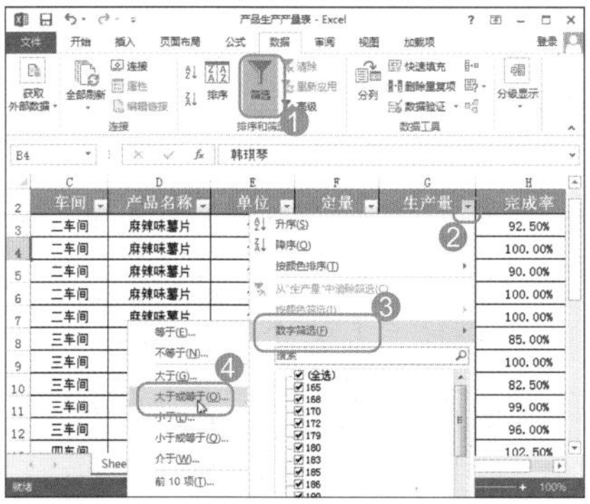

图 10-32

技术看板

如果【数字筛选】子列表中没有符合的筛选条件，可在该子列表中选择【自定义筛选】命令，在打开的【自定义自动筛选方式】对话框中可自定义设置筛选的条件。

Step02 打开【自定义自动筛选方式】对话框，❶将筛选条件设置为生产量大于或等于195，❷单击【确定】按钮，如图10-33所示。

图 10-33

Step03 此时，工作表中将筛选出生产量大于或等于195的数据，效果如图10-34所示。

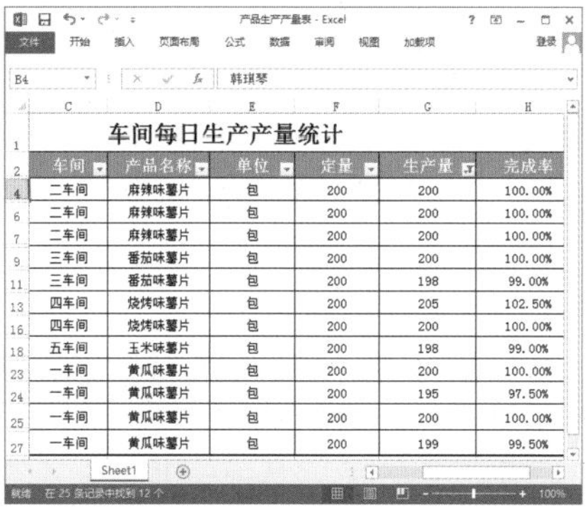

图 11-34

技能拓展——取消筛选

当不需要查询数据时，可以将筛选结果取消。其方式为：在【数据】选项卡【排序和筛选】组中单击【筛选】或【清除】按钮，清除当前数据范围的筛选状态。

★ 重点 10.3.3 实战：在"产品生产产量表"中进行高级筛选

实例门类	软件功能
教学视频	光盘\视频\第10章\10.3.3.mp4

在数据筛选过程中，可能会遇到许多复杂的筛选条件，此时，可使用Excel的高级筛选功能。使用高级筛选功能，其筛选的结果可显示在原数据表格中，也可以在新的位置显示筛选结果。例如，在"产品生产产量表"中将符合条件的数据筛选到当前数据位置，具体操作步骤如下。

Step01 打开"光盘\素材文件\第10章\产品生产产量表.xlsx"文件，❶在A30:B31单元格区域输入高级筛选条件，❷然后单击【数据】选项卡【排序和筛选】组中的【高级】按钮，如图10-35所示。

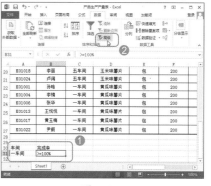

图 10-35

技术看板

设置高级筛选条件时，"="">"和"<"等符号只能通过键盘输入，而且设置大于等于或小于等于时，要分开输入，如">="或"<="，否则不能识别。

Step02 打开【高级筛选】对话框，默认选中【在原有区域显示筛选结果】单选按钮，这里保持默认设置，❶在【列表区域】文本框中输入数据区域，如输入【$A$2:$H$27】，❷在【条件区域】文本框中输入筛选条件所在的单元格区域，如输入【$A$30:$B$31】，❸然后单击【确定】按钮，如图10-36所示。

图 10-36

技术看板

在【高级筛选】对话框中若选中【选择不重复的记录】复选框，那么筛选出来的结果将不会有重复的数据。

Step**03** 返回工作表编辑区，可看到根据输入的筛选条件筛选出来的结果，效果如图 10-37 所示。

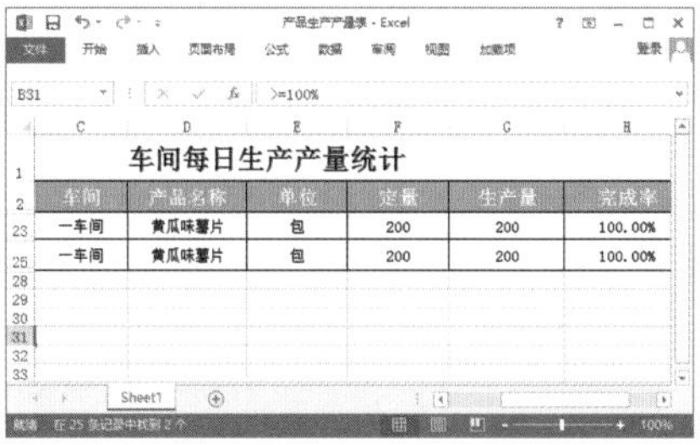

图 10-37

10.4 分类汇总表格数据

Excel 提供了分类汇总功能，使用该功能可以按照某一关键字进行相关项的数据汇总，而且，Excel 中还提供了求和、计数、平均值、最大值、最小值和乘积等多种汇总方式，用户可根据需要选择合适的汇总方式对数据进行汇总。

★ 重点 10.4.1 实战：对费用统计表按地区进行分类汇总

实例门类	软件功能
教学视频	光盘\视频\第 10 章\10.4.1.mp4

要想汇总出正确的结果，在创建分类汇总之前，必须保证具有相同关键字记录的数据要集中在一起。例如，对"部门费用统计表"按"所属部门"进行分类汇总，具体操作步骤如下。

Step**01** 打开"光盘\素材文件\第 10 章\部门费用统计表.xlsx"文件，选择数据区域的任意一个单元格，单击【数据】选项卡【分级显示】组中的【分类汇总】按钮，如图 10-38 所示。

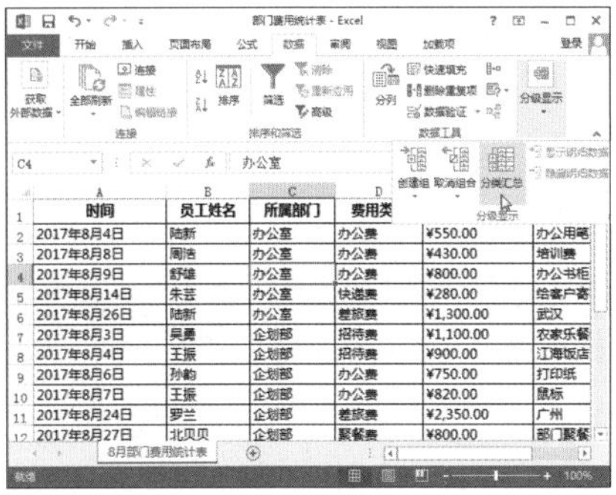

图 10-38

Step**02** 打开【分类汇总】对话框，

❶ 在【分类字段】下拉列表框中选择需要的分类关键字，如选择【所属部门】选项，❷ 在【汇总方式】下拉列表框中选择需要的汇总方式，如选择【求和】选项，❸ 在【选定汇总项】列表框中选中【金额】复选框，其他保持默认设置，❹ 单击【确定】按钮，如图 10-39 所示。

图 10-39

技术看板

在【分类汇总】对话框的【选定汇总项】列表框中选中需要进行分类汇总的多个复选框，可同时按多个字段对数据进行分类汇总。

Step**03** 此时按照"所属部门"对费用金额进行汇总，显示出 3 级分类结果，效果如图 10-40 所示。

图 10-40

技能拓展——删除分类汇总

当需要删除分类汇总数据时，可在【分类汇总】对话框中单击【全部删除】按钮，可删除工作表中的所有分类汇总。

10.4.2 实战：在费用统计表中嵌套分类汇总

实例门类	软件功能
教学视频	光盘\视频\第 10 章\10.4.2.mp4

除了进行简单汇总以外，还可以对数据进行嵌套汇总。例如，继续上例操作，在"部门费用统计表"中按照"所属部门"进行分类的基础上，再次按照"所属部门"汇总不同部门

费用的平均值，具体操作步骤如下。

Step01 在打开的【部门费用统计表】工作簿中选择数据区域中的任意一个单元格，单击【数据】选项卡【分级显示】组中的【分类汇总】按钮，如图10-41所示。

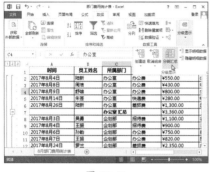

图 10-41

Step02 打开【分类汇总】对话框，❶ 在【汇总方式】下拉列表框中选择【平均值】选项，❷ 取消选中【替换当前分类汇总】复选框，❸ 然后单击【确定】按钮，如图10-42所示。

图 10-42

Step03 此时生成4级嵌套分类汇总，并显示第4级嵌套汇总结果，效果如图10-43所示。

图 10-43

10.5 合并计算和单变量求解

在 Excel 2013 中，除了可对数据进行汇总外，还可对数据进行合并计算和模拟分析，以方便对表格数据进行管理和分析。

10.5.1 实战：对销售报表进行合并计算

实例门类	软件功能
教学视频	光盘\视频\第10章\10.5.1.mp4

合并计算是指将相似结果或内容的多个表格进行合并汇总，并将汇总结果存放到另一个表格中。在 Excel 2013 中，既可在同一工作表中进行合并计算，也可在不同的工作表或工作簿中进行合并计算。例如，在"洗涤用品销售报表"工作簿中对3个月的数据进行汇总，具体操作步骤如下。

Step01 打开"光盘\素材文件\第10章\洗涤用品销售报表.xlsx"文件，❶ 选择汇总结果要放置的单元格，如选择A13单元格，❷ 单击【数据】选项卡【数据工具】组中的【合并计算】按钮🗃，如图10-44所示。

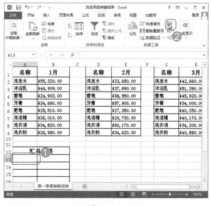

图 10-44

Step02 打开【合并计算】对话框，❶ 在【函数】下拉列表框中选择汇总方式，如选择【求和】选项，❷ 单击【引用位置】文本框后的🖻按钮，如图10-45所示。

图 10-45

Step03 ❶ 缩小对话框，在工作表中拖动鼠标选择引用的单元格区域，这里选择A2:B9单元格区域，❷ 单击🖻按钮，如图10-46所示。

图 10-46

技术看板

若在【引用位置】文本框后单击【浏览】按钮，可打开【浏览】对话框，在其中选择需要引用数据的工作簿，单击【确定】按钮，可将工作簿的位置添加到【引用位置】文本框中，表示在不同工作簿中进行合并计算。

Step04 展开【合并计算】对话框，在【引用位置】文本框中显示引用的单元格区域，单击【添加】按钮，如图10-47所示。

图 10-47

Step05 将引用位置添加到【所有引用位置】列表框中，继续单击【引用位置】文本框后的圖按钮，如图10-48所示。

图 10-48

Step06 ❶ 缩小对话框，在工作表中拖动鼠标选择引用的单元格区域，这里选择D2:E9单元格区域，❷ 单击圖按钮，如图10-49所示。

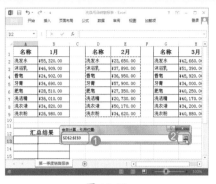

图 10-49

技术看板

如果发现添加到【所有引用位置】列表框中选项的引用位置有误，可在该列表框中选择有误的选项，单击【删除】按钮，删除添加的引用位置。

Step07 展开【合并计算】对话框，添加单元格引用位置，❶ 再使用相同的方法添加3月份数据的引用位置，❷ 然后选中【最左列】复选框，❸ 单击【确定】按钮，如图10-50所示。

图 10-50

技术看板

在【标签位置】栏中选中【首行】复选框，表示需要根据列标题进行分类合并计算；选中【最左列】复选框，表示需要根据标题行进行分类合并计算。

Step08 返回工作表，合并计算的结果将返回到所在的单元格区域，效果如图10-51所示。

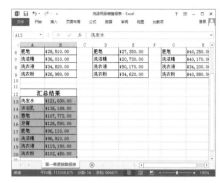

图 10-51

10.5.2 实战：使用单变量求解计算产品售价

实例门类	软件功能
教学视频	光盘\视频\第10章\10.5.2.mp4

单变量求解是指通过调整变量值，按照给定的公式求出目标值。例如，在"销售利润预测表"中使用单变量求解计算产品售价，具体操作步骤如下。

Step01 打开"光盘\素材文件\第10章\销售利润预测表.xlsx"文件，❶ 选择B6单元格，❷ 在编辑栏中输入公式【=B2*B4-B3-B5】，如图10-52所示。

图 10-52

Step02 ❶ 按【Enter】键计算出结果，❷ 然后单击【数据】选项卡【预测】组中的【模拟分析】按钮，❸ 在弹出的下拉菜单中选择【单变量求解】选项，如图10-53所示。

图 10-53

Step03 打开【单变量求解】对话框，❶ 在【目标单元格】文本框中设置引用单元格，如输入【B6】，❷ 在【目标值】文本框中输入利润值，如输入【15000】，❸ 在【可变单元格】文本框中输入变量单元格【$B$2】，❹ 单击【确定】按钮，如图10-54所示。

图 10-54

Step04 打开【单变量求解状态】对话框，在其中显示了目标值，并在工作表中显示了求出的产品售价，然后单击【确定】按钮关闭对话框，如图10-55所示。

图 10-55

10.5.3 实战：使用模拟预算预测产品利润

实例门类	软件功能
教学视频	光盘\视频\第10章\10.5.3.mp4

在对数据进行分析处理时，如果需要查看和分析某项数据发生变化时影响到的结果变化的情况，此时，可以使用模拟运算表功能。模拟运算表包括单变量模拟运算表和双变量模拟运算表，用户可根据需要进行选择使用。

1. 单变量模拟运算

进行数据模拟运算分析时，如果只需要分析一个变量变化对应的公式变化结果，则可以使用单变量模拟运算表。例如，继续上例操作，在"销售利润预测表"中使用单变量模拟运算预测售价变化时的利润，具体操作步骤如下。

Step01 在打开的【销售利润预测表】工作簿【Sheet1】工作表的A8:B15单元格区域中输入相应的数据，并对数据区域的单元格格式进行相应的设置，❶ 然后选择 A10:B15 单元格区域，❷ 单击【预测】组中的【模拟分析】按钮，❸ 在弹出的下拉菜单中选择【模拟运算表】命令，如图10-56所示。

图 10-56

要使用模拟运算表计算出变量，利润值单元格必须是公式，变量必须是公式中的其中一个单元格，否则将无法使用模拟运算表功能计算变量的利润，所以，本例的 B10 单元格是复制 B6 中的【=B2*B4-B3-B5】公式计算出来的，而不是直接输入的。

Step02 ❶ 打开【模拟运算表】对话框，在【输入引用列的单元格】文本框中引用变量售价单元格，如输入【B$2】，❷ 单击【确定】按钮，如图 10-57 所示。

图 10-57

Step03 返回工作表编辑区，可看到产品利润随着售价的变化而变化，效果如图 10-58 所示。

图 10-58

在创建模拟运算表区域时，可将变化的数据放置在一行或一列中，若变化的数据在一列中，应将计算公式创建于其右侧列的首行；若变化的数据创建于一行中，则应放置于该行下方的首列中，本例则将变量的数据放置在B10:B15 单元格区域中的。

2. 双变量模拟运算

当需要对两个公式中变量的变化进行模拟，分析不同变量在不同的取值时公式运算结果的变化情况及关系，此时，可应用双变量模拟运算表。例如，继续上例操作，在"销售利润预测表"中使用双变量模拟运算预测售价和数量同时变化时的利润，具体操作步骤如下。

Step01 在打开的【销售利润预测表】工作簿的【Sheet1】工作表中的D8:I15单元格区域中输入相应的数据，并对其格式进行相应的设置，然后选择E10单元格，在编辑栏中输入公式【=B2*B4-B3-B5】，按【Enter】键计算出结果，如图10-59所示。

图 10-59

Step02 在F10:I10和E11:E15单元格

区域中输入相应的数据，①然后选择E10:I15单元格区域，②单击【预测】组中的【模拟分析】按钮，③在弹出的下拉菜单中选择【模拟运算表】命令，如图10-60所示。

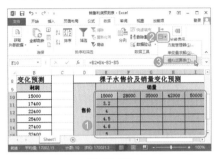

图 10-60

Step03 ①打开【模拟运算表】对话框，在【输入引用行的单元格】文本框中引用变量数量单元格，如输入【$B$4】，②在【输入引用列的单元格】文本框中引用变量售价单元格，如输入【$B$2】，③单击【确定】按钮，如图10-61所示。

图 10-61

Step04 返回工作表编辑区，可看到产品利润随着售价和销量的变化而变化，效果如图10-62所示。

图 10-62

10.6 方案管理器

Excel 2013提供了方案管理器功能，使用它可以预测工作表模型的输出结果，还可以在工作表中创建并保存不同的数值组，然后切换到任何新方案以查看不同的结果，使自动假设分析数据变得方便、快捷。

★ 重点 10.6.1 实战：创建年度销售计划方案

实例门类	软件功能
教学视频	光盘\视频\第10章\10.6.1.mp4

在工作表中要想使用方案管理器对数据进行方案分析，首先需要定义名称和创建方案。例如，在"年度销售计划表"中先定义名称，然后再创建3个方案，具体操作步骤如下。

Step01 打开"光盘\素材文件\第10章\年度销售计划表.xlsx"文件，单击【公式】选项卡【定义的名称】组中的【名称管理器】按钮，如图10-63所示。

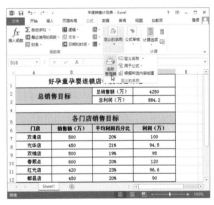

图 10-63

Step02 ①打开【名称管理器】对话框，在该对话框中创建各门店、总利润和总销售额等名称，②创建完成后单击【关闭】按钮，如图10-64所示。

图 10-64

🔧 技术看板

定义单元格名称是为了创建方案摘要，只有定义了名称后，在创建的方案摘要中才会显示字段，否则将显示引用的单元格地址。

Step03 ❶ 选择数据区域的任意一个单元格，如选择 B7 单元格，❷ 单击【预测】组中的【模拟分析】按钮，❸ 在弹出的下拉菜单中选择【方案管理器】命令，如图 10-65 所示。

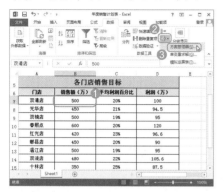

图 10-65

Step04 打开【方案管理器】对话框，单击【添加】按钮，如图 10-66 所示。

图 10-66

Step05 ❶ 打开【添加方案】对话框，在【方案名】文本框中输入方案名，如输入【方案 1】，❷ 单击【可变单元格】文本框后的按钮，如图 10-67 所示。

图 10-67

Step06 ❶ 缩小对话框，在【Sheet1】工作表中选择要引用的单元格区域【B7:B15】，❷ 然后单击按钮，如图 10-68 所示。

图 10-68

Step07 返回到【添加方案】对话框，单击【确定】按钮，❶ 打开【方案变量值】对话框，在该对话的文本框中输入所有的变量值，也就是各门店计划完成的销售额，❷ 然后单击【确定】按钮，如图 10-69 所示。

图 10-69

技术看板

在【方案变量值】对话框中显示的变量值有限，由于本例变量值较多，所以并没有完全显示出来，在填写变量值时，需要拖动对话框右侧的滑块将其他未显示的变量值显示出来，并对其进行填写。

Step08 返回到【方案管理器】对话框，在其中可看到添加的方案，单击【添加】按钮，效果如图 10-70 所示。

图 10-70

Step09 ❶ 打开【添加方案】对话框，在【方案名】文本框中输入【方案 2】，❷ 将光标定位到【可变单元格】文本框中，按【F4】键输入绝对引用符号【$】，❸ 单击【确定】按钮，如图 10-71 所示。

图 10-71

Step10 ❶ 打开【方案变量值】对话框，在其中的文本框中输入方案 2 的变量值，❷ 单击【确定】按钮，如图 10-72 所示。

图 10-72

Step⑪ ❶打开【添加方案】对话框，在【方案名】文本框中输入【方案3】，❷按【F4】键在【可变单元格】文本框中输入绝对引用符号【$】，❸单击【确定】按钮，如图 10-73 所示。

图 10-73

Step⑫ ❶打开【方案变量值】对话框，在其中的文本框中输入方案 3 的变量值，❷单击【确定】按钮，如图 10-74 所示。

图 10-74

Step⑬ 返回到【方案管理器】对话框，在【方案】列表框中可看到创建的方案，效果如图 10-75 所示。

图 10-75

10.6.2 实战：显示创建的销售计划方案

实例门类	软件功能
教学视频	光盘\视频\第 10 章\10.6.2.mp4

在方案管理器中添加完所有方案后，可以在工作表中显示该方案的结果，对方案数值进行查看。例如，继续上例操作，对"年度销售计划表"中创建的方案进行查看，具体操作步骤如下。

Step① ❶在【方案管理器】对话框中的【方案】列表框中选择需要查看的方案，如选择【方案 1】选项，❷单击【显示】按钮，如图 10-76 所示。

图 10-76

Step② 此时，在工作表的数据区域中将显示方案 1 的求解结果，如销售额、利润、总销售额和总利润等，效果如图 10-77 所示。

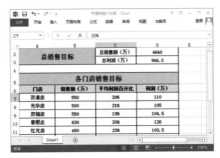

图 10-77

Step③ ❶在【方案管理器】对话框中的【方案】列表框中选择需要查看的方案，如选择【方案 3】选项，❷单

击【显示】按钮，如图 10-78 所示。

图 10-78

技能拓展——编辑方案

在查看方案的过程中，如果发现方案中的可变单元格的量数据有误，可在【方案管理器】对话框的【方案】列表框中选择需要修改的方案选项，单击【编辑】按钮，然后使用创建方案的方法对方案名称、可变单元格地址和方案变量值进行修改。

Step④ 此时，在工作表的数据区域中将显示方案 3 的求解结果，如销售额、利润、总销售额和总利润等，效果如图 10-79 所示。

图 10-79

10.6.3 实战：将创建的销售计划方案生成摘要

实例门类	软件功能
教学视频	光盘\视频\第 10 章\10.6.3.mp4

确认创建的方案无误后，可以将其生成方案摘要，这样方便对方案中的数据进行查看和分析。例如，继续上例操作，将"年度销售计划表"中的方案生成摘要，具体操作步骤如下。

Step01 在【方案管理器】对话框中单击【摘要】按钮，如图 10-80 所示。

图 10-80

技术看板

如果【方案管理器】对话框中的【方案】列表框中有多余或无用的方案，可先选择，然后单击【删除】按钮，将选择的方案删除。

Step02 ① 打开【方案摘要】对话框，在【结果单元格】文本框中输入需要显示结果的单元格，如输入【$D$2:$D$3】，② 单击【确定】按钮，效果如图 10-81 所示。

图 10-81

技术看板

在【方案摘要】对话框中选中【方案数据透视表】单选按钮，可创建方案的数据透视表。

Step03 在该工作簿中新建一个名为【方案摘要】的工作表，并在该工作表中显示了方案的具体情况，效果如图 10-82 所示。

图 10-82

妙招技法

通过前面知识的学习，相信读者已经掌握了 Excel 2013 数据管理与分析的基本操作。下面结合本章内容介绍一些实用技巧。

技巧 01：按单元格颜色进行排序

教学视频	光盘 \ 视频 \ 第 10 章 \ 技巧 01.mp4

在 Excel 中有很多种排序方法，除了按笔画、按首字字母、按姓名、按数值大小进行排序外，还可以按单元格颜色对数据进行排序。例如，在"办公用品领用登记表"中按单元格颜色进行排序，具体操作步骤如下。

Step01 打开"光盘 \ 素材文件 \ 第 10 章 \ 办公用品领用登记表 .xlsx"文件，选择数据区域中的任意一个单元格，单击【数据】选项卡【排序和筛选】组中的【排序】按钮，如图 10-83 所示。

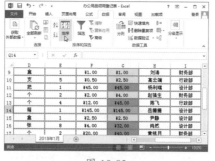

图 10-83

Step02 打开【排序】对话框，① 在【主要关键字】下拉列表框中选择【金额】选项，② 在【排序依据】下拉列表框中选择【单元格颜色】选项，③ 在【次序】下拉列表框中选择需要排序的颜色，如选择【浅绿】选项，如图 10-84 所示。

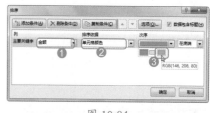

图 10-84

Step03 ① 在【次序】右侧的下拉列表框中选择【在顶端】选项，② 单击【复制条件】按钮，如图 10-85 所示。

图 10-85

Step04 此时将复制主要关键字的条件为次要关键字，❶ 在【次序】下拉列表框中选择【浅蓝】选项，❷ 单击【复制条件】按钮，如图 10-86 所示。

图 10-86

Step05 此时将再复制一个次要关键字条件，❶ 在【次序】下拉列表框中选择【RGB(226,239,218)】选项，❷ 然后单击【确定】按钮，如图 10-87 所示。

图 10-87

Step06 返回工作表编辑区，此时可发现"金额"列是按颜色进行排序的，效果如图 10-88 所示。

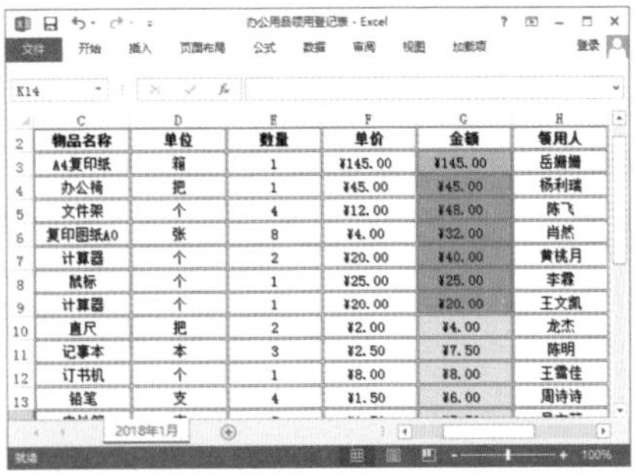

图 10-88

技巧 02：如何将表格中的"0"筛选出来

教学视频	光盘 \ 视频 \ 第 10 章 \ 技巧 02.mp4

在 Excel 表格中，不仅可以筛选单元格中的文本、数字等元素，还可以筛选空值和零值。例如，在"员工工资表"中筛选"0"值，具体操作步骤如下。

Step01 打开"光盘 \ 素材文件 \ 第 10 章 \ 员工工资表.xlsx"文件，❶ 选择 A2:I3 单元格区域，❷ 单击【数据】选项卡【排序和筛选】组中的【筛选】按钮，如图 10-89 所示。

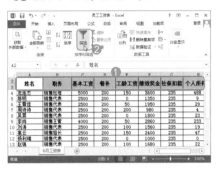

图 10-89

技术看板

如果直接单击【筛选】按钮，默认为工作表第一行中的单元格添加筛选按钮，如果表格有两个标题，则要选择需要添加筛选按钮的行，然后再单击【筛选】按钮，就能为选择的行添加筛选按钮。

Step02 此时，工作表进入筛选状态，❶ 单击【工龄工资】右侧的下拉按钮 ▼，❷ 在弹出的下拉列表中取消选中除【0】复选框外的所有复选框，❸ 单击【确定】按钮，如图 10-90 所示。

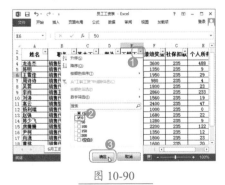

图 10-90

Step03 此时，"工龄工资"为"0"

的数据记录就筛选出来了，效果如图 10-91 所示。

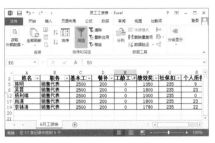

图 10-91

技巧 03：将筛选结果显示在其他工作表中

教学视频	光盘 \ 视频 \ 第 10 章 \ 技巧 03.mp4

在对工作表中的数据进行高级筛选时，不仅可在原数据区域显示筛选结果，也可在其他工作表中显示筛选结果。例如，在"业务员销售业绩统计表"中执行高级筛选时，将筛选结果显示在"筛选结果表"工作表中，具体操作如下。

Step01 打开"光盘 \ 素材文件 \ 第 10 章 \ 业务员销售业绩统计表.xlsx"文件，在"原表"工作表中的 A21:B22 单元格区域中输入高级筛选的条件，如图 10-92 所示。

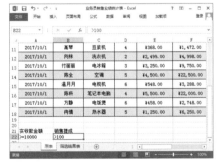

图 10-92

Step02 ❶ 切换到"筛选结果表"工作表，❷ 单击【数据】选项卡【排序和筛选】组中的【高级】按钮，如图 10-93 所示。

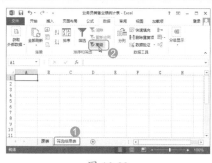

图 10-93

技术看板

要想将筛选结果筛选到"筛选结果表"工作表中，必须在"筛选结果表"工作表中执行高级筛选操作，否则将不能正确筛选出结果。

Step03 打开【高级筛选】对话框，❶选中【将筛选结果复制到其他位置】单选按钮；❷单击【列表区域】文本框右侧的▣按钮，如图 10-94 所示。

图 10-94

Step04 缩小对话框，❶在"原表"工作表中拖动鼠标选择 A3:J18 单元格区域，❷然后单击▣按钮，如图 10-95 所示。

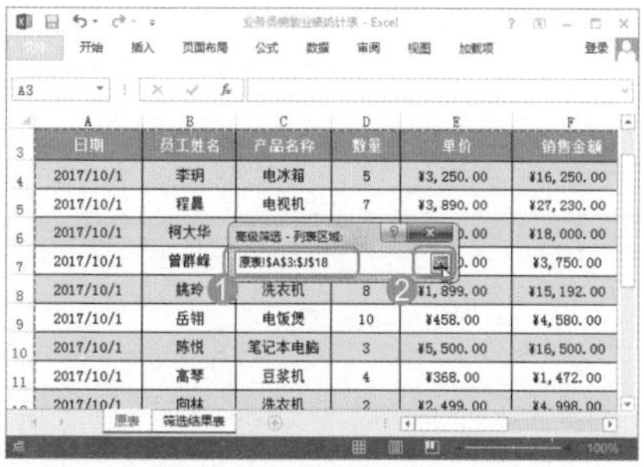

图 10-95

Step05 返回到【高级筛选】对话框，此时，在【列表区域】文本框中显示"列表区域"的范围，❶在【条件区域】文本框中输入筛选条件所在的区域，这里输入【原表!$A$21:$B$22】，❷在【复制到】文本框中输入筛选结果放置的位置，这里输入【筛选结果表!$A$1】，❸然后单击【确定】按钮，如图 10-96 所示。

图 10-96

技术看板

在【复制到】文本框也可输入列表区域所在工作表中的其他空白单元格，这样可将筛选结果放置在和表格数据所在的同一个工作表中。

Step06 将筛选结果显示在"筛选结果表"工作表中，效果如图 10-97 所示。

图 10-97

技巧 04：将分类汇总数据自动分页

教学视频	光盘\视频\第 10 章\技巧 04.mp4

进行分类汇总时，还可以将分类汇总的数据进行分页存放，即在每个分类汇总后插入一个自动分页符，这

样在打印时更方便。例如，在"产品生产产量表"中对汇总数据进行自动分页，并对其分页效果进行查看，具体操作步骤如下。

Step01 打开"光盘\素材文件\第 10 章\产品生产产量表.xlsx"文件，选择 A2:H27 单元格区域，单击【数据】选项卡【分级显示】组中的【分类汇总】按钮，如图 10-98 所示。

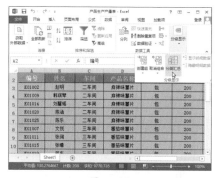

图 10-98

Step02 ❶打开【分类汇总】对话框，在【分类字段】下拉列表框中选择【车间】选项，❷在【汇总方式】下拉列表框中选择【求和】选项，❸在【选定汇总项】列表框中选中【生产量】复选框，❹选中【每组数据分页】复选框，❺然后单击【确定】按钮，如图 10-99 所示。

图 10-99

Step03 按车间对工作表中的数据进行汇总，然后单击【视图】选项卡【工作簿视图】组中的【分页预览】按钮，如图 10-100 所示。

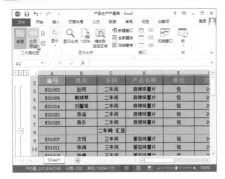

图 10-100

Step**04** 在分页预览页面中可明显看到每组分类汇总数据在不同的页中显示，效果如图 10-101 所示。

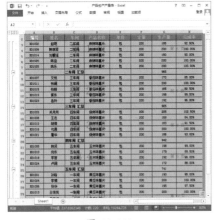

图 10-101

技巧 05：使用通配符筛选数据

教学视频	光盘\视频\第 10 章\技巧 05.mp4

在 Excel 中，通配符"*"表示一串字符，"？"表示一个字符，使用通配符可以快速筛选出一列中满足条件的记录。例如，在"固定资产清单"中以通配符筛选数据的方法筛选"资产名称"中含有"车"字的数据记录，具体操作步骤如下。

Step**01** 打开"光盘\素材文件\第 10 章\固定资产清单 .xlsx"文件，❶ 单击【数据】选项卡【排序和筛选】组中的【筛选】按钮，进入筛选状态，❷ 单击【资产名称】字段右侧的下拉按钮，❸ 在弹出的下拉列表中选择【文本筛选】命令，❹ 在弹出的子列表中选择【自定义筛选】命令，如图 10-102 所示。

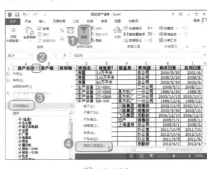

图 10-102

Step**02** 打开【自定义自动筛选方式】对话框，❶ 在【资产名称】下方的第一个下拉列表框中选择【等于】选项，❷ 在后面的文本框中输入【*车*】，❸ 单击【确定】按钮，如图 10-103 所示。

Step**03** 返回工作表编辑区，筛选出"资产名称"中含有"车"字的数据记录，效果如图 10-104 所示。

图 10-103

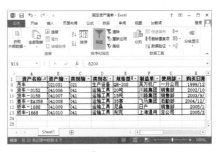

图 10-104

技术看板

在 Excel 表格中，设置筛选范围时，通配符"？"和"*"只能配合"文本型"数据使用，如果数据是日期型和数值型，则需要设置限定范围（＞或＜）等来实现。

本章小结

通过本章知识的学习，相信读者已经掌握了数据排序、数据筛选、数据分类汇总、合并计算、单变量求解和方案管理器等的操作方法。在实际工作中，要重点掌握数据排序、筛选和分类汇总等知识，因为这些知识在管理和分析数据的过程中经常使用。本章在最后还讲解了一些排序、筛选和汇总数据的操作技巧，以帮助用户更好、更合理地对数据进行分析。

第4篇

PowerPoint 办公应用篇

PowerPoint 2013 是用于制作和演示幻灯片的软件，通过它能将自己需要传达的信息放置在一组图文并茂的画面中，并且可以通过计算机或投影机进行播放，常用于演讲、介绍、展示和宣传等场合；也可打印出来，以便应用到更广泛的领域中。

第11章 PowerPoint 2013 幻灯片的编辑与制作

- ➥ 设计 PPT 时，应注意哪些问题？
- ➥ 能不能实现幻灯片背景的多样化填充？
- ➥ 为什么设计幻灯片母版？
- ➥ 如何为演示文稿应用多个幻灯片母版？
- ➥ 演示文稿中不同的幻灯片可以应用不同的幻灯片版式吗？

本章将介绍制作更具吸引力的 PPT 的相关知识，学会幻灯片的基本操作和设计幻灯片及幻灯片母版的方法，学习过程中，你还会得到以上问题的答案。

11.1 制作具有吸引力的 PPT 的相关知识

要想制作的 PPT 美观，具有极强的说服力，在制作 PPT 之前，必须先掌握一些 PPT 的基础知识，如设计理念、设计注意事项、布局设计、色彩的搭配等，只有掌握了这些知识，制作出来的 PPT 才更具吸引力。

★ 重点 11.1.1 PPT 的设计理念

专业的 PPT 通常具有结构化的思维，通过形象化的表达，让观众达到视觉化的享受。接下来总结几条 PPT 的设计理念和制作思路。

1. PPT 的目的在于有效沟通

成功的 PPT 是视觉化和逻辑化的产品，不仅能够吸引观众的注意，更能实现 PPT 与观众之间的有效沟通，如图 11-1 所示。

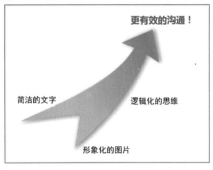

图 11-1

观众接受的 PPT 才是好的
PPT！无论是简洁的文字、形象化的
图片，还是逻辑化的思维，最终目的
都是为了与观众建立有效的沟通，如
图 11-2 所示。

PPT制作的目标！
- 老板愿意看
- 客户感兴趣
- 观众记得住

图 11-2

2. PPT 应具有视觉化效果

在认知过程中，人们对那些"视
觉化"的事物往往能增强表象、记忆
与思维等方面的反应强度，更加容易
接受。如个性的图片、简洁的文字、
专业清晰的模板，都能够让 PPT 说
话，对观众更具吸引力和说服力，如
图 11-3 和图 11-4 所示。

印象源于奇特
个性+简洁+清晰 → 记忆

图 11-3

视觉化
逻辑化
个性化
让你的PPT说话

图 11-4

3. PPT 应逻辑清晰

逻辑化的事物通常更具条理性和
层次性，便于观众接受和记忆。逻辑
化的 PPT 应该像讲故事一样，让观
众有看电影的感觉，如图 11-5 和图
11-6 所示。

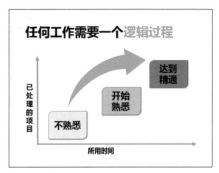

图 11-5

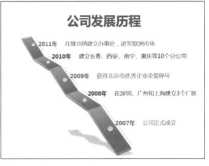

图 11-6

11.1.2 设计 PPT 的注意事项

在设计和使用 PPT 时，你是否会
遇到这样或那样的问题？

1. 为什么我的 PPT 做不好

为什么我的 PPT 做不好？不是
因为没有漂亮的图片，不是因为没有
合适的模板，关键在于没有理解 PPT
的设计理念，如图 11-7 所示。

图 11-7

2.PPT 的常见通病

在 PPT 的设计过程中，有人为
了节约时间，在没有对文字进行提
炼的情况下，直接把 Word 文档中的
内容复制到 PPT 上；有人在幻灯片
的每个角落都堆积了大量的图表，却
没有说明这些数据反映了哪些发展趋
势；有人看到漂亮的模板，就用到了
幻灯片中，却没有考虑和自己的主题
是否相符……如图 11-8 所示。

图 11-8

这样的 PPT 通病，势必会造成
演讲者和观众之间的沟通障碍，让观
众看不懂，没兴趣，没印象，如图
11-9 所示。

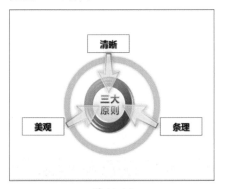

图 11-9

3.PPT 设计的原则

好的幻灯片总是让人眼前一亮，既清晰、美观，又贴切、适用。很大程度上是因为好的幻灯片应用了 PPT 设计的基本原则。

在 PPT 设计过程中，无论是文字、图片，还是表格、图形，都必须遵守清晰、美观、条理的三大原则，如图 11-10 所示。

图 11-10

使用 PPT 的文字和图形特效能够将繁冗的文字简单化、形象化，让观众愿意看，看得懂。

结合 PPT 的设计理念和使用者的职业场合，好的 PPT 能够缩短会议时间，提高演讲的说服力，轻松搞定客户和老板，如图 11-11 所示。

图 11-11

★ 重点 11.1.3　如何设计 PPT 的布局

幻灯片不合理的布局，能够给观众带来不舒服的视觉感受，如紧张、困惑，以及焦虑等。

合理的幻灯片布局，不会把所有内容都堆砌到一张幻灯片中，那样突出不了重点。其实，确定哪些元素应该重点突出相当关键，重点展示关键信息，弱化次要信息，才能吸引观众的眼球。

1. 专业 PPT 的布局原则

PPT 的合理布局通常遵循以下几个原则。

（1）对比性：通过对比，让观众可以很快发现事物间的不同之处，并在此集中注意力。

（2）流程性：让观众清晰地了解信息传达的次序。

（3）层次性：让观众可以看到元素之间的关系。

（4）一致性：让观众明白信息之间的一致性。

（5）距离感：视觉结构可以明确地映射出其代表的信息结构，让观众从元素的分布中理解其意义。

（6）适当留白：给观众留下视觉上的呼吸空间。

2. 常用的 PPT 版式布局

布局是 PPT 的一个重要环节，

布局不好，信息表达肯定会大打折扣。接下来介绍几种常用的 PPT 版式布局。

（1）标准型布局。标准型布局是最常见、最简单的版面编排类型，一般按照从上到下的顺序，对图片、图表、标题、说明文、标志图形等元素进行排列。自上而下的排列方式符合人们认识的心理顺序和思维活动的逻辑顺序，能够产生良好的阅读效果，如图 11-12 所示。

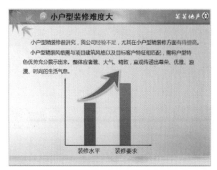

图 11-12

（2）左置型布局。左置型布局也是一种常见的版面编排类型，它往往将纵长型图片放在版面的左侧，使之与横向排列的文字形成有力对比。这种版面编排类型十分符合人们的视线流动顺序，如图 11-13 所示。

图 11-13

（3）斜置型布局。斜置型布局是指在构图时全部构成要素向右边或左边作适当的倾斜，使视线上下流动，画面产生动感，如图 11-14 所示。

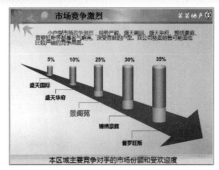

图 11-14

（4）圆图型布局。圆图型布局是指在安排版面时以正圆或半圆构成版面的中心，在此基础上按照标准型顺序安排标题、说明文和标志图形，在视觉上非常引人注目，如图 11-15 所示。

图 11-15

（5）中轴型布局。中轴型布局是一种对称的构成形态。标题、图片、说明文与标题图形放在轴心线或图形的两边，具有良好的平衡感。根据视觉流程的规律，在设计时把诉求重点放在左上方或右下方，如图 11-16 所示。

图 11-16

（6）棋盘型布局。棋盘型布局是指在安排版面时将版面全部或部分分割成若干等量的方块形态，互相明显区别，作棋盘式设计，如图 11-17 所示。

图 11-17

（7）文字型布局。文字型布局是指在编排中，文字是版面的主体，图片仅仅是点缀。一定要加强文字本身的感染力，同时字体便于阅读，并使图形起到锦上添花、画龙点睛的作用，如图 11-18 所示。

图 11-18

（8）全图型布局。全图型布局是指用一张图片占据整个版面，图片可以是人物形象也可以是创意所需要的特写场景，在图片的适当位置直接加入标题、说明文或标志图形，如图 11-19 所示。

（9）字体型布局。字体型布局是指在编排时，对商品的品名或标志图形进行放大处理，使其成为版面上主要的视觉要素。这样可以增加版面的情趣，突破主题，使人印象深刻，如图 11-20 所示。

图 11-19

图 11-20

（10）散点型布局。散点型布局是指在编排时，将构成要素在版面上作不规则的排放，形成随意轻松的视觉效果。但要注意统一气氛，进行色彩或图形的相似处理，避免杂乱无章。同时又要主体突出，符合视觉流程规律，这样方能取得最佳诉求效果，如图 11-21 所示。

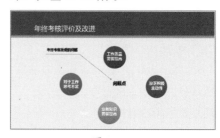

图 11-21

（11）水平型布局。水平型布局是一种安静而平定的编排形式。同样的 PPT 元素，竖放与横放会产生不同的视觉效果，如图 11-22 所示。

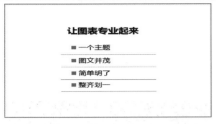

图 11-22

（12）交叉型布局。交叉型布局是指将图片与标题进行叠置，既可交叉成十字形，也可作一定倾斜。这种交叉增加了版面的层次感，如图 11-23 所示。

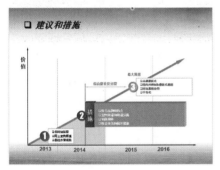

图 11-23

（13）背景型布局。背景型布局是指在编排时首先把实物纹样或某种肌理效果作为版面的全面背景，然后再将标题、说明文等构成要素置于其上，如图 11-24 所示。

2016年中国汽车产销量分析表					
车辆类型	1-12月累计	同比增长	车辆类型	1-12月累计	同比增长
乘用车	1806.19	32.37%	商用车	249.21	27.77%
轿车	1375.78	33.17%	客车	430.41	29.9%
MPV	949.43	27.05%	货车	283.13	25.83%
SUV	44.54	78.92%	半挂牵引车	35.46	67.98%
交叉型乘用车	132.6	101.27%	客车非完整车辆	8.69	4.93%

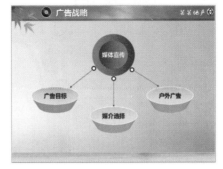

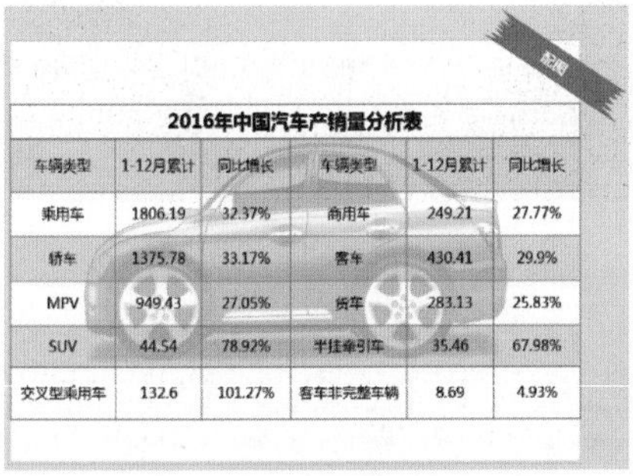

图 11-24

（14）指示型布局。指示型布局是指在版面编排的结构形态上有明显的指向性，这种指向性构成要素既可以是箭头型的指向构成，又可以是图片动势指向文字内容，起到明显的指向作用，如图 11-25 所示。

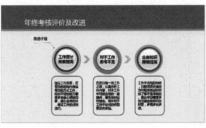

图 11-25

（15）重复型布局。重复的构成要素具有较强的吸引力，可以使版面产生节奏感，增加画面情趣，如图 11-26 所示。

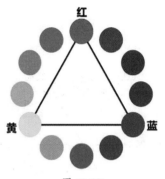

图 11-26

布局是一种设计、一种创意。一千个 PPT 可以有一千种不同的布局；同一篇内容，不同 PPT 达人也会做出不同的布局设计。关键要做到清晰、简约和美观。

★ 重点 11.1.4 PPT 的色彩搭配技巧

专业的 PPT，往往在色彩搭配上恰到好处，既能着重突出主体，又能在色彩上达到深浅适宜、一目了然的效果。

1. 基本色彩理论

PPT 中的颜色通常采用 RGB 或 HSL 模式。

RGB 模式是使用红（R）、绿（G）、蓝（R）三种颜色，每一种颜色根据饱和度和亮度的不同分成 256 种颜色，并且可以调整色彩的透明度。

HSL 模式是工业界的一种颜色标准，它通过对色调 (H)、饱和度 (S)、亮度 (L)3 个颜色通道的变化，以及它们相互之间的叠加来得到各式各样的颜色。它是目前运用最广的颜色系统之一。

（1）原色。原色是色环中所有颜色的“父母”。在色环中，只有红、黄、蓝这 3 种颜色不是由其他颜色调和而成的，如图 11-27 所示。

图 11-27

三原色同时使用是比较少见的。但是，红黄搭配非常受欢迎，红黄搭配应用的范围很广，在图表设计中，我们经常会看见这两种颜色同时在一起。

蓝红搭配也很常见，但只有当两者的区域是分离时，才会显得吸引人，如果是紧邻在一起，则会产生冲突感。

（2）二次色。每一种二次色都是由离它最近的两种原色等量调和而成。二次色所处的位置是位于两种三原色一半的位置，如图 11-28 所示。

二次色之间都拥有一种共同的颜色——其中两种共同拥有蓝色，两种共同拥有黄色，两种共同拥有红色——所以它们轻易能够形成协调的搭配。如果三种二次色同时使用，则显得很舒适、吸引人，并具有丰富的色调。它们同时具有的颜色深度及广度，这一点在其它颜色关系上很难找到。

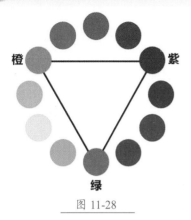

图 11-28

（3）三次色。三次是由相邻的两种二次色调和而成，如图 11-29 所示。

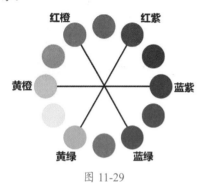

图 11-29

（4）色环。每一种颜色都拥有部分相邻的颜色，如此循环成一个色环。共同的颜色是颜色关系的基本要点，如图 11-30 所示。

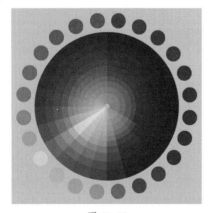

图 11-30

色环通常包括11种不同的颜色，这 11 种常用颜色组成的色环称为 11 色环，如图 11-31 所示。

图 11-31

（5）互补色。在色环上直线相对的两种颜色称为补色，例如，在图 11-32 和图 11-33 中，是红色及绿色互为补色形成强列的对比效果，传达出活力、能量、兴奋等意义。

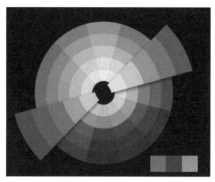

图 11-32

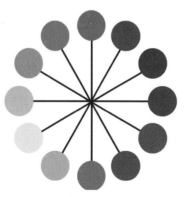

图 11-33

补色要达到最佳的效果，最好是其中一种面积比较小，另一种面积比较大。例如，在一个蓝色的区域里搭配橙色的小圆点。

（6）类比色。相邻的颜色称为类比色。类比色都拥有共同的颜色（在图 11-34 中是黄色及红色）。这种颜色搭配产生了一种悦目、低对比度的和谐美感。类比色非常丰富，应用这种搭配很容易产生不错的视觉效果，如图 11-34 所示。

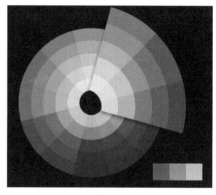

图 11-34

（7）单色。一种颜色由暗、中、明 3 种色调组成，这就是单色。单色搭配没有形成颜色的层次，但形成了明暗的层次。这种搭配在设计中应用的效果永远不错，如图 11-35 所示。

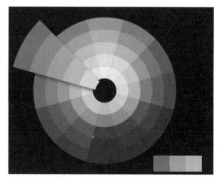

图 11-35

技术看板

色彩分为无色彩与有色彩两大范畴。无色彩指无单色光，即黑、白、灰；有色彩指有单色光，即红、橙、黄、绿、蓝、紫。

2. 色彩的三要素

每一种色彩都同时具有 3 种基本属性，即明度、色相和纯度，如图

11-36 所示。

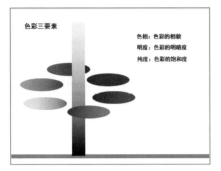

图 11-36

（1）明度。在无色彩中，明度最高的色为白色，明度最低的色为黑色，中间存在一个从亮到暗的灰色系列。在彩色中，任何一种纯度都有着自己的明度特征。例如，黄色为明度最高的色，紫色为明度最低的色。

明度在三要素中具有较强的独立性，它可以不带任何色相的特征而通过黑白灰的关系单独呈现出来。色相与纯度则必须依赖一定的明暗才能显现，色彩一旦发生，明暗关系就会出现。可以把这种抽象出来的明度关系看作色彩的骨骼，它是色彩结构的关键，如图 11-37 所示。

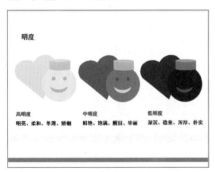

图 11-37

（2）色相。色相是指色彩的相貌。而色调是对一幅绘画作品的整体颜色的评价。从色相中可以集中反映色调。

色相体现着色彩外向的性格，是色彩的灵魂，如红、橙、黄等色相集中反映为暖色调，蓝、绿、紫集中反映为冷色调，如图 11-38 所示。

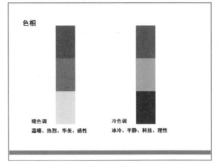

图 11-38

（3）纯度。纯度指的是色彩的鲜浊程度。

混入白色，鲜艳度降低，明度提高；混入黑色，鲜艳度降低，明度变暗；混入明度相同的中性灰时，纯度降低，明度没有改变。

不同的色相，不但明度不等，纯度也不相等。纯度最高的是红色，黄色纯度也较高，绿色纯度为红色的一半左右。

纯度体现了色彩内向的品格。同一色相即使纯度发生了细微的变化，也会立即带来色彩性格的变化，如图 11-39 所示。

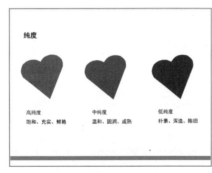

图 11-39

3. PPT 中如何搭配色彩

色彩搭配是 PPT 设计中的主要一环。正确选取 PPT 主色，准确把握视觉的冲击中心点，同时，还要合理搭配辅助色以减轻观看者的视觉疲劳度，起到一定量的视觉分散效果。

（1）使用预定义的颜色组合。在 PPT 中可以使用预定义的具有良好颜色组合的颜色方案来设置演示文稿的格式。

一些颜色组合具有高对比度以便于阅读。例如，下列背景色和文字颜色的组合就很合适：紫色背景绿色文字、黑色背景白色文字、黄色背景紫红色文字，以及红色背景蓝绿色文字，如图 11-40 所示。

图 11-40

如要使用图片，尝试选择图片中的一种或多种颜色用于文字颜色，使之产生协调的效果，如图 11-41 所示。

图 11-41

（2）背景色选取原则。选择背景色的一个原则是，在选择背景色的基础上选择其他三种文字颜色以获得最强的效果。

可以同时考虑使用背景色和纹理。有时具有恰当纹理的淡色背景比纯色背景具有更好的效果，如图 11-42 所示。

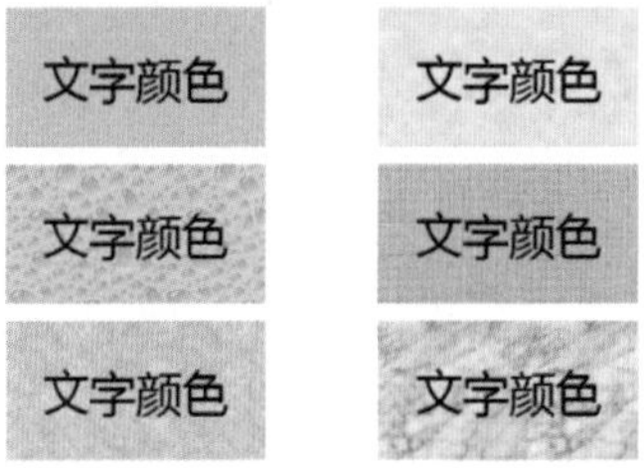

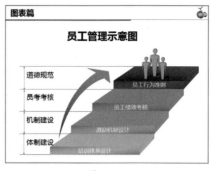

图 11-42

如果使用多种背景色，最好使用近似色；构成近似色的颜色可以柔和过渡并不会影响前景文字的可读性。也可以通过使用补色进一步突出前景文字。

（3）颜色使用原则。不要使用过多的颜色，避免让观众眼花缭乱。

相似的颜色可能产生不同的作用，颜色的细微差别可能使信息内容的格调和感觉发生变化，如图 11-43

所示。

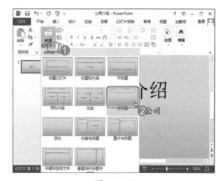

图 11-43

使用颜色可表明信息内容间的关系，表达特定的信息或进行强调。一些颜色有其特定含义，例如红色表示警告或重点提示，而绿色表示认可。可使用这些相关颜色表达观点，如图 11-44 所示。

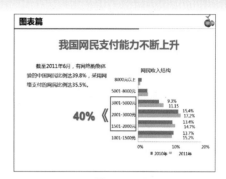

图 11-44

（4）注重颜色的可读性。根据不同的调查显示，5%~8% 的人有不同程度的色盲，其中红绿色盲为大多数。因此，尽量避免使用红色绿色的对比来突出显示内容。

避免仅依靠颜色来表示信息内容，应做到让所有用户，包括盲人和视觉稍有障碍的人都能获取所有信息。

11.2　幻灯片的基本操作

演示文稿是由多张幻灯片组成的，幻灯片是演示文稿的主体，所以，要想使用 PowerPoint 2013 制作演示文稿，就必须掌握幻灯片的一些基本操作，如新建、移动、复制和删除等。

11.2.1　实战：新建幻灯片

实例门类	软件功能
教学视频	光盘\视频\第 11 章\11.2.1.mp4

默认情况下，新建的演示文稿中只包含一张标题页幻灯片，但这并不能满足演示文稿的制作需要，这时就需要新建幻灯片。在 PowerPoint 2013 中既可新建默认版式的幻灯片，也可新建其他版式的幻灯片。例如，在"公司介绍"演示文稿中新建多张不同版式的幻灯片，具体操作步骤如下。

Step01 打开"光盘\素材文件\第 11 章\公司介绍.pptx"文件，❶单击【开始】选项卡【幻灯片】组中的【新建幻灯片】下拉按钮., ❷在弹出的下拉列表中选择需要新建幻灯片

的版式，如选择【仅标题】选项，如图 11-45 所示。

图 11-45

Step02 此时，在所选幻灯片下方新建一张只带标题的幻灯片，效果如图 11-46 所示。

Step03 ❶选择新建的幻灯片，单击【幻灯片】组中的【新建幻灯片】下拉按钮., ❷在弹出的下拉列表中选择【标题和内容】选项，如图 11-47

所示。

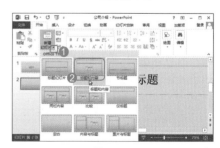

图 11-46

图 11-47

Step 04 此时，在所选幻灯片下方新建一张带标题和内容占位符的幻灯片，效果如图 11-48 所示。

图 11-48

11.2.2 选择幻灯片

在演示文稿中对幻灯片的操作都是以选择幻灯片为前提的。选择幻灯片主要包括 3 种情况，分别是选择单张幻灯片、选择多张幻灯片和选择所有幻灯片，下面分别进行介绍。

1. 选择单张幻灯片

选择单张幻灯片的操作最为简单，用户只需在演示文稿界面左侧幻灯片窗格中单击需要的幻灯片，即可将其选中，如图 11-49 所示。

图 11-49

2. 选择多张幻灯片

选择多张幻灯片又分为选择多张连续的幻灯片和选择多张不连续的幻灯片，分别介绍如下。

（1）选择多张不连续的幻灯片时，先按住【Ctrl】键不放，然后在幻灯片窗格中依次单击需要选择的幻灯片，如图 11-50 所示。

图 11-50

（2）选择多张连续的幻灯片时，先选择第一张幻灯片，然后按住【Shift】键不放，在幻灯片窗格中单击最后一张幻灯片，选择这两张幻灯片之间的所有幻灯片，效果如图 11-51 所示。

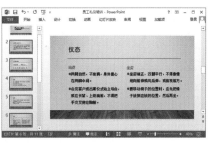

图 11-51

3. 选择所有幻灯片

如果需要选择幻灯片中的所有幻灯片，直接按【Ctrl+A】组合键，就能快速选择演示文稿中的所有幻灯片，如图 11-52 所示。

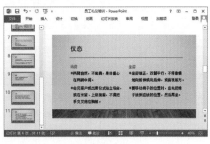

图 11-52

★ 重点 11.2.3 实战：移动和复制幻灯片

实例门类	软件功能
教学视频	光盘\视频\第 11 章\11.2.3.mp4

当制作的幻灯片的位置不正确时，可以通过移动幻灯片的方法将其移动到合适位置；而对于制作结构与格式相同的幻灯片时，可以直接复制幻灯片，然后对其内容进行修改，以达到快速创建幻灯片的目的。例如，在"员工礼仪培训"演示文稿中移动第 8 张幻灯片的位置，然后通过复制第 1 张幻灯片来制作第 12 张幻灯片，具体操作步骤如下。

Step 01 打开"光盘\素材文件\第 11 章\员工礼仪培训.pptx"文件，在幻灯片窗格中选择第 8 张幻灯片，将鼠标指针移动到所选幻灯片上，然后按住鼠标左键不放，将其拖动到第 10 张幻灯片下面，如图 11-53 所示。

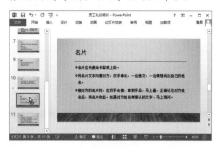

图 11-53

Step 02 释放鼠标，将原来的第 8 张幻灯片移动到第 10 张幻灯片下面，并变成第 10 张幻灯片，效果如图 11-54 所示。

图 11-54

技术看板

拖动鼠标移动幻灯片时，如按住【Ctrl】键，则表示复制幻灯片。

Step⑬ 选择第 1 张幻灯片并右击，在弹出的快捷菜单中选择【复制】命令，如图 11-55 所示。

图 11-55

技术看板

若在弹出的快捷菜单中选择【复制幻灯片】命令，在所选幻灯片下方粘贴复制的幻灯片。

Step⑭ 在幻灯片窗格中需要粘贴幻灯片的位置单击，出现一条红线，表示幻灯片粘贴的位置，如图 11-56 所示。

图 11-56

Step⑮ 在该位置右击，在弹出的快捷菜单中选择【粘贴源格式】选项，如图 11-57 所示。

Step⑯ 将复制的幻灯片粘贴到该位置，然后对幻灯片中的内容进行修改，效果如图 11-58 所示。

图 11-57

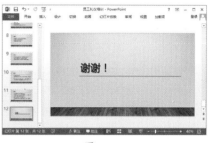

图 11-58

11.2.4 删除幻灯片

对于演示文稿中多余的幻灯片或无用的幻灯片，可以将其删除。其方法为：在演示文稿的幻灯片窗格中选择需要删除的幻灯片，然后按【Delete】键或【BackSpace】键。

11.3 设计幻灯片

不同内容的演示文稿，可能对幻灯片的大小、背景效果等要求不一样，所以，在制作幻灯片内容之前，可以先对幻灯片的大小、主题和背景格式等进行设置，使演示文稿中的幻灯片整体效果更统一。

★ 新功能 11.3.1 实战：设计"企业文化宣传"幻灯片的大小

实例门类	软件功能
教学视频	光盘\视频\第 11 章\11.3.1.mp4

PowerPoint 2013 提供了对幻灯片大小进行设置的功能，它是 PowerPoint 2013 的新功能，通过它可以对幻灯片的大小进行设置。例如，将"企业文化宣传"演示文稿中幻灯片的大小设置为标准，具体操作步骤如下。

Step⑪ 打开"光盘\素材文件\第 11 章\企业文化宣传.pptx"文件，❶单击【设计】选项卡【自定义】组中的【幻灯片大小】按钮，❷在弹出的下拉菜单中选择【标准】命令，如图 11-59 所示。

Step⑫ 打开【Microsoft PowerPoint】对话框，提示是按最大化内容大小还是按比例缩小幻灯片，这里单击【确保适合】按钮，表示按比例缩放幻灯片大小，以确保幻灯片中的内容能适应新幻灯片大小，如图 11-60 所示。

图 11-59

技术看板

PowerPoint 2013 中默认的幻灯片大小为宽屏 (16：9)。

图 11-60

Step03 返回演示文稿编辑区，演示文稿中的所有幻灯片都将变成宽屏，效果如图 11-61 所示。

图 11-61

技能拓展——自定义幻灯片大小

除了可将幻灯片的大小设置为"标准"和"宽屏"外，用户还可根据需要自定义幻灯片大小。其方法为：单击【设计】选项卡【自定义】组中的【幻灯片大小】按钮，在弹出的下拉菜单中选择【自定义幻灯片大小】命令，在打开的【幻灯片大小】对话框中对幻灯片的宽度和高度进行设置，完成后单击【确定】按钮，再对幻灯片的缩放进行设置。

★ 重点 11.3.2 实战：为"企业文化宣传"幻灯片应用主题

实例门类	软件功能
教学视频	光盘\视频\第 11 章\11.3.2.mp4

PowerPoint 2013 提供了大量的主题，每个主题使用其唯一的一组颜色、字体和效果，通过为演示文稿中的幻灯片应用主题，可快速设置幻灯片的外观效果。例如，继续上例操作，在"企业文化宣传"演示文稿中为幻灯片应用主题，具体操作步骤如下。

Step01 在打开的【企业文化宣传】演示文稿中单击【设计】选项卡【主题】组中的【其他】按钮，在弹出的下拉列表中选择需要的主题，如选择【平面】选项，如图 11-62 所示。

图 11-62

Step02 为演示文稿中的所有幻灯片应用选择的主题，效果如图 11-63 所示。

图 11-63

技能拓展——为单张幻灯片应用主题

默认情况下，选择主题后，会为演示文稿中的所有幻灯片应用主题。如果只需要演示文稿中的某张幻灯片应用选择的主题，可先选择需要应用主题的幻灯片，然后在【主题】组中的列表框中要应用的主题上右击，在弹出的快捷菜单中选择【应用于选定幻灯片】命令，则可只为选择的幻灯片应用主题。

★ 新功能 11.3.3 实战：设置幻灯片背景格式

实例门类	软件功能
教学视频	光盘\视频\第 11 章\11.3.3.mp4

设置幻灯片背景格式是 PowerPoint 2013 的一个新功能，通过该功能可以将默认的幻灯片背景设置为其他填充效果，如纯色填充、渐变填充、图片或纹理填充及图案填充等，用户可根据实际情况来选择不同的填充方式。例如，在"新品上市营销计划"演示文稿中设置幻灯片背景，具体操作步骤如下。

Step01 打开"光盘\素材文件\第 11 章\新品上市营销计划 .pptx"文件，❶ 选择第 1 张幻灯片，❷ 单击【设计】选项卡【自定义】组中的【设置背景格式】按钮，如图 11-64 所示。

图 11-64

Step02 打开【设置背景格式】任务窗格，❶ 在【填充】栏中选择背景填充方式，如选中【图片或纹理填充】单选按钮，❷ 单击【插入图片来自】栏中的【文件】按钮，如图 11-65 所示。

图 11-65

技术看板

如果计算机连接网络，也可单击【插入图片来自】栏中的【联机】按钮，可从网络中搜索合适的图片，将其填充为幻灯片的背景。

Step03 ❶ 打开【插入图片】对话框，在地址栏中选择插入图片所保存的位置，❷ 然后选择需要插入的图片【背景图片】，❸ 单击【插入】按钮，如图 11-66 所示。

图 11-66

Step04 插入图片，并将它作为所选幻灯片的背景，效果如图 11-67 所示。

图 11-67

技术看板

如果【预设渐变】列表中没有合适的渐变填充效果，可在下方的【渐变光圈】栏中对渐变光圈的个数、位置、渐变颜色、透明度和亮度等进行设置，以制作出合适的渐变填充效果。

Step05 ❶ 选择第 2 张幻灯片，打开【设置背景格式】任务窗格，在【填充】栏中选中【渐变填充】单选按

钮，❷ 然后单击【预设渐变】按钮，❸ 在弹出的列表中选择需要的预设渐变样式，如选择【顶部聚光灯 - 着色 3】选项，如图 11-68 所示。

图 11-68

Step06 此时，所选幻灯片的背景将被填充为所选的渐变样式效果，如图 11-69 所示。

图 11-69

Step07 ❶ 选择第 3 至第 10 张幻灯片，❷ 打开【设置背景格式】任务窗格，在【填充】栏中选中【图片或纹理填充】单选按钮，❸ 然后单击【纹理】按钮，如图 11-70 所示。

图 11-70

Step08 在弹出的列表中选择需要的纹理样式，如选择【新闻纸】选项，如图 11-71 所示。

技能拓展——为所有的幻灯片应用相同的背景效果

为幻灯片设置背景效果时，默认只为选择的幻灯片应用设置的背景效果，如果要为所有的幻灯片应用相同的背景效果，可在【设置背景格式】任务窗格中设置好背景效果后，单击任务窗格下方的【全部应用】按钮。

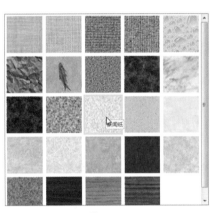

图 11-71

Step09 将所选幻灯片的背景填充为所选的纹理样式，效果如图 11-72 所示。

图 11-72

技能拓展——使用图案对幻灯片背景进行填充

选择需要使用图案填充背景的幻灯片，在【设置背景格式】任务窗格的【填充】栏中选中【图案填充】单选按钮，在【图案】栏中可选择需要的图案，然后对图案的前景色和背景色进行填充。

11.4　输入与编辑幻灯片文本

文本是幻灯片的主体，要想通过幻灯片向受众传递信息，文本是必不可少的。在幻灯片中，不仅可输入文本，还可对文本的格式进行编辑，这样可有效通过文本传递信息。

★ 重点 11.4.1 实战：输入文本

实例门类	软件功能
教学视频	光盘\视频\第11章\11.4.1.mp4

在幻灯片中输入文本主要是通过占位符、文本框和幻灯片大纲窗格来实现的，用户可根据实际情况来选择文本的输入方式。

1. 通过占位符输入文本

通过占位符输入文本是最常用的方法，因为新建的幻灯片中自带有占位符，而且输入的文本具有一定的格式。在占位符中输入文本的方法很简单，只需在幻灯片中的占位符上单击，将光标定位到幻灯片中，然后输入需要的文本，如图11-73所示。

图 11-73

2. 通过文本框输入文本

当幻灯片中的占位符不够或需要在幻灯片中的其他位置输入文本时，则可使用文本框，相对于占位符来说，使用文本框可灵活创建各种形式的文本，但要使用文本框输入文本，首先需要绘制文本框，然后才能在其中输入文本。例如，在"业务员培训"演示文稿的标题页幻灯片中绘制一个文本框，并在文本框中输入相应

的文本，具体操作步骤如下。

Step① 打开"光盘\素材文件\第11章\业务员培训.pptx"文件，单击【插入】选项卡【文本】组中的【文本框】按钮，如图11-74所示。

图 11-74

> **技术看板**
>
> 若单击【文本框】下拉按钮，在弹出的下拉菜单中提供了【横排文本框】和【竖排文本框】选项，用户可根据需要选择相应的选项进行绘制。

Step② 此时鼠标指针变成↓形状，将鼠标指针移动到幻灯片需要绘制文本框的位置，然后按住鼠标左键不放进行拖动，如图11-75所示。

图 11-75

Step③ 拖动到合适位置释放鼠标，绘制一个横排文本框，并将光标定位到横排文本框中，然后输入需要的文本，效果如图11-76所示。

图 11-76

> **技术看板**
>
> 在绘制的文本框中，不仅可以输入文本，还可插入图片、形状、表格等对象。

3. 通过大纲窗格输入文本

当演示文稿幻灯片中需要输入的文本内容较多，且具有不同的层次结构时，则可通过大纲视图中的大纲窗格方便地创建。例如，继续上例操作，在"业务员培训"演示文稿大纲视图的大纲窗格中输入文本，创建第2张幻灯片，具体操作步骤如下。

Step① 在打开的【业务员培训】演示文稿中单击【视图】选项卡【演示文稿视图】组中的【大纲视图】按钮，如图11-77所示。

图 11-77

Step② 进入大纲视图，将光标定位到左侧幻灯片大纲窗格的【科达公司人事部】文本后面，如图11-78所示。

图 11-78

Step03 按【Ctrl+Enter】组合键，新建一张幻灯片，将光标定位到新建的幻灯片后面，输入幻灯片标题，如图 11-79 所示。

图 11-79

技术看板

在幻灯片大纲窗格中输入文本后，在幻灯片编辑区的占位符中将显示对应的文本。

Step04 按【Enter】键，在第 2 张幻灯片下方新建 1 张幻灯片，如图 11-80 所示。

图 11-80

Step05 按【Tab】键，降低一级，原来的第 3 张幻灯片的标题占位符将变成第 2 张幻灯片的内容占位符，然后输入文本，效果如图 11-81 所示。

Step06 然后按【Enter】键进行分段，

继续输入幻灯片中需要的文本内容，效果如图 11-82 所示。

图 11-81

图 11-82

技术看板

在幻灯片大纲窗格中输入文本时，按【Tab】键表示降级，按【Enter】键表示分段或创建新幻灯片。

★ 重点 11.4.2 实战：设置"商业项目计划"字体格式

实例门类	软件功能
教学视频	光盘\视频\第 11 章\11.4.2.mp4

与 Word 一样，在幻灯片中输入文本后，还需要对文本的字体格式进行设置，这样才能突出重点内容。例如，在"商业项目计划"演示文稿中设置第 1 张和第 2 张幻灯片的字体格式，具体操作步骤如下。

Step01 打开"光盘\素材文件\第 11 章\商业项目计划.pptx"文件，❶ 在幻灯片窗格中选择第 1 张幻灯片，❷ 选择标题占位符中的文本，在【开始】选项卡【字体】组中的【字号】下拉列表框中选择需要的字体，如选

择【黑体】选项，❸ 在【字号】下拉列表框中选择需要的字号，如选择【60】选项，❹ 单击【字体颜色】下拉按钮，❺ 在弹出的下拉列表中选择需要的颜色，如选择【白色，背景 1】选项，如图 11-83 所示。

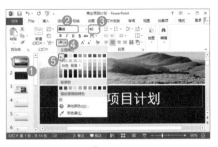

图 11-83

Step02 选择副标题占位符，❶ 在【字号】下拉列表框中选择【32】，❷ 再单击【字体颜色】下拉按钮，❸ 在弹出的下拉列表中选择【灰色，背景 2，深色 25%】选项，如图 11-84 所示。

图 11-84

Step03 ❶ 选择第 2 张幻灯片，❷ 选择标题占位符，在【字体】组中设置字体为【黑体】，字号为【54】，❸ 单击【加粗】按钮，❹ 再单击【字体颜色】下拉按钮，❺ 在弹出的下拉列表中选择【白色，文字 1，深色 25%】选项，如图 11-85 所示。

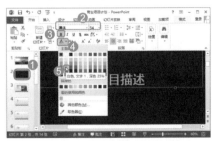

图 11-85

Step04 ❶ 选择副标题占位符，设置字号为【36】，❷ 单击【倾斜】按钮和【文字阴影】按钮，❸ 再单击【字体颜色】下拉按钮，❹ 在弹出的下拉列表中选择【灰色-25%,文字2,深色25%】选项，如图11-86所示。

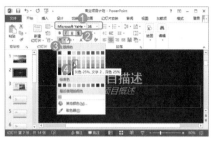

图 11-86

★ 重点 11.4.3 实战：设置"商业项目计划"段落格式

实例门类	软件功能
教学视频	光盘\视频\第11章\11.4.3.mp4

设置文本的段落格式，可以使段与段之间的距离更合理，使幻灯片中的内容更容易被记忆和阅读。在幻灯片中，设置文本段落格式的方法与在Word中设置文本段落格式的方法基本相同。例如，继续上例操作，在"商业项目计划"演示文稿中为幻灯片中文本的对齐方式、项目符号、编号和段落间距等进行设置，具体操作步骤如下。

Step01 ❶ 在打开的【商业项目计划】演示文稿中选择第3张幻灯片，❷ 选择标题文本【项目范围】，❸ 单击【开始】选项卡【段落】组中的【居中】按钮，如图11-87所示。

Step02 选择的文本将居中对齐于占位符中，然后选择内容占位符中的所有段落，❶ 单击【段落】组中的【项目符号】下拉按钮，❷ 在弹出的下拉列表中选择需要的项目符号，更改所有段落的项目符号，如图11-88所示。

图 11-87

图 11-88

Step03 保持段落的选择状态，❶ 单击【段落】组中的【行距】按钮，❷ 在弹出的下拉列表中选择需要的行距选项，如选择【1.5】选项，更改所选段落的行距，如图11-89所示。

图 11-89

Step04 ❶ 选择第4张幻灯片，❷ 选择内容占位符中需要添加编号的多个段落，❸ 单击【段落】组中的【编号】下拉按钮，❹ 在弹出的下拉列表中选择需要的编号样式，如图11-90所示。

图 11-90

Step05 为所选的段落添加选择的编号样式，效果如图11-91所示。

图 11-91

技能拓展——多列显示文本

如果希望占位符中的段落多列显示，那么可先选择占位符，单击【开始】选项卡【段落】组中的【分栏】按钮，在弹出的下拉列表中选择分栏选项。

11.5 设计幻灯片母版

幻灯片母版相当于是一种模板，它能够存储幻灯片的所有信息，包括文本和对象在幻灯片上放置的位置、文本和对象的大小、文本样式、背景、颜色主题、效果和动画等。通过幻灯片母版可以快速制作出多张风格相同的幻灯片，使演示文稿的整体风格更统一。

第1篇 第2篇 第3篇 第4篇 第5篇 第6篇

★ 重点 11.5.1 实战：设置幻灯片母版背景

实例门类	软件功能
教学视频	光盘\视频\第11章\11.5.1.mp4

设置幻灯片母版背景主要是指对幻灯片母版和母版版式的背景进行设置，其设置与设置幻灯片背景格式的方法基本相同，不同的是，设置幻灯片母版必须在幻灯片母版视图中进行。例如，在"产品构造方案"演示文稿中进入幻灯片母版视图，然后对幻灯片母版和标题幻灯片版式的背景进行设置，具体操作步骤如下。

Step01 打开"光盘\素材文件\第11章\产品构造方案.pptx"文件，单击【视图】选项卡【母版视图】组中的【幻灯片母版】按钮，如图11-92所示。

图 11-92

技能拓展——认识母版视图

在 PowerPoint 2013 中，母版视图分为幻灯片母版、讲义母版和备注母版3种类型，其中，用得最多的是幻灯片母版，它用于设置幻灯片的效果，而当需要将演示文稿以讲义的形式进行打印或输出时，则可通过讲义母版进行设置；当需要在演示文稿中插入域备注内容时，则可通过备注母版进行设置。

Step02 进入幻灯片母版视图，❶选择幻灯片母版，❷单击【幻灯片母版】

选项卡【背景】组中的【背景样式】按钮，❸在弹出的下拉列表中选择需要的背景样式，如选择第6种，如图11-93所示。

图 11-93

Step03 为幻灯片母版和所有的幻灯片版式应用所选的背景样式，效果如图11-94所示。

图 11-94

技术看板

幻灯片母版视图中的第1张幻灯片为幻灯片母版，而其余幻灯片为幻灯片母版版式，默认情况下，每个幻灯片母版中包含11张幻灯片母版版式。对幻灯片母版背景进行设置后，幻灯片母版和幻灯片母版版式的背景都将发生变化，但对幻灯片母版版式的背景进行设置后，只有所选幻灯片母版版式的背景发生变化，其余幻灯片母版版式和幻灯片母版背景都不会发生变化。

Step04 ❶在幻灯片窗格中选择第1张幻灯片母版版式，❷单击【幻灯片母版】选项卡【背景】组中的【背景样式】按钮，❸在弹出的下拉列表中选择【设置背景格式】命令，如图11-95所示。

图 11-95

Step05 ❶打开【设置背景格式】任务窗格，在【填充】栏中选中【渐变填充】单选按钮，❷单击【方向】按钮，❸在弹出的列表中选择需要的渐变方向，如选择【线性对角 - 左下到右上】选项，如图11-96所示。

图 11-96

Step06 ❶在【渐变光圈】栏中选择第2个光圈，❷单击其后的【删除渐变光圈】按钮，如图11-97所示。

图 11-97

技术看板

如果默认的渐变光圈个数不够，可单击【渐变光圈】后的【添加渐变光圈】按钮，可添加一个渐变光圈。

Step07 ❶选择第一个渐变光圈，❷单击【颜色】下拉按钮，❸在弹出的列表中选择需要的填充色，如选择【灰色 -25%，背景 2，深色 50%】选项，如图 11-98 所示。

图 11-98

Step⑧ ❶ 选择第 2 个渐变光圈，❷ 将其颜色设置为【白色，背景 1】，❸ 在【位置】数值框中输入光圈位置，如输入【66%】，如图 11-99 所示。

技术看板

将鼠标指针移动到需要调整光圈位置的光圈图表上，按住鼠标左键不放进行拖动，也可调整光圈位置。

图 11-99

Step⑨ ❶ 选择第 3 个渐变光圈，❷ 单击【颜色】下拉按钮，❸ 在弹出的列表中选择【灰色 -50%，着色 3】选项，如图 11-100 所示。

图 11-100

Step⑩ 关闭任务窗格，可看到设置第 1 张幻灯片母版版式后的效果，如图 11-101 所示。

图 11-101

★ 重点 11.5.2 实战：设置幻灯片母版占位符格式

实例门类	软件功能
教学视频	光盘\视频\第 11 章\11.5.2.mp4

若希望演示文稿中的所有幻灯片拥有相同的字体格式、段落格式等，可以通过幻灯片母版进行统一设置，这样可以提高演示文稿的制作效率。例如，继续上例操作，在"产品构造方案"中通过幻灯片母版对占位符的格式进行相应的设置，具体操作步骤如下。

Step① ❶ 在打开的【产品构造方案】演示文稿的幻灯片母版视图中选择幻灯片母版，❷ 选择标题占位符，在【开始】选项卡【字体】组中将字体设置为【黑体】，字号设置为【44】，❸ 单击【加粗】按钮，❹ 然后单击【字体颜色】下拉按钮，❺ 在弹出的下拉列表中选择【蓝 - 灰，文字 2】选项，如图 11-102 所示。

图 11-102

Step② 选择内容占位符，❶ 在【字体】组中的【字号】下拉列表框中选择【28】，❷ 单击【字体颜色】下拉按钮，❸ 在弹出的下拉列表中选择【蓝色，着色 1，深色 50%】选项，如图 11-103 所示。

图 11-103

Step③ ❶ 保持内容占位符的选择状态，单击【段落】组中的【项目符号】下拉按钮，❷ 在弹出的下拉列表中选择需要的项目符号，如图 11-104 所示。

图 11-104

Step④ ❶ 选择幻灯片母版版式的第 1 张幻灯片，❷ 选择副标题占位符，在【字体】组中将字号设置为【48】，❸ 单击【加粗】按钮，❹ 然后将鼠标指针移动到副标题占位符上，按住鼠标左键不放向下进行拖动，如图 11-105 所示。

图 11-105

Step⑤ 拖动到合适位置后释放鼠标，效果如图 11-106 所示。

图 11-106

11.5.3 实战：设置幻灯片母版页眉页脚

实例门类	软件功能
教学视频	光盘\视频\第11章\11.5.3.mp4

在幻灯片母版中，还可快速为演示文稿中的幻灯片添加相同的页眉页脚，如日期、公司名称、幻灯片编号等。例如，继续上例操作，在"产品构造方案"中通过幻灯片母版添加日期和幻灯片编号，具体操作操作如下。

Step① ❶ 在打开的【产品构造方案】演示文稿的幻灯片母版视图中选择幻灯片母版，❷ 单击【插入】选项卡【文本】组中的【日期和时间】按钮，如图 11-107 所示。

图 11-107

Step② 打开【页眉和页脚】对话框，❶ 选中【日期和时间】复选框，❷ 再选中【固定】单选按钮，❸ 在其下的文本框中输入固定时间【2017/1/15】，❹ 选中【幻灯片编号】复选框和【标题幻灯片中不显示】复选框，❺ 单

击【全部应用】按钮，如图 11-108 所示。

图 11-108

Step③ 为所有幻灯片添加设置的日期和编号，❶ 选择幻灯片母版中最下方的 3 个文本框，❷ 在【开始】选项卡【字体】组中将字号设置为【14】，❸ 然后单击【加粗】按钮 B 加粗文本，如图 11-109 所示。

图 11-109

Step④ 单击【幻灯片母版】选项卡【关闭】组中的【关闭母版视图】按钮，如图 11-110 所示。

图 11-110

Step⑤ 返回幻灯片普通视图，可看到设置的页眉页脚效果，如图 11-111 所示。

图 11-111

妙招技法

通过前面知识的学习，相信读者已经掌握了 PowerPoint 2013 编辑与制作幻灯片的基本操作。下面结合本章内容介绍一些实用技巧。

技巧 01：如何更改主题外观效果

教学视频	光盘\视频\第 11 章\技巧 01.mp4

在 PowerPoint 2013 中，为幻灯片应用主题后，如果对主题的颜色、字体等不满意，还可在【设计】选项卡【变体】组中对主题进行更改。例如，在"企业文化宣传"演示文稿中对主题的颜色、字体等进行更改，具体操作步骤如下。

Step01 打开"光盘\素材文件\第 11 章\企业文化宣传 .pptx"文件，先为演示文稿应用【切片】主题，然后单击【设计】选项卡【变体】组中的【其他】按钮，如图 11-112 所示。

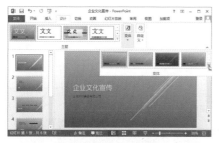

图 11-112

技术看板

在【变体】组中的列表框中提供了多种主题颜色不同的变体方案，如果有合适的，用户可以直接选择应用于幻灯片中。

Step02 ❶ 在弹出的下拉列表中选择【颜色】选项，❷ 在弹出的子列表中选择需要的主题颜色，如选择【Office】选项，如图 11-113 所示。

Step03 演示文稿中所有幻灯片的主题颜色都将发生变化，❶ 然后单击【变

体】组中的【其他】按钮，在弹出的下拉列表中选择【字体】选项，❷ 在弹出的子列表中选择需要的主题字体，如选择【黑体 黑体】选项，如图 11-114 所示。

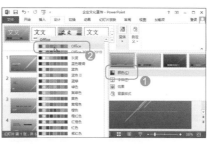

图 11-113

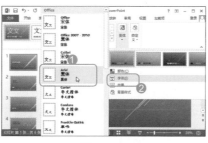

图 11-114

Step04 将演示文稿所有幻灯片中的字体更改为黑体，效果如图 11-115 所示。

图 11-115

技能拓展——更改主题的背景色

在【变体】组中单击【其他】按钮，在弹出的下拉列表中选择【背

景样式】选项，在弹出的子列表中选择提供的背景样式，或选择【设置背景格式】选项，在打开的任务窗格中可对主题的背景色进行设置。

技巧 02：为同一演示文稿应用多个幻灯片母版

教学视频	光盘\视频\第 11 章\技巧 02.mp4

对于大型的演示文稿来说，有时为使演示文稿的效果更佳，幻灯片更具吸引力，会为同一个演示文稿应用多个幻灯片母版。例如，在"公司年终会议"演示文稿中设计两种幻灯片母版，并将其应用到幻灯片中，具体操作步骤如下。

Step01 打开"光盘\素材文件\第 11 章\公司年终会议 .pptx"文件，进入幻灯片母版视图中，单击【幻灯片母版】选项卡【编辑母版】组中的【插入幻灯片母版】按钮，如图 11-116 所示。

图 11-116

技术看板

因为本例的侧重点在于添加和应用幻灯片母版，所以设计母版的具体操作未讲解，是直接复制第一张幻灯片母版的效果进行编辑的。

Step02 在默认的幻灯片母版版式后插入一个幻灯片母版，效果如图 11-117 所示。

图 11-117

Step03 然后对插入的幻灯片母版版式进行设计，效果如图 11-118 所示。

图 11-118

Step04 关闭幻灯片母版，❶ 选择需要应用第 2 个幻灯片母版效果的幻灯片，这里选择第 6 张幻灯片，❷ 单击【开始】选项卡【幻灯片】组中的【版式】按钮，如图 11-119 所示。

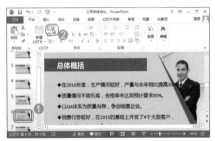

图 11-119

Step05 在弹出的下拉列表中显示了两种幻灯片母版的版式，在【自定义设计方案】栏中选择需要的版式，如选择【标题和内容】选项，如图 11-120 所示。

Step06 将所选的幻灯片版式应用到选择的幻灯片中，效果如图 11-121 所示。

图 11-120

图 11-121

技巧 03：如何在幻灯片母版中设计多个幻灯片版式

教学视频	光盘\视频\第 11 章\技巧 03.mp4

在幻灯片母版中提供了 11 个幻灯片母版版式，如果要想演示文稿中的幻灯片应用不同的幻灯片版式，那么可分别对幻灯片母版版式进行设计，然后应用到相应的幻灯片中。例如，在"企业文化宣传"演示文稿母版视图中对幻灯片母版版式进行设计，然后应用于不同的幻灯片中，具体操作步骤如下。

Step01 打开"光盘\素材文件\第 11 章\企业文化宣传.pptx"文件，进入幻灯片母版视图，选择第 1 张幻灯片母版版式，对其进行设计，效果如图 11-122 所示。

图 11-122

技术看板

对幻灯片母版及母版版式进行设计时，用户可通过插入一些图片、形状等对象来自由设计母版的效果。

Step02 选择第 2 张幻灯片母版版式，对其进行设计，效果如图 11-123 所示。

图 11-123

Step03 选择第 3 张幻灯片母版版式，对其进行设计，效果如图 11-124 所示。

图 11-124

Step04 选择第 6 张幻灯片母版版式，对其进行设计，效果如图 11-125 所示。

Step05 退出幻灯片母版视图，将设计的幻灯片母版版式应用到演示文稿对应的幻灯片中，❶ 然后选择第 2 张幻灯片，❷ 单击【开始】选项卡【幻灯片】组中的【版式】按钮，❸ 在弹出的下拉列表中选择需要的版式，如选择【仅标题】选项，如图11-126所示。

图 11-125

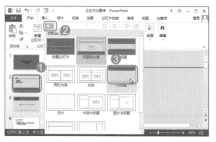

图 11-126

技术看板

在幻灯片母版视图中，不同的幻灯片母版版式默认应用到对应的幻灯片中，如果不知道幻灯片母版版式应用于哪张幻灯片，可将鼠标指针移动到幻灯片母版版式时，可显示出提示信息，提示该幻灯片母版版式可应用于哪些幻灯片中。

Step06 将选择的版式应用到选择的幻灯片中，效果如图 11-127 所示。

图 11-127

Step07 然后使用相同的方法为演示文稿中其他需要应用版式的幻灯片应用相应的版式，效果如图 11-128 所示。

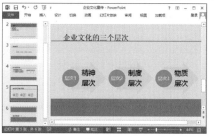

图 11-128

技巧04：重用（插入）幻灯片

教学视频	光盘\视频\第11章\技巧04.mp4

在制作演示文稿的过程中，如果某张或多张幻灯片的内容、格式、整体效果等需要从其他一个或多个演示文稿中的幻灯片得到，那么可采用 PowerPoint 2013 提供的重用幻灯片功能，可快速将其他演示文稿中的幻灯片调用到该张幻灯片中。例如，在新建的演示文稿中重用"公司年终会议"演示文稿中的第1张幻灯片，具体操作步骤如下。

Step01 新建一个空白演示文稿，将其保存为【年终总结】，❶单击【开始】选项卡【幻灯片】组中的【新建幻灯片】下拉按钮，❷在弹出的下拉列表中选择【重用幻灯片】命令，如图 11-129 所示。

图 11-129

Step02 ❶打开【重用幻灯片】任务窗格，单击【浏览】按钮，❷在弹出的下拉菜单中选择浏览位置，如选择【浏览文件】命令，如图 11-130所示。

图 11-130

Step03 ❶打开【浏览】对话框，在地址栏中选择演示文稿保存的位置，❷然后在中间的列表框中选择需要的演示文稿，如选择【公司年终会议】，❸单击【打开】按钮，如图 11-131 所示。

图 11-131

Step04 返回幻灯片编辑区，在【重用幻灯片】任务窗格的文本框中显示了演示文稿的保存路径，并在下方显示了演示文稿的所有幻灯片，如图 11-132 所示。

图 11-132

Step05 ❶选中任务窗格最下方的【保留源格式】复选框，❷在需要重用的幻灯片上右击，在弹出的快捷菜单中选择重用的内容，这里选择【插入幻灯片】命令，如图 11-133 所示。

221

图 11-133

技术看板

选中【保留源格式】复选框，表示重用所选幻灯片原来的格式，包括文本格式、背景格式等。

Step 06 ❶将该幻灯片插入该演示文稿中，包括幻灯片的背景、主题、格式、内容等，❷然后单击任务窗格右上角的【关闭】按钮，如图 11-134 所示。

图 11-134

Step 07 关闭任务窗格，然后删除演示文稿的第 1 张幻灯片，并对重用的幻灯片内容进行相应的修改，效果如图 11-135 所示。

图 11-135

技能拓展——重用幻灯片的主题

如果用户只希望调用幻灯片的主题，那么可在【重用幻灯片】任务窗格需要重用的幻灯片上右击，在弹出的下拉菜单中选择【将主题应用于所有幻灯片】或【将主题应用于选定的幻灯片】命令，将幻灯片的主题应用到当前演示文稿的所有幻灯片或当前选定的幻灯片。

技巧 05：使用节有效管理幻灯片

教学视频	光盘\视频\第 11 章\技巧 05.mp4

当制作演示文稿中的幻灯片较多时，为了厘清幻灯片的整体结构，可以使用 PowerPoint 2013 提供的节功能对幻灯片进行分组管理。例如，对"员工礼仪培训"演示文稿进行分节管理，具体操作步骤如下。

Step 01 打开"光盘\素材文件\第 11 章\员工礼仪培训.pptx"文件，❶在幻灯片窗格第 1 张幻灯片前面的空白区域单击，出现一条红线，❷单击【开始】选项卡【幻灯片】组中的【节】按钮，❸在弹出的下拉菜单中选择【新增节】命令，如图 11-136 所示。

图 11-136

Step 02 此时，红线处增加一个节，在节上右击，在弹出的下拉菜单中选择【重命名节】命令，如图 11-137 所示。

图 11-137

Step 03 ❶打开【重命名节】对话框，在【节名称】文本框中输入节的名称，如输入【基本知识】，❷单击【重命名】按钮，如图 11-138 所示。

图 11-138

Step 04 ❶此时，节的名称将发生变化，然后将在第 3 张幻灯片后面单击，进行定位，❷单击【幻灯片】组中的【节】按钮，❸在弹出的下拉菜单中选择【新增节】命令，如图 11-139 所示。

图 11-139

Step 05 新增一个节，并对节的名称进行命名，然后再在第 6 张幻灯片后面新增一个名为【商务礼仪】的节，效果如图 11-140 所示。

图 11-140

技能拓展——删除节

　　对于错误的节或不用的节，为了方便管理，可以将其删除。其方法为：在幻灯片窗格中选择需要删除的节并右击，在弹出的快捷菜单中选择【删除节】命令，可删除当前选择的节，若选择【删除所有节】命令，则会删除演示文稿的所有节。

本章小结

　　通过本章知识的学习，相信读者已经掌握了幻灯片的一些基础操作，以及设计幻灯片、幻灯片母版的相关知识。在制作幻灯片的过程中，只要灵活应用幻灯片设计和幻灯片母版设计的相关知识，可以制作出各种需要的幻灯片效果，而且，在设计幻灯片母版时，不一定只运用本章的知识，也可结合第 12 章和第 13 章的知识，这样制作的幻灯片效果更加多样化，也更能吸引受众的注意。本章在最后还讲解了一些幻灯片制作和设计的操作技巧，以帮助用户设计出更加有吸引力的幻灯片。

第12章 PowerPoint 2013 幻灯片对象的添加

➡ PPT 中能不能制作产品相册？

➡ 在幻灯片中怎么使用图表对数据进行分析？

➡ 怎么在幻灯片中插入声音、视频等多媒体文件？

➡ 在幻灯片中插入的声音太长怎么办？

➡ 在幻灯片中能不能实现对象与幻灯片之间的跳转？

本章将详细讲解图片、形状、艺术字、SmartArt 图形、表格、图表等图形对象的使用，以及多媒体和交互功能的添加，使制作的幻灯片更具魅力。

12.1 幻灯片对象的相关知识

幻灯片中除了可包含文本对象外，还包括图片、形状、SmartArt 图形、表格、图表、声音和视频等对象，要想使制作的幻灯片内容更丰富，幻灯片更具有吸引力，那么必须合理使用这些对象。

★ 重点 12.1.1 图片与文字的搭配

图片是幻灯片中使用率最高的对象之一，通过图片既可对文字内容进行补充说明，也可对幻灯片进行美化。那么，在制作幻灯片的过程中，如何搭配幻灯片中的图片呢？

1. 全图型 PPT

全图型 PPT 是指以图片为主，文字为辅的一类 PPT，多用于封面、过渡页、封底或其他需要突出展示的页面。这类 PPT 的视觉效果佳，能吸引观众的目光，有效地传递演说者的观点。

在对这些 PPT 进行搭配时，首先需要考虑的是幻灯片中的文字重要还是图片重要，如果是图片比文字重要，则需要突出图片内容，而文字只是点缀，对图片进行简单说明，如图 12-1 所示。如果是文字比图片重要，那么则需要重点突出文字，添加图片只是为了增强页面的视觉效果，这时需要对图片进行淡化处理，不能喧宾夺主，可以借助变透明的形状来突出文字，如图 12-2 所示。

图 12-1

2. 半图型 PPT

半图型 PPT 是指图片占据幻灯片一半左右版面的情况。这种情况下是真正的图文混排，图片和文字相互呼应，达到信息传达的目的。按照图片和文字的位置不同，又可以把半图型分为左右型、上下型和中间型 3 种方式，分别介绍如下。

（1）左右型是指以左文右图或左图右文的方式进行排列，在对这些类型进行排列时，需要注意图片与文字的方向要相互呼应，如图 12-3 所示。

图 12-2

图 12-3

（2）上下型是指以上文下图或上图下文的方式进行排列，在对这些类型进行排列时，图片和文字最好在同一垂直线上，且文字与图片之间的排列要有一定的联系，这样才能使幻灯片更突出，如图 12-4 所示。

图 12-4

（3）中间型是指以图片和文字上下居中排列在幻灯片中间，给人强烈的动感，如图 12-5 所示。

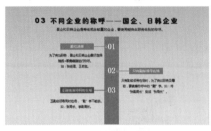

图 12-5

技术看板

在选择图片时，一定要注意图片所表达的内容必须与文字内容有关系，能起到对文字内容进行阐述说明的作用。

12.1.2 PPT 支持的音频和视频文件

在 PPT 中，不仅可以插入图形对象，还可以插入音频和视频文件，但不是所有格式的音频和视频文件都支持，所以，在插入音频和视频文件之前，首先必须明确哪些音频文件和视频文件是 PowerPoint 2013 支持的，哪些是 PowerPoint 2013 不支持的，这样才能有针对性地挑选音频和视频文件。表 12-1 所示为 PowerPoint 2013 支持的音频文件；表 12-2 所示为 PowerPoint 2013 支持的视频文件。

表 12-1

音频文件格式	扩展名
AIFF 音频文件	.aiff
AU 音频文件	.au
MIDI 文件	.mid
MP3 音频文件	.mp3
MPEG-4 音频文件	.m4a、.mp4
Windows 音频文件	.wav
Windows Media Audio 文件	.wma

表 12-2

视频文件格式	扩展名
Windows Media 文件	.asf
Windows 视频文件	.avi
MP4 视频文件	.mp4、.m4v、.mov
电影文件	.mpg 或 .mpeg
Adobe Flash Media	.swf
Windows Media Video 文件	.wmv

技术看板

为了获得最佳的音频和视频播放效果，在幻灯片中插入的音频文件最好是 MPEG-4 音频文件格式；而视频文件格式最好是 MP4。

12.1.3 PPT 图示的获取途径

在幻灯片中，为了使幻灯片中的内容更直观、形象，经常会使用到一些图示，但这些图示从哪儿获取呢？可以通过从网上和自己制作两种途径获取。

1. 从网上获取图示

从网上获取图示是最快捷和最简单的方法，一般与 PPT 相关的网上都提供了各种类型的图示，用户可直接下载使用，图 12-6 所示为第 1PPT（http://www.1ppt.com /）网站提供的图示。

图 12-6

2. 自己制作图示

从网上获取图示非常简单，但是网络中提供的图示较多，有时短时间内很难找到符合需要的图示，这时，用户就可直接手动制作需要的图示。手动制作图示只需要灵活使用 PPT 的形状功能和【格式】选项卡【形状样式】组，就能制作出各种需要的图示及图示效果。图 12-7 所示为在幻灯片中制作的关系图示；图 12-8 所示为在幻灯片中制作的循环关系图示。

图 12-7

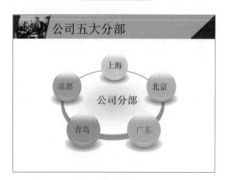

图 12-8

12.2 幻灯片图形对象的使用

在幻灯片中，文本对象并不能有效传递所有的信息，有时还需要借助其他对象，如图片、艺术字、形状、SmartArt 图形、表格和图表等对象来更好地展现内容。

★ 重点 12.2.1 实战：在"企业投资分析报告"中插入图片

实例门类	软件功能
教学视频	光盘\视频\第 12 章\12.2.1.mp4

为了让制作的幻灯片更形象、美观，经常需要在幻灯片中插入图片，与 Word 中一样，在幻灯片中不仅可插入图片，还可以对图片的大小、位置、排列位置、亮度、对比度、图片样式、图片效果等进行调整。例如，在"企业投资分析报告"演示文稿的第 1 张和第 4 张幻灯片中插入需要的图片，并对图片进行编辑，具体操作步骤如下。

Step01 打开"光盘\素材文件\第 12 章\企业投资分析报告 .pptx"文件，❶ 在幻灯片窗格中选择第 1 张幻灯片，❷ 单击【插入】选项卡【图像】组中的【图片】按钮，如图 12-9 所示。

图 12-9

Step02 ❶ 打开【插入图片】对话框，在地址栏中选择插入图片所保存的位置，❷ 然后选择需要插入的图片，如选择【封面图】，❸ 单击【插入】按钮，如图 12-10 所示。

Step03 返回幻灯片编辑区，可看到插入的图片，选择图片，将鼠标指针移动到图片右上角的控制点上，当鼠标指针变成✎形状时，按住鼠标左键不

放，向右上拖动，如图 12-11 所示。

图 12-10

图 12-11

Step04 拖动到合适位置后释放鼠标，可调整图片到合适的大小，❶ 然后将图片调整到合适的位置，❷ 再单击【格式】选项卡【排列】组中的【下移一层】下拉按钮，❸ 在弹出的下拉菜单中选择【置于底层】命令，如图 12-12 所示。

Step05 将选择的图片置于幻灯片中其他对象的最底层，效果如图 12-13 所示。

Step06 ❶ 选择图片，单击【格式】选项卡【调整】组中的【艺术效果】按钮，❷ 在弹出的下拉列表中选择需要的艺术效果，如选择【十字图案蚀

刻】选项，如图 12-14 所示。

图 12-12

图 12-13

图 12-14

Step07 ❶ 保持图片的选择状态，单击【格式】选项卡【调整】组中的【颜色】按钮，❷ 在弹出的下拉列表中选择需要的颜色效果，如选择【颜色和饱和度】栏中的【饱和度：400%】选项，更改图片的饱和度，如图 12-15 所示。

Step08 ❶ 再单击【调整】组中的【更正】按钮，❷ 在弹出的下拉列表中选择需要的亮度和对比度，如选择

【亮度：0%(正常)对比度：+20%】选项，如图12-16所示。

图12-15

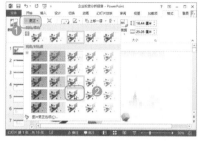

图12-16

Step09 更改图片的对比度，在幻灯片编辑区可看到设置图片后的效果，如图12-17所示。

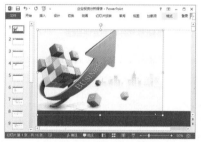

图12-17

Step10 ❶ 选择第4张幻灯片，❷ 在其中插入【箭头图】图片，并对图片的大小、位置和排列顺序进行调整，效果如图12-18所示。

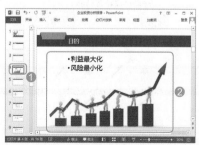

图12-18

12.2.2 实战：在标题页幻灯片中插入艺术字

实例门类	软件功能
教学视频	光盘\视频\第12章\12.2.2.mp4

在演示文稿中，艺术字通常用于制作幻灯片的标题。插入艺术字后，可以通过改变其样式、大小、位置和字体格式等操作来设置艺术字格式。例如，继续上例操作，在"企业投资分析报告"演示文稿的第1张幻灯片中插入艺术字，制作幻灯片标题，具体操作步骤如下。

Step01 ❶ 在打开的【企业投资分析报告】演示文稿中选择第1张幻灯片，❷ 单击【插入】选项卡【文本】组中的【艺术字】按钮，❸ 在弹出的下拉列表中选择需要的艺术字样式，如选择【填充-黑色，文本1，轮廓-背景1，清晰阴影-着色1】选项，如图12-19所示。

图12-19

Step02 在幻灯片中插入一个艺术字文本框，选择艺术字文本框中的文字，将其修改为需要的艺术字，效果如图12-20所示。

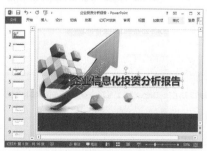

图12-20

Step03 ❶ 选择艺术字文本框，在【开始】选项卡【字体】组中将字号设置为【66】，❷ 将鼠标指针移动到文本框右侧中间的控制点上，当鼠标指针变成 形状时，按住鼠标左键，向左拖动，使艺术字以两排显示在文本框中，如图12-21所示。

图12-21

Step04 ❶ 选择艺术字文本框，单击【格式】选项卡【艺术字样式】组中的【文本效果】按钮A，❷ 在弹出的下拉列表中选择【发光】命令，❸ 在弹出的子列表中选择需要的发光效果，如选择【蓝色，5pt发光，着色5】选项，如图12-22所示。

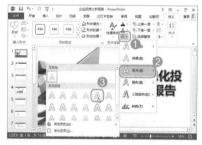

图12-22

Step05 ❶ 单击【插入】选项卡【文本】组中的【艺术字】按钮，❷ 在弹出的下拉列表中选择【填充-黑色，文本1，阴影】选项，如图12-23所示。

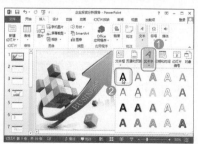

图12-23

Step06 ❶ 插入艺术字文本框，将其中的文本更改为需要的艺术字，❷ 选择艺术字文本框，在【开始】选项卡【字体】组中将字号设置为【40】，效果如图 12-24 所示。

图 12-24

Step07 ❶ 复制第 2 个艺术字文本框，将其粘贴到幻灯片最下方的形状上，并将艺术字更改为【诺远投资有限公司】，❷ 选择该文本框，单击【开始】选项卡【字体】组中的【字体颜色】下拉按钮⁕，❸ 在弹出的下拉列表中选择需要的颜色，如选择【白色，背景1】选项，更改字体的颜色，效果如图 12-25 所示。

图 12-25

技术看板

在 PowerPoint 2013 中，插入与编辑图片、艺术字的方法与在 Word 2013 中插入与编辑图片的方法基本相同，所以，在 PowerPoint 2013 中插入与编辑对象时，可灵活运用 Word 中的部分知识。

★ 重点 12.2.3 实战：在目录页幻灯片中插入形状

实例门类	软件功能
教学视频	光盘\视频\第 12 章\12.2.3.mp4

形状是幻灯片中使用较多的对象之一，通过形状可以灵活排列幻灯片内容，使幻灯片展现的内容更形象。例如，继续上例操作，在"企业投资分析报告"演示文稿的第 2 张幻灯片中插入形状，并对形状进行编辑，具体操作步骤如下。

Step01 ❶ 在打开的【企业投资分析报告】演示文稿中选择第 2 张幻灯片，❷ 单击【插入】选项卡【插图】组中的【形状】按钮，❸ 在弹出的下拉列表中选择需要的形状，如选择【矩形】选项，如图 12-26 所示。

图 12-26

Step02 此时，鼠标指针将变成+形状，将鼠标指针移动到幻灯片中需要绘制形状的位置，然后按住鼠标左键不放进行拖动，效果如图 12-27 所示。

图 12-27

Step03 拖动到合适位置后释放鼠标，完成矩形的绘制，选择绘制的形状并右击，在弹出的快捷菜单中选择【编辑文字】命令，如图 12-28 所示。

图 12-28

Step04 ❶ 将光标定位到形状中，然后输入需要的文本【01】，❷ 选择文本，在【开始】选项卡【字体】组中将字号设置为【32】，❸ 单击【加粗】按钮加粗文本，如图 12-29 所示。

图 12-29

Step05 ❶ 选择形状，单击【格式】选项卡【形状样式】组中的【形状填充】下拉按钮⁕，❷ 在弹出的下拉列表中选择【最近使用的颜色】栏中的【橙色】选项，如图 12-30 所示。

图 12-30

Step06 ❶ 单击【形状样式】组中的【形状轮廓】下拉按钮￥，❷ 在弹出的下拉列表中选择【无轮廓】命令，如图 12-31 所示。

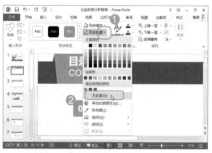

图 12-31

Step07 取消形状轮廓，❶ 然后单击【形状样式】组中的【形状效果】按钮，❷ 在弹出的下拉列表中选择【阴影】命令，❸ 在弹出的子列表中选择需要的阴影效果，如选择【右下斜偏移】选项，如图 12-32 所示。

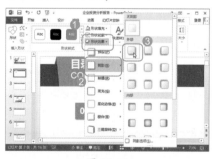

图 12-32

Step08 ❶ 在矩形形状后面再绘制一个矩形，并在其中输入相应的文本，然后在【字体】组中将字号设置为【28】，❷ 单击【段落】组中的【左对齐】按钮≡，使文本居于矩形左侧对齐，效果如图 12-33 所示。

Step09 选择蓝色矩形，单击【形状样式】组中的【其他】按钮，在弹出的下拉列表中选择需要的形状样式，如

图 12-34 所示。

图 12-33

图 12-34

Step10 将蓝色矩形的形状填充色更改为深蓝色，然后选择幻灯片中的两个矩形，按住【Ctrl】键和【Shift】键不放，水平向下移动并复制选择的形状，如图 12-35 所示。

图 12-35

Step11 拖动到合适位置后释放鼠标，然后继续复制，复制完成后，对复制的形状中的文本进行修改，效果如图

12-36 所示。

图 12-36

★ 重点 12.2.4　实战：在幻灯片中插入 SmartArt 图形

实例门类	软件功能
教学视频	光盘\视频\第 12 章\12.2.4.mp4

　　SmartArt 图形可以以最简单的方式、最美观的图形效果来体现某种思维逻辑，从而快速、轻松、有效地传递信息，在幻灯片中应用比较广泛。例如，继续上例操作，在"企业投资分析报告"演示文稿的第 3 张和第 5 张幻灯片中插入 SmartArt 图形，具体操作步骤如下。

Step01 ❶ 在打开的【企业投资分析报告】演示文稿中选择第 3 张幻灯片，❷ 单击【插入】选项卡【插图】组中的【SmartArt】按钮，如图 12-37 所示。

图 12-37

Step02 ❶ 打开【选择 SmartArt 图形】对话框，在左侧选择【流程】选项，❷ 在中间的列表框中选择需要的 SmartArt 图形，如选择【圆形重点日程表】选项，❸ 单击【确定】按钮，

如图 12-38 所示。

图 12-38

Step03 在幻灯片中插入 SmartArt 图形，单击【设计】选项卡【创建图形】组中的【文本窗格】按钮，如图 12-39 所示。

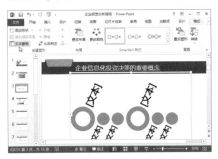

图 12-39

Step04 在文本窗格中依次输入需要的文本，效果如图 12-40 所示。

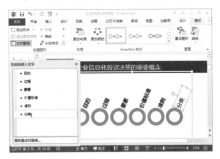

图 12-40

技术看板

由于插入的 SmartArt 图形带有 2 级文本，因此，在文本窗格中输入文本时，对于多余的 2 级文本可按【Delete】键，此时，2 级文本将变成 1 级文本。

Step05 选择 SmartArt 图形，单击【设计】选项卡【SmartArt 样式】组中的

【其他】按钮，在弹出的下拉列表中选择需要的样式，如选择【优雅】选项，如图 12-41 所示。

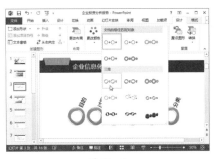

图 12-41

Step06 ❶保持 SmartArt 图形的选择状态，单击【设计】选项卡【SmartArt 样式】组中的【更改颜色】按钮，❷在弹出的下拉列表中选择需要的 SmartArt 颜色，选择【彩色范围 - 着色 3 至 4】选项，如图 12-42 所示。

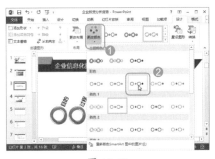

图 12-42

Step07 复制 SmartArt 图形，将其粘贴到第 5 张幻灯片中，打开文本窗格，对其中的文本进行更改，效果如图 12-43 所示。

图 12-43

Step08 ❶选择 SmartArt 图形，单击【设计】选项卡【布局】组中的【更改布局】按钮，❷在弹出的下拉列表

中选择需要的布局，如选择【连续块状流程】选项，如图 12-44 所示。

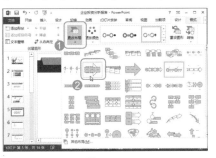

图 12-44

Step09 将 SmartArt 图形更改为选择的布局，效果如图 12-45 所示。

图 12-45

12.2.5 实战：在幻灯片中插入表格

实例门类	软件功能
教学视频	光盘\视频\第 12 章\12.2.5.mp4

当需要在幻灯片中通过数据来传递信息时，可以使用表格来放置数据，这样不仅便于查看数据，还能提高幻灯片的整体效果。例如，在"销售业绩报告"演示文稿的第 2 张和第 3 张幻灯片中插入表格，并对表格进行相应的编辑，具体操作步骤如下。

Step01 ❶打开"光盘\素材文件\第 12 章\销售业绩报告 .pptx"文件，选择第 2 张幻灯片，❷单击【插入】选项卡【表格】组中的【表格】按钮，❸在弹出的下拉列表中拖动鼠标选择插入表格的行列数，如图 12-46 所示。

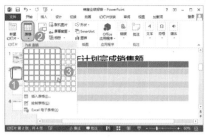

图 12-46

Step02 ❶ 在幻灯片中插入表格，在表格中输入相应的数据，❷ 然后选择表格，将鼠标指针移动到表格上，按住鼠标左键不放向下进行拖动，如图12-47所示。

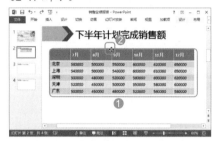

图 12-47

Step03 将表格拖动到合适位置后释放鼠标，然后将鼠标指针移动到表格右下角的控制点上，当鼠标指针变成 形状时，按住鼠标左键不放向右下拖动，如图12-48所示。

图 12-48

Step04 拖动到合适大小后释放鼠标，❶ 然后选择表格中的所有单元格，❷ 单击【布局】选项卡【对齐方式】组中的【居中】按钮 和【垂直居中】按钮 ，使文本居中和垂直居中于单元格中，效果如图12-49示。

Step05 ❶ 将光标定位到表格第1个单元格中，❷ 单击【设计】选项卡【表格样式】组中的【边框】下

拉按钮 ，❸ 在弹出的下拉菜单中选择【斜下框线】命令，如图12-50所示。

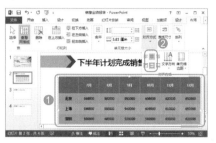

图 12-49

图 12-50

Step06 为单元格添加一条斜线，然后在单元格中输入相应的内容，并通过按空格键对文本位置进行调整，效果如图12-51所示。

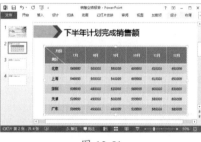

图 12-51

Step07 选择表格进行复制，将其粘贴到第3张幻灯片中，并对表格中的数据进行更改，效果如图12-52所示。

图 12-52

Step08 ❶ 选择表格第1行，单击【设计】选项卡【表格样式】组中的【底纹】下拉按钮 ，❷ 在弹出的下拉列表中选择需要的颜色，如选择【紫色，着色4】选项，将所选行的底纹更改为所选颜色，如图12-53所示。

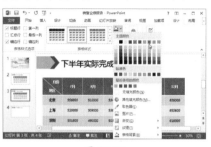

图 12-53

Step09 使用相同的方法继续对表格中其他单元格的底纹颜色进行设置，效果如图12-54所示。

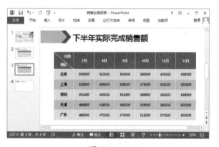

图 12-54

技术看板

设置底纹颜色时，本例之所以没有直接应用表格样式，是因为表格第1个单元格中的斜线，因为应用表格样式后，单元格中的斜线将不会显示。

★ 重点 12.2.6 实战：在幻灯片中插入图表

实例门类	软件功能
教学视频	光盘\视频\第12章\12.2.6.mp4

当需要对幻灯片中的数据进行分析或比较时，可以采用图表来直观展现数据。例如，继续上例操作，在

"销售业绩报告"演示文稿的第 4 张幻灯片中插入需要的图表，具体操作步骤如下。

Step01 ❶ 在打开的【销售业绩报告】演示文稿中选择第 4 张幻灯片，❷ 单击【插入】选项卡【插图】组中的【图表】按钮，如图 12-55 所示。

图 12-55

Step02 ❶ 打开【插入图表】对话框，在左侧选择【柱形图】选项，❷ 在右侧选择【三维簇状柱形图】选项，❸ 单击【确定】按钮，如图 12-56 所示。

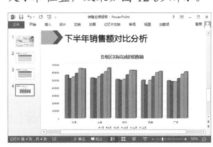

图 12-56

Step03 ❶ 打开【Microsoft PowerPoint 中的图表】对话框，在单元格中输入相应的图表数据，❷ 输入完成后单击右上角的【关闭】按钮×关闭对话框，如图 12-57 所示。

图 12-57

Step04 返回幻灯片编辑区，可看到插入的图表，然后选择图表标题，将其更改为【各地区实际完成的销售额】，效果如图 12-58 所示。

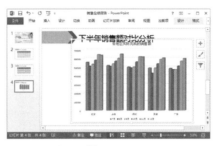

图 12-58

Step05 选择图表，将其调整到合适的大小和位置，效果如图 12-59 所示。

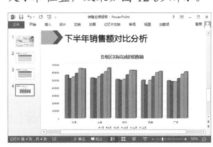

图 12-59

Step06 选择图表，单击【设计】选项卡【图表样式】组中的【其他】按钮，在弹出的下拉列表中选择需要的图表样式，如选择【样式9】选项，如图 12-60 所示。

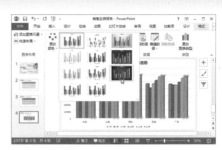

图 12-60

Step07 为图表应用选择的样式，效果如图 12-61 所示。

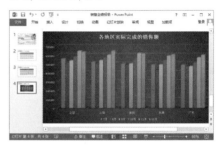

图 12-61

技能拓展——更改图表数据

如果发现图表中的数据有误，可以在图表上右击，在弹出的快捷菜单中选择【编辑数据】命令，打开【Microsoft PowerPoint 中的图表】对话框，在其中对图表数据进行修改。

12.3 电子相册的制作

当需要制作全图片型的演示文稿时，可以通过 PowerPoint 2013 提供的电子相册功能，快速将图片分配到演示文稿的每张幻灯片中，以提高制作幻灯片的效率。

12.3.1 实战：插入产品图片制作电子相册

实例门类	软件功能
教学视频	光盘\视频\第12章\12.3.1.mp4

通过 PowerPoint 2013 提供的电子相册功能，可以快速将多张图片平均分配到演示文稿的幻灯片中，对于制作产品相册等图片型的幻灯片来说非常方便。例如，在 PowerPoint 中制作产品相册演示文稿，具体操作步骤如下。

Step01 在新建的空白演示文稿中单击【插入】选项卡【图像】组中的【相册】按钮，如图12-62所示。

图 12-62

Step02 打开【相册】对话框，单击【文件/磁盘】按钮，❶ 打开【插入新图片】对话框，在地址栏中设置图片保存的位置，❷ 然后选择所有的图片，❸ 单击【插入】按钮，如图12-63所示。

图 12-63

Step03 返回到【相册】对话框，❶ 在【相册中的图片】列表框中选择需要创建为相册的图片，这里选中所有图片对应的复选框，❷ 在【图片版式】下拉列表框中选择需要的图片版式，如选择【2张图片】选项，❸ 在【相框形状】下拉列表框中选择需要的相框形状，如选择【柔化边缘矩形】选项，❹ 单击【浏览】按钮，如图12-64所示。

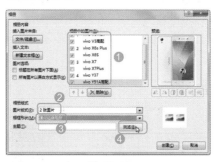

图 12-64

技能拓展——调整图片效果

如果需要对相册中某张图片的亮度、对比度等效果进行调整时，可在【相册】对话框中的【相册中的图片】列表框中选中需要调整的图片，在右侧的【预览】栏下提供了多个调整图片效果的按钮，单击相应的按钮，对图片旋转角度、亮度和对比度等效果进行调整。

Step04 ❶ 打开【选择主题】对话框，选择需要应用的幻灯片主题，如选择【Retrospect】选项，❷ 单击【选择】按钮，如图12-65所示。

图 12-65

Step05 返回到【相册】对话框，单击【创建】按钮，创建一个新演示文稿，在其中显示了创建的相册效果，

并把该演示文稿保存为"手机产品相册"，然后选择第1张幻灯片，对占位符中的文本和字体格式进行修改，效果如图12-66所示。

图 12-66

12.3.2 实战：编辑手机产品相册

实例门类	软件功能
教学视频	光盘\视频\第12章\12.3.2.mp4

如果对制作的相册版式、主题等不满意，用户还可根据需要对其进行编辑。例如，继续上例操作，在"手机产品相册"演示文稿中相册的主题和文本框进行修改，具体操作步骤如下。

Step01 ❶ 在打开的【手机产品相册】演示文稿中单击【插入】选项卡【图像】组中的【相册】下拉按钮，❷ 在弹出的下拉菜单中选择【编辑相册】命令，如图12-67所示。

图 12-67

Step02 打开【相册】对话框，单击【主题】后的【浏览】按钮，❶ 打开【选择主题】对话框，选择需要应用的幻灯片主题【Wisp】选项，❷ 单击【选择】按钮，如图12-68所示。

图 12-68

图 12-69

Step03 返回到【相册】对话框，❶ 在【图片选项】栏中选中【标题在所有图片下面】复选框，❷ 然后单击【更新】按钮，如图 12-69 所示。

Step04 更改相册的主题，并在每张图片下面自动添加一个标题，效果如图 12-70 所示。

图 12-70

12.4 在幻灯片中插入音频文件

在幻灯片中插入适当的音频文件，有助于演示文稿时调动观众的情绪，将观众带入演讲中，是多媒体演示文稿中不可或缺的元素。

★ 重点 12.4.1 实战：在幻灯片中插入音频文件

实例门类	软件功能
教学视频	光盘\视频\第 12 章\12.4.1.mp4

在 PowerPoint 2013 中既可以插入计算机中保存的音频文件，也可以插入录制的音频。例如，继续上例操作，在"手机产品相册"演示文稿的第 1 张幻灯片中插入计算机中保存的音频文件，具体操作步骤如下。

Step01 ❶ 在打开的【手机产品相册】演示文稿中选择第 1 张幻灯片，❷ 单击【插入】选项卡【媒体】组中的【音频】按钮，❸ 在弹出的下拉菜单中选择【PC 上的音频】命令，如图 12-71 所示。

Step02 ❶ 打开【插入音频】对话框，在地址栏中设置插入音频保存的位置，❷ 选择需要插入的音频文件【安妮的仙境】，❸ 单击【插入】按钮，如图 12-72 所示。

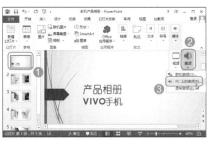

图 12-71

Step03 将选择的音频文件插入幻灯片中，并在幻灯片中显示声音文件的图标，效果如图 12-73 所示。

图 12-72

图 12-73

技能拓展——在幻灯片中插入录制的音频

当需要为演示文稿中的内容添加解说词时，可以通过添加录制音频来实现，但前提是计算机必须安装声卡，且带有话筒或可语音的话筒，否则将不能进行声音的录制。插入录制声音的方法为：在【音频】下拉菜单中选择【录制音频】命令，打开【录制声音】对话框，在【名称】文本框中输入录制的音频名称，单击⚫按钮开始录制声音，录制完成后，单击⬛按钮暂停声音录制，然后单击【确定】按钮，将录制的声音插入幻灯片中。

12.4.2 实战：剪辑插入的音频

实例门类	软件功能
教学视频	光盘\视频\第12章\12.4.2.mp4

对于插入的音频，如果觉得声音太长，或声音前后两端效果不好，可以将其剪掉。例如，继续上例操作，对"手机产品相册"演示文稿中的音频进行剪辑，具体操作步骤如下。

Step01 ❶ 在打开的【手机产品相册】演示文稿的第1张幻灯片中选择声音图标，❷ 单击【播放】选项卡【编辑】组中的【剪裁音频】按钮，如图12-74所示。

图 12-74

Step02 ❶ 打开【剪裁音频】对话框，将鼠标指针移动到▌图标上，当鼠标指针变成✛形状时，按住鼠标左键不

放向右拖动调整声音播放的开始时间，❷ 再将鼠标指针移动到▌图标上，当鼠标指针变成✛形状时，按住鼠标左键不放向左拖动调整声音播放的结束时间，❸ 然后单击【确定】按钮，如图12-75所示。

图 12-75

技术看板

在【剪裁音频】对话框中也可直接在【开始时间】和【结束时间】数值框中输入声音播放的开始时间和结束时间。

Step03 返回幻灯片编辑区，单击音频图标下方播放控制条中的【播放/暂停】按钮▶，对剪辑后的声音进行播放，如图12-76所示。

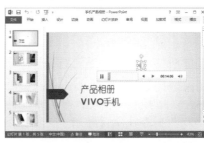

图 12-76

★ 重点 12.4.3 实战：设置插入的声音属性

实例门类	软件功能
教学视频	光盘\视频\第12章\12.4.3.mp4

在幻灯片中插入音频文件后，用户还可通过【播放】选项卡对音频文件的音量、播放时间、播放方式等进行设置。例如，继续上例操作，对"手机产品相册"演示文稿中插入的

音频文件的属性进行设置，具体操作步骤如下。

Step01 ❶ 在打开的【手机产品相册】演示文稿的第1张幻灯片中选择声音图标，❷ 单击【播放】选项卡【音频选项】组中的【音量】按钮，❸ 在弹出的下拉列表中选择播放的音量，如选择【中】命令，如图12-77所示。

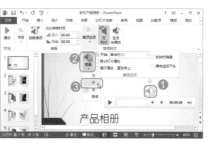

图 12-77

Step02 ❶ 单击【播放】选项卡【音频选项】组中的【开始】下拉按钮，❷ 在弹出的下拉列表中选择开始播放的时间，如选择【自动】命令，如图12-78所示。

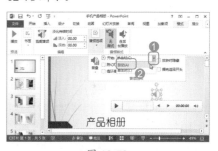

图 12-78

技术看板

在【开始】下拉菜单中选择【自动】命令，表示放映幻灯片时自动播放音频；选择【单击时】命令，表示在放映幻灯片时，只有执行音频播放操作后，才会播放音频。

Step03 ❶ 在【音频选项】组中选中【跨幻灯片播放】和【循环播放，直到停止】复选框，❷ 再选中【放映时隐藏】复选框，完成声音属性的设置，如图12-79所示。

图 12-79

技术看板

在【音频选项】组中选中【跨幻灯片播放】复选框，可跨幻灯片播放音频文件，也就是说，在播放其他幻灯片时，也会播放音频；选中【循环播放，直到停止】复选框，会循环播放音频文件，直到退出幻灯片放映

状态；选中【放映时隐藏】复选框，表示放映时，会隐藏声音图标；选中【播完返回开头】复选框，表示音频文件播放完后，将返回幻灯片中。

12.5 在幻灯片中插入视频文件

除了可在幻灯片中插入音频文件外，还可插入各类视频文件，以增强幻灯片的播放效果。

★ 新功能 ★重点 12.5.1 实战：在"景点宣传"中插入宣传视频

实例门类	软件功能
教学视频	光盘\视频\第 12 章\12.5.1.mp4

在 PowerPoint 2013 中，不仅可在幻灯片中插入计算机中保存的视频，在计算机连接网络的情况下，还可插入联机视频。

1. 插入计算机中保存的视频

如果计算机中保存有幻灯片需要的视频文件，则可直接将其插入幻灯片中，以提高效率。例如，在"景点宣传"演示文稿中插入计算中保存的视频，具体操作步骤如下。

Step01 打开"光盘\素材文件\第 12 章\景点宣传.pptx"文件，❶ 选择第 3 张幻灯片，❷ 单击【插入】选项卡【媒体】组中的【视频】按钮，❸ 在弹出的下拉菜单中选择【PC 上的视频】命令，如图 12-80 所示。

图 12-80

Step02 ❶ 打开【插入视频文件】对话框，在地址栏中设置计算机中视频保存的位置，❷ 然后选择需要插入的视频文件【九寨沟】，❸ 单击【插入】按钮，如图 12-81 所示。

图 12-81

Step03 将选择的视频文件插入幻灯片中，选择视频图标，单击出现的播放控制条中的【播放/暂停】按钮▶，如图 12-82 所示。

图 12-82

Step04 对插入的视频文件进行播放，效果如图 12-83 所示。

图 12-83

2. 插入联机视频

插入联机视频是 PowerPoint 2013 的一个新功能，在计算机联网的情况下，既可直接通过关键字搜索，然后通过搜索结果选择需要的视频插入，也可通过视频代码快速插入。例如，在"景点宣传 1"演示文稿中通过视频代码插入联机视频，具体操作步骤如下。

Step01 先在网络中搜索需要插入到幻灯片中的视频，然后进入播放页面，在视频播放的代码后单击【复制】按钮，复制视频代码，如图 12-84 所示。

图 12-84

技术看板

并不是所有的视频网站都提供视频代码，只有部分的视频网站提供了视频代码。

Step**02** 打开"光盘＼素材文件＼第12章＼景点宣传1.pptx"文件，❶选择第3张幻灯片，❷单击【插入】选项卡【媒体】组中的【视频】按钮，❸在弹出的下拉菜单中选择【联机视频】命令，如图12-85所示。

图 12-85

Step**03** 在打开的提示对话框中单击【是】按钮，打开【插入视频】对话框，在【来自视频嵌入代码】文本框中右击，在弹出的快捷菜单中选择【粘贴】命令，如图12-86所示。

图 12-86

Step**04** 将复制的视频代码粘贴到文本框中，单击其后的【插入】按钮，如图12-87所示。

图 12-87

技能拓展——插入网络中搜索到的视频

在【插入视频】对话框【YouTube】文本框中输入要搜索视频的关键字，单击其后的【搜索】按钮，从YouTube网站中搜索与关键字相关的视频，并在打开的搜索结果对话框中显示搜索到的视频，选择需要插入的视频，单击【插入】按钮，将选择的视频插入到幻灯片中。

Step**05** 将网站中的视频插入幻灯片中，返回到幻灯片编辑区，将幻灯片中的视频图标调整到合适大小，单击【播放】选项卡【预览】组中的【播放】按钮，如图12-88所示。

图 12-88

Step**06** 对插入的视频文件进行播放，效果如图12-89所示。

图 12-89

技术看板

将鼠标指针移动到视频图标上，双击鼠标，也可对插入的视频进行播放。

12.5.2 实战：剪辑景点宣传视频

实例门类	软件功能
教学视频	光盘＼视频＼第12章\12.5.2.mp4

如果在幻灯片中插入的是保存在计算机中的视频，那么还可像声音一样进行剪辑。例如，在"景点宣传2"演示文稿中对视频文件进行剪辑，具体操作步骤如下。

Step**01** 打开"光盘＼素材文件＼第12章＼景点宣传2.pptx"文件，❶选择第3张幻灯片中的视频图标，❷单击【播放】选项卡【编辑】组中的【剪裁视频】按钮，如图12-90所示。

图 12-90

Step**02** ❶打开【剪裁视频】对话框，在【开始时间】数值框中输入视频开始播放的时间，如输入【00:04.940】，❷在【结束时间】数值框中输入视频结束播放的时间，如输入【00:48.548】，❸单击【确定】按钮，如图12-91所示。

图 12-91

Step03 返回幻灯片编辑区，单击播放控制条中的【播放/暂停】按钮▶，对视频进行播放，查看效果，如图12-92所示。

图 12-92

★ 重点 12.5.3 实战：设置视频的播放属性

实例门类	软件功能
教学视频	光盘\视频\第12章\12.5.3.mp4

在幻灯片中插入视频，还需要对视频的播放属性进行设置，如音量、播放选项等进行设置。例如，继续上例操作，在"景点宣传2"演示文稿中对视频的播放属性进行设置，具体操作步骤如下。

Step01 在打开的【景点宣传2】演示文稿的幻灯片中选择视频图标，❶单击【播放】选项卡【视频选项】组中的【音量】按钮，❷在弹出的下拉菜单中选择【高】命令，如图12-93所示。

图 12-93

Step02 保持视频图标的选择状态，在【视频选项】组中选中【全屏播放】复选框，这样在放映幻灯片时，将全屏放映视频文件，如图12-94所示。

图 12-94

12.5.4 实战：对视频的图标进行美化

实例门类	软件功能
教学视频	光盘\视频\第12章\12.5.4.mp4

对于幻灯片中的视频图标，还可通过更改视频图标形状、应用视频样式、设置视频效果等操作对视频图标进行美化。例如，继续上例操作，在"景点宣传2"演示文稿中对视频图标进行美化，具体操作步骤如下。

Step01 在打开的【景点宣传2】演示文稿的幻灯片中选择视频图标，❶单击【格式】选项卡【视频样式】组中的【视频样式】按钮，❷在弹出的下拉列表中选择需要的视频样式，如选择【中等复杂框架，黑色】选项，如图12-95所示。

图 12-95

Step02 为视频图标应用选择的样式，❶然后单击【视频样式】组中的【视频形状】按钮，❷在弹出的下拉列表中选择需要的视频形状，如选择【圆角矩形】选项，如图12-96所示。

图 12-96

Step03 将视频图标更改为圆角矩形，❶单击【视频样式】组中的【视频边框】下拉按钮，❷在弹出的下拉列表中选择需要的边框颜色，如选择【黄色】选项，如图12-97所示。

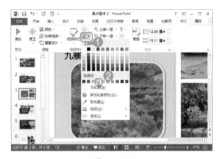

图 12-97

Step04 将视频图标边框颜色更改为选择的颜色，❶再次单击【视频样式】组中的【视频边框】下拉按钮，❷在弹出的下拉列表中选择【粗细】命令，❸在弹出的子列表中选择需要的边框粗细，如选择【6磅】选项，如图12-98所示。

图 12-98

Step05 将视频图标的边框粗细更改为设置的粗细，效果如图12-99所示。

图 12-99

12.6　添加链接功能

PowerPoint 2013 提供了超链接、动作按钮和动作等交互功能，通过为对象创建交互，在放映幻灯片时，单击交互对象，快速跳转到链接的幻灯片，对其进行放映。

★ 重点 12.6.1　实战：为幻灯片中的文本添加超链接

实例门类	软件功能
教学视频	光盘\视频\第 12 章\12.6.1.mp4

PowerPoint 2013 中提供了超链接功能，通过该功能可为幻灯片中的内容添加链接，使其链接到其他幻灯片中或其他文档中。例如，为"销售工作计划"演示文稿第 2 张幻灯片中的文本添加超链接，具体操作步骤如下。

Step01 打开"光盘\素材文件\第 12 章\销售工作计划 .pptx"文件，❶选择第 2 张幻灯片，❷选择幻灯片中的【2017 年总体工作目标】文本，单击【插入】选项卡【链接】组中的【超链接】按钮，如图 12-100 所示。

图 12-100

Step02 ❶打开【插入超链接】对话框，在【链接到】栏中选择链接的位置，如选择【本文档中的位置】选项，❷在【请选择文档中的位置】文本框中显示了当前演示文稿的所有幻灯片，选择需要链接的幻灯片，如选择【3. 幻灯片 3】选项，❸在【幻灯片预览】栏中显示了链接的幻灯片效果，确认无误后单击【确定】按钮，如图 12-101 所示。

图 12-101

Step03 返回幻灯片编辑区，可看到添加超链接的文本颜色发生了变化，而且还为文本添加了下画线，效果如图 12-102 所示。

图 12-102

Step04 使用相同的方法，继续为幻灯片中其他需要添加超链接的文本添加超链接，效果如图 12-103 所示。

Step05 按【F5】键对幻灯片进行放映，在放映过程中，若单击添加超链接的文本，如单击【销售计划制订】文本，如图 12-104 所示。

Step06 快速跳转到链接的幻灯片，并对其进行放映，效果如图 12-105 所示。

图 12-103

图 12-104

图 12-105

技能拓展——修改添加的超链接

为对象添加超链接后，如果发现链接位置或内容不正确，可对其进行修改。其方法为：在幻灯片中选择添加超链接的对象，单击【插入】选项卡【链接】组中的【超链接】按钮，打开【编辑超链接】对话框，在其中对链接位置和链接内容进行修改，修改完成后单击【确定】按钮。

12.6.2 实战：在幻灯片中添加动作按钮

实例门类	软件功能
教学视频	光盘\视频\第12章\12.6.2.mp4

动作按钮是一些被理解为用于转到下一张、上一张、最后一张等的按钮，通过这些按钮，在放映幻灯片时，也可实现幻灯片之间的跳转。例如，在"销售工作计划"演示文稿的第2张幻灯片中添加两个动作按钮，具体操作步骤如下。

Step01 打开"光盘\素材文件\第12章\销售工作计划.pptx"文件，❶选择第2张幻灯片，❷单击【插入】选项卡【插图】组中的【形状】按钮，❸在弹出的下拉列表中的【动作按钮】栏中选择需要的动作按钮，如选择【动作按钮：前进或下一项】选项，如图12-106所示。

图 12-106

Step02 此时鼠标指针变成+形状，在需要绘制的位置拖动鼠标绘制动作按钮，如图12-107所示。

图 12-107

Step03 绘制完成后，释放鼠标，自动打开【操作设置】对话框，在其中对链接位置进行设置，这里保持默认设置，单击【确定】按钮，如图12-108所示。

图 12-108

Step04 返回幻灯片编辑区，再绘制一个【动作按钮：结束】按钮，并在打开的【操作设置】对话框中单击【确定】按钮，如图2-109所示。

图 12-109

Step05 选择绘制的两个动作按钮，在【格式】选项卡【形状样式】组中的列表框中选择【强烈效果-橙色，强调颜色2】选项，如图12-110所示。

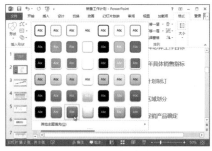

图 12-110

Step06 为选择的动作按钮应用选择的样式，效果如图12-111所示。

图 12-111

Step07 进入幻灯片放映状态，单击动作按钮，如单击【动作按钮：结束】动作按钮，如图 12-112 所示。

图 12-112

Step08 快速跳转到结束页幻灯片，效果如图 12-113 所示。

图 12-113

技术看板

如果需要为演示文稿中的每张幻灯片添加相同的动作按钮，可通过幻灯片母版进行设置。其方法为：进入幻灯片母版视图，选择幻灯片母版，然后绘制相应的动作按钮，并对其动作进行设置，完成后退出幻灯片母版。若要想删除通过幻灯片母版添加的动作按钮，就必须进入幻灯片母版视图中进行删除。

12.6.3 实战：为幻灯片中的文本添加动作

实例门类	软件功能
教学视频	光盘\视频\第 12 章 \12.6.3.mp4

PowerPoint 2013 中还提供了动作功能，通过该功能可为所选对象提供当单击或鼠标悬停时要执行的操作，实现对象与幻灯片或对象与对象之间的交互，以方便放映者对幻灯片进行切换。例如，在"销售工作计划"演示文稿的第 2 张幻灯片中为部分文本添加动作，具体操作步骤如下。

Step01 打开"光盘\素材文件\第 12 章\销售工作计划 .pptx"文件，❶选择第 2 张幻灯片，❷选择幻灯片中的【2017 年总体工作目标】文本，单击【插入】选项卡【链接】组中的【动作】按钮，如图 12-114 所示。

图 12-114

Step02 ❶打开【操作设置】对话框，在【单击鼠标】选项卡中选中【超链接到】单选按钮，❷在下方的下拉列表框中选择【下一张幻灯片】选项，❸单击【确定】按钮，如图 12-115 所示。

Step03 为选择的文本添加动作，添加动作后的文本与添加超链接后的文本颜色效果一样，如图 12-116 所示。

Step04 选择【2017 年具体销售指标】文本，❶打开【操作设置】对话框，在【单击鼠标】选项卡中选中【超链接到】单选按钮，❷在下方的下拉

列表框中选择【幻灯片】选项，如图 12-117 所示。

图 12-115

图 12-116

图 12-117

Step05 ❶打开【超链接到幻灯片】对话框，在【幻灯片标题】列表框中选择【4.幻灯片 4】选项，❷单击【确定】按钮，如图 12-118 所示。

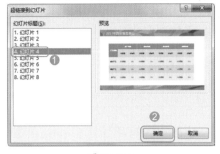

图 12-118

Step06 返回【操作设置】对话框，单击【确定】按钮，返回幻灯片编辑区，继续对幻灯片中其他文本添加动作，效果如图 12-119 所示。

图 12-119

妙招技法

通过前面知识的学习，相信读者已经掌握了 PowerPoint 2013 中幻灯片对象的添加与编辑操作。下面结合本章内容介绍一些实用技巧。

技巧01：快速将幻灯片中的图片更改为其他图片

教学视频	光盘\视频\第12章\技巧01.mp4

PowerPoint 2013 提供了更改图片功能，通过该功能可快速将幻灯片中原来的图片更改为其他图片，且更改后的图片会保留原图片的效果。例如，在"婚庆用品展"演示文稿中对第 4 张幻灯片中的某张图片进行更改，具体操作步骤如下。

Step01 打开"光盘\素材文件\第12章\婚庆用品展.pptx"文件，❶选择第 4 张幻灯片，❷选择【气球装饰】图片，❸单击【格式】选项卡【调整】组中的【更改图片】按钮，如图 12-120 所示。

图 12-120

Step02 打开【插入图片】对话框，单击【浏览】按钮，如图 12-121 所示。

图 12-121

Step03 ❶打开【插入图片】对话框，在地址栏中选择图片保存的位置，❷然后选择需要插入的图片【气球装饰】，❸单击【插入】按钮，如图 12-122 所示。

图 12-122

Step04 将图片更改为插入的图片，并应用源图片的效果，如图 12-123 所示。

图 12-123

技巧 02：通过编辑形状顶点来改变形状外观

教学视频	光盘\视频\第12章\技巧02.mp4

在制作幻灯片的过程中，如果【形状】下拉列表中没有需要的形状，用户可以选择相似的形状，然后通过编辑形状的顶点来改变形状的外观，使形状能满足需要。例如，在"楼盘推广策划"演示文稿中对第2张幻灯片中的形状进行更改，具体操作步骤如下。

Step01 ❶ 打开"光盘\素材文件\第12章\楼盘推广策划.pptx"文件，选择第2张幻灯片，❷ 然后选择【目标客户分析】形状，❸ 单击【格式】选项卡【插入形状】组中的【编辑形状】按钮，❹ 在弹出的下拉菜单中选择【编辑顶点】命令，如图 12-124所示。

图 12-124

技术看板

在所选形状上右击，在弹出的快捷菜单中选择【编辑顶点】命令，也可将形状的节点显示出来。

Step02 此时，形状的顶点将显示出来，将鼠标指针移动到右侧的第2个顶点上，此时鼠标指针将变成◆形状，在顶点上右击，在弹出的快捷菜单中选择【删除顶点】命令，如图12-125所示。

图 12-125

技术看板

在快捷菜单中的【添加顶点】命令表示为形状添加顶点；【开放路径】命令表示将原本闭合的路径断开；【关闭路径】命令表示将断开的路径闭合。

Step03 将该顶点删除，然后将鼠标指针移动到另一个顶点上并右击，在弹出的快捷菜单中选择【删除顶点】命令，如图 12-126 所示。

图 12-126

Step04 删除该顶点，将鼠标指针移动到形状右上方的顶点上，按住鼠标左键不放进行拖动，调整顶点的位置，如图 12-127 所示。

图 12-127

Step05 调整到合适位置后，释放鼠标，再将鼠标指针移动到形状右下方的顶点上，按住鼠标左键进行拖动，如图 12-128 所示。

图 12-128

Step06 拖动到合适位置释放鼠标，然后继续对【项目目标消费者分析】和【项目推广策划】两个形状的顶点进行编辑，效果如图 12-129 所示。

图 12-129

技能拓展——退出编辑顶点

当不需要再编辑形状的顶点时，可直接在幻灯片空白位置处单击，退出形状顶点的编辑状态。

技巧 03：文本与 SmartArt 图形之间的转换

教学视频	光盘\视频\第12章\技巧03.mp4

在 PowerPoint 2013 中提供了转换为 SmartArt 功能和转换为文本功能，通过这两个功能可以非常方便地将幻灯片中的文本内容快速转换

为 SmartArt 图形，或将幻灯片中的 SmartArt 图形转换为文本。

1. 将文本转换为 SmartArt 图形

PowerPoint 2013 提供了转换为 SmartArt 图形功能，通过该功能可快速将幻灯片中结构清晰的文本转化为 SmartArt 图形。例如，在"婚庆公司介绍"演示文稿的第 2 张幻灯片中将文本转换为 SmartArt 图形，具体操作步骤如下。

Step01 打开"光盘 \ 素材文件 \ 第 12 章 \ 婚庆公司介绍 .pptx"文件，❶选择第 2 张幻灯片，❷然后选择幻灯片中的内容占位符，单击【开始】选项卡【段落】组中的【转换为 SmartArt】按钮▢，❸在弹出的下拉列表中选择需要的 SmartArt 图形，如选择【基本矩阵】选项，如图 12-130 所示。

图 12-130

Step02 将占位符中的文本转换为选择的 SmartArt 图形，效果如图 12-131 所示。

图 12-131

2. 将 SmartArt 图形转换为文本

PowerPoint 2013 提供了 SmartArt 图形转换功能，可以快速将 SmartArt 图形转换为文本或形状。例如，在"销售工作计划"演示文稿中将第 3 张幻灯片中的 SmartArt 图形转换为文本内容，具体操作步骤如下。

Step01 ❶打开"光盘 \ 素材文件 \ 第 12 章 \ 销售工作计划 .pptx"文件，选择第 3 张幻灯片，❷然后选择幻灯片中的 SmartArt 图形，❸单击【设计】选项卡【重置】组中的【转换】按钮，❹在弹出的下拉列表中选择【转换为文本】命令，如图 12-132 所示。

图 12-132

Step02 将选择的 SmartArt 图形转换为文本内容，效果如图 12-133 所示。

图 12-133

技巧 04：如何将喜欢的图片设置为视频图标封面

教学视频	光盘 \ 视频 \ 第 12 章 \ 技巧 04.mp4

在幻灯片中插入视频后，其视频图标上的画面将显示视频中的第一个场景，为了让幻灯片整体效果更加美观，可以将视频图标的显示画面更改

为其他图片。例如，将"九寨沟景点宣传"演示文稿中的视频图标画面更改为计算机中保存的图片，具体操作步骤如下。

Step01 打开"光盘 \ 素材文件 \ 第 12 章 \ 九寨沟景点宣传 .pptx"文件，❶选择第 3 张幻灯片中的视频图标，❷单击【格式】选项卡【调整】组中的【标牌框架】按钮，❸在弹出的下拉列表中选择【文件中的图像】命令，如图 12-134 所示。

图 12-134

技能拓展——将视频图标的显示画面更改为当前播放的画面

除了可将计算机中保存的图片设置为视频图标的显示画面外，还可将视频当前播放的画面设置为视频图标的显示画面。其方法为：选择幻灯片中的视频图标，单击【播放 / 暂停】按钮▶进行播放，播放到需要的画面时，单击【播放 / 暂停】按钮⏸暂停播放，然后单击【格式】选项卡【调整】组中的【标牌框架】按钮，在弹出的下拉菜单中选择【当前框架】命令，即可将当前画面标记为视频图标的显示画面。

Step02 在打开的对话框中单击【浏览】按钮，❶打开【插入图片】对话框，在地址栏中选择图片保存的位置，❷然后选择需要插入的图片【九寨沟】，❸单击【插入】按钮，如图 12-135 所示。

Step03 将插入的图片设置为视频图标的显示画面，效果如图 12-136 所示。

图 12-135

图 12-136

技巧 05：快速打开超链接内容

教学视频	光盘 \ 视频 \ 第 12 章 \ 技巧 05.mp4

通过 PowerPoint 2013 提供的打开超链接功能，不放映幻灯片就可查看超链接内容，非常方便。例如，对"工作计划"演示文稿第 2 张幻灯片

中文本的超链接进行查看，具体操作步骤如下。

Step01 打开"光盘 \ 素材文件 \ 第 12 章 \ 工作计划 .pptx"文件，❶ 选择第 2 张幻灯片，❷ 选择添加超链接的文本并右击，在弹出的快捷菜单中选择【打开超链接】命令，如图 12-137 所示。

图 12-137

Step02 跳转到文本链接的幻灯片，如图 12-138 所示。

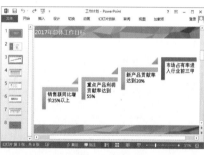

图 12-138

Step03 返回第 2 张幻灯片中，可看到打开链接的文本颜色和下画线颜色已变成了橙色，效果如图 12-139 所示。

图 12-139

技能拓展——删除超链接

当不需要超链接时，可以将添加的超链接删除。其方法为：选择已添加超链接的对象并右击，在弹出的快捷菜单中选择【取消超链接】命令，删除选择的超链接。

本章小结

通过本章知识的学习，相信读者已经掌握了幻灯片对象的添加与编辑的相关知识。在幻灯片中对文本、图片、形状、SmartArt 图形、文本框、艺术字、表格等对象的添加与编辑方法与 Word 中的操作基本相同，所以在幻灯片中使用这些对象时，可结合 Word 中对象使用的相关知识。本章在最后还讲解了一些幻灯片对象的操作技巧，以帮助用户制作出各种需要的幻灯片。

第 13 章 PowerPoint 2013 动画设置与放映输出

➡ 为什么需要为幻灯片对象添加动画？

➡ 能不能为同一对象添加多个动画效果？

➡ 添加动画的注意事项有哪些？

➡ 为什么幻灯片中动画的播放顺序不对呢？

➡ 怎样将演示文稿导出为不同格式的文件呢？

本章将学习为幻灯片和幻灯片对象添加动画，以及幻灯片放映和输出的相关知识。

13.1 动画的相关知识

Powerpoint 2013 提供了强大的"动画"功能。专业的 PPT，不仅要内容精美，还要在动画上绚丽多彩。采用带有动画效果的幻灯片对象可以让你的演示文稿更加生动活泼，还可以控制信息演示流程并重点突出最关键的数据，帮助用户制作更具吸引力和说服力的动画效果。

13.1.1 动画的重要作用

动画设计在幻灯片中起着至关重要的作用，具体来说，包括以下 3 个方面。

（1）清晰地展现事物关系，如以 PPT 对象的不断"浮入"动画，来展示项目之间的时间顺序或组成关系，如图 13-1 和图 13-2 所示。

图 13-1

（2）更好地配合演讲，如以 PPT 对象的"放大 / 缩小"动画，来强调 PPT 对象的重要性，观众的目光就会因演讲内容的"放大 / 缩小"而移动，与幻灯片的演讲进度相协调，如图 13-3 所示。

图 13-2

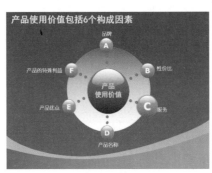

图 13-3

（3）增强效果的表现力，如漫天飞雪、落叶飘零、彩蝶飞舞的效果都是为了增强幻灯片的表现力，都是通过动画的方式来实现的。图 13-4 和图 13-5 所示为雪花飘落的动画效果。

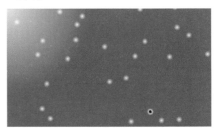

图 13-4

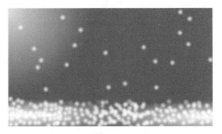

图 13-5

13.1.2 动画的分类

PowerPoint 2013 提供了包括进入、强调、退出、动作路径，以及页面切换等多种形式的动画效果，为幻灯片添加这些动画特效，可以使 PPT 实现与 Flash 动画一样的旋动效果。

1. 进入动画

动画是演示文稿的精华，尤其以"进入动画"最为常用。"进入动画"可以实现多种对象从无到有、陆续展现的动画效果，主要包括出现、淡出、飞入、浮入、形状、回旋、中心旋转等数十种动画，如图 13-6 和图 13-7 所示。

图 13-6

图 13-7

2. 强调动画

"强调动画"是通过放大、缩小、闪烁、陀螺旋等方式突出显示对象和组合的一种动画，主要包括脉冲、跷跷板、补色、陀螺旋、波浪形等数十种动画，如图 13-8 和图 13-9 所示。

图 13-8

图 13-9

3. 退出动画

"退出动画"是让对象从有到无、逐渐消失的一种动画效果。退出动画实现了换面的连贯过渡，是不可或缺的动画效果，主要包括消失、飞出、浮出、向外溶解、层叠等数十种动画，如图 13-10 和图 13-11 所示。

图 13-10

图 13-11

4. 动作路径动画

"动作路径动画"是让对象按照绘制的路径运动的一种高级动画效果，可以实现 PPT 的千变万化，主要包括直线、弧形、六边形、漏斗、衰减波等数十种动画，如图 13-12 和图 13-13 所示。

图 13-12

图 13-13

5. 页面切换动画

"页面切换动画"是幻灯片之间进行切换的一种动画效果。添加页面切换动画不仅可以轻松实现动画之间的自然切换，还可以使PPT真正动起来。"页面切换动画"主要包括细微型和华丽型和动态内容3种类型，共数十种动画，如图13-14所示。

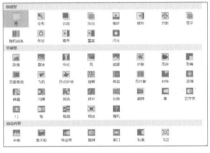

图 13-14

13.1.3 添加动画的注意事项

谈到PPT设计，就绕不开动画设置，这是因为动画能给PPT增色不少，特别是课件类PPT和产品、公司介绍类PPT。PPT提供了简单易学的动画设置功能，让你不会Flash，也能做出绚丽的动画。在PPT中制作动画，应当注意以下几点。

1. 掌握一定的"动画设计"理念

为什么做出的动画不好看？很可能最重要的一个原因是根本不知道想要做什么样的动画效果。

掌握"动画设计"理念没有捷径，只能是多看多学，看多了别人的动画，多学别人的设计理念，这样自然会知道想要做什么样的效果。

2. 掌握动画的"本质"

动画其实都是视觉上的假象，PPT的组成元素都是静态的东西，只不过按时间顺序播放，利用人的视觉残留造成动起来的假象而已。由此可见，动画的"本质"就是"时间"。

"之前、之后"的概念，以及"非常慢、慢速、很快"的区别，最重要的是要用好速度，PPT中所有的动画速度都可以进行自定义。

PPT中还有一个管理时间的概念——"触发器"，所谓触发，就是当你做出某个动作的时候会触动另一个动作，接下来就是设置另一个动作触发的时间和效果。

3. 注重动画的方向和路径

方向很好理解，路径的概念有点模糊，简单地讲，PPT中的路径就是"运动轨迹"，这个路径用户可以根据需要进行自定义。可以用自由曲线、直线、圆形轨迹等。

4. 动画效果不是越多越好

用户可以对整个幻灯片、某个画面或某个幻灯片对象（包括文本框、图表、艺术字和图画等）应用动画效果。但应该记住一条原则，那就是动画效果不能用得太多，而应该让它起到画龙点睛的作用；太多的闪烁和运动画面会让观众注意力分散，甚至感到烦躁。

13.1.4 演示文稿的放映模式

演示文稿的放映模式主要包括演讲者放映（全屏幕）、观众自行浏览（窗口）和在展台浏览（全屏幕）三种。在放映幻灯片时，用户可根据不同的场所设置不同的放映方式，如图13-15所示。

图 13-15

1. 演讲者放映（全屏幕）

演讲者放映（全屏幕）方式是最常用的放映方式，在放映过程中以全屏显示幻灯片。演讲者能控制幻灯片的放映，暂停演示文稿，添加会议细节，还可以录制旁白。

演讲者对幻灯片的放映过程有完全的控制权，如图13-16所示。

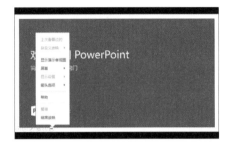

图 13-16

2. 观众自行浏览（窗口）

观众自行浏览（窗口）方式，是带有导航菜单或按钮的标准窗口，可以通过滚动条、方向键或按钮自行控制浏览的演示内容，如图13-17所示。

图 13-17

3. 在展台浏览（全屏幕）

在展台浏览（全屏幕）方式是三种放映类型中最简单的方式，这种方式将自动全屏放映幻灯片，并且循环放映演示文稿，在放映过程中，除了通过超链接或动作按钮来进行切换以外，其他的功能都不能使用。设置"在展台浏览（全屏幕）"放映幻灯片后，将导致不能用鼠标控制，可以用 Esc 键退出放映状态，如图 13-18 所示。

图 13-18

13.2 设置幻灯片页面切换动画

幻灯片页面切换动画是指幻灯片之间进行切换的一种动画效果。添加页面切换动画不仅可以轻松实现动画片之间的自然切换，还可以使 PPT 真正动起来。

★ 重点 13.2.1 实战：添加幻灯片页面切换动画

实例门类	软件功能
教学视频	光盘\视频\第 13 章\13.2.1.mp4

PowerPoint 2013 提供了很多幻灯片切换动画效果，用户可以选择需要的切换动画添加到幻灯片中，使幻灯片之间的播放更流畅。例如，在"销售培训课件"演示文稿中为幻灯片添加切换动画，具体操作步骤如下。

Step01 打开"光盘\素材文件\第 13 章\销售培训课件 .pptx"文件，❶ 选择第 1 张幻灯片，单击【切换】选项卡【切换到此幻灯片】组中的【切换样式】按钮，❷ 在弹出的下拉列表中选择需要的切换动画效果，如选择【揭开】命令，如图 13-19 所示。

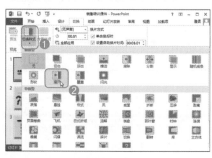

图 13-19

Step02 为选择的幻灯片添加切换效果，并在幻灯片窗格中的幻灯片编号

下添加 * 图标，表示该幻灯片已添加动画效果，如图 13-20 所示。

图 13-20

Step03 然后使用相同的方法为其他幻灯片添加需要的切换动画，如图 13-21 所示。

图 13-21

13.2.2 实战：设置幻灯片切换效果

为幻灯片添加切换动画后，用户还可根据实际需要对幻灯片切换动画的切换效果进行相应的设置。例如，

继续上例操作，在"销售培训课件"演示文稿中为幻灯片切换动画的切换效果进行设置，具体操作步骤如下。

Step01 ❶ 在打开的"销售培训课件"演示文稿中选择第 1 张幻灯片，❷ 单击【切换】选项卡【切换到此幻灯片】组中的【效果选项】按钮，❸ 在弹出的下拉菜单中选择需要的切换效果，如选择【自底部】命令，如图 13-22 所示。

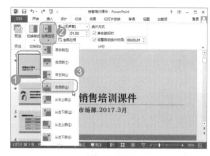

图 13-22

Step02 此时，该幻灯片的切换动画方向将发生变化，❶ 然后选择 2 张幻灯片，❷ 单击【切换】选项卡【切换到此幻灯片】组中的【效果选项】按钮，❸ 在弹出的下拉菜单中选择【自左侧】命令，如图 13-23 所示。

Step03 ❶ 选择 11 张幻灯片，❷ 单击【切换】选项卡【切换到此幻灯片】组中的【效果选项】按钮，❸ 在弹出的下拉菜单中选择【缩放和旋转】命令，如图 13-24 所示，此时，切换动画的切换效果将发生相应的变化。

图 13-23

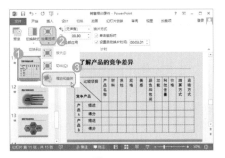

图 13-24

技术看板

不同的幻灯片切换动画，其提供的切换效果是不相同的。

★ 重点 13.2.3 实战：**设置幻灯片的切换时间和切换方式**

实例门类	软件功能
教学视频	光盘\视频\第13章\13.2.3.mp4

对幻灯片的切换时间和切换方式进行设置，可使幻灯片之间的切换更流畅。例如，继续上例操作，在"销售培训课件"演示文稿中对幻灯片的切换时间和切换方式进行设置，具体操作步骤如下。

Step01 ❶ 在打开的"销售培训课件"演示文稿中选择第1张幻灯片，❷ 在【切换】选项卡【计时】组中的【持续时间】数值框中输入幻灯片切换的时间，如输入【01.50】，如图13-25所示。

图 13-25

Step02 ❶ 在【计时】组中取消选中【设置自动换片时间】复选框，❷ 然后单击【切换】选项卡【预览】组中的【预览】按钮，如图13-26所示。

图 13-26

技术看板

若在【切换】选项卡【计时】组中选中【设置自动换片时间】复选框，在其后的数值框中输入自动换片的时间，那么在进行幻灯片切换时，可根据设置的换片时间进行自动切换。

Step03 对幻灯片的页面切换动画效果进行播放，效果如图13-27所示。

图 13-27

技能拓展——快速为每张幻灯片添加相同的页面切换效果

如果需要为演示文稿中的所有幻灯片添加相同的页面切换效果，那么可先为演示文稿的第1张幻灯片添加切换效果，并对切换方向、计时和声音等进行设置，设置完成后，单击【切换】选项卡【计时】组中的【全部应用】按钮，即可将第1张幻灯片的切换效果应用到演示文稿的其他幻灯片中。

13.2.4 实战：设置幻灯片的切换声音

PowerPoint 2013 中提供了多种切换声音，用于上一张幻灯片切换到下一张幻灯片时播放，用户可以根据需要为幻灯片添加切换声音。例如，继续上例操作，在"销售培训课件"演示文稿中对幻灯片的切换声音进行设置，具体操作步骤如下。

Step01 ❶ 在打开的"销售培训计划"演示文稿中选择第1张幻灯片，❷ 在【切换】选项卡【计时】组中单击【声音】下拉按钮，❸ 在弹出的下拉菜单中选择需要的声音，如选择【单击】命令，如图13-28所示。

图 13-28

Step02 为选择的幻灯片添加选择的切换声音，❶ 选择第15张幻灯片，❷ 在【切换】选项卡【计时】组中单击【声音】下拉按钮，❸ 在弹出的下拉菜单中选择【鼓掌】命令，如图13-29所示。

图 13-29

13.3　为幻灯片对象添加动画

除了可为幻灯片之间添加切换动画外，还可为幻灯片中的对象添加需要的动画效果，以增加幻灯片的趣味性，提高读者的阅读性。

★ 重点 13.3.1　实战：添加单个动画效果

实例门类	软件功能
教学视频	光盘\视频\第13章\13.3.1.mp4

PowerPoint 2013 中提供了进入、强调、退出和动作路径等多个类型的多个动画效果，用户可根据对象的不同选用不同的动画效果。例如，在"销售工作计划"演示文稿中的为幻灯片添加单个动画效果，具体操作步骤如下。

技术看板

若在【动画样式】下拉菜单中选择【更多进入效果】命令，可打开【更改进入效果】对话框，在其中提供了更多的进入动画效果，用户可根据需要进行选择。

Step01 打开"光盘\素材文件\第13章\销售工作计划.pptx"文件，❶选择第1张幻灯片中的标题占位符，单击【动画】选项卡【动画】组中的【动画样式】按钮，❷在弹出的下拉列表中选择需要的动画效果，如选择【进入】栏中的【翻转式由远及近】

命令，如图 13-30 所示。

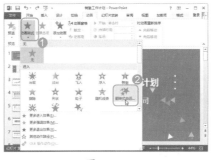

图 13-30

Step02 为标题文本添加选择的进入动画，然后选择副标题文本，❶单击【动画】选项卡【动画】组中的【动画样式】按钮，❷在弹出的下拉列表中选择【强调】栏中的【放大/缩小】命令，如图 13-31 所示。

图 13-31

Step03 为选择的对象添加强调动画，单击【动画】选项卡【预览】组中的

【预览】按钮，如图 13-32 所示。

图 13-32

技术看板

为幻灯片中的对象添加动画效果后，则会在对象前面显示动画序号，如 1、2 等，它表示动画播放的顺序。

Step04 对所选幻灯片中对象的动画效果进行播放，播放效果如图 13-33 和图 13-34 所示。

图 13-33

图 13-34

技术看板

单击幻灯片窗格中序号下方的图标，也可对幻灯片中的动画效果进行预览。

Step05 ❶ 选择第 2 张幻灯片中的【目录】文本，单击【动画】选项卡【动画】组中的【动画样式】按钮，❷ 在弹出的下拉列表中选择【动作路径】栏中的【形状】选项，如图 13-35 所示。

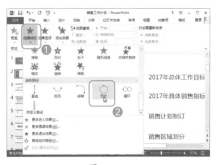

图 13-35

Step06 为所选文本添加路径动画，然后使用相同的方法，为该幻灯片其他文本或其他幻灯片中的对象添加需要的动画效果，如图 13-36 所示。

图 13-36

★ 重点 13.3.2 实战：为同一对象添加多个动画效果

实例门类	软件功能
教学视频	光盘\视频\第 13 章\13.3.2.mp4

为幻灯片中的对象添加一个动画效果后，使用"高级动画"组中的"添加动画"功能，可以为同一对象添加多个动画。例如，继续上例操作，在"销售工作计划"演示文稿的幻灯片中为同一对象添加多个动画，具体操作步骤如下。

Step01 在打开的"销售工作计划"演示文稿的第 1 张幻灯片中选择标题占位符，❶ 单击【动画】选项卡【高级动画】组中的【添加动画】按钮，❷ 在弹出的下拉列表中选择需要的动画，如选择【强调】栏中的【画笔颜色】选项，如图 13-37 所示。

图 13-37

Step02 为标题文本添加第 2 个动画，然后选择副标题文本，❶ 单击【动画】选项卡【高级动画】组中的【添加动画】按钮，❷ 在弹出的下拉列表中选择需要的动画，如选择【退出】栏中的【飞出】选项，如图 13-38 所示。

图 13-38

Step03 为副标题文本页添加两个动画效果，如图 13-39 所示。

图 13-39

技术看板

如果要为幻灯片中的同一个对象添加多个动画效果，那么从添加第 2 个动画效果时起，都需要通过【添加动画】按钮才能实现，否则将会替换前一动画效果。

13.3.3 实战：设置幻灯片对象的动画效果选项

实例门类	软件功能
教学视频	光盘\视频\第 13 章\13.3.3.mp4

与设置幻灯片切换效果一样，为幻灯片对象添加动画后，用户还可以根据需要对动画的效果进行设置。例如，继续上例操作，在"销售工作计划"演示文稿中对幻灯片对象的动画效果进行设置，具体操作步骤如下。

Step01 ❶ 在打开的"销售工作计划"演示文稿中选择第 2 张幻灯片，❷ 然后选择【目录】文本，单击【动画】选项卡【动画】组中的【效果选项】按钮，❸ 在弹出的下拉菜单中选择需要的效果选项，如选择【等边三角形】命令，如图 13-40 所示。

Step02 此时可发现，【目录】文本由【圆】动作路径变成了【等边三角形】动作路径，效果如图 13-41 所示。

图 13-40

图 13-41

Step03 ① 选中第2张幻灯片右侧空白区域的所有形状和文本，② 单击【动画】选项卡【动画】组中的【效果选项】按钮，③ 在弹出的下拉菜单中选择【自左侧】命令，如图 13-42 所示。

图 13-42

Step04 ① 选择第3张幻灯片，将标题文本的效果选项设置为【自左侧】，② 然后选择幻灯片中的 SmartArt 图形，单击【动画】选项卡【动画】组中的【效果选项】按钮，③ 在弹出的下拉菜单中选择【逐个】命令，如图 13-43 所示。

图 13-43

Step05 逐个播放 SmartArt 图形中的对象，效果如图 13-44 和图 13-45 所示。然后再将其他幻灯片的标题文本的效果选项设置为【自左侧】。

图 13-44

图 13-45

★ **重点 13.3.4 实战：调整动画的播放顺序**

实例门类	软件功能
教学视频	光盘\视频\第13章\13.3.4.mp4

默认情况下，幻灯片中对象的播放顺序是根据动画添加的先后顺序来决定的，但为了使各动画能衔接起来，还需要对动画的播放顺序进行调整。例如，继续上例操作，在"销售工作计划"演示文稿中对幻灯片对象的动画播放顺序进行相应的调整，具体操作步骤如下。

Step01 ① 在打开的"销售工作计划"演示文稿中选择第1张幻灯片，② 单击【动画】选项卡【高级动画】组中的【动画窗格】按钮，如图 13-46 所示。

图 13-46

Step02 ① 打开【动画窗格】任务窗格，在其中选择需要调整顺序的动画效果选项，如选择【文本框 22】选项，② 单击 按钮，如图 13-47 所示。

图 13-47

Step03 将选择的动画效果选项向前移动一步，效果如图 13-48 所示。

图 13-48

技术看板

若在动画窗格中选择动画效果选项后，单击 按钮，动画效果选项可向后移动一步。

Step04 ① 选择第 2 张幻灯片，② 在动画窗格中选择【等腰三角形 26】动画效果选项，③ 按住鼠标左键不放，将其拖动到【文本框 18】后，如图 13-49 所示。

图 13-49

技术看板

拖动过程中出现的红色直线条，表示所选动画效果选项的目标位置。

Step05 释放鼠标，将所选动画效果选项移动到【文本框 18】后，然后选择【等腰三角形 28】选项，按住鼠标左键不放向上拖动，如图 13-50 所示。

图 13-50

技能拓展——通过【计时】组调整动画播放顺序

在动画窗格中选择需要调整顺序的动画效果选项，单击【动画】选项卡【计时】组中的【向前移动】按钮，可将动画效果选项向前移动一步；单击【向后移动】按钮，可将动画效果选项向后移动一步。

Step06 拖动到合适位置后，释放鼠标，然后使用相同的方法对其他动画效果选项的位置进行调整，调整后的效果如图 13-51 所示。

图 13-51

★ 重点 13.3.5 实战：设置动画计时

实例门类	软件功能
教学视频	光盘\视频\第 13 章\13.3.5.mp4

为幻灯片对象添加动画后，还需要对动画计时进行设置，如动画播放方式、持续时间、延迟时间等，使幻灯片中的动画衔接更自然，播放更流畅。例如，继续上例操作，对"销售工作计划"演示文稿幻灯片中动画的计时进行设置，具体操作步骤如下。

Step01 ① 在打开的"销售工作计划"演示文稿中选择第 1 张幻灯片，② 在动画窗格中选择第 2 至第 4 个动画效果选项，③ 单击【动画】选项卡【计时】组中的【开始】下拉按钮，④ 在弹出的下拉菜单中选择开始播放选项，如选择【上一动画之后】选项，如图 13-52 所示。

图 13-52

技术看板

【计时】组中的【开始】下拉列表框中提供的【单击时】选项，表示单击鼠标后，才开始播放动画；【与上一动画同时】选项表示当前动画与上一动画同时开始播放；【上一动画之后】选项，表示上一动画播放完成后，才开始进行播放。

Step02 ① 在动画窗格中选择第 1 个动画效果选项，② 在【动画】选项卡【计时】组中的【持续时间】数值框中输入动画的播放时间，如输入【01.50】，如图 13-53 所示。

图 13-53

Step03 更改动画的播放时间，① 然后选择第 2 个动画效果选项，② 在【动画】选项卡【计时】组中将【持续时间】更改为【01.00】，③ 在【延迟】数值框中输入动画的延迟播放时间，如输入【00.50】，如图 13-54 示。

图 13-54

Step04 ① 选择第 2 张幻灯片，② 在动画窗格中选中需要设置开始播放时间的动画效果选项并右击，在弹出的快捷菜单中选择【从上一项之后开始】

命令，如图 13-55 所示。

图 13-55

Step05 将动画的开始时间设置为【上一动画之后】，然后在动画窗格中选中带文本内容的动画效果选项并右击，在弹出的快捷菜单中选择【计时】命令，如图 13-56 所示。

图 13-56

Step06 ① 打开【擦除】对话框，默认选择【计时】选项卡，在【开始】下拉列表框中选择动画开始播放时间，如选择【上一动画之后】选项，② 在【延迟】数值框中输入延迟播放时间，如输入【0.5】，③ 在【期间】下拉列表框中选择动画持续播放的时间，如选择【中速(2秒)】选项，如图 13-57 所示。

图 13-57

技术看板

动画对话框的【重复】下拉列表框用于设置动画重复播放的时间。

Step07 ① 选择【效果】选项卡，② 单击【动画播放后】下拉按钮，③ 在弹出的下拉列表框中显示动画播放后的效果，这里选择【橙色】选项，如图 13-58 所示。

图 13-58

技术看板

在【动画效果】选项卡中还可对动画的方向（也就是动画效果选项）、动画播放时的声音及动画文本的播放顺序等进行设置。

Step08 设置完成后单击【确定】按钮，返回幻灯片编辑区，对设置的动画效果进行预览，此时可发现，动画播放完成后，文本的颜色会发生变化，效果如图 13-59 所示。

图 13-59

Step09 ① 选择第 3 张幻灯片，② 单击动画窗格中的【展开】按钮，如图 13-60 所示。

图 13-60

Step10 ① 展开动画效果选项，选择需要设置播放时间的效果选项，② 在【开始】下拉列表框中选择【上一动画之后】选项，如图 13-61 所示。

图 13-61

Step11 ① 选择除第 1 个动画效果选项外的所有动画效果选项，② 在【持续时间】数值框中输入【02.00】，如图 13-62 所示。

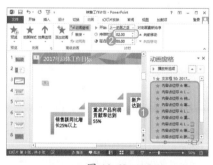

图 13-62

Step12 使用相同的方法对其他幻灯片中的动画效果的计时进行相应的设置，如图 13-63 所示。

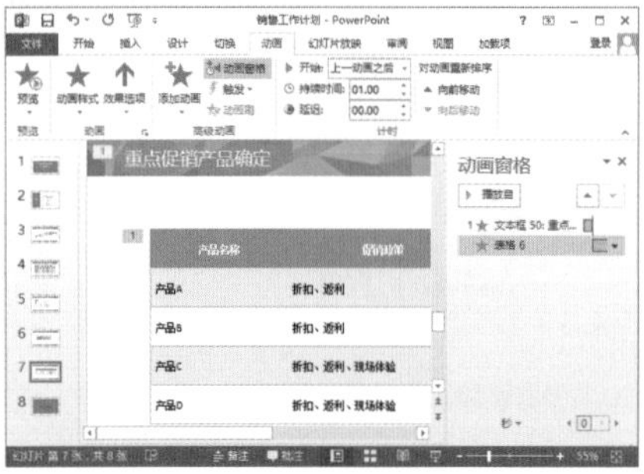

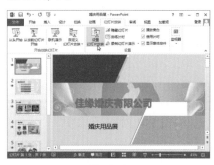

图 13-63

技能拓展——通过拖动时间条调整动画计时

在动画窗格中的每个动画效果选项后面都有一个绿色的时间条，时间条的长短决定动画播放的时间长短。将鼠标指针移动到需要调整动画播放时间的动画效果选项后面的时间条左侧，当鼠标指针变成形状时，按住鼠标左键不放，向右拖动可设置动画播放的开始时间；而将鼠标指针移动到时间条右侧，当鼠标指针变成形状时，按住鼠标左键不放，向左拖动可设置动画播放的结束时间。

13.4 幻灯片放映设置与放映

制作演示文稿的目的就是对其进行放映，而不同的放映场合，其对幻灯片的放映要求会有所不同，所以，在放映幻灯片之前，还需要对幻灯片进行放映设置，使幻灯片能满足不同的放映需求。

13.4.1 实战：设置幻灯片放映类型

实例门类	软件功能
教学视频	光盘\视频\第 13 章\13.4.1.mp4

演示文稿的放映类型主要有演讲者放映、观众自行浏览和在展台浏览 3 种，用户可以根据放映场所来选择放映类型。例如，在“婚庆用品展”演示文稿中设置放映类型，具体操作步骤如下。

Step01 打开“光盘\素材文件\第 13 章\婚庆用品展.pptx”文件，单击【幻灯片放映】选项卡【设置】组中的【设置幻灯片放映】按钮，如图 13-64 所示。

图 13-64

Step02 ❶ 打开【设置放映方式】对话框，在【放映类型】栏中选择放映类型，如选中【在展台浏览(全屏幕)】单选按钮，❷ 再单击【确定】按钮，如图 13-65 所示。

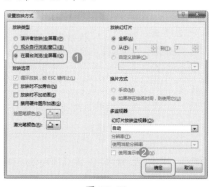

图 13-65

技术看板

在【设置放映方式】对话框中除了可对放映类型进行设置外，在【放映选项】栏中可指定放映时的声音文件、解说或动画在演示文稿中的运行方式等；在【放映幻灯片】栏中可对放映幻灯片的数量进行设置，如放映全部幻灯片，放映连续几张幻灯片，或者自定义放映指定的任意几张幻灯片；在【换片方式】栏中对幻灯片动画的切换方式进行设置。

★ 重点 13.4.2 实战：使用排练计时

实例门类	软件功能
教学视频	光盘\视频\第 13 章\13.4.2.mp4

如果希望幻灯片按照规定的时间进行自动播放，那么可通过 PowerPoint 2013 提供的排练计时功能来记录每张幻灯片放映的时间。例如，继续上例操作，在“婚庆用品展”演示文稿中通过排练计时记录幻灯片播放的时间，具体操作步骤如下。

Step01 在“婚庆用品展”演示文稿中单击【幻灯片放映】选项卡【设置】组中的【排练计时】按钮，如图 13-66 所示。

图 13-66

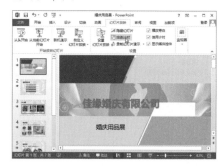

Step02 进入幻灯片放映状态，并打开【录制】窗格记录第1张幻灯片的播放时间，如图13-67所示。

图 13-67

Step03 第1张幻灯片录制完成后，单击鼠标左键，进入第2张幻灯片进行录制，效果如图13-68所示。

图 13-68

Step04 继续单击鼠标左键，进行下一张幻灯片的录制，直至录制完最后一张幻灯片的播放时间后，按【Esc】键，打开提示对话框，在其中显示了录制的总时间，单击【是】按钮进行保存，如图13-69所示。

图 13-69

技术看板

若在排练计时过程中出现错误，可以单击【录制】窗格中的【重复】按钮↻，即可重新开始当前幻灯片的录制；单击【暂停】按钮‖，可以暂停当前排练计时的录制。

Step05 返回幻灯片编辑区，单击【视图】选项卡【演示文稿视图】组中的【幻灯片浏览】按钮，如图13-70所示。

图 13-70

Step06 进入幻灯片浏览视图，在每张幻灯片下方将显示录制的时间，如图13-71所示。

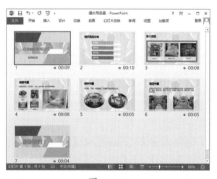

图 13-71

技术看板

设置了排练计时后，打开【设置放映方式】对话框，选中【如果存在排练时间，则使用它】单选按钮，此时放映演示文稿时，才能自动放映演示文稿。

★ 重点 13.4.3 实战：指定要放映的幻灯片

实例门类	软件功能
教学视频	光盘\视频\第13章\13.4.3.mp4

在放映幻灯片之前，用户也可根据需要指定要放映的幻灯片，这样，

在放映幻灯片时，将只放映指定要放映的幻灯片。例如，继续上例操作，在"婚庆用品展"演示文稿中指定要放映的幻灯片，具体操作步骤如下。

Step01 ❶在打开的"婚庆用品展"演示文稿中单击【幻灯片放映】选项卡【开始放映幻灯片】组中的【自定义幻灯片放映】按钮，❷在弹出的下拉菜单中选择【自定义放映】命令，如图13-72所示。

图 13-72

Step02 打开【自定义放映】对话框，单击【新建】按钮，打开【定义自定义放映】对话框，❶在【幻灯片放映名称】文本框中输入放映名称，如输入【布置】，❷在【在演示文稿中的幻灯片】列表框中选中需要放映的幻灯片的复选框，❸单击【添加】按钮，如图13-73所示。

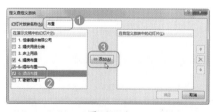

图 13-73

Step03 将选中的幻灯片添加到【在自定义放映中的幻灯片】列表框中，单击【确定】按钮，如图13-74所示。

图 13-74

Step 04 返回【自定义放映】对话框，在其中显示了自定义放映幻灯片的名称，单击【关闭】按钮，如图 13-75 所示。

图 13-75

在【自定义放映】对话框中单击【放映】按钮，可直接对定义的幻灯片进行放映；单击【编辑】按钮，可对幻灯片的放映名称、需要放映的幻灯片等进行设置；单击【删除】按钮，可删除自定义要放映的幻灯片。

Step 05 返回幻灯片编辑区，单击【自定义幻灯片放映】按钮，在弹出的下拉菜单中显示了自定义放映的幻灯片名称，选择该名称，如选择【布置】，如图 13-76 所示。

图 13-76

Step 06 即可对指定的幻灯片进行放映，效果如图 13-77 所示。

图 13-77

★ 重点 13.4.4 实战：开始放映幻灯片

实例门类	软件功能
教学视频	光盘\视频\第 13 章\13.4.4.mp4

对幻灯片进行放映设置后，开始对幻灯片进行放映，放映幻灯片时，既可从当前幻灯片开始进行放映，也可从演示文稿第 1 张幻灯片进行放映。例如，从头开始放映"楼盘推广策划"演示文稿，具体操作步骤如下。

Step 01 打开"光盘\素材文件\第 13 章\楼盘推广策划.pptx"文件，单击【幻灯片放映】选项卡【开始放映幻灯片】组中的【从头开始】按钮，如图 13-78 所示。

图 13-78

在【开始放映幻灯片】组中单击【从当前幻灯片开始】按钮，即可从当前选择的幻灯片开始进行放映。

Step 02 此时幻灯片进入放映状态，并从第 1 张幻灯片开始，播放完成后，单击鼠标右键，在弹出的快捷菜单中选择【下一张】命令，如图 13-79 所示。

图 13-79

Step 03 切换到第 2 张幻灯片进行播放，播放完成后，单击鼠标左键，继续对其他幻灯片进行播放，播放完最后一张幻灯片后，按【Esc】键，退出幻灯片放映，如图 13-80 所示。

图 13-80

13.5 输出演示文稿

对于制作好的演示文稿，用户可以根据不同的情况，将演示文稿输出为不同的文件，如图片文件、视频文件、讲义和打包成 CD 等。

★ 重点 13.5.1 实战：将演示文稿导出为视频文件

实例门类	软件功能
教学视频	光盘\视频\第13章\13.5.1.mp4

如果需要在视频播放器上播放演示文稿，或者在没有安装 PowerPoint 2013 软件的计算机上播放，可以将演示文稿导出为视频文件，这样既可以播放幻灯片中的动画效果，还可以保护幻灯片中的内容不被他人利用。例如，将"产品宣传画册"演示文稿导出为视频文件，具体操作步骤如下。

Step01 打开"光盘\素材文件\第13章\产品宣传画册.pptx"文件，单击【文件】选项，❶ 在打开的页面左侧选择【导出】命令，❷ 在中间选择导出的类型，如选择【创建视频】选项，❸ 单击右侧的【创建视频】按钮，如图 13-81 所示。

图 13-81

技能拓展——设置幻灯片导出为视频的秒数

默认情况下，将幻灯片导出为视频后，每张幻灯片播放的时间为 5 秒，用户可以根据幻灯片中动画的多少来设置幻灯片播放的时间。其方法是：在演示文稿中导出页面中间选择【创建视频】选项后，在页面右侧的【放映每张幻灯片的秒数】数值框中输入幻灯片播放的时间，然后单击【创建视频】按钮进行创建。

Step02 打开【另存为】对话框，❶ 在地址栏中设置视频保存的位置，❷ 其他保持默认设置，单击【保存】按钮，如图 13-82 所示。

图 13-82

Step03 开始制作视频，并在 PowerPoint 2013 工作界面的状态栏中显示视频导出进度，如图 13-83 所示。

图 13-83

Step04 导出完成后，使用视频播放器将其打开，预览演示文稿的播放效果，如图 13-84 所示。

图 13-84

13.5.2 实战：将"产品宣传画册"演示文稿导出为 PDF 文件

实例门类	软件功能
教学视频	光盘\视频\第13章\13.5.2.mp4

在 PowerPoint 2013 中，也可将演示文稿导出为 PDF 文件，这样演示文稿中的内容就不能再进行修改。例如，将"产品宣传画册"演示文稿导出为 PDF 文件，具体操作步骤如下。

Step01 打开"光盘\素材文件\第13章\产品宣传画册.pptx"文件，单击【文件】选项，❶ 在打开的页面左侧选择【导出】命令，❷ 在中间选择导出的类型，如选择【创建 PDF/XPS 文档】选项，❸ 单击右侧的【创建 PDF/XPS】按钮，如图 13-85 所示。

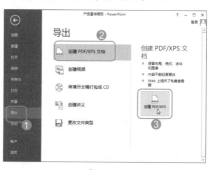

图 13-85

Step02 打开【发布为 PDF 或 XPS】对话框，❶ 在地址栏中设置发布后文件的保存位置，❷ 然后单击【选项】按钮，如图 13-86 所示。

图 13-86

Step03 打开【选项】对话框，❶ 在【范围】栏中选中【幻灯片】单选按钮，❷ 在其后的【到】数值框中输入所导出的最后范围，如输入【5】，❸ 在【发布选项】栏中选中【幻灯片加框】复选框，❹ 然后单击【确定】按钮，如图 13-87 所示。

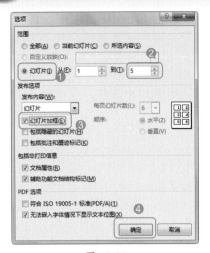

图 13-87

Step04 返回【发布为 PDF 或 XPS】对话框，单击【发布】按钮，打开【正在发布】对话框，在其中显示发布的进度，如图 13-88 所示。

图 13-88

Step05 发布完成后，打开发布的 PDF 文件，效果如图 13-89 所示。

图 13-89

13.5.3 实战：将幻灯片导出为图片

实例门类	软件功能
教学视频	光盘\视频\第 13 章\13.5.3.mp4

有时为了宣传和展示需要，需将演示文稿中的多张幻灯片（包含背景）导出，此时，可以通过提供的导出为图片功能，将演示文稿中的幻灯

片导出为图片。例如，将"产品宣传画册"演示文稿中的幻灯片导出为图片，具体操作步骤如下。

Step01 打开"光盘\素材文件\第 13 章\产品宣传画册.pptx"文件，单击【文件】选项，❶ 在打开的页面左侧选择【导出】命令，❷ 在中间选择导出的类型，如选择【更改文件类型】选项，❸ 在页面右侧的【图片文件类型】栏中选择导出的图片格式，如选择【JPEG 文件交换格式】选项，❹ 单击【另存为】按钮，如图 13-90 所示。

图 13-90

Step02 打开【另存为】对话框，❶ 在地址栏中设置导出的位置，❷ 其他保持默认设置不变，单击【保存】按钮，如图 13-91 所示。

图 13-91

Step03 打开【Microsoft PowerPoint】对话框，提示用户"您希望导出哪些幻灯片？"，这里单击【所有幻灯片】按钮，如图 13-92 所示。

图 13-92

Step04 在打开的提示对话框中单击【确定】按钮，将演示文稿中的所有幻灯片导出为图片文件，如图 13-93 所示。

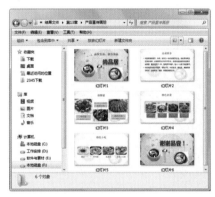

图 13-93

13.5.4 实战：打包"产品宣传画册"演示文稿

实例门类	软件功能
教学视频	光盘\视频\第 13 章\13.5.4.mp4

打包演示文稿是指将演示文稿打包到一个文件夹中，包括演示文稿和一些必要的数据文件（如链接文件），以供在没有安装 PowerPoint 的计算机中观看。例如，对"产品宣传画册"演示文稿进行打包，具体操作

步骤如下。

Step 01 打开"光盘\素材文件\第 13 章\产品宣传画册.pptx"文件，单击【文件】选项，❶ 在打开的页面左侧选择【导出】命令，❷ 在中间选择导出的类型，如选择【将演示文稿打包成 CD】选项，❸ 在页面右侧单击【打包成 CD】按钮，如图 13-94 所示。

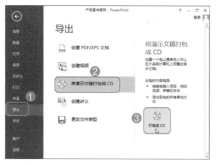

图 13-94

Step 02 打开【打包成 CD】对话框，单击【复制到文件夹】按钮，如图 13-95 所示。

图 13-95

Step 03 打开【复制到文件夹】对话框，❶ 在【文件夹名称】文本框中输入文件夹的名称，如输入【产品宣传】，❷ 单击【浏览】按钮，如图 13-96 所示。

图 13-96

Step 04 打开【选择位置】对话框，❶ 在地址栏中设置演示文稿打包后保存的位置，❷ 然后单击【选择】按钮，如图 13-97 所示。

图 13-97

Step 05 返回【复制到文件夹】对话框，在【位置】文本框中显示打包后的保存位置，单击【确定】按钮，如图 13-98 所示。

图 13-98

技术看板

在【复制到文件夹】对话框中选中【完成后打开文件夹】复选框，表示打包完成后，将自动打开文件夹。

Step 06 打开提示对话框，提示用户是否选择打包演示文稿中的所有链接文件，这里单击【是】按钮，如图 13-99 所示。

图 13-99

Step 07 开始打包演示文稿，打包完成后将自动打开保存的文件夹，在其中可查看到打包的文件，如图 13-100 所示。

图 13-100

技能拓展——将演示文稿打包到 CD

如果计算机中安装有刻录机，那么还可将演示文稿打包到空白的 CD 中。其方法是：将准备的空白 CD 插入计算机光驱中，然后打开演示文稿，执行打包操作，在【打包成 CD】对话框中单击【复制到 CD】按钮，即可将演示文稿打包到 CD 中，这样方便保存和携带。

妙招技法

通过前面知识的学习，相信读者已经掌握了 PowerPoint 2013 动画设置与放映输出的基本操作。下面结合本章内容介绍一些实用技巧。

技巧 01：使用动画刷快速复制动画

教学视频	光盘＼视频＼第 13 章＼技巧 01.mp4

如果要幻灯片中的其他对象或其他幻灯片中的对象应用相同的动画效果，可通过动画刷复制动画，使对象快速拥有相同的动画效果。例如，在"景点宣传"演示文稿使用动画刷复制动画，具体操作步骤如下。

Step01 打开"光盘＼素材文件＼第 13 章＼景点宣传 .pptx"文件，❶ 选择第 1 张幻灯片左上方已设置好动画效果的图片，❷ 单击【动画】选项卡【高级动画】组中的【动画刷】按钮，如图 13-101 所示。

图 13-101

Step02 此时鼠标指针将变成 📷 形状，将鼠标指针移动到需要应用复制的动画效果的图片上，如图 13-102 所示。

图 13-102

Step03 为图片应用复制的动画效果，然后使用动画刷为该幻灯片中右侧上方和左侧下方的图片应用相同的动画效果，如图 13-103 所示。

技术看板

选择已设置好动画效果的对象后，按【Alt+Shift+C】组合键，也可对对象的动画效果进行复制。

图 13-103

技术看板

动画刷的使用方法与 Word 中格式刷的使用方法相同。

技巧 02：使用触发器触发动画

教学视频	光盘＼视频＼第 13 章＼技巧 02.mp4

PowerPoint 2013 中提供了触发器功能，该功能可通过单击一个对象，触发另一个对象或动画的发生，常用于弹出菜单的制作、视频播放控制等。例如，在"楼盘推广策划"演示文稿第 5 张幻灯片中使用触发器来触发对象的发生，具体操作步骤如下。

Step01 打开"光盘＼素材文件＼第 13 章＼楼盘推广策划 .pptx"文件，❶ 选择第 5 张幻灯片中的【启动期】文本框，❷ 单击【高级动画】组中的【触发】按钮，❸ 在弹出的下拉列表中选择【单击】选项，❹ 在弹出的子列表中选择需要单击的对象，如选择【文本框 1】选项，如图 13-104 所示。

Step02 即在所选文本框前面添加一个触发器，❶ 选择【公开期】文本框，❷ 单击【高级动画】组中的【触发】按钮，❸ 在弹出的下拉列表中选择【单击】选项，❹ 在级联列表中选择

【文本框 2】选项，效果如图 13-105 所示。

图 13-104

图 13-105

技术看板

选择【文本框 1】选项，表示在放映幻灯片时，单击【文本框 1】中的文本，即可触发【启动期】文本框中的文本。

Step03 使用相同的方法为【高潮期】和【持续期】文本框添加触发器，然后单击【动画】选项卡【高级动画】组中的【动画窗格】按钮，如图 13-106 所示。

图 13-106

技术看板

要为对象添加触发器，首先需要为对象添加动画效果，然后才能激活触发器功能。

Step04 打开【动画窗格】任务窗格，选择【组合 12】动画效果选项，将其移动到最后，如图 13-107 所示。

图 13-107

Step05 单击状态栏中的【幻灯片放映】按钮，开始放映当前幻灯片，将鼠标指针移动到【1】数值上，然后单击鼠标，如图 13-108 所示。

图 13-108

Step06 弹出【启动器】文本框中的文本，然后单击数值【2】，弹出【公开期】文本框中的文本，效果如图 13-109 所示。

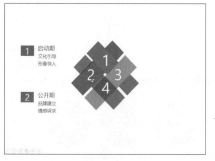

图 13-109

Step07 单击数值【3】，则触发【高潮期】文本框，单击数值【4】，则触发【持续期】文本框，效果如图 13-110 所示。

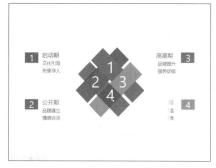

图 13-110

技巧 03：自定义路径动画

教学视频	光盘\视频\第 13 章\技巧 03.mp4

当 PowerPoint 2013 中提供的路径动画不能满足需要时，用户也可自定义动画的动作路径，并且还可对动作路径的长短、方向等进行调整。例如，在"公司片头动画"演示文稿中自定义公司标志图片的路径，具体操作步骤如下。

Step01 打开"光盘\素材文件\第 13 章\公司片头动画 .pptx"文件，选择第 1 张幻灯片中的公司标志图片，❶ 单击【动画】选项卡【动画】组中的【动画样式】按钮，❷ 在弹出的下拉列表中选择【动作路径】组中的【自定义路径】命令，如图 13-111 所示。

图 13-111

Step02 此时鼠标指针将变成+形状，在需要绘制动作路径的开始处拖动鼠标绘制动作路径，如图 13-112 所示。

图 13-112

技术看板

在【动画样式】下拉列表中选择【其他动作路径】命令，在打开的【更改动作路径】对话框中提供了更多的动作路径，以供用户选择使用。

Step03 绘制到合适位置后双击鼠标，完成路径的绘制，单击【动画】选项卡【预览】组中的【预览】按钮，效果如图 13-113 所示。

图 13-113

Step04 对动画效果进行预览，然后选择动作路径，将鼠标指针移动到路径开始处，当鼠标指针变成形状时，按住鼠标左键不放，向下进行拖动，可移动动作路径，如图 13-114 所示。

Step05 然后使用本章 1.3 节添加和设置动画效果的方法对幻灯片中其他对象添加需要的动画效果，并对计时进行相应的设置，如图 13-115 所示。

图 13-114

图 13-115

对于路径动画，不仅可对其长短进行调整，还可对路径动画的顶点进行编辑，使动画的运动轨迹随意改变。其方法是：在动作路径上右击，在弹出的快捷菜单中选择【编辑顶点】命令，此时动作路径中将出现路径的顶点，将鼠标指针移动到需要编辑的顶点上，当鼠标指针变成形状时，按住鼠标左键不放进行拖动，可改变路径的运动轨迹。

技巧 04：演示文稿放映过程中的控制方式

教学视频	光盘\视频\第13章\技巧04.mp4

在放映演示文稿时，如果在【设置放映方式】对话框中将放映类型设置为【演讲者放映】，且换片方式设置为【手动】，那么，在放映演示文稿的过程中，可以通过键盘、鼠标和右键菜单等多种方式来控制幻灯片的播放。

1. 通过方向键控制

键盘中提供了向左【←】、向右【→】、向上【↑】和向下【↓】4个方向键，在放映演示文稿的过程中，可以通过向上【↑】方向键切换到上一个动画或上一张幻灯片中；按向下【↓】方向键可以切换到下一个动画或下一张幻灯片中。

2. 通过鼠标控制

在放映演示文稿的过程中，通过鼠标控制是最常用的控制幻灯片播放的方法。通过鼠标控制时，单击鼠标左键，可切换到下一个动画或下一张幻灯片中；向上滚动鼠标滚轮，可切换到上一个动画或上一张幻灯片中；向下滚动鼠标滚轮，可切换到下一个动画或下一张幻灯片中。

3. 通过右键菜单控制

在幻灯片放映过程中，PowerPoint 提供了右键菜单功能，在右键菜单中，用户可以根据需要上下切换幻灯片，查看上次查看过的幻灯片，查看所有幻灯片，放大幻灯片区域，显示演示者视图，设置屏幕，设置指针选项，结束放映等。例如，在"面试培训"演示文稿中通过右键菜单控制幻灯片播放，具体操作步骤如下。

Step01 打开"光盘\素材文件\第13章\面试培训.pptx"文件，按【F5】键进入幻灯片放映状态，并从第1张幻灯片开始放映，放映完成后，单击鼠标右键，在弹出的快捷菜单中选择【下一张】命令，如图 13-116 所示。

Step02 此时切换到下一张幻灯片，并进行放映，放映完成后，单击鼠标右键，在弹出的快捷菜单中选择【查看所有幻灯片】命令，如图 13-117 所示。

图 13-116

图 13-117

技术看板

若在右键快捷菜单中选择【上次查看过的】命令，即可切换到最近查看到的一张幻灯片。

Step03 此时可查看所有幻灯片，在垂直滚动条中拖动鼠标左键，可上、下查看幻灯片，如图 13-118 所示。

图 13-118

Step04 如单击第7张幻灯片，即可切换到第7张幻灯片，并对其进行放映，效果如图 13-119 所示。

图 13-119

Step 05 放映结束后，❶单击鼠标右键，在弹出的下拉列表中选择【指针选项】选项，❷在级联菜单中选择【荧光笔】选项，如图13-120所示。

图 13-120

Step 06 ❶再单击鼠标右键，在弹出的下拉列表中选择【指针选项】选项，❷在级联菜单中选择【墨迹颜色】选项，❸再在级联菜单中选择需要的颜色，如选择【紫色】选项，如图13-121所示。

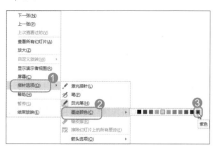

图 13-121

Step 07 此时，鼠标指针将变成┃形状，将鼠标指针移动到需要标记的内容附近，然后拖动鼠标标记需要标记的内容，效果如图13-122所示。

图 13-122

Step 08 单击鼠标右键，在弹出的下拉

列表中选择【显示演示者视图】命令，如图13-123所示。

图 13-123

Step 09 此时进入演示者视图，在该视图下，可查看当前幻灯片和下一张幻灯片的内容，以及为幻灯片添加的备注内容等，这里单击【结束幻灯片放映】按钮，如图13-124所示。

图 13-124

技术看板

在演示者视图中单击【笔和荧光笔工具】按钮📝，可在该视图中标记重点内容；单击【请查看所有幻灯片】按钮▦，可查看演示文稿中的所有幻灯片；单击【放大幻灯片】按钮🔍，可放大幻灯片中的内容进行查看。

Step 10 打开提示对话框，提示是否保留墨迹，这里单击【保留】按钮，如图13-125所示。

图 13-125

Step 11 返回幻灯片编辑区，在其中可查看到保留的墨迹效果，效果如图13-126所示。

图 13-126

技能拓展——删除墨迹

如果对添加的标注不满意。可以将其删除。其方法是：在演示文稿普通视图中选择幻灯片中标记的墨迹，然后按【Delete】键或【Backspace】键删除。

技巧05：联机放映演示文稿

教学视频	光盘\视频\第13章\技巧05.mp4

PowerPoint 2013提供了联机放映幻灯片的功能，通过该功能，演示者可以在任意位置通过Web与任何人共享幻灯片放映。例如，对"楼盘推广策划"演示文稿进行远程放映，具体操作步骤如下。

Step 01 打开"光盘\素材文件\第13章\楼盘推广策划.pptx"文件，单击【幻灯片放映】选项卡【开始放映幻灯片】组中的【联机演示】按钮，如图13-127所示。

图 13-127

Step02 打开【联机演示】对话框，❶选中【启用远程查看器下载演示文稿】复选框，❷单击【连接】按钮，如图 13-128 所示。

图 13-128

Step03 开始连接 Office 演示文稿服务，打开【登录】对话框，❶在文本框中输入 Microsoft 账户，❷单击【下一步】按钮，如图 13-129 所示。

图 13-129

Step04 再次打开【登录】对话框，❶在空白文本框中输入 Microsoft 账户密码，❷单击【登录】按钮，如图 13-130 所示。

图 13-130

Step05 账户通过验证后，会在【联机演示】对话框中显示连接进度，连接成功后，在【联机演示】对话框中显示链接地址，❶单击【复制链接】超链接，复制链接地址，将地址发给访问群体，当访问群体打开链接地址后，❷单击【启动演示文稿】按钮，如图 13-131 所示。

图 13-131

Step06 进入幻灯片放映状态，开始对演示文稿进行放映，如图 13-132 所示。

图 13-132

Step07 放映结束后，退出演示文稿放映状态，❶单击【联机演示】选项卡【联机演示】组中的【结束联机演示】按钮，❷打开提示对话框，单击【结束联机演示文稿】按钮，如图 13-133 所示。

图 13-133

技术看板

在联机演示过程中，只有发起联机演示的用户才能控制演示文稿的放映过程。

本章小结

通过本章知识的学习，相信读者已经掌握了幻灯片动画的添加、幻灯片的放映及输出等相关知识，要重点掌握动画的添加知识，在为幻灯片中的对象添加动画时，要想使各动画之间的衔接更自然、流畅，就需要对动画的开始时间、持续时间、延迟时间及动画的播放顺序等进行调整，而且在调整过程中，还需要不断地对动画效果进行预览，以便更好地设置动画效果的计时和播放顺序等。本章在最后还讲解了动画和放映的一些操作技巧，以帮助用户更好地使用幻灯片。

第 5 篇

Office 其他组件办公应用篇

除了 Word、Excel 和 PowerPoint 三大常用办公组件外，还可以使用 Access 2013 管理数据库文件，使用 Outlook 2013 管理电子邮件和联系人，使用 OneNote 2013 管理个人笔记本事务，使用 Publisher 2013 制作出版物等，同时，还可以将 Office 的这些组件进行协同操作，从而实现数据共用，以达到提高工作效率的目的。

第 **14** 章 使用 Access 2013 管理数据

- ➡ Access 数据库常见对象有哪几个？
- ➡ 查询的方式有哪几种，如果对数据记录进行操作，该创建哪种查询？
- ➡ 窗体和报表最常用的创建方式有哪些？
- ➡ 控件该怎样添加和设置？

本章中讲解的知识，将会涉及 Access 最基础和最实用的操作，帮助用户创建和设置一些小微型的简单数据库，同时，通过本章知识的学习，读者会发现上面的问题已经不再是问题了。

14.1 Access 相关知识

Access 是 Office 的重要组件之一，专门用来构建小型的关系数据库，放置各类数据。用户在学习和使用它之前，可先对其相关知识进行了解和掌握。

14.1.1 了解 Access 常用对象

在 Access 中有 6 种常见和常使用到的对象，其中表、查询、窗体、报表是最普遍的对象，也是使用 Access 过程中接触最多的对象。另外两种对象是宏和模块，使用相对较少。下面就分别对常见的 4 种对象进行了解和认识。

1. 表

表是数据库的基本对象之一，也是最基础的对象，是数据存放的关键场所，为窗体和报表等对象提供原始数据。图 14-1 所示的是表在导航窗体中的显示样式和常规样式。

图 14-1

2. 查询

查询对象是实现数据库数据查询的桥梁，负责对数据进行查找和检索。图 14-2 所示的是选择查询对象及其常规的打开样式。

图 14-2

技术看板

Access 支持的查询类型主要有五类，包括选择查询、交叉表查询、参数查询、SQL 查询和操作查询。

3. 窗体

窗体用来控制和操作数据的显示、切换和计算等。图 14-3 所示的

是窗体模式下的窗体对象样式。

图 14-3

4. 报表

报表是将表和查询对象中的数据以特定版式进行整理分析，并按照用户指定的方式进行打印的一种对象。

技术看板

报表分为 4 种类型：纵栏式、表格式、图表和标签。

14.1.2 Access 与 Excel 的区别

Access 和 Excel 在功能上的相同之处就是数据处理。那么两者之间的不同是什么呢？

1. 结构不同

Excel 是电子表格处理软件，由多个工作表组成，工作表之间基本是相互独立的，没有关联性或有很弱的关联性。

同时，Access 在各种对象之间

不是独立的，是存在关联性的。一种对象可能有多个子对象，如各个表之间、查询之间、窗体之间、报表之间也存在关联性。这种关联性造就了 Access 强大的处理能力。

2. 使用方式不同

Access 在处理大量数据上比 Excel 具有更强的能力。但是使用 Access 完成数据处理的任务，实现起来要比 Excel 复杂很多。这种复杂性的结果就是更强的能力。

Access 中的数据存在一定的规范性，且各表之间的关联性比较强。这个规范性和关联性都是 Access 强大数据处理功能的基础。而 Excel 各表之间的关联性相对要简单一些。

3. 实现目的不同

Excel 主要为数据分析而存在，而 Access 却更多面向数据的管理。也就是说，Excel 并不关心数据存在的逻辑或相关关系，更多的功能是将数据从冗余中提纯，并且尽量简单的实现，如筛选。但筛选出的数据可以为谁服务，为什么这样筛选，以及如何表现这些为什么，Excel 没有提供任何直接支持。

Access 就不同了，数据与数据间的关系可以说是 Access 存在的根本，Access 中所有功能的目的就是为了将这种关系以事物逻辑的形式展现出来。

14.2 创建 Access 表

对 Access 进行了基本的了解之后，接下来就来学习如何创建 Access 吧！

★ 重点 14.2.1　实战：创建表

实例门类	软件功能
教学视频	光盘\视频\第 14 章\14.2.1.mp4

在数据库中创建表是最为常用的操作，其方法总共分为两种：使用数据表视图创建表和使用设计视图创建表。下面分别进行介绍。

1.　使用数据表视图创建表

使用数据表视图创建表就是直接在数据表视图中进行表的创建。

例如，在"工资数据"数据库中新建"兼职"表，来放置兼职人员的工资数据，其具体操作步骤如下。

Step01 打开"光盘\素材文件\第 14 章\工资信息 .accdb"文件，❶ 选择【创建】选项卡，❷ 单击【表格】组中的【表】按钮，如图 14-4 所示。

图 14-4

Step02 ❶ 选择【表格工具 字段】选项卡，❷ 在字段类型列表中选择【短文本】选项，如图 14-5 所示。

图 14-5

Step03 系统自动进入字段名称的编辑状态，输入文本【姓名】，如图 14-6 所示。

图 14-6

技术看板

【表格工具 字段】选项卡中【添加和删除】组中的类型按钮，是用于添加字段，而不是对当前字段设置类型，这里用户需要注意。

Step04 按【Enter】键，系统自动切换到下一字段并自动弹出字段类型下拉列表，选择【货币】选项，如图 14-7 所示。

图 14-7

Step05 输入字段名称，这里输入文本【应发工资】，如图 14-8 所示。

图 14-8

Step06 在对应字段单元格中输入相应的兼职人员姓名和应发工资数据，如图 14-9 所示。

图 14-9

Step07 按【Ctrl+S】组合键，打开【另存为】对话框，❶ 在【表名称】文本框中输入文本【兼职人员工资】，❷ 单击【确定】按钮，如图 14-10 所示。

图 14-10

Step08 在导航窗格和表标签上即可查看到创建并保存表的效果，如图 14-11 所示。

图 14-11

技术看板

在表中的 ID 列，是系统默认的自动编号列，也是默认的主键，用于数据的查询和调用链接的字段，这里暂不需要用户手动设置。

2.　使用设计视图创建表

除了在数据表视图下创建表以外，用户还可以在设计视图下进行创建表。

例如，在"工资数据"数据库中新建"补发工资人员"表，来放置补发工资人员名单，其具体操作步骤如下。

Step 01 在"工资信息 .accdb"数据库，❶ 选择【创建】选项卡，❷ 单击【表格】组中的【表设计】按钮，进入表设计模式，如图 14-12 所示。

图 14-12

Step 02 ❶ 输入第一个字段名称【姓名】，❷ 单击【数据类型】下拉按钮，❸ 在弹出的下拉列表中选择相应的字段类型，这里选择【短文本】选项，如图 14-13 所示。

图 14-13

技术看板

没有设置主键的表，用户可能无法进行正常保存，也就是每一张表中必须有主键字段。

Step 03 ❶ 以同样的方法添加第二个字段名称和类型，❷ 选择【姓名】单元格，❸ 单击【主键】按钮，如图 14-14 所示。

Step 04 按【Ctrl+S】组合键，打开【另存为】对话框，❶ 在【表名称】文本框中输入文本【补发工资人员】，❷ 单击【确定】按钮，如图 14-15 所示。

图 14-14

图 14-15

Step 05 在表标签上右击，在弹出的快捷菜单中选择【数据表视图】命令，如图 14-16 所示。

图 14-16

Step 06 在对应字段单元格中输入补发工资人员的姓名和应发工资数据，如图 14-17 所示。

图 14-17

★ **重点 14.2.2** 实战：**创建表关系**

实例门类	软件功能
教学视频	光盘\视频\第 14 章\14.2.2.mp4

查询和数据调用是数据库的主要功能之一，不过需要用户手动创建用于查询和数据调用的表关系，当然，这个表关系由主键进行关联。

例如，下面在"办公用品信息"数据库中为"登记信息"和"领用表"表之间创建表关系，其具体操作步骤如下。

Step 01 打开"光盘\素材文件\第 14 章\办公用品信息 .accdb"文件，❶ 选择【数据库工具】选项卡，❷ 在【关系】组中单击【关系】按钮，如图 14-18 所示。

图 14-18

Step 02 打开【显示表】对话框，❶ 按【Ctrl】键，选择要关联的表对象，这里选择【登记信息】和【领用表】选项，❷ 单击【添加】按钮，❸ 单击【关闭】按钮，如图 14-19 所示。

图 14-19

技术看板

若系统没有自动打开【显示表】对话框，用户可在【关系工具 设计】选项卡中手动单击【显示表】按钮。

Step03 选择【关系工具 设计】选项卡，在【工具】组中单击【编辑关系】按钮，如图 14-20 所示。

图 14-20

Step04 打开【编辑关系】对话框，单击【新建】按钮，如图 14-21 所示。

图 14-21

Step05 打开【新建】对话框，❶ 在【左表名称】下拉列表中选择【登记信息】选项，在【右表名称】下拉列表中选择【领用表】选项；❷ 在【左列名称】下拉列表中选择【物品编号】选项，在【右列名称】下拉列表中选择【物品编号】选项，❸ 单击【确定】按钮，如图 14-22 所示。

Step06 返回【编辑关系】对话框，单击【创建】按钮，如图 14-23 所示。

图 14-22

图 14-23

Step07 按【Ctrl+S】组合键保存创建的类型，单击【关闭】按钮退出关系创建模式，如图 14-24 所示。

图 14-24

技能拓展——删除关系

如果要删除关系，右击连接线，在弹出的快捷菜单中选择【删除】命令，打开【Microsoft Access】对话框，单击【是】按钮。

Step08 ❶ 在导航窗格中双击【登记信息】表将其打开，❷ 单击右侧任一展开按钮➕，如图 14-25 所示。

图 14-25

Step09 在展开的关系表后即可查看到关联数据信息，如图 14-26 所示。

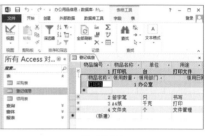

图 14-26

Step10 打开关联的【领用表】并展开关系数据，效果如图 14-27 所示。

图 14-27

技术看板

Access 数据库中关系表是相互关联的，而且能够正常打开，因此，检查关系是否创建成功，可直接按 Step09 和 Step10 进行操作，若出现错误提示对话框，则表明该组关系创建失败或不符合规则。

14.3 使用 Access 查询

利用 Access 查询，可用来查看、添加、更改或删除数据库中的数据，使数据库中的数据显得更准确。

★ 重点 14.3.1 实战：使用查询向导选择数据

实例门类	软件功能
教学视频	光盘\视频\第 14 章\14.3.1.mp4

在数据库中使用查询向导查询数据分为 4 种情况：简单查询向导、交叉查询向导、查找重复项目查询向导和查找不匹配项查询向导。每一种向导用于不同的查询，不过操作方法基本相同，用户只要掌握其中一种，其他方式就能轻松掌握。

例如，在"员工信息"数据库中通过简单查询向导从"档案"表中快速查询出各位员工对应的联系方式。

Step① 打开"光盘\素材文件\第 14章\员工信息.accdb"文件，❶ 选择【创建】选项卡，❷ 单击【查询】组中的【查询向导】按钮，如图 14-28所示。

图 14-28

Step② 打开【新建查询】对话框，❶ 从查询列表框中选择【简单查询向导】选项；❷ 单击【确定】按钮，如图 14-29 所示。

Step③ 打开【简单查询向导】对话框，❶ 从【表/查询】下拉列表中选择【表：档案】选项，❷ 在【可用字段】列表框中选择【姓名】选项，❸ 单击【添加】按钮 ，如图 14-30所示。

Step④ ❶ 在【可用字段】列表框中选

择【联系方式】选项，❷ 单击【添加】按钮 ，❸ 单击【下一步】按钮，如图 14-31 所示。

图 14-29

图 14-30

图 14-31

Step⑤ ❶ 在打开对话框的标题文本框中输入【员工联系方式 查询】，❷ 单击【完成】按钮，如图 14-32 所示。

Step⑥ 此时系统创建一个名称为【员工联系方式 查询】查询对象，并显示数据的详细信息，按【Ctrl+S】组合键保存，如图 14-33 所示。

图 14-32

图 14-33

★ 重点 14.3.2 实战：使用查询设计进行指定参数查询

实例门类	软件功能
教学视频	光盘\视频\第 14 章\14.3.2.mp4

要在数据库中进行指定数据类型的查询，使用简单的选择向导查询就无法直接实现，不过，用户可使用查询设计功能来轻松实现。

例如，在"员工信息"数据库中通过查询设计功能创建选择查询，将销售科人员的信息查询出来，其具体操作步骤如下。

Step① 打开"光盘\素材文件\第 14章\员工信息.accdb"文件，❶ 选择【创建】选项卡，❷ 单击【查询】组中的【查询设计】按钮，如图 14-34所示。

图 14-34

Step02 打开【显示表】对话框，❶ 选择要关联的表对象，这里选择【档案】选项，❷ 单击【添加】按钮，❸ 单击【关闭】按钮，如图 14-35 所示。

图 14-35

Step03 ❶ 选择任一字段选项，按【Ctrl+A】组合键选中所有字段，❷ 将鼠标指针移到字段上，按住鼠标左键不放将其全部拖动到下方表格中，如图 14-36 所示。

图 14-36

Step04 ❶ 在【部门】字段对应的条件单元格中输入文本【销售科】，❷ 在查询对象标签上右击，在弹出的快捷菜单中选择【数据表视图】命令，如

图 14-37 所示。

图 14-37

Step05 系统自动将【销售科】的相关人员数据查询显示出来，如图 14-38 所示。

图 14-38

Step06 按【Ctrl+S】组合键，打开【另存为】对话框，❶ 在【查询名称】文本框中输入文本【部门查询】，❷ 单击【确定】按钮，如图 14-39 所示。

图 14-39

★ 重点 14.3.3 实战：选择查询以外的查询

实例门类	软件功能
教学视频	光盘\视频\第 14 章\14.3.3.mp4

在实际工作中的查询，人们不可能只用到选择查询这一种查询方式，还会使用到追加查询、删除查询、更新查询等。下面就分别介绍这几种查询。

1. 追加查询

要将一张表中的数据追加到另一张表中，较为便利的方式是使用追加查询。例如，在"员工信息 1"数据库中将"新转正人员信息"表中的数据添加到"档案"表中，其具休操作步骤如下。

Step01 打开"光盘 \ 素材文件 \ 第 14 章 \ 员工信息 1.accdb"文件，单击【查询】组中的【查询设计】按钮，如图 14-40 所示。

图 14-40

Step02 打开【显示表】对话框，❶ 选择要关联的表对象，这里选择【新转正人员信息】选项，❷ 单击【添加】按钮，❸ 单击【关闭】按钮，如图 14-41 所示。

图 14-41

Step03 ❶ 选择任一字段选项，按【Ctrl+A】组合键选中所有字段，❷ 将鼠标指针移到字段上，按住鼠标左键不放将其全部拖动到下方表格中，如图 14-42 所示。

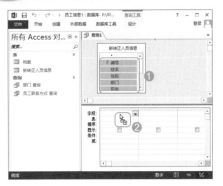

图 14-42

Step04 单击【查询工具 设计】选项卡中的【追加】按钮,如图 14-43 所示。

图 14-43

Step05 打开【追加】对话框,❶ 单击【表名称】下拉按钮,❷ 在下拉列表中选择【档案】选项,❸ 单击【确定】按钮,如图 14-44 所示。

图 14-44

技术看板

将一张表中的数据追加到其他表中,无论是否是同一数据库,用户都必须保证其中没有重复编号、序号等主键字段。

Step06 ❶ 单击【运行】按钮,❷ 在打开的提示对话框中单击【是】按钮,如图 14-45 所示。

图 14-45

Step07 打开【档案】表,在其中即可查看到追加的数据记录,如图 14-46 所示。

图 14-46

2. 删除查询

删除查询就是将符合条件的数据记录删除。

例如,在"员工信息 2"数据库中将已离职的人员记录删除,其具体操作步骤如下。

Step01 打开"光盘\素材文件\第 14章\员工信息 2.accdb"文件,单击【查询设计】按钮,如图 14-47 所示。

图 14-47

Step02 打开【显示表】对话框,❶ 选择要关联的表对象,这里选择【档案】选项,❷ 单击【添加】按钮,❸ 单击【关闭】按钮,如图 14-48 所示。

图 14-48

Step03 单击【查询工具 设计】选项卡中的【删除】按钮,如图 14-49 所示。

图 14-49

Step04 ❶ 选择【是否离职】字段选项,❷ 将鼠标指针移到字段上,按住鼠标左键不放将其全部拖动到下方表格中,如图 14-50 所示。

图 14-50

Step05 ❶ 在【条件】单元格中输入文本【是】，❷ 单击【运行】按钮，如图 14-51 所示。

图 14-51

Step06 在打开的提示对话框中单击【是】按钮（在其中可以看到删除的记录条数），如图 14-52 所示。

图 14-52

Step07 打开【档案】表，在其中即可查看到删除【是否离职】字段中填写【是】的数据记录，如图 14-53 所示。

图 14-53

3. 更新查询

要对表中的数据进行指定更新，不能手动进行更改，因为会花费很多时间和精力，特别是有数据记录较多的情况，此时，用户可使用 Access 数据库的更新查询功能。

例如，在"员工信息 2"数据库中将"档案"表中"销售科"更新为"销售部"，其具体操作步骤如下。

Step01 在"员工信息 2.accdb"数据库中，单击【查询】组中的【查询设计】按钮，如图 14-54 所示。

图 14-54

Step02 打开【显示表】对话框，❶ 选择要关联的表对象，这里选择【档案】选项，❷ 单击【添加】按钮，❸ 单击【关闭】按钮，如图 14-55 所示。

图 14-55

Step03 单击【查询工具 设计】选项卡中的【更新】按钮，如图 14-56 所示。

图 14-56

Step04 ❶ 选择【部门】字段选项，❷ 将鼠标指针移到字段上，按住鼠标左键不放将其全部拖动到下方表格中，如图 14-57 所示。

图 14-57

Step05 分别在【条件】和【更新到】单元格中输入文本【销售科】和【销售部】，如图 14-58 所示。

图 14-58

Step06 单击【运行】按钮，在打开的提示对话框中单击【是】按钮（在其中可看到更新记录条数），如图 14-59 所示。

图 14-59

Step07 打开【档案】表，在其中可以看到【部门】字段中所有【销售科】更改为【销售部】，如图 14-60 所示。

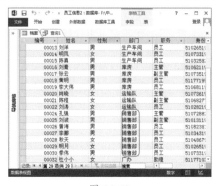

图 14-60

14.4 创建窗体和报表

窗体和报表是 Access 的两大重要对象，同时，也是 Access 构建关系数据库中举足轻重的对象。因此，掌握这两大对象的创建方法，显得非常重要和必要。

★ 重点 14.4.1 实战：创建基本的 Access 窗体

实例门类	软件功能
教学视频	光盘\视频\第14章\14.4.1.mp4

在 Access 中创建基本窗体，有 3 种常用方法：为对象直接创建、使用窗体向导创建和使用窗体设计进行创建。

1. 为对象直接创建

窗体是可直接在对象（表、查询、报表，甚至是窗体本身）的基础上创建的。

例如，在"员工信息 2"数据库中为"档案"表创建"档案"窗体。

Step 01 ❶ 在导航窗格中选择【档案】表对象，❷ 选择【创建】选项卡，❸ 单击【窗体】组中的【窗体】按钮，如图 14-61 所示。

图 14-61

Step 02 系统根据【档案】表创建窗体，按【Ctrl+S】组合键，打开【另存为】对话框，❶ 在【窗体名称】文本框中输入窗体名称，这里保持默认不变，❷ 单击【确定】按钮，如图 14-62 所示。

图 14-62

Step 03 在导航窗格中即可查看到保存的窗体对象，如图 14-63 所示。

图 14-63

2. 使用窗体向导创建

根据窗体向导创建窗体，用户可选择性添加字段作为窗体字段数据源，在一定程度上增加用户的自主性。

例如，在"工资数据"工作簿中通过窗体向导创建包含姓名和工资数据的窗体，其具体操作步骤如下。

Step 01 ❶ 在导航窗格中选择【兼职人员工资】表对象，❷ 单击【创建】选项卡中【窗体】组的【窗体向导】按钮，如图 14-64 所示。

图 14-64

Step 02 打开【窗体向导】对话框，在【表/查询】下拉列表中选择【表：兼职人员工资】选项，❶ 在【可用字段】列表框中选择【姓名】选项，单击【添加】按钮；❷单击【下一步】按钮，如图 14-65 所示。

图 14-65

Step03 打开【窗体向导】对话框，保持【表/查询】选项为【表：兼职人员工资】，❶在【可用字段】列表框中选择【应发工资】选项，❷单击【添加】按钮 **>** ，❸单击【下一步】按钮，如图 14-66 所示。

图 14-66

Step04 在打开的操作向导对话框中，❶选中【表格】单选按钮，❷单击【下一步】按钮，如图 14-67 所示。

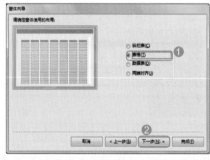

图 14-67

Step05 在打开的操作向导对话框中，❶在【请为窗体指定标题】文本框中输入窗体的名称，这里保持默认

不变，❷单击【完成】按钮，如图 14-68 所示。

图 14-68

Step06 系统自动创建"兼职人员工资"窗体，按【Ctrl+S】组合键保存，如图 14-69 所示。

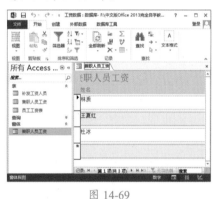

图 14-69

3. 使用窗体设计创建

用户若要更加灵活自主（主要是指数据字段及数据字段放置的相对位置）地创建窗体，用户可通过使用窗体设计来创建。

例如，在"工资数据"工作簿中使用窗体设计创建只包含姓名和应发工资的"员工工资（部）"窗体，其具体操作步骤如下。

Step01 单击【创建】选项卡中的【窗体设计】按钮，如图 14-70 所示。

Step02 选择【设计】选项卡；单击【工具】组中的【添加现有字段】按钮，如图 14-71 所示。

Step03 打开【字段列表】窗格，单击【显示所有表】链接，如图 14-72 所示。

Step04 单击【员工工资表】前的【展开】按钮 ⊞，如图 14-73 所示。

图 14-70

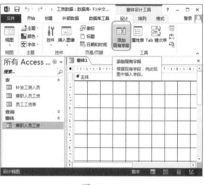

图 14-71

图 14-72

图 14-73

Step(05) ❶ 选择【姓名】字段，❷ 按住鼠标左键不放将其拖动到窗体中的合适位置，释放鼠标，如图 14-74 所示。

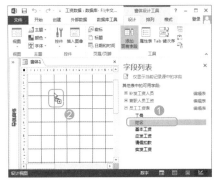

图 14-74

Step(06) 以同样的方法将【应发工资】字段添加到窗体中，如图 14-75 所示。

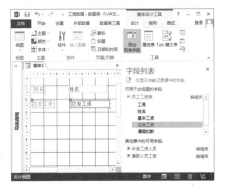

图 14-75

Step(07) 按【Ctrl+S】组合键，打开【另存为】对话框，❶ 在【窗体名称】文本框中输入文本【员工工资（部）】，❷ 单击【确定】按钮，如图 14-76 所示。

图 14-76

★ 重点 14.4.2 实战：在窗体中添加控件

实例门类	软件功能
教学视频	光盘\视频\第 14 章\14.4.2.mp4

在 Access 中控件类型可简单分为三类：绑定型控件（在图 14-77 和图 14-78 中向窗体中添加对象就是绑定性控件）、非绑定型控件（没有指定数据的这类控件）和命令按钮控件。其中，无论是绑定型还是非绑定型控件基本上都是用于数据和对象（如图片、文本等对象）的显示。而命令按钮控件，则是控制数据记录的切换、窗体、报表、表对象的链接跳转，以及宏、代码对象的执行等。

例如，在"员工信息 3"数据库中为"档案"窗体添加数据记录切换的命令按钮控件，其具体操作步骤如下。

Step(01) 打开"光盘\素材文件\第 14 章\员工信息 3.accdb"文件，在"档案"窗体上右击，在弹出的快捷菜单中选择【设计视图】命令，如图 14-77 所示。

图 14-77

Step(02) ❶ 选择【窗体设计工具 设计】选项卡，❷ 在【控件】列表框中选择【按钮】按钮控件，此时，鼠标指针变成十□形状，❸ 在窗体中合适位置单击，如图 14-78 所示。

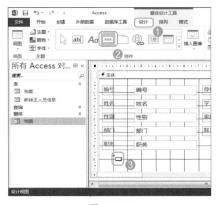

图 14-78

Step(03) 系统自动打开【命令按钮向导】对话框，❶ 在【类别】列表框中选择【记录导航】选项，❷ 在【操作】列表框中选择【转至第一项记录】选项，❸ 单击【下一步】按钮，如图 14-79 所示。

图 14-79

Step(04) 进入下一步向导对话框中，❶ 选中【文本】单选按钮，保持其描述文本不变，❷ 单击【下一步】按钮，如图 14-80 所示。

图 14-80

Step(05) 进入下一步向导对话框中，❶ 在文本框中输入命令按钮名称（该名称用于宏或 VBA 代码中），❷ 单击【完成】按钮，如图 14-81 所示。

图 14-81

Step(06) 返回到窗体中即可查看到手动添加命令按钮控件【第一项记录】，效果如图 14-82 所示。

图 14-82

Step**07** ① 以同样的方法在窗体中添加其他命令按钮,并将所有添加的命令按钮选中,② 选择【窗体设计工具 排列】选项卡,③ 单击【调整大小和排序】组中的【对齐】下拉按钮,④ 在下拉列表中选择【靠上】选项,如图 14-83 所示。

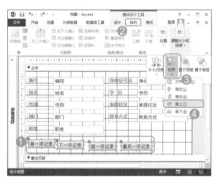

图 14-83

Step**08** 保持命令按钮的选择状态,① 单击【大小 / 空格】按钮,② 在下拉列表中选择【水平相等】选项,如图 14-84 所示。

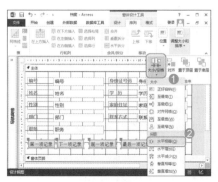

图 14-84

Step**09** 在窗体的标题栏上右击,在弹出的快捷菜单中选择【窗体视图】命令,切换到窗体视图中,如图 14-85 所示。

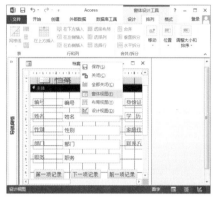

图 14-85

Step**10** 单击窗体中相应的命令按钮,对窗体中的数据记录进行切换,这里单击【下一项记录】按钮,如图 14-86 所示。

图 14-86

Step**11** 系统自动在窗体中显示下一项数据记录,如图 14-87 所示。

图 14-87

★ 重点 14.4.3 实战:使用报表显示数据

实例门类	软件功能
教学视频	光盘 \ 视频 \ 第 14 章 \14.4.3.mp4

Access 的另一个重要对象——报表,它的主要功能是展示和陈列数据。其创建方法与创建窗体方法大体相似。下面分别进行讲解。

技能拓展——报表与窗体的区别

窗体是一个数据库对象,可用于输入、编辑,或者显示表或查询中的数据。可以使用窗体来控制对数据的访问,如显示哪些字段或数据行;报表是一个固定格式的数据集合,报表可以在窗体中按要求显示,创建报表应从考虑报表的记录源入手。无论报表是简单的记录罗列,还是按区域分组的销售数据汇总,首先都必须确定哪些字段包含要在报表中显示的数据,以及数据所在的表或查询。

1. 为对象直接创建

最简洁地创建报表方式就是直接为指定数据创建报表,总体上只需两步。其具体操作步骤如下。

Step**01** 打开"光盘 \ 素材文件 \ 第 14 章 \ 产品销量 .accdb"文件,① 在左侧窗格中选择【2月产品销量】选项,② 单击【创建】选项卡【报表】组中的【报表】按钮,如图 14-88 所示。

图 14-88

Step02 系统自动根据数据表"2月产品销量"中的数据创建一报表，如图14-89所示。

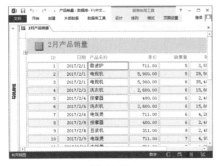

图 14-89

Step03 按【Ctrl+S】组合键，打开【另存为】对话框，❶在【报表名称】文本框中输入报表保存名称，这里保持不变，❷单击【确定】按钮，如图14-90所示。

图 14-90

2. 使用向导创建报表

在创建报表过程中，用户仍然可以像创建窗体一样，通过向导创建需要包含的字段数据的报表。

例如，在"产品销量"数据库中创建只包含产品名称、销售日期和销售额的报表，其具体操作步骤如下。

Step01 ❶选择【2月产品销量】选项，❷单击【创建】选项卡【报表】组中的【报表向导】按钮，如图14-91所示。

图 14-91

Step02 打开【报表向导】对话框，在【表/查询】下拉列表中选择【表：2月产品销量】选项，❶添加需要选定的字段，❷单击【下一步】按钮，如图14-92所示。

图 14-92

Step03 进入下一步向导对话框中，❶在【是否添加分组级别】列表框中选择【产品名称】选项，❷单击【添加】按钮，将其作为分组字段，❸单击【下一步】按钮，如图14-93所示。

图 14-93

Step04 进入下一步向导对话框中，❶单击第一个排序字段下拉按钮，❷在弹出的下拉列表中选择【销售额】选项，❸单击【下一步】按钮，如图14-94所示。

图 14-94

Step05 进入下一步向导对话框中，单击【下一步】按钮，如图14-95所示。

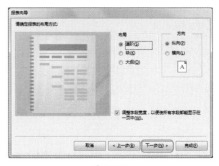

图 14-95

Step06 进入下一步向导对话框中，❶在【请为报表指定标题】文本框中输入报表标题，这里输入【各类产品销售额】，❷单击【完成】按钮，如图14-96所示。

图 14-96

Step07 系统自动创建一个名称为【各类产品销售额】的报表，效果如图14-97所示，然后手动保存报表。

图 14-97

3. 使用报表设计创建

无论是以数据源直接创建报表，还是通过向导创建报表，都会受到固有模式的创建限制，要想创建自定义的报表，可通过使用报表设计进行创建。

例如，在"产品销量"数据库中创建包含产品名称、销售日期、销售单价和销售额及图表的报表，其具体操作步骤如下。

Step01 单击【创建】选项卡【报表】组中的【报表设计】按钮，如图14-98所示。

图 14-98

Step02 选择【报表设计工具 设计】选项卡，❶ 单击【工具】组中的【添加现有字段】按钮，❷ 单击【显示所有表】链接，如图14-99所示。

图 14-99

Step03 单击【2月产品销量】前的【展开】按钮田，如图14-100所示。

Step04 将相应字段拖到报表中，如图14-101所示。

Step05 ❶ 切换到【报表设计工具 设计】选项卡，❷ 单击【控件】组中的【图

表】按钮，❸ 在报表的合适位置单击，如图14-102所示。

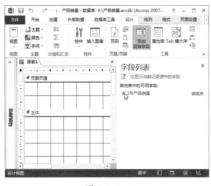

图 14-100

图 14-101

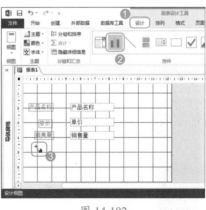

图 14-102

Step06 打开【图表向导】对话框，❶ 在【请选择用于创建图表的表或查询】列表框中选择目标表选项，❷ 单击【下一步】按钮，如图14-103所示。

Step07 进入下一步向导对话框，❶ 将【产品名称】和【销售量】字段添加到【用于图表的字段】列表框中；❷ 单击【下一步】按钮，如图14-104所示。

图 14-103

图 14-104

Step08 进入下一步向导对话框，❶ 选择图表类型选项，❷ 单击【完成】按钮，如图14-105所示。

图 14-105

Step09 在图表标签上右击，在弹出的快捷菜单中选择【报表视图】命令，如图14-106所示。

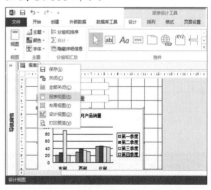

图 14-106

Step10 即可切换到报表视图上，查看到整个报表的效果（其中，图表效果

只有在报表视图中查看到），如图 14-107 所示。

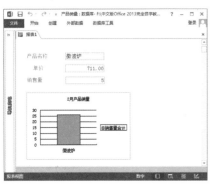

图 14-107

Step 11 按【Ctrl+S】组合键，打开【另存为】对话框，❶ 在【报表名称】文本框中输入报表保存的名称，这里输入【产品销量】，❷ 单击【确定】按钮，如图 14-108 所示。

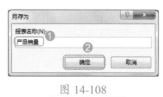

图 14-108

技术看板

在 Access 中无论是窗体还是报表，要再次进入其设计编辑模式，只需在标签上（也可以是在导航窗格中的窗体或报表对象上）右击，在弹出的快捷菜单中选择【设计视图】命令即可。

妙招技法

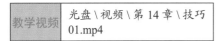

通过前面知识的学习，相信读者已经掌握了 Access 数据管理的基本操作。下面结合本章内容，给大家介绍一些实用技巧。

技巧 01：如何让窗体或报表对象以独立对象方式显示

教学视频	光盘\视频\第 14 章\技巧 01.mp4

在 Access 中对象的显示方式都是以默认选项卡方式显示的，不能很好地体现出系统窗体或报表的效果，如图 14-109 所示。

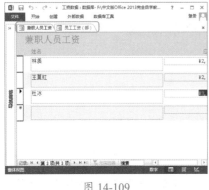

图 14-109

这对具有系统意味的窗体和报表就显得特别不适应，应让它们在显示上独立于 Access 程序，此时，用户可按如下操作步骤进行。

Step 01 选择【文件】选项卡，进入 Backstage 界面，选择【选项】选项，如图 14-110 所示。

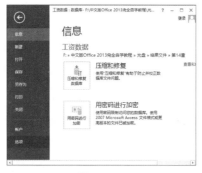

图 14-110

Step 02 打开【Access 选项】对话框，❶ 选择【当前数据库】选项，❷ 选中【重叠窗口】单选按钮，❸ 单击【确定】按钮，如图 14-111 所示。

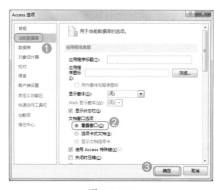

图 14-111

技巧 02：让窗体中的控件自动以指定宽度、高度调整

教学视频	光盘\视频\第 14 章\技巧 02.mp4

在窗体或报表中添加控件后，有一些控件太高或太窄，要使它们以相同的宽度或高度调整，可让它们自动实现，其具体操作步骤如下。

❶选中多个目标对象，❷单击【调整大小和排序】组中的【大小／空格】下拉按钮，❸在弹出的下拉列表中可选择【至最高】【至最窄】【至最短】【至最宽】选项，系统自动调整选择对象的高度和宽度，让它们保持一致，如图 14-112 所示。

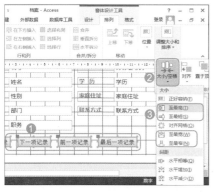

图 14-112

技巧 03：轻松让报表数据井然有序

教学视频	光盘＼视频＼第 14 章＼技巧 03.mp4

在 Access 创建的报表中，特别是直接为指定对象创建的报表，数据基本上是按照原先的顺序显示，很多时候报表数据就会显得没有秩序，有点"乱"，此时用户可通过排序来解决这一问题。

Step01 打开"光盘＼素材文件＼第 14 章＼产品销量 .accdb"文件，在【2 月产品销量】表对象上右击，在弹出的快捷菜单中选择【布局视图】命令，如图 14-113 所示。

Step02 单击【报表布局工具 设计】选项卡中的【分组和排序】按钮，如图 14-114 所示。

Step03 在出现的区域中单击【添加排序】按钮，如图 14-115 所示。

Step04 ❶单击【排序依据】对应的【选择字段】下拉按钮，❷在弹出的下拉列表中选择排序字段，这里选择【产品名称】选项，如图 14-116 所示。

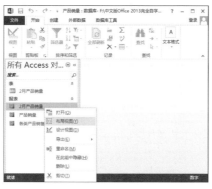

图 14-113

图 14-114

图 14-115

图 14-116

Step05 在报表标签上右击，在弹出的快捷菜单中选择【报表视图】命令，如图 14-117 所示。

图 14-117

Step06 切换到报表视图中，即可查看到报表数据井然有序的效果，如图 14-118 所示。

图 14-118

技巧 04：如何链接到外部数据

教学视频	光盘＼视频＼第 14 章＼技巧 04.mp4

要让 Access 数据库中的数据与外部数据源保持链接，以获取到最新的数据记录，用户可以链接方式导入外部数据源。

例如，将"产品销量 1"数据库与外部的文本文件数据链接，其具体操作步骤如下。

Step01 打开"光盘＼素材文件＼第 14 章＼产品销量 1.accdb"文件，❶选择【外部数据】选项卡，❷单击【导入并链接】组中的【文本文件】按钮，如图 14-119 所示。

图 14-119

Step02 打开【获取外部数据 - 文本文件】对话框，❶ 选中【通过创建链接表来链接到数据源】单选按钮，❷ 单击【浏览】按钮，如图 14-120 所示。

图 14-120

技术看板

若是要导入外部文本数据到数据库中。在【获取外部数据源 - 文本文件】对话框中选中【将数据源导入当前数据库的新表中】单选按钮，然后继续下面的导入操作。

Step03 打开【打开】对话框，❶ 选择目标文本文件，❷ 单击【打开】按钮，如图 14-121 所示。

图 14-121

Step04 返回【获取外部数据 - 文本文件】对话框，单击【确定】按钮，如图 14-122 所示。

图 14-122

Step05 打开【链接文本向导】对话框，❶ 选中【带分割 - 用逗号或制表符号分割每个字段】单选按钮，❷ 单击【下一步】按钮，如图 14-123 所示。

图 14-123

Step06 进入下一步向导对话框中，❶ 选中【制表符】单选选钮，❷ 单击【下一步】按钮，如图 14-124 所示。

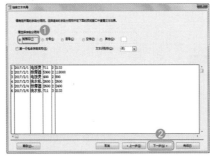

图 14-124

Step07 进入下一步向导对话框中，直接单击【下一步】按钮，如图 14-125 所示。

图 14-125

Step08 进入下一步向导对话框中，❶ 在【链接表名称】文本框中输入文本【卖点销量】，❷ 单击【完成】按钮，如图 14-126 所示。

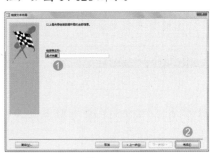

图 14-126

Step09 在打开的提示对话框中单击【确定】按钮，如图 14-127 所示。

图 14-127

Step10 此时即可在数据库中创建链接表【卖点销量】，双击它即可查看到其中的数据记录，如图 14-128 所示。

图 14-128

技巧 05：轻松制作动态查询

教学视频	光盘\视频\第 14 章\技巧 05.mp4

用户使用参数对数据进行指定查询时（在 14.3.2 知识讲解中），由于参数是指定数据，系统也只能查询到当前指定参数的对应数据，这种查询被称为静态查询。用户可通过将查询参数变成可动态设置的参数，让整个查询变成一个无限次数的动态查询。

例如，在"员工信息 4"数据库中创建动态职务查询，其具体操作步骤如下。

Step01 打开"光盘\素材文件\第 14 章\员工信息 4.accdb"文件，选择【创建】选项卡，单击【查询】组中的【查询设计】按钮，如图 14-129 所示。

图 14-129

Step02 打开【显示表】对话框，❶选择【档案】选项，❷单击【添加】按钮，❸单击【关闭】按钮，如图 14-130 所示。

Step03 ❶选中所有字段，❷将鼠标指针移到字段上，按住鼠标左键不放将其全部拖动到下方表格中，如图 14-131 所示。

Step04 在【职务】字段对应的条件单元格中输入【[请输入要查询的职务：]】，如图 14-132 所示。

图 14-130

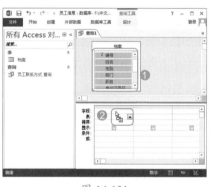

图 14-131

图 14-132

技术看板

动态参数的设置模式是：用英文状态下的中括号将输入文本框的名称【[输入对话框的名称]】，如在本例中输入对话框的名称是【[请输入要查询的职务：]】。

Step05 按【Ctrl+S】组合键，打开【另存为】对话框，❶设置查询对象名称，❷单击【确定】按钮，如图 14-133 所示。

图 14-133

Step06 在查询对象标签上右击，在弹出的快捷菜单中选择【关闭】命令，如图 14-134 所示。

图 14-134

Step07 ❶在导航窗格中双击【按职务查询】查询对象，❷在打开的【输入参数值】对话框中输入要查询的职务，这里输入【主管】，❸单击【确定】按钮，如图 14-135 所示。

图 14-135

Step08 系统自动将【职务】为【主管】的数据记录查询筛选出来，效果如图 14-136 所示。

图 14-136

本章小结

　　通过本章知识的学习和案例练习，相信读者已经掌握了 Access 数据库的基本操作。本章首先介绍了 Access 的相关知识，接下来结合实例讲解了创建 Access 表的方法，创建 Access 查询的方法，以及创建 Access 窗体和报表的基本操作等内容。通过本章的学习，能够帮助读者快速掌握 Access 表、查询、窗体和报表的基本技巧，灵活使用 Access 的对象来创建出一些实用的小型数据库，同时，使用查询快速查找、删除、追加及更新数据记录。

第 15 章　使用 Outlook 2013 高效管理邮件

- ➥ 怎样使用 Outlook 收发邮件？
- ➥ 如何添加和管理常用联系人？
- ➥ 如何创建会议提醒邮件？
- ➥ 如何添加和分配任务？

本章将要学习 Outlook 的相关知识，包括设置邮件账户、管理电子邮件、联系人管理及日程管理的相关技巧，相信通过本章的学习，你就会得到以上问题的答案了。

15.1　Outlook 相关知识

Outlook 是 Office 常用组件之一，专用于电子邮件的收发，操作也相对简单智能。不过，有读者可能会产生疑问，"为什么要使用 Outlook，而不是其他邮箱，如 QQ 等"，下面就通过讲解 Outlook 的相关知识来解答这个疑问。

15.1.1　企业使用 Outlook 管理邮件的原因

很多企业为了信息的保密，都是自建 Exchange 服务器，使用 Exchange 邮箱，这个时候配合 Outlook 就非常好用了，发邮件的时候直接输入收件人姓名，然后单击【检查姓名】按钮就会自动补全邮箱地址，Outlook 通讯录可以直接找到公司所有人的联系方式，在 Outlook 中安排日程后就可以与其他人共享，让别人知道你的日程安排。可以无缝配合 Office 的其他组件，还可以使用 Lync 进行即时通信。

1.　邮件管理方面

在邮件管理方面，Outlook 提供了召回功能，未阅读的条件下错发的电子邮件都可召回，如果试图召回一封发送的邮件，还可以告知你哪些人的召回成功哪些人的召回失败，如图 15-1 所示。

此外，Outlook 还提供了邮件投递和阅读报告。如果收件人打开看了你的 Email，你会收到通知。

图 15-1

2.　日程安排方面

在日程安排方面，用 Outlook 发一个会议邀请，收件人可以接受或拒绝，如果接受，这个会议邀请会立刻在收件人的日历上标记出来，到时候自动提醒。同时，如果其他人想要邀请此人开会的话，可以看到此人已被占用的时间和空闲时间，如图 15-2 所示。

如果某人要出差，可以在 Outlook 里面设置"我不在"信息。当有人试图发邮件给他的时候，Outlook 会提示此人状态是"我不在"，不用等发出后看到自动回复才知道。

图 15-2

3.　管理方面

在管理方面，Outlook 邮件管理员可以方便地对整个公司的 Email 使用进行设置，如创建规则；禁止附件中发可执行文件；设置垃圾邮件规则；禁止特定的邮件发到公司外部等，如图 15-3 所示。

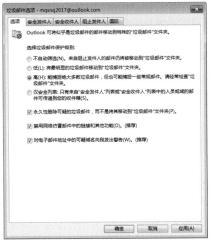

图 15-3

★ 重点 15.1.2 在 Outlook 中邮件优先级别高低的作用

发送高优先级的邮件时，如果邮件到达收件人的收件箱，则邮件旁边将显示"警告"图标"！"，以便提醒收件人该邮件很重要或应该立即阅读。这就需要设置待发邮件的优先级，在新邮件窗口中，选择【邮件】选项卡，在【标记】组选择优先级选项，如选择【重要性-高】选项，即可实现邮件优先级的设置，如图 15-4 所示。

图 15-4

15.2 配置邮件账户

使用 Outlook 发送和接收电子邮件之前，首先需要向其中添加电子邮件账户，这里的账户就是指个人申请的电子邮箱，申请好电子邮箱后还需要在 Outlook 中进行配置，才能正常使用。

★ 重点 15.2.1 实战：配置邮箱账户

实例门类	软件功能
教学视频	光盘\视频\第 15 章\15.2.1.mp4

注册了电子邮箱账户后，接下来在 Outlook 中添加邮箱账户，具体操作步骤如下。

Step 01 在桌面上，双击【Outlook 2013】软件的快捷图标，如图 15-5 所示。

图 15-5

Step 02 如果是第一次运行，这时候会出现一个设置向导，弹出【欢迎使用 Microsoft Outlook 2013】对话框，单击【下一步】按钮，如图 15-6 所示。

图 15-6

Step 03 打开【Microsoft Outlook 账户设置】对话框，❶ 选中【是】单选按钮；❷ 单击【下一步】按钮，如图 15-7 所示。

Step 04 打开【添加账户】对话框，❶ 选中【电子邮件账户】单选按钮，输入邮箱账户信息和密码，❷ 单击【下一步】按钮，如图 15-8 所示。

图 15-7

图 15-8

Step05 进入下一步向导对话框中，系统自动登录账号，如图15-9所示。

图 15-9

Step06 打开【Windows 安全】对话框，❶ 输入账户和密码，❷ 选中【记住我的凭据】复选框，❸ 单击【确定】按钮，如图15-10所示。

图 15-10

Step07 设置完毕，单击【完成】按钮，如图15-11所示。

图 15-11

Step08 在 Outlook 2013 界面的标题栏中显示邮箱账户，如图15-12所示。

图 15-12

15.2.2 实战：修改账户配置

实例门类	软件功能
教学视频	光盘\视频\第15章\15.2.2.mp4

如果在 Outlook 中添加了多个邮箱账户，可以根据需要进行新建、修复、更改、删除等操作。例如，删除多余账户的具体操作步骤如下。

Step01 进入文件界面，❶ 选择【信息】选项，❷ 单击【账户设置】按钮，❸ 在弹出的下拉列表中选择【账户设置】选项，如图15-13所示。

图 15-13

Step02 打开【账户设置】对话框，❶ 选择要删除的邮箱账户，❷ 单击【删除】按钮，如图15-14所示。

Step03 打开【Microsoft Outlook】对话框，单击【是】按钮，如图15-15所示。

图 15-14

图 15-15

Step04 返回【账户设置】对话框，此时选中的电子邮件账户就被删除了，如图15-16所示。

图 15-16

Step05 ❶ 选择【数据文件】选项卡，此时即可查看数据文件的保存路径，❷ 单击【打开文件位置】按钮，如图15-17所示。

图 15-17

Step06 系统自动打开数据文件的位置，查看完毕，单击右上角的【关闭】按钮 即可，如图15-18所示。

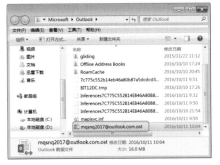

图 15-18

图 15-19

图 15-21

图 15-20

Step07 返回【账户设置】对话框，设置完毕，单击【关闭】按钮即可，如图 15-19 所示。

Step08 进入文件界面，❶选择【信息】选项，❷在【账户信息】界面单击要访问的链接，如图 15-20 所示。

Step09 打开【登录】页面，输入账户和密码，按【Enter】键进行登录，即可在网上访问此账户，如图 15-21 所示。

15.3 管理电子邮件

Outlook 2013 最实用的一个功能就是在不用登录电子邮箱的情况下，可以快速地接收、阅读、回复和发送电子邮件。此外 Outlook 2013 还可以根据需要管理电子邮件，包括按收发件人、日期、标志等对邮件进行排序，查找邮件，创建规则，设置外出时的助理程序等内容。

★ 重点 15.3.1 实战：接收、阅读电子邮件

实例门类	软件功能
教学视频	光盘\视频\第 15 章\15.3.1.mp4

Outlook 接收的邮件全部存放在左窗格的【收件箱】中，打开【收件箱】文件夹，即可在主窗格下面阅读电子邮件内容。接收、阅读电子邮件的具体操作步骤如下。

Step01 在 Outlook 窗口中，如果收到新的电子邮件，在左侧的【文件夹窗格】中的【收件箱】选项中显示收到的新邮件，如图 15-22 所示。

图 15-22

Step02 此时即可在中间区域中显示收件箱中的邮件，双击收到的新邮件，如图 15-23 所示。

图 15-23

Step03 即可打开新邮件窗口，打开收到的新邮件，浏览邮件的内容，如图 15-24 所示。

图 15-24

15.3.2　实战：回复与全部回复电子邮件

实例门类	软件功能
教学视频	光盘\视频\第 15 章\15.3.2.mp4

收到电子邮件后，用户可以进行答复或全部答复。其中，答复是指答复给发邮件给你的人；全部答复是指包括抄送及其他人都会收到你的回复邮件。答复或全部答复电子邮件查询的具体操作步骤如下。

Step01 打开收到的电子邮件，❶ 选择【邮件】选项卡，❷ 单击【响应】组中的【答复】按钮，如图 15-25 所示。

图 15-25

Step02 进入答复界面，在答复文本框中输入文字【已收到邮件，谢谢！】，如图 15-26 所示。

Step03 输入完毕，单击【发送】按

钮，即可发送答复邮件，如图 15-27 所示。

图 15-26

图 15-27

Step04 ❶ 答复完成后，在电子邮件中显示了答复时间，单击答复时间，❷ 单击弹出的【查找相关信息】按钮，如图 15-28 所示。

图 15-28

Step05 进入搜索界面，此时即可搜索出邮件的答复信息，如图 15-29 所示。

Step06 如果收到的电子邮件同时抄送

到了其他账号，此时可以全部答复邮件。打开收到的带有抄送的邮件，❶ 选择【邮件】选项卡，❷ 单击【响应】组中的【全部答复】按钮，如图 15-30 所示。

图 15-29

图 15-30

Step07 进入答复界面，在答复文本框中输入文字【好的，收到，谢谢你】，如图 15-31 所示。

图 15-31

Step08 输入完毕，单击【发送】按钮，即可发送答复邮件，如图 15-32 所示。

图 15-32

15.3.3 实战：按收发件人、发件人、标志等对邮件进行排序

实例门类	软件功能
教学视频	光盘\视频\第15章\15.3.3.mp4

对于 Outlook 中的电子邮件，用户可以根据需要按收发件人、发件人、标志等对邮件进行排序，从而方便邮件的查阅和管理，具体操作步骤如下。

Step01 在 Outlook 窗口中，选择左侧【文件夹窗格】中的【收件箱】选项，如图 15-33 所示。

图 15-33

Step02 在 Outlook 窗口的中间区域显示收到的邮件，在排序区域单击默认的【按日期】按钮，如图 15-34 所示。

Step03 在弹出的快捷菜单中选择相应的排序选项，这里选择【发件人】选项，如图 15-35 所示。

图 15-34

图 15-35

Step04 此时收件箱中的邮件就会按照发件人姓名的首个拼音字母进行升序排序，如图 15-36 所示。

图 15-36

15.3.4 实战：查找邮件

实例门类	软件功能
教学视频	光盘\视频\第15章\15.3.4.mp4

若是收件箱中的邮件过多，要快速查找指定邮件，手动查找较为烦琐，此时，可使用邮件查询功能进行查找。

Step01 将鼠标光标定位在【搜索】文本框中，如图 15-37 所示。

图 15-37

Step02 在【搜索】文本框中输入相应的邮件名称，这里输入【合同】，如图 15-38 所示。

图 15-38

Step03 系统自动查找到相应的邮件，如图 15-39 所示。

图 15-39

15.3.5 实战：创建规则

实例门类	软件功能
教学视频	光盘\视频\第 15 章\15.3.5.mp4

用户可以对接收的邮件进行规则设置，以便于对邮件的日后管理，创建规则的具体操作步骤如下。

Step01 ❶ 选择【开始】选项卡，❷ 单击【移动】组中的【规则】按钮，❸ 在弹出的下拉列表中选择【创建规则】选项，如图 15-40 所示。

图 15-40

Step02 打开【创建规则】对话框，❶ 选中【来自】复选框，❷ 选中【主题包含】复选框，在其右侧的文本框中输入文本【工资】，❸ 选中【收件人】复选框，在其右侧的下拉列表中选择【只是我】选项，如图 15-41 所示。

图 15-41

Step03 ❶ 选中【在新邮件通知窗口中显示】复选框；❷ 选中【播放所选择的声音】复选框，在其右侧单击【播放】按钮▶，可播放选择的声音，如图 15-42 所示。

图 15-42

Step04 设置完毕，单击【确定】按钮，如图 15-43 所示。

图 15-43

Step05 打开【成功】对话框，提示用户【已经创建规则"只发送给我"】，单击【确定】按钮，如图 15-44 所示。

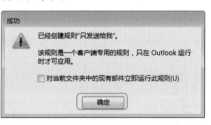

图 15-44

15.3.6 实战： 设立外出时的助理程序

实例门类	软件功能
教学视频	光盘\视频\第 15 章\15.3.6.mp4

在商务办公中收到信息后第一时间回复会更让对方感觉到亲切和真挚。Outlook 提供了外出时的助理程序，用户出差时，可以通过设置 Outlook 模板和"临时外出"规则，来实现自动回复信息，具体操作步骤如下。

Step01 在 Outlook 窗口中，❶ 选择【开始】选项卡，❷ 单击【新建】组中的【新建电子邮件】按钮，如图 15-45 所示。

图 15-45

Step02 打开新建邮件窗口，❶ 在【主题】文本框中输入文本【临时外出】，❷ 在【内容】文本框中输入文本【临时外出，暂时不便查看邮件，有事请打电话！】，❸ 单击【邮件】按钮，如图 15-46 所示。

图 15-46

Step03 进入文件界面，选择【另存为】选项，如图 15-47 所示。

图 15-47

Step**04** 打开【另存为】对话框，❶在【保存类型】下拉列表中选择【Outlook 模板 (*.oft)】选项，❷单击【保存】按钮，如图 15-48 所示。

图 15-48

Step**05** 再次选择【文件】选项，进入文件界面，单击【管理规则和通知】按钮，如图 15-49 所示。

图 15-49

Step**06** 打开【规则和通知】对话框，单击【新建规则】按钮，如图 15-50 所示。

图 15-50

Step**07** 打开【规则向导】对话框，在【从模板或空白规则开始】界面，

❶在【从空白规则开始】组中选择【对我接收的邮件应用规则】选项，❷单击【下一步】按钮，如图 15-51 所示。

图 15-51

Step**08** 进入【想要检测何种条件？】界面，在【步骤1:选择条件】列表框中选中【只发送给我】复选框，然后单击【下一步】按钮，如图 15-52 所示。

图 15-52

Step**09** 进入【如何处理该邮件】界面，❶在【步骤1:选择操作】列表框中选中【用特定模板答复】复选框，❷在【步骤2:编辑规则说明(单击带下画

线的值)】列表框中单击【特定模板】按钮，如图 15-53 所示。

图 15-53

Step**10** 打开【选择答复模板】对话框，此时自动切换到模板界面，❶选择【临时外出】模板；❷单击【打开】按钮，如图 15-54 所示。

图 15-54

Step**11** 返回【规则向导】对话框，此时，在【步骤2:编辑规则说明(单击带下画线的值)】列表框中之前的【特定模板】位置显示临时外出模板文件的路径，单击【下一步】按钮，如图 15-55 所示。

Step**12** 在【是否有例外？】界面中直接单击【下一步】按钮，如图 15-56 所示。

Step**13** 进入【完成规则设置】界面，❶在【步骤1:指定规则的名称】文本框中输入文本【临时外出】，❷单击【完成】按钮，如图 15-57 所示。

图 15-55

图 15-56

图 15-57

Step⑭ 打开【Microsoft Outlook】对话框，单击【确定】按钮，如图 15-58 所示。

图 15-58

Step⑮ 返回【规则和通知】对话框，❶此时即可看到设置的"临时外出"规则；❷单击【确定】按钮，即可完

成设置，如图 15-59 所示。

图 15-59

15.4 使用便笺与日历

Outlook 2013 的便笺相当于电子形式的即时贴，随手记下问题、想法、提醒等。日历可将一些重要的事务、日程及重复事件进行设置，让 Outlook 进行自动提醒。下面就讲解一些便笺与日历的基本使用操作。

★ 重点 15.4.1 实战：新建便笺

实例门类	软件功能
教学视频	光盘\视频\第 15 章\15.4.1.mp4

Outlook 提供了"便笺"功能。便笺是一种可以用于快速方便记录一些信息的工具，具体操作步骤如下。

Step① 在【文件夹】栏右击，在弹出的下拉列表中选择【便笺】命令，如图 15-60 所示。

图 15-60

Step② 进入【便笺】界面，单击【新便笺】按钮，如图 15-61 所示。

图 15-61

Step03 在新建的便笺中输入相应的内容，单击【关闭】按钮⊠，如图15-62所示。

图 15-62

Step04 设置完毕，在【便笺】界面中显示了设置的便笺，如图15-63所示。

图 15-63

★ 重点 15.4.2 实战：查看便笺

实例门类	软件功能
教学视频	光盘\视频\第15章\15.4.2.mp4

在 Outlook 中创建的便笺，默认情况下只会显示部分文字，要查看其具体内容，需将其打开，其具体操作步骤如下。

Step01 在目标便笺上双击，如图15-64所示。

Step02 在打开的便笺中即可查看到便笺全部内容，如图15-65所示。

图 15-64

图 15-65

★ 重点 15.4.3 实战：转发便笺

实例门类	软件功能
教学视频	光盘\视频\第15章\15.4.3.mp4

Outlook 的便笺不仅可以用于自己记录相应的内容，同时，还可以以邮件的方式将其转发给指定人员，其具体操作步骤如下。

Step01 在目标便笺上右击，在弹出的快捷菜单中选择【转发】命令，如图15-66所示。

Step02 系统自动切换到邮件发送界面中并将便笺添加为附件，❶设置【收件人】邮箱地址，❷单击【发送】按钮，如图15-67所示。

图 15-66

图 15-67

★ 重点 15.4.4 实战：创建约会

实例门类	软件功能
教学视频	光盘\视频\第15章\15.4.4.mp4

"约会"就是在"日历"中安排的一项活动，工作和生活中的每一件事都可以看作一个约会。创建约会的具体操作步骤如下。

Step01 在 Outlook 窗口中的【文件夹窗格】中单击【日历】按钮，如图15-68所示。

图 15-68

Step02 进入日历界面，❶选择【开始】选项卡，❷单击【新建】组中的【新建约会】按钮，如图 15-69 所示。

图 15-69

Step03 打开一个名称为"未命名 - 约会"的窗口，分别设置【主题】【地点】和【时间】，如图 15-70 所示。

图 15-70

Step04 ❶ 选择【约会】选项卡，❷ 在【选项】组中对【显示为】和【提醒】的方式、时间进行设置，如图 15-71 所示。

图 15-71

Step05 在【选项】组中的【提醒】下

拉列表中选择【声音】选项，如图 15-72 所示。

图 15-72

Step06 打开【提醒声音】对话框，直接单击【确定】按钮，如图 15-73 所示。

图 15-73

技术看板

用户若要以指定声音为提示音，可单击【浏览】按钮，打开对话框，选择目标音频文件。

Step07 编辑完毕，单击【保存并关闭】按钮，如图 15-74 所示。

图 15-74

Step08 约会创建完毕后，会在日历界面显示约会链接，双击设置的约会链接，如图 15-75 所示。

图 15-75

★ **重点 15.4.5 实战：创建会议要求**

实例门类	软件功能
教学视频	光盘\视频\第 15 章\15.4.5.mp4

Outlook "日历"中的一个重要功能就是创建"会议要求"，可定义会议的时间和相关信息，其具体操作步骤如下。

Step01 进入日历界面，❶ 选择【开始】选项卡，❷ 单击【新建】组中的【新建会议】按钮，如图 15-76 所示。

图 15-76

Step02 打开一个名称为"未命名 - 会议"的窗口，❶ 分别设置【收件人】【主题】【地点】和【时间】，❷ 单击【发送】按钮，如图 15-77 所示。

图 15-77

Step 03 会议创建完毕后，会在日历界面显示会议链接，双击设置的会议链接，如图 15-78 所示。

图 15-78

15.5 联系人管理

为了方便用户使用电子邮件系统，Outlook 提供了"联系人"功能，帮助大家创建联系人、联系人分组。此外，用户还可以根据需要从邮件中提取联系人，为联系人发送邮件。

★ 重点 15.5.1 实战：建立联系人

实例门类	软件功能
教学视频	光盘\视频\第 15 章\15.5.1.mp4

Outlook 的联系人就像手机中的通讯录，记录保存一些常用的邮箱地址。不过，每一个联系人都需要用户手动进行添加。在 Outlook 中添加联系人的操作步骤如下。

Step 01 ❶ 选择【开始】选项卡，❷ 单击【新建】组中的【新建项目】按钮，❸ 在弹出的下拉列表中选择【联系人】选项，如图 15-79 所示。

Step 02 打开一个名称为"未命名 - 联系人"的窗口，❶ 输入联系人的基本信息和邮箱地址，❷ 单击【保存并关闭】按钮，如图 15-80 所示。

Step 03 在 Outlook 窗口中的【文件夹窗格】中单击【联系人】按钮，进入联系人界面，即可查看到新建的联系人，如图 15-81 所示。

图 15-79

图 15-80

图 15-81

★ 重点 15.5.2 实战：建立分组

实例门类	软件功能
教学视频	光盘\视频\第 15 章\15.5.2.mp4

联系人组是在一个名称下收集的电子邮件地址的分组，发送到联系人组的邮件将转给组中列出的所有收件人。可将联系人组包括在邮件、任务要求和会议要求中，甚至还可以包括在其他联系人组中。

例如，创建一【合作伙伴】组，其具体操作步骤如下。

Step01 在联系人界面，单击【开始】选项卡【新建】组中的【新建联系人组】按钮，如图 15-82 所示。

图 15-82

Step02 此时即可打开一个名称为"未命名 - 联系人组"的窗口，在【名称】文本框中输入文本【合作伙伴】，如图 15-83 所示。

图 15-83

Step03 按【Enter】键，此时窗口名称更改为"合作伙伴 - 联系人组"，❶ 选择【联系人组】选项卡，❷ 单击【成员】组中的【添加成员】按钮，❸ 在弹出的下拉列表中选择【从通讯簿】选项，如图 15-84 所示。

Step04 打开【选择成员：联系人】对话框，❶ 选择联系人，❷ 单击【成员】按钮，如图 15-85 所示。

Step05 ❶ 以同样的方法添加其他成员，❷ 单击【确定】按钮，如图 15-86 所示。

图 15-84

图 15-85

图 15-86

Step06 返回到主界面中单击【保存并关闭】按钮，如图 15-87 所示。

图 15-87

★ 重点 15.5.3 实战：为联系人发送邮件

实例门类	软件功能
教学视频	光盘\视频\第 15 章\15.5.3.mp4

在 Outlook 中创建联系人后，在发送邮件时就可以直接通过调用的方式，快速输入相应的邮件地址，从而提高工作效率。

例如，下面通过调用联系人为"林质"发送邮件，其具体操作步骤如下。

Step01 单击【开始】选项卡【新建】组中的【新建电子邮件】按钮，如图 15-88 所示。

图 15-88

Step02 打开【未命名 – 邮件 (HTML)】窗口，❶ 选择【邮件】选项卡，❷ 单击【姓名】组中的【通讯簿】按钮，如图 15-89 所示。

图 15-89

Step03 打开【选择姓名：联系人】对话框，❶ 选择目标联系人，这里选择【林质】，❷ 单击【收件人】按钮，如图 15-90 所示。

图 15-90

Step04 此时即可将联系人"林质"的邮件地址添加到【收件人】文本框中，单击【确定】按钮，如图 15-91 所示。

技术看板

在选择联系人时，若发现邮箱地址错误，可在对应联系人上右击，在弹出的快捷菜单中选择【属性】命令，打开联系人编辑界面，在其中进行相应的修改，最后单击【保存并关闭】按钮。

图 15-91

Step05 返回邮件编辑界面，❶ 设置邮件主题和邮件内容，❷ 单击【发送】按钮，如图 15-92 所示。

图 15-92

15.6 任务管理

在 Outlook 中，用户不仅可以对邮件进行创建和发送，同时，还可以通过任务的创建和管理，对待办事项进行分配和跟踪等，让整个任务处于有效的掌控中，最终顺利完成任务。

★ 重点 15.6.1 实战：创建任务

实例门类	软件功能
教学视频	光盘\视频\第 15 章\15.6.1.mp4

对于一些必须要准时准点完成的任务，为了防止遗忘或拖延，用户可通过创建任务的方式来提醒和要求他人或自己，其具体操作步骤如下。

Step01 ❶ 单击【开始】选项卡【新建】组中的【新建项目】按钮，❷ 在弹出的下拉列表中选择【任务】选项，如图 15-93 所示。

Step02 打开一个名称为"未命名 - 任务"的窗口，分别设置【主题】【开始日期】和【截止日期】，如图 15-94 所示。

图 15-93

图 15-94

Step03 选中【提醒】复选框并设置提醒时间，如图 15-95 所示。

图 15-95

Step04 ❶ 在【内容】文本框中输入内容，❷ 单击【保存并关闭】按钮，如图 15-96 所示。

图 15-96

★ 重点 15.6.2 实战：分配任务

实例门类	软件功能
教学视频	光盘\视频\第 15 章\15.6.2.mp4

对于要多人合作完成的任务，在任务进行过程中，可对任务进行分配，进行多人协同办公，其具体操作步骤如下。

Step01 ❶ 在【文件夹】栏上单击【任务】按钮，切换到【任务】页面中，❷ 在目标任务上右击，在弹出的下拉列表中选择【分配任务】选项，如图15-97 所示。

Step02 进入任务邮件发送界面，❶ 设置收件人和邮件内容，❷ 单击【发送】按钮，如图15-98 所示。

图 15-97

图 15-98

★ 重点 15.6.3 实战：处理任务

实例门类	软件功能
教学视频	光盘\视频\第 15 章\15.6.3.mp4

任务开展一定程度或是完成后，可对任务进行相应的处理，如标记完成、删除等，从而让这个任务有始有终。

例如，要对新建的"团队组建"任务标记为完成，其具体操作步骤如下。

Step01 切换到【任务】页面，❷ 在目标任务上右击，在弹出的下拉列表中选择【标记完成】命令，如图 15-99 所示。

图 15-99

Step02 在左侧的窗格中选择【任务】选项，在右侧的区域即可查看任务已完成的标识样式，如图 15-100 所示。

图 15-100

妙招技法

下面结合本章内容介绍一些实用技巧。

技巧 01：如何将 Outlook 邮件进行存档

教学视频	光盘\视频\第 15 章\技巧01.mp4

对于一些重要的邮件或是需要留底的邮件，用户可将其进行存档，其具体操作步骤如下。

Step01 在目标邮件上右击，在弹出的下拉列表中选择【其他文件夹】命令，如图 15-101 所示。

Step02 打开【移动项目】对话框，

❶ 在【将选定项目移动至】列表框中选择【存档】选项，❷ 单击【确定】按钮，如图 15-102 所示。

Step03 在左侧的窗格中选项【存档】选项，在右侧区域即可查看到存档的邮件，如图 15-103 所示。

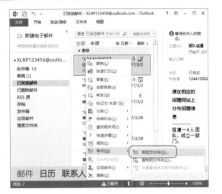

图 15-101

图 15-102

图 15-103

技巧02：如何导出 Outlook 邮件

教学视频	光盘\视频\第15章\技巧02.mp4

要将邮件导出到外部作为独立信件存在，具体操作步骤如下。

Step01 在 Outlook 窗口中，选择【文件】选项卡，如图 15-104 所示。

Step02 进入 Backstage 界面，❶在左侧选择【打开和导出】选项，❷在【打开】区域中单击【导入/导出】按钮，如图 15-105 所示。

图 15-104

图 15-105

Step03 打开【导入和导出向导】对话框，❶从【请选择要执行的操作】列表框中选择【导出到文件】选项，❷单击【下一步】按钮，如图 15-106 所示。

图 15-106

Step04 打开【导出到文件】对话框，❶从【创建文件的类型】列表框中选择【Outlook 数据文件 (.pst)】选项，❷单击【下一步】按钮，如图 15-107 所示。

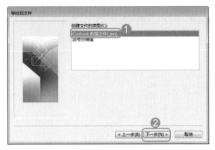

图 15-107

Step05 打开【导出 Outlook 数据文件】对话框，❶从【选定导出的文件夹】列表框中选择【已发送邮件】选项，❷单击【下一步】按钮，如图 15-108 所示。

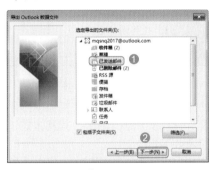

图 15-108

Step06 此时即可看到 Outlook 数据文件的默认保存路径，即"D:\Users\admin\Documents\Outlook 文件\backup.pst"，单击【完成】按钮，如图 15-109 所示。

图 15-109

Step07 打开【创建 Outlook 数据文件】对话框，❶将【密码】和【验证密码】文本框中的密码均设置为【123】，❷单击【确定】按钮，如图 15-110 所示。

图 15-110

Step 08 在 Outlook 数据文件的默认保存路径 "D:\Users\admin\Documents\Outlook 文件\backup.pst" 中，即可看到导出的已发送邮件，如图 15-111 所示。

图 15-111

技巧 03：如何转发邮件

教学视频	光盘\视频\第 15 章\技巧 03.mp4

如果想将某一邮件转发给其他

人，其具体操作步骤如下。

Step 01 ❶ 选择要转发的邮件，❷ 单击【开始】选项卡【响应】组中的【转发】按钮，如图 15-112 所示。

图 15-112

Step 02 设置收件人邮箱，单击【发送】按钮，如图 15-113 所示。

图 15-113

技巧 04：如何秘密抄送邮件

教学视频	光盘\视频\第 15 章\技巧 04.mp4

通常情况下，收件人可能会查看到邮件抄送给哪些人员。在一些特殊情况下，会将邮件秘密抄送给一些人员，同时，不让其他收件人员知道，这时，可利用 Outlook 的秘密抄送邮件功能，具体操作步骤如下。

进入发送邮件界面，❶ 选择【选项】选项卡，❷ 单击【显示字段】组中的【密件抄送】按钮，❸ 在出现的【密件抄送】文本框中输入收件人邮箱地址，❹ 单击【发送】按钮，如图 15-114 所示。

图 15-114

本章小结

本章首先介绍了 Outlook 的相关知识，接下来结合实例讲解了配置邮件账户的方法、管理电子邮件、联系人管理，以及管理日程安排的基本操作等内容，通过本章的学习，能够帮助读者快速掌握收发 Outlook 电子邮件的基本操作，学会添加邮件账户的基本技巧，学会使用会议、约会、便笺和任务等功能，管理日常工作中的重要事项。

第16章 使用OneNote 2013个人笔记本管理事务

➡ 如何更改 OneNote 笔记本的默认保存位置？

➡ 如何进行添加和删除分区？

➡ 如何创建页和子页？

➡ 如何在日记中插入文本、图片、标记等元素？

本章将学习使用 OneNote 个人笔记本的相关知识，包括笔记本的创建、操作分区、操作页，以及记笔记的相关技能技巧，相信通过本章的学习，在处理个人笔记上，你会学到不少的技巧，在学习过程中你也将得到以上问题的答案。

16.1 OneNote 相关知识

OneNote 是一种数字笔记本，它为用户提供了一个收集笔记和信息的位置，并提供了强大的搜索功能和易用的共享笔记本。OneNote 的"搜索"功能能够帮助用户迅速查找所需内容；"共享笔记本"功能能够帮助用户更加有效地管理信息超载和协同工作。此外，OneNote 提供了一种灵活的方式，将文本、图片、数字手写墨迹、录音和录像等信息全部收集并组织到计算机上的一个数字笔记本中。

16.1.1 OneNote 的定义

简单来说，OneNote 就是纸质笔记本的电子版本，用户可以在其中记录笔记、想法、创意、涂鸦、提醒及所有类型的其他信息。OneNote 提供了形式自由的画布，用户可以在画布的任何位置以任何方式输入、书写或绘制文本、图形和图像形式的笔记。

OneNote 2013 的主要功能包括以下几个方面。

1. 在一个位置收集所有信息

OneNote 可以在一个位置存放所有信息，包括其他程序中任意格式的笔记、图像、文档、文件，并按照最适于自己的方式进行组织。在随时可以获取信息的情况下，用户就可以进行更充分的准备，从而制定更佳的决策，如图 16-1 所示。

图 16-1

2. 迅速找到所需内容

查找工作中所需的信息可能需要大量时间。在书面笔记、文件夹、计算机文件或网络共享中搜索信息时，将占用你工作及果断处理公司事务的宝贵时间。用在搜索信息上的时间并不是真正的工作时间，如图 16-2 所示。

图 16-2

3. 更有效地协作

在当前的办公环境中，很多工作不是一个人就可以独立完成的，往往需要和同事之间进行紧密地沟通与配合。例如，在有些情况下，用户可能需要与他人合作编写 OneNote 笔记页中的内容。此时，用户可以把自己的笔记本共享给他人，如图 16-3 所示。

图 16-3

16.1.2 高效使用 OneNote

1. 收集资料

OneNote 是收集资料的利器，用户可以将所有自己觉得有用的信息都放到里面，而且不用手动保存。当用户在互联网上看到一篇资料，使用 IE 浏览器将资料发送到 OneNote，它会自动把网址也附上，方便用户日后查看原网页，知道资料的出处。"停靠到桌面"也是很方便收集资料和做笔记的功能。

2. 复制图像的文字

OneNote 一个比较强悍的功能是可以帮用户将图像上的文字复制下来，这个在写论文的时候非常有用。用户可以直接将 PDF 文档转化为文字，而不需要苦苦寻找 PDF 转 Word 的软件，使用方法也很简单，先将资料打印到 OneNote，或者将图片保存到 OneNote，之后在图片上右击就可以看到"图片中文字"选项了。

3. 知识管理

OneNote 的逻辑可以让用户对自己的知识进行有效管理。俗话说：好记性不如烂笔头！切记，不要因为自己年轻就觉得可以用脑记住所学的所有知识！等要用到又有些忘记的时候便可以翻看 OneNote 笔记了。OneNote 不仅是做读书笔记的重要工具，而且还可以在"分区组"中新建"分区组"，实际上 OneNote 的逻辑层次是很清楚的，如图 16-4 所示。

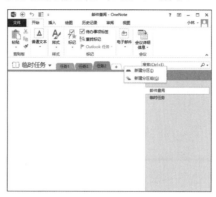

图 16-4

用户还可以把所有的资料保存到 OneNote 里，如 Word、Excel、PDF、TXT 等格式的文件，之后用户就可以随心所欲地在资料上注释了。OneNote 最大的优势是用户可以在页面任何地方插入资料和编辑，就像用户可以拿笔在一张纸中的任何地方记录，但是使用 OneNote 用户不必担心纸张页面不够，而无法在原有基础上补充和注释了。

16.1.3 需要使用 OneNote 的原因

OneNote 可简单地将其理解为个人笔记本，用于记录经验、感受、文档及其他媒体对象。不过，一些人员会不自觉地产生这样一个问题：为什么需要使用 OneNote，而不是其他一些笔记本程序，如印象笔记等。下面就列举几个主要原因。

（1）OneNote 具有灵活无比的项目组织设置功能，能将信息存储为不同层次结构。用户可以选择同时创建多份记录，让每份都对应一个章节。而每个章节还可以继续划分为不同的段落。用户就能够随时随地访问这些相关信息，并且不会让工作事务与个人爱好混为一谈。

（2）OneNote 内置有光学字符识别功能，用户只要将希望进行处理的图片粘帖到 OneNote 文档之中，就可以直接复制上面的文字，并粘贴到 OneNote 中或其他任何需要的地方。

（3）OneNote 非常便于携带，用户不仅可以与其他计算机分享 OneNote 文档，而且还能够将覆盖范围扩展到苹果 Iphone 及 Windows 智能手机上。这样用户可以随时随地轻松访问所有相关信息的目标。

（4）OneNote 可以用于数字化待办事项清单的制作，用户只要单击软件功能区中的标签项目，就能够利用各种各样的图形标签来对指定的任何文本信息进行分类处理。还可以在接下来的时间里根据分类情况进行具体内容搜索，直接查看已经完成或未完成项目的实际情况。

16.2 创建笔记本

OneNote 笔记本并不是一个文件，而是一个文件夹，类似于现实生活中的活页夹，用于记录和组织各类笔记。本节主要介绍登录 Microsoft 账户，设置笔记本的保存位置和创建笔记本等内容。

★ 重点 16.2.1 实战：设置笔记本的保存位置

实例门类	软件功能
教学视频	光盘\视频\第 16 章\16.2.1.mp4

用户使用 OneNote 创建的笔记本，其目的是更加方便地用于任务事项、文档、图片图像等记录和查阅。所以为了方便用户可修改其默认保存位置，具体操作步骤如下。

Step01 在 OneNote 窗口中，选择【文件】选项卡，如图 16-5 所示。

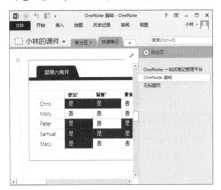

图 16-5

Step02 进入【文件】界面，选择【选项】选项，如图 16-6 所示。

图 16-6

Step03 打开【OneNote 选项】对话框，❶ 选择【保存和备份】选项，❷ 在【保存】列表框中选择【默认笔记本位置】选项，❸ 单击【修改】按钮，如图 16-7 所示。

Step04 打开【选择文件夹】对话框，❶ 选择修改笔记本的保存位置，❷ 单

击【选择】按钮，如图 16-8 所示。

图 16-7

图 16-8

Step05 返回【OneNote 选项】对话框，单击【确定】按钮，如图 16-9 所示。

图 16-9

★ 重点 16.2.2 实战：创建笔记本

实例门类	软件功能
教学视频	光盘\视频\第 16 章\16.2.2.mp4

创建的 OneNote 笔记本基本上都是相对独立的，类似一个单独文件，因此，它与 Office 的其他组件相似，都需要用户手动进行创建，具体操作

步骤如下。

Step01 在 OneNote 窗口中，选择【文件】选项卡，如图 16-10 所示。

图 16-10

Step02 进入【文件】界面，❶ 选择【新建】选项，❷ 双击【计算机】图标，如图 16-11 所示。

图 16-11

Step03 打开【创建新的笔记本】对话框，❶ 设置创建的笔记本名称，❷ 单击【创建】按钮，如图 16-12 所示。

图 16-12

Step04 系统自动创建一个名称为【新分区 1】的分区，在【标题页】文本框中输入笔记标题，如图 16-13 所示。

图 16-13

Step05 右击【新分区 1】标签；在弹出的下拉列表中选择【重命名】选项，如图 16-14 所示。

图 16-14

Step06 此时选中的分区标签进入编辑状态，修改标签名称，如图 16-15 所示。然后在下面的空白区域输入相应的内容。

图 16-15

16.3　操作分区

在 OneNote 程序中，文档窗口顶部选项卡表示当前打开的笔记本中的分区，单击这个标签能够打开分区。笔记本的每一分区实际上就是一个 "*.one" 文件，它被保存在以当前笔记本命名的磁盘文件夹中。下面介绍一些分区的常用操作知识。

★ 重点 16.3.1　实战：创建分区

实例门类	软件功能
教学视频	光盘\视频\第 16 章\16.3.1.mp4

在 OneNote 程序中，分区就相当于活页夹中的标签分割片，分区可以设置其中的页，并提供标签。创建分区的具体操作步骤如下。

Step01 在程序的顶部选项卡中单击【创建新分区】按钮 ＋ ，如图 16-16 所示。

图 16-16

Step02 此时即可新建一个名称为【新分区 1】的分区，设置分区名称，如图 16-17 所示。

图 16-17

Step03 输入具体的笔记内容（参考 16.5.1 内容），如图 16-18 所示。

图 16-18

★ 重点 16.3.2　实战：删除分区

实例门类	软件功能
教学视频	光盘\视频\第 16 章\16.3.2.mp4

用户既可以创建分区，同时，也可删除分区，其具体操作步骤如下。

Step01 在目标分区标签上右击，在弹出的快捷菜单中选择【删除】命令，如图 16-19 所示。

图 16-19

Step02 在打开的【Microsoft OneNote】对话框中，直接单击【是】按钮，如图 16-20 所示。

图 16-20

★ 重点 16.3.3 实战：移动和复制分区

实例门类	软件功能
教学视频	光盘\视频\第 16 章\16.3.3.mp4

OneNote 中分区位置不是固定不变的，可以进行移动，同时，还可以进行复制，其具体操作步骤如下。

Step01 在目标分区标签上右击，在弹出的快捷菜单中选择【移动或复制】命令，如图 16-21 所示。

图 16-21

Step02 打开【移动或复制分区】对话框，❶ 在【所有笔记本】列表中选择

移动或复制的目标笔记本选项；❷ 单击【移动】按钮（或单击【复制】按钮），如图 16-22 所示。

图 16-22

16.4 操作页

在 OneNote 笔记本中，一个分区包含多个页或子页，就像活页夹中的记录页面一样，记录着各种信息。页的基本操作包括页或子页的添加、删除、移动及更改页中的时间等。

★ 重点 16.4.1 实战：添加和删除页

实例门类	软件功能
教学视频	光盘\视频\第 16 章\16.4.1.mp4

在 OneNote 中，用户可以随心所欲地在单个页面上一直写下去，空间永远不会用尽。如果想要进行整理，可以添加页和子页，当然，也可删除页。其具体操作步骤如下。

Step01 ❶ 在【我的笔记本】中选择目标分区，❷ 单击【添加页】按钮，如图 16-23 所示。

图 16-23

Step02 此时在【工作记录】分区中新建一个【无标题页】，如图 16-24 所示。

图 16-24

Step03 设置页的标题和对应的内容，如图 16-25 所示。

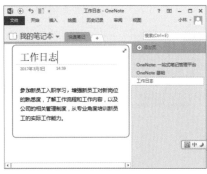

图 16-25

Step04 选择目标页或分区，单击出现的【添加】按钮 ＋ ，如图 16-26 所示。

图 16-26

Step05 系统自动添加页，输入页标题，如图 16-27 所示。

图 16-27

Step06 在添加的页上右击，在弹出的快捷菜单中选择【创建子页】命令，将其变成子页，如图 16-28 所示。

图 16-28

技术看板

若要删除页或子页，只需在目标页上右击，在弹出的快捷菜单中选择【删除】命令。

★ **重点 16.4.2　实战：移动页**

实例门类	软件功能
教学视频	光盘\视频\第 16 章\16.4.2.mp4

页创建完成后，可以对其进行位置的移动，其具体操作步骤如下。

Step01 在目标页上右击，在弹出的快捷菜单中选择【移动或复制】命令，如图 16-29 所示。

图 16-29

Step02 打开【移动或复制页】对话框，❶ 在【所有笔记本】列表中选择

要移动的目标选项；❷ 单击【移动】按钮，如图 16-30 所示。

图 16-30

★ **重点 16.4.3　实战：更改页中的日期和时间**

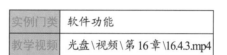

实例门类	软件功能
教学视频	光盘\视频\第 16 章\16.4.3.mp4

OneNote 中日期时间默认的是系统当前时间，用户可根据实际情况对时间进行更改或设置，其具体操作步骤如下。

Step01 ❶ 单击日期；❷ 单击弹出的日期图标，如图 16-31 所示。

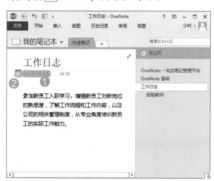

图 16-31

Step02 弹出日历选择器，选择相应的日期，这里选择【3 月 22 日】，如图 16-32 所示。

Step03 ❶ 单击时间；❷ 单击出现的时间图标，如图 16-33 所示。

Step04 打开【更改页面时间】对话框，❶ 设置【页面时间】，❷ 单击【确定】按钮，如图 16-34 所示。

图 16-32

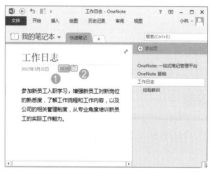

图 16-33

图 16-34

Step05 此时时间就更改为"10:30"，如图 16-35 所示。

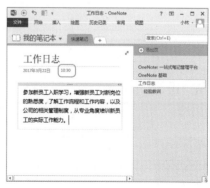

图 16-35

16.5　写笔记

在 OneNote 程序中，记笔记是十分方便的，用户可以随时记录笔记，而不用考虑位置的限制，同时可以在页面中输入诸如文本、图片、标记和声音等多媒体文件等，下面介绍一些常用的笔记写作记录方式。

★ 重点 16.5.1　实战：输入文本

实例门类	软件功能
教学视频	光盘\视频\第 16 章\16.5.1.mp4

在写笔记中输入文本，是最基本的操作，也是最实用的操作之一，其具体操作步骤如下。

Step 01 在目标位置单击，将文本插入点定位在其中，如图 16-36 所示。

图 16-36

Step 02 输入相应的笔记内容，如图 16-37 所示。

图 16-37

★ 重点 16.5.2　实战：插入图片

实例门类	软件功能
教学视频	光盘\视频\第 16 章\16.5.2.mp4

OneNote 中不仅可以输入纯文字，还可以插入各种类型的图片，如手机照片、屏幕截图、网络图片及扫描图片。

例如，在笔记中插入本地图片到笔记中，其具体操作步骤如下。

Step 01 将文本插入点定位在目标位置，❶ 选择【插入】选项卡；❷ 单击【图像】组中的【图片】按钮，如图 16-38 所示。

图 16-38

Step 02 打开【插入图片】对话框，❶ 选择要插入的目标图片，❷ 单击【插入】按钮，如图 16-39 所示。

图 16-39

Step 03 在笔记中即可查看到插入图片的效果，如图 16-40 所示。

图 16-40

16.5.3　实战：添加或绘制标记

实例门类	软件功能
教学视频	光盘\视频\第 16 章\16.5.3.mp4

笔记中对于一些重要或需特别强调的内容，可以为其添加或绘制标记。

1. 添加标记

要对笔记内容添加标记，如重要、关键、创意等，可直接通过选择标记选项来轻松实现，其具体操作步骤如下。

Step 01 将鼠标定位在目标内容，或者选择任意文本内容并在其上右击，在弹出的悬浮框中单击【标记】按钮右侧的下拉按钮，如图 16-41 所示。

图 16-41

Step02 在弹出的下拉列表中选择相应的标识选项，这里选择【重要】选项，如图 16-42 所示。

图 16-42

Step03 此时即可在第一段文本的段首插入一个重要标记，如图 16-43 所示。

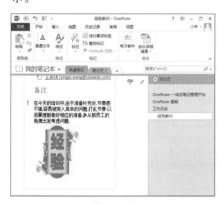

图 16-43

2. 绘制标记

直接添加标识，系统只会在该段的开始位置添加相应的标识符号，若要突出或强调某一段内容，则可通过绘制图形的方式来实现，其具体操作步骤如下。

Step01 ❶ 选择【绘图】选项卡，❷ 选择【绘图笔触】选项，如图 16-44 所示。

图 16-44

Step02 在目标文本或位置处按住鼠标左键不放绘制图形，最后按【Esc】键退出，如图 16-45 所示。

图 16-45

★ 重点 16.5.4 实战：截取屏幕信息

实例门类	软件功能
教学视频	光盘\视频\第16章\16.5.4.mp4

OneNote 中不仅可以插入本地图片、联机图片，还可以直接插入屏幕截图，其具体操作步骤如下。

Step01 将鼠标光标定位在目标位置，单击【插入】选项卡【图像】组中的【屏幕剪辑】按钮，如图 16-46 所示。

Step02 拖动鼠标绘制屏幕截图，如图 16-47 所示。

图 16-46

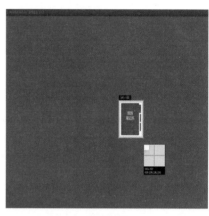

图 16-47

Step03 截图完毕，系统自动将截图插入到目标位置，如图 16-48 所示。

图 16-48

妙招技法

通过前面知识的学习，相信读者已经掌握了使用 OneNote 个人笔记本管理事务的基本操作。下面结合本章内容，给大家介绍一些实用技巧。

技巧 01：如何添加其他程序内容

教学视频	光盘 \ 视频 \ 第 16 章 \ 技巧 01.mp4

OneNote 的最大优势在于它可以收集和使用来源于不同程序的各类信息，也就是将其他程序内容添加到 OneNote 中，具体操作步骤如下。

Step01 将文本插入点定位在目标位置，单击【插入】选项卡【文件】组中的【附件文件】按钮，如图 16-49 所示。

图 16-49

Step02 打开【选择要插入一个或一组文件】对话框，❶选择目标文件，❷单击【插入】按钮，如图 16-50 所示。

图 16-50

Step03 系统自动将外部文档文件插入到 OneNote 中，如图 16-51 所示。

图 16-51

技巧 02：如何在页面中添加录音

教学视频	光盘 \ 视频 \ 第 16 章 \ 技巧 02.mp4

在使用 OneNote 进行大量笔记录入时，如会议记录，手动录入显得效率低下，这时，使用录音记录就特别方便，具体操作步骤如下。

Step01 将文本插入点定位在目标位置，单击【插入】选项卡【正在录制】组中的【录音】按钮，如图 16-52 所示。

图 16-52

技术看板

在 OneNote 中录音作为笔记内容，必须保证有录入设备，否则该功能无法实现。

Step02 系统进入自动录音状态，录入收集的声音，待录音完成后单击【停止】按钮停止录音，如图 16-53 所示。

图 16-53

技巧 03：将制作的 OneNote 内容保存为网页

教学视频	光盘 \ 视频 \ 第 16 章 \ 技巧 03.mp4

要将 OneNote 中一页或多页内容分享给那些无法访问 OneNote 的用户，可将笔记内容保存为网页，具体操作步骤如下。

Step01 将文本插入点定位在目标位置，选择【文件】选项卡进入 Backstage 界面，❶选择【导出】选项，❷双击【页面】图标，如图 16-54 所示。

图 16-54

Step02 打开【另存为】对话框，❶将【保存类型】设置为【单个文件网页】，❷ 单击【保存】按钮，如图 16-55 所示。

图 16-55

技巧 04：将制作的 OneNote 内容发送到博客

教学视频	光盘\视频\第 16 章\技巧 04.mp4

使用 OneNote 制作的笔记，用户不仅可以将其发布成网页文件，还可以直接发布到博客，具体操作步骤如下。

Step01 将文本插入点定位在目标位置，选择【文件】选项卡进入 Backstage 界面，❶ 选择【发送】选项，❷ 单击【发送至博客】图标，如图 16-56 所示。

图 16-56

Step02 系统自动将笔记内容以 Word 程序打开，❶ 选择【博客文章】选项卡，❷ 单击【博客】组中的【发布】按钮，如图 16-57 所示。

图 16-57

本章小结

本章首先介绍了 OneNote 的相关知识，接下来结合实例讲解了创建笔记本的方法，分区和分区组、页和子页的基本操作，以及写笔记的基本方法等内容。通过本章的学习，能够帮助读者快速掌握 OneNote 笔记本的基本操作，学会在工作和生活中使用 OneNote 管理自己的笔记本事务，学会使用根据需要管理笔记本中的分区、分区组、页和子页等基本要素等功能，学会 OneNote 笔记本数据的导入和导出操作等。

第17章 使用 Publisher2013 制作出版物

➡ 如何轻松设计出版物的字体方案？

➡ 如何在出版物中添加元素？

➡ 母版页的使用方法？

➡ 如何以邮件方式发送出版物？

上面的问题是使用 Publisher 制作和设计出版物时常见的操作问题，相信通过本章的学习，用户不仅可以找到清晰的答案，而且还能掌握其他一些实用的方法和技巧。

17.1 出版物的相关知识

Publisher 是一款商务排版软件，可帮助用户创建、设计和发布专业的出版物。不过，用户在使用该 Office 组件前，可先了解出版物的相关知识，为 Publisher 的学习和使用打下基础。

17.1.1 出版物的定义

出版物是指以传播为目的储存知识信息并具有一定物质形态的出版产品。它可以从不同的范围和角度进行不同的分类。

（1）广义的出版物，根据联合国教科文组织的规定，包括定期出版物和不定期出版物两大类。其中定期出版物分报纸和杂志；不定期出版物主要指图书（图书一般与书籍为同义语，但在统计工作中，有时图书又作为书籍、课本、图片三者的总称）。

（2）狭义的出版物，只包括图书和杂志。

（3）传统的出版物，包括报纸、杂志和图书，都是印刷品。不过，自 19 世纪末期发明留声机后，唱片的功用与生产方法与图书相接近或类似，都是将精神产品转化为物质形态，制成原版并加以复制，

便于在一定范围传播，因而将唱片的生产，也称为出版。唱片也成为出版物的一种。

（4）新型的出版物，随着留声机、缩微成像技术、录音技术、录像技术和计算机的发明与应用，出现了新型的、非印刷品的出版物，即唱片、缩微胶片、录音带、录像带、光盘等，通称为缩微制品、视听材料和电子出版物。主要分为报纸、期刊、图书、音像制品、电子出版物和互联网出版物六类。

（5）按出版者的不同，可分政府出版物、机关团体出版物和一般出版物。

（6）按发行方式、发行范围和发行对象的不同，分为内部读物和公开出版物。

（7）按装帧的不同，书籍还分精装书和平装书。

17.1.2 出版物的要求

出版物除了遵循相应的法律条款的规定外，其本身还有如下几点硬性要求，下面进行简单介绍。

（1）是以读者所需要的信息知识构成内容。

（2）是以一定的表达方式陈述信息知识，包括文字、图像、符号、声频、视频、代码等。所谓多媒体出版物，其实就是在一种媒体上同时使用了上述多种表达方式的出版物。

（3）是以一定的物质载体作为知识信息存在的依据。

（4）是以一定的生产制作方式使知识信息附着于物质载体上。

（5）是以一定的外观形态呈现出来，如印刷出版物、唱片、录音带、录像带、激光视盘等。

17.2 设计出版物

Publisher 是 Office 的一款组件，其创建文件方式与 Word、Excel 或 PPT 等组件的操作相似，这里就不再赘述，直接进入设计出版物相关知识的讲解。

17.2.1　实战：设计出版物版式

实例门类	软件功能
教学视频	光盘\视频\第 17 章\17.2.1.mp4

设计出版物版式，主要是对页面中的各个布局元素进行设置。

例如，设置"商务广告"出版物的纸张大小和页边距，其具体操作步骤如下。

Step01 打开"光盘\素材文件\第 17 章\商务广告 .pub"文件，❶选择【页面设计】选项卡，❷单击【纸张大小】按钮，❸在弹出的下拉列表中选择合适的纸张大小，如图 17-1 所示。

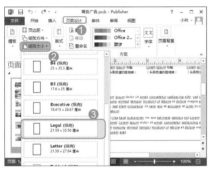

图 17-1

Step02 ❶单击【页边距】按钮，❷在弹出的下拉列表中选择合适的页边距选项，如图 17-2 所示。

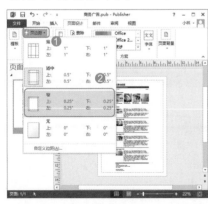

图 17-2

17.2.2　实战：更改出版物配色方案

实例门类	软件功能
教学视频	光盘\视频\第 17 章\17.2.2.mp4

决定出版物最终效果的关键因素之一，是出版物元素的配色方案。在 Publisher 中，用户可直接选择系统内置的配色方案，同时，也可自己进行配色方案的定义。

1.　选择内置配色方案

设置出版物的配色方案，最直接的方法是直接套用系统内置的配色方案，用户只需在【页面设计】选项卡【方案】组中的方案列表框中选择相应的配色方案即可，如图 17-3 所示。

图 17-3

2.　自定义配色方案

若是系统内置的配色方案不能满足用户的实际需要，用户还可以自定义配色方案，其具体操作步骤如下。

Step01 ❶单击【方案】组中的【其他】按钮，❷在弹出的下拉列表中选择【新建配色方案】命令，如图 17-4 所示。

Step02 打开【新建配色方案】对话框，❶在【配色方案名称】文本框中输入配色方案名称，❷设置方案颜

色，❸单击【保存】按钮，如图 17-5 所示。

图 17-4

图 17-5

17.2.3　实战：设计出版物字体方案

实例门类	软件功能
教学视频	光盘\视频\第 17 章\17.2.3.mp4

除了配色方案影响出版物的最终设计效果外，还有字体方案。用户除了直接选择系统内置的字体方案外，还可以自定义字体方案。

1.　选择内置字体方案

要直接套用系统中的字体方案，方法非常简单，具体操作步骤如下。

❶只需单击【字体】下拉按钮，❷在弹出的下拉列表中选择相应的字体方案选项，如图 17-6 所示。

图 17-6

2. 自定义字体方案

与配色方案一样，字体方案也可进行自定义，从而满足实际需要，其具体操作步骤如下。

Step01 ❶ 单击【方案】组中的【字体】按钮，❷ 在弹出的下拉列表中选择【新建字体方案】命令，如图17-7 所示。

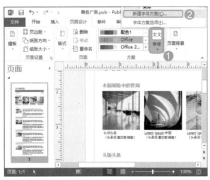

图 17-7

Step02 打开【新建字体方案】对话框，❶ 设置字体方案，❷ 在【字体方案名称】文本框中输入字体方案名称，❸ 单击【保存】按钮，如图17-8 所示。

图 17-8

Step03 ❶ 单击【方案】组中的【字体】按钮，❷ 在弹出的下拉列表中

选择自定义字体方案选项即可，如图17-9 所示。

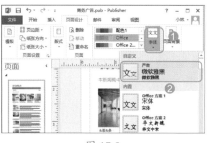

图 17-9

17.2.4 实战：设置出版物背景颜色

实例门类	软件功能
教学视频	光盘\视频\第 17 章\17.2.4.mp4

使用 Publisher 创建出版物时，很多时候需要对出版物背景进行修改和设置。其途径主要两种：直接套用系统内置背景样式和自定义背景样式。

1. 套用系统内置背景样式

直接套用系统中内置的背景颜色是最为直接的方式，不过其背景样式选项相对较少。

例如，在"产品介绍"出版物中直接套用 30% 的辅助色，其具体操作步骤如下。

Step01 打开"光盘\素材文件\第 17 章\产品介绍 .pub"文件，❶ 单击【页面背景】组中的【背景】按钮，❷ 在弹出的下拉列表中选择【辅色 3 的 30% 淡色】命令，如图 17-10 所示。

图 17-10

Step02 系统自动为出版物套用背景色的样式效果，如图 17-11 所示。

图 17-11

2. 自定义背景样式

系统中内置的背景样式实在是太少，很多时候需要用户自定义背景样式来满足实际需要。

例如，在"产品介绍 1"出版物中将外部的淡雅背景图片作为出版物的背景样式，其具体操作步骤如下。

Step01 打开"光盘\素材文件\第 17 章\产品介绍 1.pub"文件，❶ 单击【页面背景】组中的【背景】按钮，❷ 在弹出的下拉列表中选择【其他背景】命令，如图 17-12 所示。

图 17-12

Step02 打开【设置背景格式】对话框，❶ 选中【图片或纹理填充】单选按钮，❷ 单击【文件】按钮，如图 17-13 所示。

Step03 打开【插入图片】对话框，❶ 选择作为出版物背景的图片，❷ 单击【插入】按钮，如图 17-14 所示。

Step04 返回【设置背景格式】对话框，单击【确定】按钮确认设置，如

图 17-15 所示。

图 17-13

图 17-14

图 17-15

Step 05 系统自动为出版物添加图片作为背景样式，如图 17-16 所示。

图 17-16

17.3　向出版物添加元素

在设计、制作和完善出版物的过程中，向其中添加元素是最基本的操作，如插入文本、图片、形状、艺术字等。下面就一起学习这些元素添加的方法。

★ 重点 17.3.1　实战：插入与编辑文本

实例门类	软件功能
教学视频	光盘\视频\第 17 章\17.3.1.mp4

在出版物中插入文本并进行编辑是最基本和最普遍的操作之一。不过，在 Publisher 中不能直接输入文字并进行编辑，需要借助于文本框。

例如，在"贸易新闻"出版物中

插入标题文本并设置其字体格式，其具体操作步骤如下。

Step 01 打开"光盘\素材文件\第 17 章\贸易新闻 .pub"文件，❶ 选择【插入】选项卡，❷ 单击【文本】组中的【绘制文本框】按钮，如图 17-17 所示。

Step 02 在合适位置单击鼠标绘制文本框，如图 17-18 所示。

Step 03 在文本框中输入文本内容，这里输入【贸易商务新闻】，如图 17-19 所示。

图 17-17

图 17-18

图 17-21

图片是出版物的主要元素之一，会经常使用到，所以，在出版物中插入图片的操作需要用户掌握。

1. 插入本地图片

插入出版物的图片若是在本地计算机上，可直接通过插入本地图片来轻松搞定。

例如，在"贸易新闻"出版物中插入本地的办公图片来丰富和充实出版物，其具体操作步骤如下。

Step01 ❶ 选择【插入】选项卡，❷ 单击【插图】组中的【图片】按钮，如图 17-24 所示。

图 17-19

图 17-22

图 17-24

Step04 ❶ 选择输入的【贸易商务新闻】文本，❷ 设置其字体、字号并将其加粗，如图 17-20 所示。

Step07 将鼠标指针移到文本框的控制框上，按住鼠标左键不放将其移动到合适位置，如图 17-23 所示。

Step02 打开【插入图片】对话框，❶ 选择要插入出版物中的图片，❷ 单击【插入】按钮，如图 17-25 所示。

图 17-20

图 17-23

图 17-25

Step05 手动拖动文本框宽度，让文本内容全部显示出来，如图 17-21 所示。

Step06 ❶ 再次选择【贸易商务新闻】文本，❷ 单击【字符间距】按钮AV，❸ 在弹出的下拉列表中选择【很松】选项，如图 17-22 所示。

★ 重点 17.3.2 实战：添加图片元素

实例门类	软件功能
教学视频	光盘\视频\第 17 章\17.3.2.mp4

Step03 系统自动将图片插入出版物中，选中图片按方向键将其移动到合适位置（相对于按住鼠标左键进行拖动操作会相对省力一些），如图 17-26 所示。

图 17-26

2. 插入联机图片

插入出版物的图片若是需要在线进行搜索，可直接通过插入联机图片来快速搞定。

例如，在"贸易新闻1"出版物中插入必应搜索中的办公图片来丰富和充实的出版物，其具体操作步骤如下。

Step01 ❶ 选择【插入】选项卡，❷ 单击【插图】组中的【联机图片】按钮，如图 17-27 所示。

图 17-27

技术看板

若要插入 OneDrive 中的图片，可在【插入图片】面板中选择【OneDrive-个人】选项进入 OneDrive 中，然后按照提示进行相应的操作。

Step02 打开【插入图片】面板，在【必应图像搜索】文本框中输入要搜索的图片的关键字，按【Enter】键确认并搜索，如图 17-28 所示。

图 17-28

Step03 在搜索页面中单击【显示所有结果】按钮，如图 17-29 所示。

图 17-29

Step04 ❶ 选择目标图片，❷ 单击【插入】按钮，如图 17-30 所示。

图 17-30

Step05 ❶ 选中插入的图片，❷ 选择【图片工具 格式】选项卡，❸ 在【大小】组中设置图片高度和宽度，如图 17-31 所示。

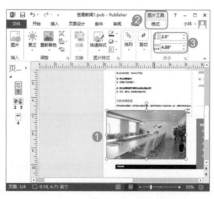

图 17-31

Step06 保持图片选中状态，按方向键对图片位置进行移动，如图 17-32 所示。

图 17-32

Step07 保持图片选中状态，单击【剪切】组中的【裁剪】按钮，进入裁剪模式，如图 17-33 所示。

图 17-33

Step08 对图片的高度和宽度进行裁剪（其方法为：将鼠标指针移到图片裁剪点上，按住鼠标左键不放进行拖动裁剪），如图 17-34 所示。

图 17-34

Step⑨ 在出版物中插入联机图片的最后效果如图 17-35 所示。

图 17-35

★ 重点 17.3.3 实战：**添加形状元素**

实例门类	软件功能
教学视频	光盘\视频\第 17 章\17.3.3.mp4

在出版物中经常会用到一些形状作为装饰或是区域空间的填充。

例如，在"贸易新闻 1"出版物中插入 0.25 磅绿色边框的空心圆角矩形作为装饰边框，其具体操作步骤如下。

Step① ❶ 单击【插入】选项卡【插图】组中的【形状】按钮，❷ 在弹出的下拉列表中选择【圆角矩形】选项，如图 17-36 所示。

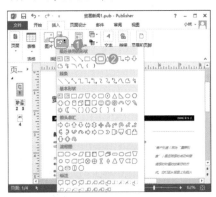

图 17-36

Step② 按住鼠标左键不放，在出版物中绘制一囊括出版内容的圆角矩形，如图 17-37 所示。

图 17-37

Step③ 将鼠标指针移到圆角控制黄点上，按住鼠标左键不放拖动调整圆角的大小，如图 17-38 所示。

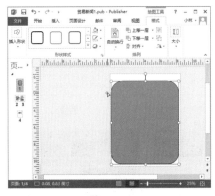

图 17-38

Step④ 保持矩形选中状态，❶ 选择【绘图工具 / 格式】选项卡，❷ 单击【形状轮廓】下拉按钮，❸ 在弹出的拾色器中选择相应的颜色作为圆角矩形的边框颜色，如图 17-39 所示。

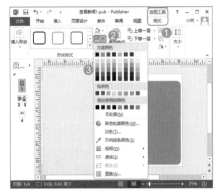

图 17-39

Step⑤ 保持矩形选中状态，❶ 单击【形状填充】下拉按钮，❷ 在弹出的下拉列表中选择【无填充颜色】选项，如图 17-40 所示。

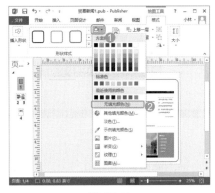

图 17-40

Step⑥ ❶ 再次单击【形状轮廓】下拉按钮，❷ 在弹出的下拉列表中选择【粗细】→【0.25 磅】选项，完成整个操作，如图 17-41 所示。

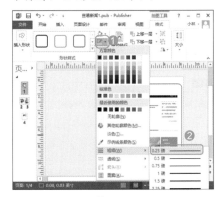

图 17-41

Step⑦ 在出版物中插入形状作为装饰的效果如图 17-42 所示。

图 17-42

★ 重点 17.3.4 实战：添加表格元素

实例门类	软件功能
教学视频	光盘\视频\第17章\17.3.4.mp4

表格在出版物中也经常会出现，对数据项进行展示等，对出版物的布局非常有用。下面在"产品介绍2"出版物的底部添加表格元素，用于放置联系方式（联系电话、传真和邮箱），其具体操作步骤如下。

Step01 打开"光盘\素材文件\第17章\产品介绍2.pub"文件，❶单击【插入】选项卡【表格】组中的【表格】下拉按钮，❷在弹出的下拉列表中选择【插入表格】命令，如图17-43所示。

图 17-43

Step02 打开【创建表格】对话框，❶输入行列数，❷单击【确定】按钮，如图17-44所示。

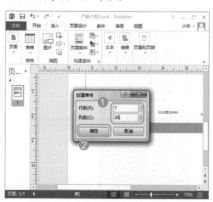

图 17-44

Step03 选择系统插入的表格，并将其移到出版物内容的底部，如图17-45所示。

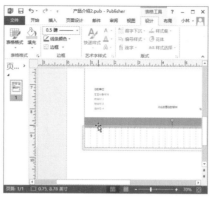

图 17-45

Step04 选中插入的表格，❶选择【表格工具/设计】选项卡，❷单击【表格格式】下拉按钮，❸在弹出的下拉列表中选择相应的表格样式选项，如图17-46所示。

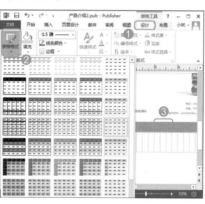

图 17-46

Step05 ❶在表格中输入相应的联系方式并将其选中，❷设置其字体、字号，如图17-47所示。

Step06 保持表格内容选中状态，❶选择【表格工具 布局】选项卡，❷单击【对齐方式】组中的【文字方向】按钮，让表格中的内容呈垂直方向显示，如图17-48所示。

Step07 此时，表格的列宽出现自动调整并超出出版内容的宽度，选中超出出版物内容宽度的列，❶选择【表格工具 布局】选项卡，❷单击【删除】下拉按钮，❸在弹出的下拉列表

中选择【删除列】选项，如图17-49所示。

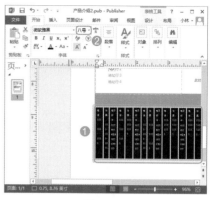

图 17-47

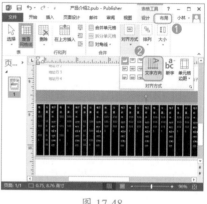

图 17-48

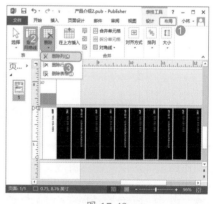

图 17-49

技能拓展——调整表格内文字对齐方式

选择表格内的内容，在【表格工具 布局】选项卡的【对齐方式】组中单击相应的对齐方式按钮，即可快速调整它们在表格内的相应的对齐方式。

Step08 在出版物中添加表格元素的效果如图 17-50 所示。

图 17-50

★ 重点 17.3.5 实战：添加艺术字元素

实例门类	软件功能
教学视频	光盘\视频\第 17 章\17.3.5.mp4

在出版物中添加艺术字元素是输入带有样式格式文本的快速方式。能节省很多设置文本格式的操作步骤，便于提高工作效率。

例如，在"宣传"出版物中添加艺术字元素作为出版物的标题，其具体操作步骤如下。

Step01 打开"光盘\素材文件\第 17 章\宣传 .pub"文件，❶ 单击【插入】选项卡【文本】组中的【艺术字】下拉按钮，❷ 在弹出的下拉列表中选择需要的艺术字样式选项，如图 17-51 所示。

图 17-51

Step02 打开【编辑艺术字文字】对话框，在文本框中输入艺术字文本内容，如图 17-52 所示。

图 17-52

Step03 ❶ 单击【字号】下拉按钮，❷ 在弹出的下拉列表中选择合适的字号大小选项，❸ 单击【确定】按钮，如图 17-53 所示。

图 17-53

Step04 将添加的艺术字移到合适位置，最终效果如图 17-54 所示。

图 17-54

17.4 使用母版页

在制作和设计出版物前，要让出版物整体风格统一并避免重复操作，可通过母版页来轻松实现。下面就介绍一些制作和设计，以及使用母版页的实用操作。

★ 重点 17.4.1 实战：插入页眉和页脚

实例门类	软件功能
教学视频	光盘\视频\第 17 章\17.4.1.mp4

在 Publisher 母版页中插入页眉和页脚与在 PPT 中插入的方法基本类似，其具体操作步骤如下。

Step01 启动 Publisher 程序，单击【空白 A4(纵向)】图标，新建空白出版物，如图 17-55 所示。

Step02 ❶ 选择【视图】选项卡，❷ 单击【视图】组中的【母版页】按钮，切换到母版视图中，如图 17-56 所示。

Step03 单击【页眉和页脚】组中的【显示页眉 / 页脚】按钮，如图 17-57 所示。

图 17-55

图 17-56

图 17-59

Step**09** 以同样的方法为文本【喝】【玩】和【乐】添加带圈样式，如图 17-63 所示。

图 17-63

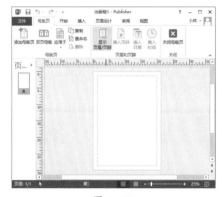

图 17-57

图 17-60

Step**10** ❶ 选择【吃】【喝】【玩】和【乐】文本，❷ 单击【增大字号】按钮A˙，如图 17-64 所示。

图 17-64

Step**04** 将文本插入点定位在页眉文本框中，输入页眉文字内容，如图 17-58 所示。

图 17-61

Step**08** 打开【带圈字符】对话框，单击【确定】按钮，如图 17-62 所示。

Step**11** 保持文本选中状态，❶ 单击【字体颜色】按钮▲右侧的下拉按钮˙，❷ 在弹出的拾色器列表中选择【梅红】选项，如图 17-65 所示。

图 17-65

Step**05** ❶ 选中页眉内容，❷ 设置字体、字号并将其加粗，如图 17-59 所示。
Step**06** ❶ 单击【字符间距】下拉按钮AV，❷ 在弹出的下拉列表中选择【很松】选项，如图 17-60 所示。
Step**07** ❶ 选择【吃】文本，❷ 单击【带圈字符】按钮⊕，如图 17-61 所示。

图 17-62

Step⑫ ❶ 将文本插入点定位在页脚文本框中，❷ 单击【插入页码】按钮插入页码，❸ 单击【关闭母版页】按钮，如图 17-66 所示。

图 17-66

Step⑬ 按【F12】键打开【另存为】对话框，❶ 设置出版物的保存位置和名称，❷ 单击【保存】按钮保存出版物，如图 17-67 所示。

图 17-67

Step⑭ 在正常视图中，插入页眉和页脚的效果如图 17-68 所示。

图 17-68

★ 重点 17.4.2 实战：**创建母版页**

实例门类	软件功能
教学视频	光盘\视频\第 17 章\17.4.2.mp4

在 Publisher 中创建母版页有两种常用方法：添加和复制。下面分别进行讲解。

1. 通过添加创建母版页

创建母版页，特别是创建全新的母版页，通过添加的方式最为直接，其具体操作步骤如下。

Step①① ❶ 选择【视图】选项卡，❷ 单击【视图】组中的【母版页】按钮，切换到母版页视图中，如图 17-69 所示。

图 17-69

Step②② 单击【母版页】组中的【添加母版页】按钮，如图 17-70 所示。

图 17-70

Step⑬ 打开【新建母版页】对话框，❶ 设置【页标识】和【说明】，❷ 单击【确定】按钮，如图 17-71 所示。

图 17-71

Step⑭ 系统自动新建母版页，效果如图 17-72 所示。

图 17-72

2. 通过复制创建母版页

要创建出已有样式或内容的母版页，通过复制的方式就非常方便。

例如，创建与母版页 A 样式相同的母版页 C，其具体操作步骤如下。

Step①① 切换到母版视图中，❶ 选择母版页 A，❷ 单击【复制】按钮，如图 17-73 所示。

Step②② 打开【复制母版页】对话框，❶ 设置【页标识】和【说明】，❷ 单击【确定】按钮，如图 17-74 所示。

Step⑬ 系统自动复制母版页 A 来创建母版页 C，效果如图 17-75 所示。

图 17-73

图 17-74

图 17-75

技能拓展——删除母版页

要删除多余的母版页，可选择目标母版页后，单击【母版页】组中的【删除】按钮，在打开的提示对话框中单击【是】按钮。不过，值得注意的是，每一出版物都有一母版页，所以，用户不能将母版页全部删除，要留一张。

★ 重点 17.4.3　实战：将母版页应用到单个页面

实例门类	软件功能
教学视频	光盘\视频\第 17 章\17.4.3.mp4

要将母版页样式应用到页面中，是制作和设计母版页最初的目的之一，也就是将样式应用于实际中。要将母版页应用于当前页中，只需进行简单操作即可。

例如，在"宣传 1"中将母版页 B 应用于当前选择页，其具体操作步骤如下。

Step01 打开"光盘\素材文件\第 17 章\宣传 1.pub"文件，❶选择要应用母版页的目标页，❷选择【视图】选项卡，❸单击【视图】组中的【母版页】按钮，切换到母版页视图中，如图 17-76 所示。

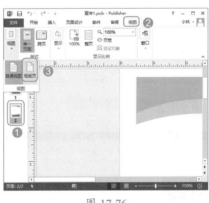

图 17-76

Step02 ❶选择母版页 B，❷单击【应用于】按钮，❸在弹出的下拉列表中选择【应用于当前页】选项，❹单击【关闭】组中的【关闭母版页】按钮，如图 17-77 所示。

Step03 母版页 B 样式即可应用于当前页中，如图 17-78 所示。

图 17-77

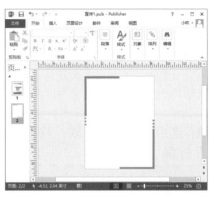

图 17-78

★ 重点 17.4.4　实战：将母版页应用到多个页面

实例门类	软件功能
教学视频	光盘\视频\第 17 章\17.4.4.mp4

一些时候需要将指定母版页应用到多个页面中，从而形成统一规范的样式，同时，也节省操作时间，提高工作效率。其具体操作步骤如下。

Step01 切换到母版页中，❶选择目标母版页，❷单击【应用于】按钮，❸在弹出的下拉列表中选择【应用母版页】选项（也可在目标母版页上右击，在弹出的快捷菜单中选择【应用于】命令），如图 17-79 所示。

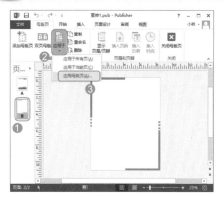

图 17-79

Step⑫ 打开【应用母版页】对话框，❶选中【页码范围】单选按钮，设置应用母版页的范围页码，❷单击【确定】按钮，如图 17-80 所示。

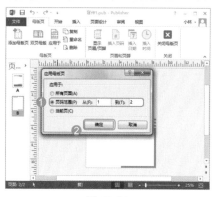

图 17-80

17.5 分享出版物

分享出版物是较为常见的一种操作，其中主要是以打印输出和 Outlook 邮件发送为主。无论是哪种方式，在分享出版物之前，用户都需要先对出版物进行设计方案检查。在本节中将会介绍相应操作。

★ 重点 17.5.1 实战：检查设计方案

实例门类	软件功能
教学视频	光盘\视频\第 17 章\17.5.1.mp4

检查出版物是否存在各式各样的问题，如印刷、常规设计、网站及电子邮件等检查。不需要用户手动进行，可让系统自动检测。

例如，让系统自动检查"宣传 2"出版物是否存在常规设计、网站、电子邮件运行问题等。若有出现，进行相应处理，如更改或忽略，其具体操作步骤如下。

Step⑪ 打开"光盘\素材文件\第 17 章\宣传 2.pub"文件，选择【文件】选项卡，如图 17-81 所示。

Step⑫ 进入 Backstage 界面，选择【信息】选项，切换到信息界面中，如图 17-82 所示。

Step⑬ 单击【运行检查设计方案】图标，启动 Publisher 的方案设计检查功能，如图 17-83 所示。

图 17-81

图 17-82

图 17-83

Step⑭ 系统自动打开【检查设计方案】窗格，选中相应检测方案复选框，系统自动进行检测，如图 17-84 所示。

图 17-84

Step05 ❶ 单击检测项右侧的下拉按钮，❷ 在弹出的下拉列表中选择【转到此项目】选项，如图 17-85 所示。

图 17-85

Step06 系统自动跳转到相应位置，这里将超出版心的页眉文本框删除（选中页眉文本框，按【Delete】键），如图 17-86 所示。

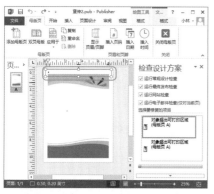

图 17-86

Step07 以同样的方法将检测结果为超出版心的页脚删除，如图 17-87 所示。

图 17-87

Step08 ❶ 单击【文字为非 Web 安全字体】检测项右侧的下拉按钮，❷ 在弹出的下拉列表中选择【不再运行此检查】选项，忽略该问题，如图 17-88 所示。

图 17-88

★ 重点 17.5.2 实战：以电子邮件预览出版物

实例门类	软件功能
教学视频	光盘\视频\第 17 章\17.5.2.mp4

用户在共享出版物前，除了进行方案设计检测外，还可以通过电子邮件预览的方式进行预览，以保证出版物的正确、合格和专业。其具体操作步骤如下。

Step01 选择【文件】选项卡，进入 Backstage 界面，❶选择【共享】选项，❷双击【电子邮件预览】图标，如图 17-89 所示。

图 17-89

Step02 系统自动以网页形式打开出版物，用户即可查看到出版物的输出和共享效果，如图 17-90 所示。

图 17-90

★ 重点 17.5.3 实战：用邮件发送出版物

实例门类	软件功能
教学视频	光盘\视频\第 17 章\17.5.3.mp4

在 Publisher 中发送出版物以实现共享，可直接以电子邮件方式。同时，用户还可以选择其形式，如 PDF、XPS、附件、当前页等，其具体操作步骤如下。

Step01 选择【文件】选项卡，进入 Backstage 界面，❶选择【共享】选项，❷单击【电子邮件】图标，❸在右侧区域中单击相应的发送方式按钮，这里单击【发送当前页面】按钮，如图 17-91 所示。

图 17-91

Step02 系统自动进入邮件发送方式，① 输入收件人和主题，② 单击【发送】按钮，如图 17-92 所示。

图 17-92

妙招技法

下面结合本章内容介绍一些实用技巧。

技巧 01：在跨页页面中使用母版页

教学视频	光盘\视频\第 17 章\技巧 01.mp4

对于 Publisher 中跨页排版的页面，用户需要手动对其进行跨页处理，让其应用跨页母版，使跨页版式更加协调，其具体操作步骤如下。

Step01 打开"光盘\素材文件\第 17 章\宣传 3.pub"文件，① 选择【视图】选项卡，② 单击【版式】组中的【跨页】按钮，如图 17-93 所示。

图 17-93

Step02 单击【视图】选项卡【视图】组中的【母版页】按钮，如图 17-94 所示。

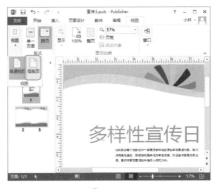

图 17-94

Step03 单击【母版页】组中的【双页母版】按钮，如图 17-95 所示。

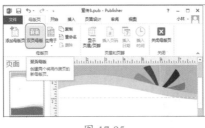

图 17-95

Step04 对跨页母版页进行样式修改，这里将右侧版面右上角的花形状删除，如图 17-96 所示。

Step05 ① 单击【应用于】按钮，② 在弹出的下拉列表中选择【应用于当前页】选项，③ 单击【关闭母版页】按钮（也可以单击【视图】选项卡中【视图】组中的【普通视图】按钮），如图 17-97 所示。

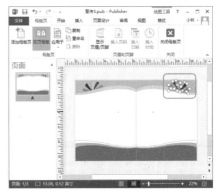

图 17-96

图 17-97

Step06 系统自动切换到普通视图，即可查看到跨页应用母版页的效果，如图 17-98 所示。

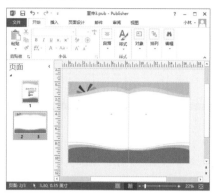

图 17-98

技巧 02：如何构建出版物基块

教学视频	光盘＼视频＼第 17 章＼技巧 02.mp4

创建出版物，不一定全部手动进行制作和设计，在 Publisher 中可直接使用系统内置的基块来快速构建出版物。

例如，通过插入"门户版式"基块制作出版物的封面，其具体操作步骤如下。

Step01 打开"光盘＼素材文件＼第 17 章＼出版物.pub"文件，❶ 选择【插入】选项卡，❷ 单击【构建基块】组中的【页面部件】下拉按钮，❸ 在弹出的下拉列表中选择【门户 (版式)】选项，如图 17-99 所示。

图 17-99

Step02 将插入的基块移到版面上，并调整其大小使其与版面同步，如图 17-100 所示。

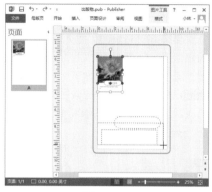

图 17-100

Step03 在合适的位置中输入相应文本内容或说明文字等，如图 17-101 所示。

图 17-101

技巧 03：通过参考线快速对齐出版物

教学视频	光盘＼视频＼第 17 章＼技巧 03.mp4

在制作和设计出版物时，对出版物内容进行对齐操作是非常常见的，此时，用户可以开启智能参考线来让对象快速对齐，其具体操作步骤如下。

Step01 选择【视图】选项卡，在【版式】组中选中【参考线】复选框，如图 17-102 所示。

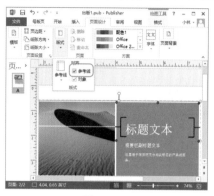

图 17-102

Step02 选中并拖动对象，系统自动出现智能参考线，帮助用户进行对齐提示，如图 17-103 所示。

图 17-103

技巧 04：重命名出版物页面

教学视频	光盘＼视频＼第 17 章＼技巧 04.mp4

出版物页面的默认名称基本上都是以 A、B、C 等字母命名，用户可根据实际需要对其进行自定义命名或重命名。

例如，要将"宣传 4"出版物中 A 页面重命名为【首页】，其具体操作步骤如下。

Step01 打开"光盘＼素材文件＼第 17 章＼宣传 4.pub"文件，在目标出版页上右击，在弹出的快捷菜单中选择【重命名】命令，如图 17-104 所示。

图 17-104

Step02 打开【重命名页面】对话框，❶设置【页标题】名称为【首页】，❷单击【确定】按钮，如图 17-105 所示。

图 17-105

技巧 05：快速插入重复页

教学视频 ┃ 光盘 \ 视频 \ 第 17 章 \ 技巧 05.mp4

要在 Publisher 中插入一模一样的出版页，可通过插入重复页快速实现，其具体操作步骤如下。

Step01 在目标出版页上右击，在弹出的快捷菜单中选择【插入重复页】命令，如图 17-106 所示。

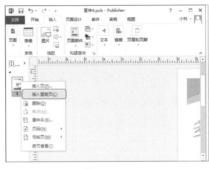

图 17-106

Step02 系统自动插入重复页，如图 17-107 所示。

图 17-107

本章小结

本章首先介绍了出版物的相关知识，接下来结合实例讲解了设计出版物的相关方法，添加出版物元素、使用母版页及分享出版物。通过本章的学习，能够帮助读者快速掌握 Publisher 2013 制作出版物的基本技巧。

第18章 Office 2013 各应用程序间的协同办公

→ Word 中如何使用 Excel 数据？

→ Excel 表格如何导入到 PPT 中？

→ PPT 文件如何放置到 Word 和 Excel 中？

→ OneNote 中如何使用 Outlook 联系人数据？

在本章中将会详细地介绍 Office 相关组件的数据共享，相互协同调用的操作知识，用户可带着上面的问题进行本章的学习。

18.1 Word 与其他应用组件的协作

Word 不仅可以单独完成文档制作，还可以借助其他组件快速完成一些内容的制作，如表格数据、图表、Access 表等，下面就分别进行介绍。

★ 重点 18.1.1 实战：通过插入对象插入 Excel 工作表

实例门类	软件功能
教学视频	光盘\视频\第 18 章\18.1.1.mp4

若是文档中需要的表格已以 Excel 表格存在或已在表格中。用户可直接通过插入的方式将其插入文档中，从而提高工作效率。

例如，在"展销会总结报告"文档中插入信息获取渠道的表格，其具体操作步骤如下。

Step 01 打开"光盘\素材文件\第 18 章\展销会总结报告 .docx"文件，❶将文本插入点定位在目标位置，❷选择【插入】选项卡，❸单击【文本】组中的【对象】按钮，如图 18-1 所示。

Step 02 打开【对象】对话框，❶选择【由文件创建】选项卡，❷单击【浏览】按钮，如图 18-2 所示。

Step 03 打开【浏览】对话框，❶选择

包含目标表格的工作簿放置路径，❷选择目标工作簿文件选项，❸单击【插入】按钮，如图 18-3 所示。

图 18-3

Step 04 返回【对象】对话框，单击【确定】按钮，如图 18-4 所示。

图 18-4

图 18-1

图 18-2

Step⑤ 返回到文档中即可查看到插入的 Excel 工作表，根据文档页面宽度调整表格宽度，如图 18-5 所示。

图 18-5

★ 重点 18.1.2 实战：**通过插入对象插入 PowerPoint 幻灯片**

实例门类	软件功能
教学视频	光盘\视频\第 18 章\18.1.2.mp4

Word 中无法直接制作幻灯片，要想在文档添加幻灯片，可通过插入对象的方式插入。

例如，在"员工礼仪行为规范"文档中插入礼仪相关方面知识的幻灯片，其具体操作步骤如下。

Step① 打开"光盘\素材文件\第 18 章\员工礼仪行为规范 .docx"文件，❶ 将文本插入点定位在目标位置，❷ 选择【插入】选项卡，❸ 单击【文本】组中的【对象】按钮，如图 18-6 所示。

图 18-6

Step② 打开【对象】对话框，❶ 选择【由文件创建】选项卡，❷ 单击【浏览】按钮，如图 18-7 所示。

图 18-7

Step③ 打开【浏览】对话框，❶ 选择包含目标幻灯片的 PPT 文件放置路径，❷ 选择【礼仪培训】选项，❸ 单击【插入】按钮，如图 18-8 所示。

图 18-8

Step④ 返回【对象】对话框，单击【确定】按钮，如图 18-9 所示。

图 18-9

Step⑤ 返回文档中即可查看到插入的幻灯片，根据文档页面宽度调整幻灯片整体宽度（要放映幻灯片只需在幻灯片上双击），如图 18-10 所示。

图 18-10

★ 重点 18.1.3 实战：**插入 Access 数据库**

实例门类	软件功能
教学视频	光盘\视频\第 18 章\18.1.3.mp4

若是文档中插入的表格数据，不在 Excel 中，而是在 Access 中，用户仍然可以轻松地将它们插入文档中。

例如，将"库房盘点数据"数据库中的数据插入到"库存盘点表"文档中作为表格数据，其具体操作步骤如下。

Step① 打开"光盘\素材文件\第 18 章\库存盘点表 .docx"文件，❶ 单击快速访问工具栏中的下拉按钮，❷ 在弹出的下拉列表中选择【其他命令】命令，如图 18-11 所示。

图 18-11

Step② 打开【Word 选项】对话框，❶ 设置【从下列位置选择命令】为【不在功能区中的命令】，❷ 在命令列表框中选择【插入数据库】选项，❸ 单击【添加】按钮，❹ 单击【确定】按钮，如图 18-12 所示。

图 18-12

Step03 在快速访问工具栏中单击【插入数据库】按钮，如图 18-13 所示。

图 18-13

Step04 打开【数据库】对话框，单击【获取数据】按钮，如图 18-14 所示。

图 18-14

Step05 打开【选取数据源】对话框，❶ 选择放置目标数据的 Access 文件放置路径，❷ 选择【库房盘点数据】选项，❸ 单击【打开】按钮，如图 18-15 所示。

Step06 打开【数据库】对话框，单击

【表格自动套用格式】按钮，如图 18-16 所示。

图 18-15

图 18-16

Step07 打开【表格自动套用格式】对话框，❶ 在【格式】列表框中选择相应的表格格式选项，这里选择【简明型 3】选项，❷ 单击【确定】按钮，如图 18-17 所示。

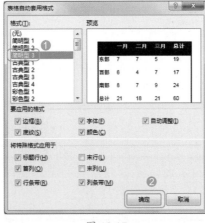

图 18-17

Step08 返回【数据库】对话框，单击【插入数据】按钮，如图 18-18 所示。

Step09 ❶ 在打开的【插入数据】对话

框中选中【全部】单选按钮，❷ 单击【确定】按钮，如图 18-19 所示。

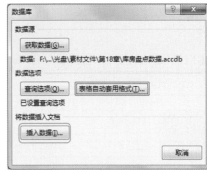

图 18-18

图 18-19

技术看板

在【插入数据】对话框中选中【全部】单选按钮意味着将表中所有数据全部插入到文档中。若要插入部分数据记录，可选中【从】单选按钮，并在其后文本框中设置记录条数范围。

Step10 返回文档中即可查看到插入的 Access 数据效果，如图 18-20 所示。

图 18-20

18.2 Excel 与其他组件的协作

Excel 作为电子表格专业制作和设计软件，不仅可以对自身内部存在的数据进行计算管理分析，而且还能对其他组件和程序的元素或数据进行调入引用，实现协同。

★ 重点 18.2.1 实战：引用 PowerPoint 演示文稿

实例门类	软件功能
教学视频	光盘\视频\第18章\18.2.1.mp4

PPT 不仅能插入 Word 文档中，同时，还可以插入 Excel 中作为内容链接。

例如，将"员工培训方案"演示文稿以图标的方式插入到"培训成绩登记表"工作簿中，让其他用户通过单击演示文稿图标就能查阅到员工培训的具体内容，其具体操作步骤如下。

Step01 打开"光盘\素材文件\第18章\培训成绩登记表.xlsx"文件，❶选择【插入】选项卡，❷单击【文本】组中的【对象】按钮，打开【对象】对话框，如图 18-21 所示。

图 18-21

Step02 ❶选择【由文件创建】选项卡，❷单击【浏览】按钮，如图 18-22 所示。

Step03 打开【浏览】对话框，❶选择包含目标表格的工作簿放置路径，❷选择目标工作簿文件选项，这里选择【员工培训方案】选项，❸单击【插入】按钮，如图 18-23 所示。

Step04 返回【对象】对话框，❶选中

【显示为图标】复选框，❷单击【更改图标】按钮，如图 18-24 所示。

图 18-22

图 18-23

图 18-24

Step05 在打开的【更改图标】对话框中，❶选中【图标标题】文本框中的文本内容，按【Delete】键将其删除，❷单击【确定】按钮，如图 18-25 所示。

Step06 返回【对象】对话框，单击

【确定】按钮，如图 18-26 所示。

图 18-25

图 18-26

Step07 ❶选中插入的 PPT 图标，❷单击【形状填充】下拉按钮，❸在弹出的下拉列表中选择【无填充颜色】选项，如图 18-27 所示。

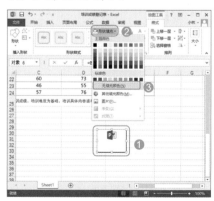

图 18-27

Step08 保持插入的演示文稿图标选中状态，❶单击【形状轮廓】下拉按

钮，❷ 在弹出的下拉列表中选择【无轮廓】选项，如图 18-28 所示。

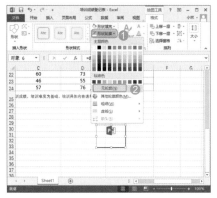

图 18-28

Step⑨ 将演示文稿图标移到合适位置，如图 18-29 所示。

图 18-29

★ 重点 18.2.2 实战：导入 Access 数据库数据

实例门类	软件功能
教学视频	光盘\视频\第 18 章\18.2.2.mp4

Excel 与 Access 数据库在数据存储上有很大的相似之处，如行列、单元格、表等。所以，Excel 可直接导入 Access 中的数据以实现数据协同共享。

例如，将"生产与库存"数据库中的"库存量"表数据插入"生产销售与库存"工作簿中，其具体操作步骤如下。

Step① 打开"光盘\素材文件\第 18

章\生产与库存.xlsx"文件，❶ 选择【数据】选项卡，❷ 单击【获取外部数据】组中的【自 Access】按钮，如图 18-30 所示。

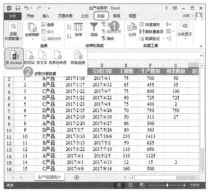

图 18-30

Step② 打开【选取数据源】对话框，❶ 选择【生产销量与库存】Access 文件选项，❷ 单击【打开】按钮，如图 18-31 所示。

图 18-31

Step③ 打开【选择表格】对话框，❶ 选择【库存量】选项，❷ 单击【确定】按钮，如图 18-32 所示。

图 18-32

Step④ 打开【导入数据】对话框，❶ 选中【表】和【新工作表】单选按钮，❷ 单击【确定】按钮，如图 18-33 所示。

图 18-33

Step⑤ 系统自动将数据库中的库存数据导入 Excel 中并以新工作表存放，如图 18-34 所示。

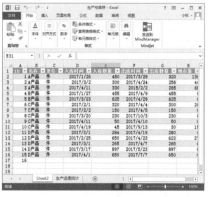

图 18-34

★ 重点 18.2.3 实战：导入来自文本文件的数据

实例门类	软件功能
教学视频	光盘\视频\第 18 章\18.2.3.mp4

一些人员习惯将相应的数据随手记录在文本文件中，这时，要对数据进行分类汇总，需先将文本文件数据导入 Excel 中。

例如，将记录在文本文件中的兼职人员销售记录导入"家电销售"工作簿中，其具体操作步骤如下。

Step① 打开"光盘\素材文件\第 18 章\家电销售.xlsx"文件，❶ 选择

【数据】选项卡，❷ 单击【获取外部数据】组中的【自文本】按钮，如图 18-35 所示。

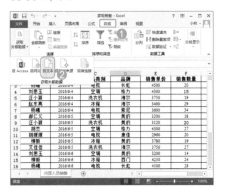

图 18-35

Step02 打开【导入文本文件】对话框，❶ 选择要导入的文本文件，❷ 单击【导入】按钮，如图 18-36 所示。

图 18-36

Step03 打开【文本导入向导 - 第 1 步，共 3 步】对话框，❶ 选中【分隔符号】单选按钮，❷ 选中【数据包含标

题】复选框，❸ 单击【下一步】按钮，如图 18-37 所示。

图 18-37

Step04 进入下一步向导对话框，❶ 选中【Tab 键】复选框，❷ 单击【完成】按钮，如图 18-38 所示。

图 18-38

Step05 打开【导入数据】对话框，❶ 选中【新工作表】单选按钮，❷ 单击【确定】按钮，如图 18-39 所示。

图 18-39

Step06 系统自动将文本文件数据导入表格中，用户手动将工作表重命名为【外部兼职人员销售数据】，如图 18-40 所示。

图 18-40

18.3　PowerPoint 与其他组件的协作

PowerPoint 在制作和设计演示文稿时，同样可以与 Word 和 Excel 进行相应的协同，如 Excel 数据用于幻灯片中，演示文稿变成 PPT。

★ 重点 18.3.1　实战：使用 Excel 表格数据

实例门类	软件功能
教学视频	光盘\视频\第 18 章\18.3.1.mp4

对于演示文稿中需要的表格数据，已以 Excel 工作簿存在，用户可

直接将其导入。例如，将"季度销售"工作簿中的数据导入演示文稿中作为季度销售展示数据，其具体操作步骤如下。

Step01 打开"光盘\素材文件\第 18 章\企业文化培训.pptx"文件，❶ 选择第 9 张幻灯片，❷ 单击【插入】选项卡【文本】组中的【对象】按钮，

如图 18-41 所示。

Step02 打开【插入对象】对话框，❶ 选中【由文件创建】单选按钮，❷ 单击【浏览】按钮，如图 18-42 所示。

Step03 打开【浏览】对话框，❶ 选择【季度销售】工作簿，❷ 单击【确定】按钮，如图 18-43 所示。

图 18-41

图 18-42

图 18-43

Step04 返回【插入对象】对话框，单击【确定】按钮，如图 18-44 所示。

图 18-44

Step05 返回演示文稿中即可查看到插入表格的效果，然后调整其大小，如图 18-45 所示。

图 18-45

★ **重点 18.3.2　实战：转换为 Word 文档**

实例门类	软件功能
教学视频	光盘\视频\第 18 章\18.3.2.mp4

幻灯片存在的方式不一定绝对是 PPT 演示文稿，也可将其转换为 Word 文档。

例如，将"销售培训课件"演示文稿转换为 Word 文档，其具体操作步骤如下。

Step01 打开"光盘\素材文件\第 18 章\销售培训课件 .pptx"文件，选择【文件】选项卡，进入 Backstage 界面，如图 18-46 所示。

图 18-46

Step02 ❶ 选择【导出】选项，❷ 双击【创建讲义】图标，如图 18-47 所示。

图 18-47

Step03 打开【发送到 Microsoft Word】对话框，❶ 选中要导出的讲义类型单选按钮，❷ 单击【确定】按钮，如图 18-48 所示。

图 18-48

Step04 系统自动将演示文稿以指定的讲义方式转换为 Word 文档，然后手动将其保存，命名为【销售课程培训讲义】，如图 18-49 所示。

图 18-49

【发送到 Microsoft Word】对话框中的讲义类型，也就是 Micorsoft Word 的使用版式类型，前 4 项基本相同，只是备注、空行的幻灯片放置位置不同。其中【只使用大纲】类型相对特殊，它只会将幻灯片中的占位符文本转换到 Word 文档中。

18.4 Access 与其他组件的协作

Access 作为一个专业的小型数据库，既可以将数据进行导入存储，同时，也可将数据按照要求导出，如导出为 Excel 数据、Word 合并文档等。

★ 重点 18.4.1 实战：导入 Excel 工作表

实例门类	软件功能
教学视频	光盘\视频\第 18 章\18.4.1.mp4

Access 与 Excel 可双向进行数据分享协同，也就是 Access 既可导入 Excel 数据，也可导出为 Excel 类型数据，这让 Excel 与 Access 的数据交换变得非常简单快捷。

导入 Excel 表格数据作为数据库的表数据，是制作 Access 数据库的快速方法之一。例如，在"库房盘点数据 1"数据库中导入"生产与库存 1"表格数据，其具体操作步骤如下。

Step01 打开"光盘\素材文件\第 18 章\库房盘点数据 1.pptx"文件，❶选择【外部数据】选项卡，❷单击【导入并链接】组中的【Excel】按钮，如图 18-50 所示。

图 18-50

Step02 打开【获取外部数据 -Excel 电子表格】对话框，❶选中【将源数据导入当前数据库的新表中】单选按钮，❷单击【浏览】按钮，如图 18-51 所示。

图 18-51

Step03 打开【打开】对话框，❶选择要导入的工作簿选项，❷单击【打开】按钮，如图 18-52 所示。

图 18-52

Step04 返回【获取外部数据 -Excel 电子表格】对话框，单击【确定】按钮，如图 18-53 所示。

Step05 打开【导入数据表向导】对话框，❶选中【显示工作表】单选按钮，❷选择【库存】表，❸单击【下

一步】按钮，如图 18-54 所示。

图 18-53

图 18-54

Step06 进入下一步向导对话框，❶选中【第一行包含列标题】复选框，❷单击【下一步】按钮，如图 18-55 所示。

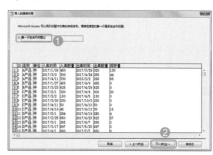

图 18-55

Step07 进入下一步向导对话框，单击【下一步】按钮，如图 18-56 所示。

图 18-56

Step08 进入下一步向导对话框，❶选中【我自己选择主题】单选按钮，并将其字段设置为【ID】，❷单击【下一步】按钮，如图 18-57 所示。

图 18-57

Step09 进入下一步向导对话框，❶在【导入到表】文本框中输入文本【库存明细】，❷单击【完成】按钮，如图 18-58 所示。

图 18-58

Step10 进入下一步向导对话框，单击【关闭】按钮，如图 18-59 所示。

Step11 系统自动将 Excel 数据导入 Access 中，并放置在独立的表对象中，如图 18-60 所示。

图 18-59

图 18-60

★ **重点 18.4.2 实战：导出为 Word 文档**

实例门类	软件功能
教学视频	光盘\视频\第18章\18.4.2.mp4

Access 数据不仅可以导出为 Excel 表格，同时，也可以导出为 Word 文档。

例如，将"库房盘点数据"数据库中的"库存盘点"表数据导出为 RTF 格式的 Word 文档，其具体操作步骤如下。

Step01 打开"光盘\素材文件\第18章\库房盘点数据.accdb"文件，❶选择【外部数据】选项卡，❷单击【导出】组中的【其他】下拉按钮，❸选择【Word】选项，如图 18-61 所示。

图 18-61

Step02 打开【导出 -RTF 文件】对话框，单击【浏览】按钮，如图 18-62 所示。

图 18-62

Step03 打开【保存文件】对话框，❶选择放置导出文档的目标路径并设置保存名称，❷单击【保存】按钮，如图 18-63 所示。

图 18-63

Step04 返回【导出 -RTF 文件】对话框，单击【确定】按钮，如图 18-64 所示。

图 18-64

技术看板

若是希望导出操作完成后，系统自动打开导出的 Word 文档，可在【导出 -RTF 文件】对话框中选中【完成导出操作后打开目标文件】复选框。

Step⑭ 进入下一步向导对话框中，单击【关闭】按钮，如图 18-65 所示。

图 18-65

18.5 Outlook 与其他组件间的协作

Outlook 中会有一些联系人信息数据，这些数据恰好会时常用于 Office 的其他组件进行数据协同，如 Excel、Word、OneNote 等。下面就对相关知识进行讲解。

★ 重点 18.5.1 实战：将 Outlook 联系人导出为 Excel 电子表格

实例门类	软件功能
教学视频	光盘\视频\第 18 章\18.5.1.mp4

要将 Outlook 中的联系人导出为表格形式，无法直接导出 xlsx 格式，而是将其导出为 Excel 能打开的 CSV 格式文件。例如，将 Outlook 中联系人导出为名称为"联系人"的 CSV 文件。然后，使用 Excel 程序将其打开。

Step⑪ 启动 Outlook，选择【文件】选项卡，❶ 选择【打开和导出】选项，❷ 双击【导入 / 导出】图标，如图 18-66 所示。

图 18-66

Step⑫ 打开【导入和导出向导】对话框，❶ 在【请选择要执行的操作】列表框中选择【导出到文件】选项，❷ 单击【下一步】按钮，如图 18-67 所示。

图 18-67

Step⑬ 打开【导出到文件】对话框，❶ 在【创建文件的类型】列表框中选择【逗号分隔值】选项，❷ 单击【下一步】按钮，如图 18-68 所示。

图 18-68

Step⑭ 进入下一步向导对话框，在

【选择导出文件夹的位置】列表框中 ❶ 选择【联系人】选项，❷ 单击【下一步】按钮，如图 18-69 所示。

图 18-69

Step⑮ 打开【浏览】对话框，❶ 设置导出 CSV 文件的位置和名称，❷ 单击【确定】按钮，如图 18-70 所示。

图 18-70

Step⑯ 返回【导出到文件】对话框，单击【下一步】按钮，如图 18-71 所示。

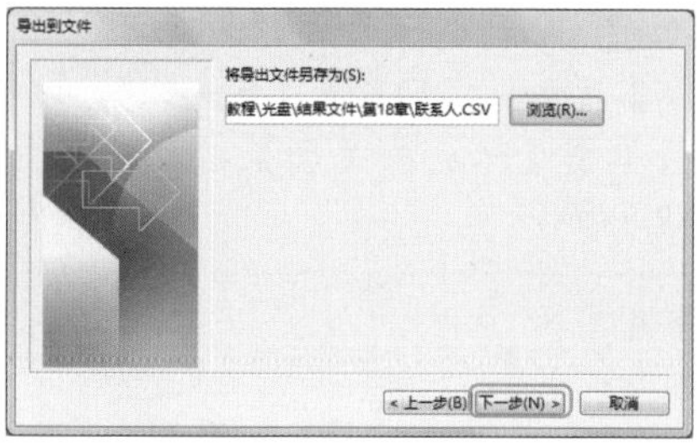

图 18-71

Step07 进入下一步向导对话框，单击【完成】按钮，如图 18-72 所示。

图 18-72

Step08 在导出联系人的目标位置即可查看到导出的 CSV 文件，在其上进行双击，如图 18-73 所示。

图 18-73

Step09 在打开的 Excel 中即可查看到导出的联系人数据，如图 18-74 所示。

图 18-74

★ 重点 18.5.2 实战：在 Word 中获取 Outlook 联系人信息

实例门类	软件功能
教学视频	光盘\视频\第 18 章\18.5.2.mp4

Word 的邮件功能不仅可以单独使用，同时，还可以方便与 Outlook 联合使用，其中，调用 Outlook 中联系人的信息更为方便。

例如，在"标签"文档中调用 Outlook 中联系人数据信息，其具体操作步骤如下。

Step01 打开"光盘\素材文件\第 18 章\标签.docx"文件，❶ 选择【邮件】选项卡，❷ 单击【创建】组中的【标签】按钮，如图 18-75 所示。

图 18-75

Step02 打开【信封和标签】对话框，❶ 选择【标签】选项卡，❷ 单击按钮，如图 18-76 所示。

图 18-76

Step03 打开【选择配置文件】对话框，❶ 单击【配置文件名称】下拉按钮，❷ 在弹出的下拉列表中选择邮箱配置名称选项，❸ 单击【确定】按钮，如图 18-77 所示。

图 18-77

技术看板

选择的配置文件名称选项，决定 Word 与哪个邮箱绑定在一起，从而获取其中联系人数据，这点用户一定要明白。

Step04 打开【选择姓名】对话框，❶ 单击【通讯簿】下拉按钮，❷ 在弹出的下拉列表中选择【联系人】选项，如图 18-78 所示。

图 18-78

Step05 ❶ 选择目标联系人选项，❷ 单击【确定】按钮，如图 18-79 所示。

图 18-79

Step 06 返回【信封和标签】对话框，❶ 选择【信封】选项卡，❷ 单击【添加到文档】按钮，如图 18-80 所示。

图 18-80

Step 07 返回文档中即可查看到从 Outlook 中调入联系人并制作成单个标签的样式，如图 18-81 所示。

图 18-81

★ 重点 18.5.3 实战：OneNote 与 Outlook 的协同工作

实例门类	软件功能
教学视频	光盘\视频\第18章\18.5.3.mp4

在使用 OneNote 进行笔记记录时，用户可随时调用 Outlook 中的会议等信息，并可通过 Outlook 发送给指定人员，其具体操作步骤如下。

Step 01 启动 OneNote 程序，❶ 单击【会议详细信息】下拉按钮，❷ 在弹

出的下拉列表中选择【选择另一天会议】选项，如图 18-82 所示。

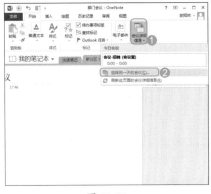

图 18-82

Step 02 打开【插入 Outlook 会议详细信息】对话框，❶ 单击【下一天】按钮，将日期调整到会议日期，❷ 选择目标会议的时间和日期选项，❸ 单击【插入详细信息】按钮，如图 18-83 所示。

图 18-83

Step 03 ❶ 单击【Outlook 任务】下拉按钮，❷ 在弹出的下拉列表中选择【自定义】选项，如图 18-84 所示。

图 18-84

Step 04 ❶ 设置好【主题】【开始日期】【截止日期】和【优先级】后，❷ 单击【保存并关闭】按钮，如图 18-85 所示。

图 18-85

Step 05 单击【电子邮件】组中的【电子邮件页面】按钮，如图 18-86 所示。

图 18-86

Step 06 打开 Outlook 发送邮件窗口，单击【收件人】按钮，如图 18-87 所示。

图 18-87

Step⓿ 打开【选择姓名：联系人】对话框，❶ 按住【Ctrl】键选择多个联系人选项，❷ 单击【确定】按钮，如图 18-88 所示。

Step⓿ 返回发送邮件窗口，单击【发送】按钮，如图 18-89 所示。

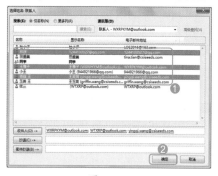

图 18-88

图 18-89

妙招技法

通过前面知识的学习，相信读者已经掌握了本书所讲解的 Office 组件协同的基本操作。下面结合本章内容，给大家介绍一些实用技巧。

技巧 01：如何在 Word 中编辑幻灯片

教学视频	光盘＼视频＼第 18 章＼技巧 01.mp4

在 Word 中不仅可以插入演示文稿，同时，用户也还可以根据实际需要对幻灯片进行相应的编辑，如内容的修改、幻灯片的删减等，其具体操作步骤如下。

Step⓿ 打开"光盘＼素材文件＼第 18 章＼员工礼仪行为规范 .docx"文件，在插入的幻灯片上右击，❶ 在弹出的快捷菜单中选择【"演示文稿"对象】命令，❷ 在级联菜单中选择【编辑】命令，进入幻灯片编辑状态，如图 18-90 所示。

Step⓿ 在幻灯片中进行相应编辑，这里将封面的【2015】更改为【2017】，如图 18-91 所示。

Step⓿ 在文档任其他位置单击鼠标，退出幻灯片编辑状态，如图 18-92 所示。然后将文档另存为"员工礼仪行为规范 1"。

图 18-90

图 18-91

图 18-92

技巧 02：快速在幻灯片中插入 Excel 图表

教学视频	光盘＼视频＼第 18 章＼技巧 02.mp4

幻灯片中不仅可以插入 Excel 表格，同时，还可以插入 Excel 图表，而且是快速地插入，其具体操作步骤如下。

Step⓿ 打开"光盘＼素材文件＼第 18 章＼员工能力曲线 .xlsx"文件，选择要插入幻灯片中的目标图表，按【Ctrl+C】组合键复制图表，如图 18-93 所示。

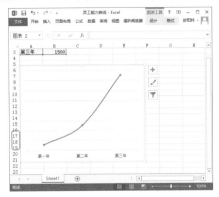

图 18-93

Step02 打开"光盘\素材文件\第18章\员工培训方案1.pptx"文件，❶选择要插入图表的幻灯片，按【Ctrl+V】组合键粘贴图表，❷调整图表的大小到合适，如图18-94所示。

图 18-94

技术看板

Excel中的图表可直接粘贴到幻灯片中，不过幻灯片中的图表不一定能完好地粘贴到表格中，因为PPT中的图表粘贴到Excel表格后，由于数据源丢失，出现空白图表，也就是没有数据源的图表。

技巧03：借助 Excel 将 Word 表格行列互换

教学视频	光盘\视频\第18章\技巧03.mp4

Word 中的表格，用户无法直接对其进行行列转换，只能手动进行重新调整，这样会非常浪费时间。不过，用户可借助于 Excel 轻松搞定，其具体操作步骤如下。

Step01 打开"光盘\素材文件\第18章\办公用品采购单.docx"文件，选中整个表格，按【Ctrl+X】组合键剪切表格，如图18-95所示。

图 18-95

Step02 打开任意 Excel 工作簿，在任意空白单元格区域中按【Ctrl+V】组合键粘贴表格，接着按【Ctrl+C】组合键复制表格（粘贴的表格在 Excel 中会保持选中状态，所以，在复制前无须再进行选择操作），如图18-96所示。

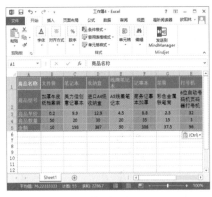

图 18-96

Step03 ❶选择任意空白单元格，作为转置粘贴表格放置的起始位置，❷单击【粘贴】下拉按钮，❸在弹出的下拉列表中选择【转置】选项，如图18-97所示。

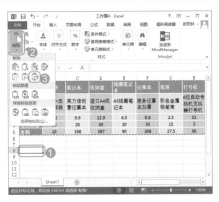

图 18-97

Step04 系统自动粘贴行列切换的数据，按【Ctrl+C】组合键进行复制，如图18-98所示。

图 18-98

Step05 切换到"办公用品采购单"文档中，将文本插入点定位在放置表格的起始位置，按【Ctrl+V】组合键粘贴，如图18-99所示。

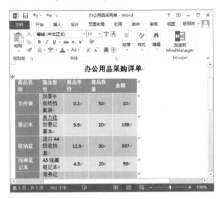

图 18-99

Step06 对表格列宽和数据对齐方式进行相应调整，效果如图18-100所示。

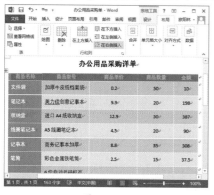

图 18-100

技巧 04：如何配置邮箱文件名称

教学视频	光盘 \ 视频 \ 第 18 章 \ 技巧 04.mp4

在 Word 中对 Outlook 进行联系人调用时，需要指定 Outlook 邮箱。为了更好地选择指定的邮箱，可对邮箱名称进行指定或更改，其具体操作步骤如下。

Step 01 打开【控制面板】，单击【邮件】超链接，如图 18-101 所示。

图 18-101

Step 02 打开【邮件设置】对话框，单击【电子邮件账户】按钮，如图 18-102 所示。

Step 03 打开【账户设置】对话框，❶选择目标邮箱选项，❷单击【更改】按钮，如图 18-103 所示。

Step 04 打开【更改账户】对话框，单击【其他设置】按钮，如图 18-104 所示。

图 18-102

图 18-103

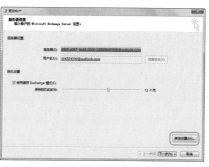

图 18-104

Step 05 打开【Microsoft Exchange】对话框，❶在【常规】选项卡中的文本框中重新输入或更改原有名称，❷单击【应用】按钮，❸单击【确定】按钮，如图 18-105 所示。

图 18-105

技巧 05：在 Word 中轻松调用 Access 数据

教学视频	光盘 \ 视频 \ 第 18 章 \ 技巧 05.mp4

有些时候 Word 中需要调用的数据不在 Excel 和文本文件中，而是在 Access 数据框中，如邮件合并时，此时用户可通过如下操作来轻松搞定，其具体操作步骤如下。

Step 01 打开"光盘 \ 素材文件 \ 第 18 章 \ 面试通知书 .docx"文件，❶选择【邮件】选项卡，❷单击【选择收件人】下拉按钮，❸在弹出下拉列表中选择【使用现有列表】命令，如图 18-106 所示。

图 18-106

Step 02 打开【选择数据源】对话框，❶选择包含目标数据的 Access 数据库选项，❷单击【打开】按钮，如图 18-107 所示。

图 18-107

Step 03 在相应位置插入合并域，对

Access 数据库中的数据进行调用，如图 18-108 所示。

Step 04 单击【预览结果】组中的【预览结果】按钮，如图 18-109 所示。

Step 05 在预览模式下即可查看到调用的数据记录效果，如图 18-110 所示。

图 18-108

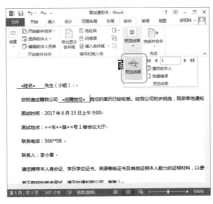

图 18-109

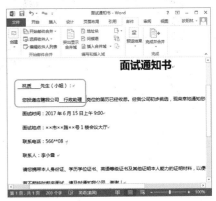

图 18-110

本章小结

通过本章知识的学习和案例练习，相信读者已经掌握了 Office 组件协同的基本操作。本章按照本书对组件知识讲解的顺序对其进行协同讲解，同时，根据组件的常用程度对协同重点进行适当安排，帮助读者轻松地调用这些组件之间的数据，快速完成相关工作，节省时间和精力。